2018 全国勘察设计注册工程师执业资格考试用书

Zhuce Huanbao Gongchengshi Zhiye Zige Kaoshi
Jichu Kaoshi Fuxi Jiaocheng

注册环保工程师执业资格考试
基础考试复习教程

（下册）

注册工程师考试复习用书编委会 / 编
徐洪斌 曹纬浚 何新生 / 主编

人民交通出版社股份有限公司
China Communications Press Co.,Ltd.

内 容 提 要

本书根据2009年新版考试大纲及近几年考试真题编写，内容贴合考试实际，是考生复习必备的经典教材。

本书编写人员全部是多年从事注册环保工程师基础考试培训工作的专家、教授。书中内容紧扣现行考试大纲并覆盖了考试大纲的全部内容，着重于对概念的理解运用，重点突出。全书分"考试大纲""必备基础知识""经典练习"等模块。其中，"必备基础知识"除包含考试须知须会的内容以外，还配有"典型例题解析"。

本书由于篇幅较大，特分为上、下两册，上册为公共基础考试内容，下册为专业基础考试内容，以便于携带和翻阅。

本书可供参加2018年注册环保工程师执业资格考试基础考试的考生复习使用。

图书在版编目(CIP)数据

2018注册环保工程师执业资格考试基础考试复习教程/徐洪斌，曹纬浚，何新生主编. —北京：人民交通出版社股份有限公司，2018.2

ISBN 978-7-114-14426-4

Ⅰ.①2… Ⅱ.①徐… ②曹… ③何… Ⅲ.①环境保护—资格考试—自学参考资料 Ⅳ.①X

中国版本图书馆CIP数据核字(2017)第309517号

书　　名：**2018注册环保工程师执业资格考试基础考试复习教程**
著 作 者：徐洪斌　曹纬浚　何新生
责任编辑：刘彩云　李　梦
出版发行：人民交通出版社股份有限公司
地　　址：(100011)北京市朝阳区安定门外外馆斜街3号
网　　址：http://www.ccpress.com.cn
销售电话：(010)59757973
总 经 销：人民交通出版社股份有限公司发行部
经　　销：各地新华书店
印　　刷：北京市密东印刷有限公司
开　　本：787×1092　1/16
印　　张：76.25
字　　数：1928千
版　　次：2018年2月　第1版
印　　次：2018年2月　第1次印刷
书　　号：ISBN 978-7-114-14426-4
定　　价：148.00元(含上、下两册)

前　言

住房和城乡建设部、环境保护部及人力资源和社会保障部从2005年起实施注册环保工程师执业资格考试制度。

本教程的编写老师都是本专业有较深造诣的教授和高级工程师，分别来自北京建筑大学、北京工业大学、北京交通大学、北京工商大学、郑州大学及北京市建筑设计研究院。为了帮助环保工程师们准备考试，教师们根据多年教学实践经验和考生的回馈意见，依据考试大纲和现行教材、规范，为学员们编写了这本教程。本教程的目的是为了指导复习，因此力求简明扼要，联系实际，着重对概念和规范的理解应用，并注意突出重点，是一套值得考生信赖的考前辅导和培训用书。

本教程严格按现行考试大纲编写，并在多年教学实践中不断加以改进。为方便考生复习，本教程分上、下册出版，上册第1～11章为上午段公共基础考试内容；下册第12～17章为下午段专业基础考试内容，所选例题及练习题大多来自真题，并注有年号，考生做题时，可对此部分题多加关注。本书还配有《2017注册环保工程师执业资格考试基础考试历年真题详解》(含公共基础、专业基础两册)，考生可用此书多做练习。

(1)在结构设置上，首先对大纲要求的知识点进行精炼阐述，然后辅以典型例题并进行解析，每一小节后附经典练习，并在每一章后提供提示及参考答案。

(2)例题、练习题、模拟题等试题多来自历年真题，考生可在复习、练习过程中熟悉本考试的深度和广度。

(3)全书是对考试大纲内容的精炼，考生通过本书的复习和练习，可在较短时间内完成对考试大纲的理解和掌握。

特别提醒，《中华人民共和国水污染防治法》(2017年修订版)、《中华人民共和国大气污染防治法》(2015年修订版)、《中华人民共和国固体废物污染环境防治法》(2016年修订版)、《中华人民共和国环境影响评价法》(2016年9月1日起施行)、《中华人民共和国海洋污染防治法》(2016年修订版)，本书均已作更新。

本书中的部分知识点和试题配有视频讲解，考生可扫描“二维码”在线学习，或者刮开封面“增值卡”，登录“注考网”(www. zhukaowang. com. cn)，或扫描封面二维码，关注微信公众号“注考微课程”，观看更多精彩视频。

本书由徐洪斌、曹纬浚、何新生担任主编，参加编写的人员还有吴昌泽、范元玮、程学平、毛怀玲、谢亚勃、刘燕、钱民刚、李兆年、许怡生、许小重、陈向东、李魁元、马浩亮、董亚丽、孙震宇、周广远、雷达、高静、王靖雯、杨苗青、柳理芹、张秀金、程辉、贾玲华、毛怀珍、朋改非、吴景坤、吴扬、张翠兰、王彬、张超艳、张文娟、李平、邓华、冯嘉骝、钱程、李广秋、韩雪、陈启佳、翟平、郭虹、曹京、孙琳、李智民、赵思儒、吴越恺、许博超、张云龙、王坤、刘若禹、楼香林、莫培佳、段修谓、王蓓、宋方佳、杨守俊、王志刚、何承奎、葛宝金、李丹枫、王凯、王志伟、韩智铭、涂洪亮、孙玮、黄丽华、高璐、曹欣、阮文依、王金羽、康义荣、杨洪波、任东勇、曹铎、耿京、李铁柱、仲晓雯、冯存强、阮广青、赵欣然、霍新民、何玉章、颜志敏、曹一兰、周庄、张文革、张岩、周迎旭、李远、何嘉鹏、赵江涛。

祝各位考生考试取得好成绩！

徐洪斌
2017 年 12 月

主编致考生

一、注册环保工程师在专业考试之前进行基础考试是和国外接轨的做法。通过基础考试并达到职业实践年限后就可以申请参加专业考试。基础考试是考大学中的基础课程，按考试大纲的安排，上午考试段考 11 科，120 道题，4 个小时，每题 1 分，共 120 分；下午考试段考 6 科，60 道题，4 个小时，每题 2 分，共 120 分；上、下午共 240 分。试题均为 4 选 1 的单选题，平均每题时间上午 2 分钟，下午 4 分钟，因此不会有复杂的论证和计算，主要是检验考生的基本概念和基本知识。考生在复习时不要偏重难度大或过于复杂的知识，而应将复习的注意力主要放在弄清基本概念和基本知识方面。

二、考生在复习本教程之前，应认真阅读“考试大纲”，清楚地了解考试的内容和范围，以便合理制订自己的复习计划。复习时一定要紧扣“考试大纲”的内容，将全面复习与突出重点相结合。着重对“考试大纲”要求掌握的基本概念、基本理论、基本计算方法、计算公式和步骤，以及基本知识的应用等内容有系统、有条理地重点掌握，明白其中的道理和关系，掌握分析问题的方法。同时还应会使用为减少计算工作量或简化、方便计算所制作的表格等。本教程中每章前均有一节“复习指导”，具体说明本章的复习重点、难点和复习中要注意的问题，建议考生认真阅读每章的“复习指导”，参考“复习指导”的意见进行复习。在对基本概念、基本原理和基本知识有一个整体把握的基础上，对每章节的重点、难点进行重点复习和重点掌握。

三、注册环保工程师基础考试上、下午试卷共计 240 分，上、下午不分段计算成绩，这几年及格线都是 55%，也就是说，上、下午试卷总分达到 132 分就可以通过。因此，考生在准备考试时应注意扬长避短。从道理上讲，自己较弱的科目更应该努力复习，但毕竟时间和精力有限，如 2009 年新增加的“信号与信息技术”，据了解，非信息专业的考生大多未学过，短时间内要掌握好比较困难，而“信号与信息技术”总共只有 6 道题，6 分，只占总分的2.5%，也就是说，即使“信号与信息技术”1 分未得，其他科目也还有 234 分，从 234 分中考 132 分是完全可以做到的。因此考生可以根据考试分科题量、分数分配和自己的具体情况，计划自己的复习重点和主要得分科目。当然一些主要得分科目是不能放松的，如“高等数学”24 题(上午段)24 分，“工程流体力学与流体机械”10 题(下午段)20 分，“污染防治技术”22 题(下午段)44 分，都是不能放松的；其他科目则可根据自己过去对课程的掌握情况有所侧重，争取在自己过去学得好的课程中多得分。

四、在考试拿到试卷时，建议考生不要顺着题序顺次往下做。因为有的题会比较难，有的题不很熟悉，耽误的时间会比较多，以致到最后时间不够，题做不完，有些题会做但时间来不及，这就太得不偿失了。建议考生将做题过程分为四遍：

(1)首先用 15～20 分钟将题从头到尾看一遍，一是首先解答出自己很熟悉很有把握的题；

二是将那些需要稍加思考估计能在平均答题时间里做出的题做个记号。这里说的平均答题时间，是指上午段 4 个小时考 120 道题，平均每题 2 分钟；下午段 4 个小时考 60 道题，平均每题 4 分钟，这个 2 分钟(上午)、4 分钟(下午)就是平均答题时间。将估计在这个时间里能做出来的题做上记号。

(2)第二遍做这些做了记号的题，这些题应该在考试时间里能做完，做完了这些题可以说就考出了考生的基本水平，不管考生基础如何，复习得怎么样，考得如何，至少不会因为题没做完而遗憾了。

(3)这些会做或基本会做的题做完以后，如果还有时间，就做那些需要稍多花费时间的题，能做几个算几个，并适当抽时间检查一下已答题的答案。

(4)考试时间将近结束时，比如还剩 5 分钟要收卷了，这时你就应看看还有多少道题没有答，这些题确实不会了，建议考生也不要放弃。既然是单选，那也不妨估个答案，答对了也是有分的。建议考生回头看看已答题目的答案，A、B、C、D 各有多少，虽然整个卷子四种答案的数量并不一定是平均的，但还是可以这样考虑，看看已答的题 A、B、C、D 中哪个答案最少，然后将不会做没有答的题按这个前边最少的答案通填，这样其中会有 1/4 可能还会多于 1/4 的题能得分，如果考生前边答对的题离及格正好差几分，这样一补充就能及格了。

五、基础考试是不允许带书和资料的，2012 年前，考试时会给每位考生发一本“考试手册”，载有公式和一些数据，考后收回。但从 2012 年起，取消了“考试手册”的配发。据说原因是考生使用不多，事实上也没有更多时间去翻手册。因此一些重要的公式、规定，考生一定要自己记住。

六、本教程每节后均附有习题，并在每章后附有提示及参考答案。建议考生在复习好本教程内容的基础上，多做习题。多做习题能帮助巩固已学的概念、理论、方法和公式等，并能发现自己的不足，哪些地方理解得不正确，哪些地方没有掌握好；同时熟能生巧，提高解题速度。本教程在最后提供了两套模拟试题，建议考生在复习完本教程以后，集中时间，排除干扰，模拟考试气氛，将模拟试题全部做一遍，以接近实战地检验一下自己的复习效果。

复习中若遇到疑问，可根据上、下册不同，参考封底邮箱信息，发邮件至两位主编邮箱，我们会尽快回复解答。相信这本教程能帮助大家准备好考试。

最后，祝愿各位考生取得好成绩！

曹纬浚

2017 年 12 月

目　录

下　册

12　工程流体力学与流体机械

考题配置　　单选，10题

分数配置　　每题2分，共20分

复习指导

流体力学中最基本、应用最广泛的三大方程——伯努利方程、连续性方程、动量方程需要透彻理解和掌握，掌握了这三个基本方程，诸多水力学计算可迎刃而解，需注意在计算中选取公式应用合适的边界条件。孔口出流、管嘴出流等的流量公式如能记忆更好，如果考试时忘记了，也可利用三大方程来计算导出。流体机械部分的知识点较多，且很多内容与实际结合较为紧密，有实际工作经验的考生在考试中较有优势，没有工作经验的考生则要仔细理解、掌握，如水泵、风机的构造、工作原理等内容。对知识点的理解要密切结合相关图件，如水泵、风机的工况点，水泵的串并联特性等。专业基础考试题量不大，考试时间足够，考试时不必紧张，可沉着做题，考出好成绩。（注：依据考试大纲，本章内容与“6　流体力学”的内容有少量重复，但侧重点不同，请读者了解。）

12.1　流体动力学

考试大纲☞： 恒定流动与非恒定流动　理想流体的运动方程式　实际流体的运动方程式　伯努利方程式及其使用条件　总水头线和测压管水头线　总压线和全压线

必备基础知识

12.1.1　恒定流动与非恒定流动

流体流动时，流场中任一点的流速不随时间变化，由流速决定的压强、黏聚力和惯性力也不随时间变化，称为恒定流动。例如，一水池有一排水孔出水，水池内水位保持不变，则认为出水水流是恒定流。

若流场中任何空间点上有任何一个运动要素是随时间而变化的，则这种水流称为非恒定流。例如，随洪水涨落的天然河道水流就是非恒定流。

典型例题解析

【例12-1】（2008）如图12-1所示，水从水箱流经等径直管，并经过收缩管道泄出，若水箱中的水位保持不变，则AB段内的流动为：

A. 恒定流　　B. 非恒定流　　C. 非均匀流　　D. 急变流

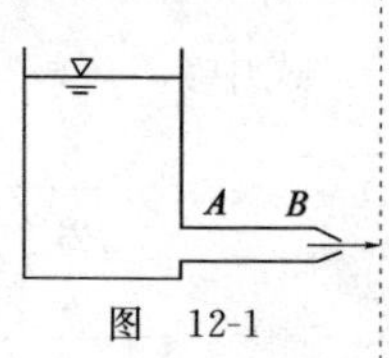

图　12-1

解　水箱水面保持不变，水质点作恒定流动。选A。

12.1.2 理想流体的运动方程式

理想流体是没有黏性的流体，即黏度为零。理想流体运动方程又称为欧拉方程，其表达式为

$$\left.\begin{aligned}X-\frac{1}{\rho}\frac{\partial p}{\partial x}&=\frac{\partial u_x}{\partial t}+u_x\frac{\partial u_x}{\partial x}+u_y\frac{\partial u_x}{\partial y}+u_z\frac{\partial u_x}{\partial z}\\Y-\frac{1}{\rho}\frac{\partial p}{\partial y}&=\frac{\partial u_y}{\partial t}+u_x\frac{\partial u_y}{\partial x}+u_y\frac{\partial u_y}{\partial y}+u_z\frac{\partial u_y}{\partial z}\\Z-\frac{1}{\rho}\frac{\partial p}{\partial z}&=\frac{\partial u_z}{\partial t}+u_x\frac{\partial u_z}{\partial x}+u_y\frac{\partial u_z}{\partial y}+u_z\frac{\partial u_z}{\partial z}\end{aligned}\right\}\tag{12-1}$$

用矢量表示为

$$f-\frac{1}{\rho}\nabla p=\frac{\partial u}{\partial t}+(u\cdot\nabla)u\tag{12-2}$$

式(12-1)即为理想流体运动微分方程，又称欧拉运动微分方程。式(12-1)对于恒定流或非恒定流，对于不可压缩流体或可压缩流体都适用。式(12-2)中，f 为总质量力；ρ 是流体密度；p 是压强；u 是速度，其中 u_x、u_y、u_z 为流体速度在 x、y、z 方向上的分量；∇ 是哈密顿算子。

12.1.3 实际流体的运动方程式

实际流体的运动方程式又称为纳维-斯托克斯方程(N-S 方程)，其形式为

$$\left.\begin{aligned}X-\frac{1}{\rho}\frac{\partial p}{\partial x}+\nu\nabla^2u_x&=\frac{\partial u_x}{\partial t}+u_x\frac{\partial u_x}{\partial x}+u_y\frac{\partial u_x}{\partial y}+u_z\frac{\partial u_x}{\partial z}\\Y-\frac{1}{\rho}\frac{\partial p}{\partial y}+\nu\nabla^2u_y&=\frac{\partial u_y}{\partial t}+u_x\frac{\partial u_y}{\partial x}+u_y\frac{\partial u_y}{\partial y}+u_z\frac{\partial u_y}{\partial z}\\Z-\frac{1}{\rho}\frac{\partial p}{\partial z}+\nu\nabla^2u_z&=\frac{\partial u_z}{\partial t}+u_x\frac{\partial u_z}{\partial x}+u_y\frac{\partial u_z}{\partial y}+u_z\frac{\partial u_z}{\partial z}\end{aligned}\right\}\tag{12-3}$$

用矢量表示为

$$f-\frac{1}{\rho}\nabla p+\nu\nabla^2u=\frac{\partial u}{\partial t}+(u\cdot\nabla)u\tag{12-4}$$

式(12-4)中，f 为总质量力，ρ 是流体密度，p 是压强，u 是速度，∇^2 为拉普拉斯算子。

$$\nabla^2=\frac{\partial^2}{\partial x^2}+\frac{\partial^2}{\partial y^2}+\frac{\partial^2}{\partial z^2}$$

该式即为黏性流体运动微分方程。

12.1.4 伯努利方程式及其使用条件

1)理想流体的伯努利方程式

对于不可压缩理想流体沿流线的稳定流动，若流动在重力场中，作用在流体上的质量力只有重力，则欧拉方程积分后可得

$$z+\frac{p}{\rho g}+\frac{u^2}{2g}=C\tag{12-5}$$

式中：z——位置水头(m)，又叫位置高度，是单位重量流体所具有的位置势能；

$\frac{p}{\rho g}$——压强水头(m)，是测压管高度，是单位重量流体所具有的压强势能；

$z+\frac{p}{\rho g}$——测压管水头(m)，是单位重量流体所具有的总势能；

$\frac{u^2}{2g}$——速度水头(m)，是单位重量流体所具有的动能；

$z+\frac{p}{\rho g}+\frac{u^2}{2g}$——总水头(m)，是单位重量流体所具有的机械能；

C——常数。

理想流体伯努利方程的应用条件是：无黏性流体、恒定流动、质量力中只有重力、不可压缩流体。在一水流中，已知过流断面1和过流断面2的速度水头、压强水头、位置水头，流体从1流向2，则列出伯努利方程为

$$z_1+\frac{p_1}{\rho g}+\frac{u_1^2}{2g}=z_2+\frac{p_2}{\rho g}+\frac{u_2^2}{2g} \tag{12-6}$$

其中，字母表示含义与式(12-5)相同，字母下标表示相应断面。

2)实际流体的伯努利方程式

实际流体具有黏性，运动时产生流动阻力，克服阻力做功后，流体的一部分机械能转化为热能散失掉，所以，黏性流体的伯努利方程为

$$z_1+\frac{p_1}{\rho g}+\frac{u_1^2}{2g}=z_2+\frac{p_2}{\rho g}+\frac{u_2^2}{2g}+h'_{1-2} \tag{12-7}$$

其中，h'_{1-2}是流体从断面1流到断面2过程中的水头损失(m)，是单位重量流体所损失的机械能；其他字母含义与前文相同。

实际流体伯努利方程的适用条件是：恒定流动，质量力只有重力，不可压缩流体，过流断面为渐变流断面，两断面间无分流和汇流。

典型例题解析

【例12-2】 (2007)应用恒定总流伯努利方程进行水力计算时，一般要取两个过流断面，这两个过流断面可以是：

A. 一个是急变流断面，另一个为均匀流断面

B. 一个是急变流断面，另一个为渐变流断面

C. 两个都是渐变流断面

D. 两个都是急变流断面

解 选取的过流断面必须符合渐变流或均匀流条件(两过流断面之间可以不是渐变流)。选C。

12.1.5 总水头线和测压管水头线

1)总水头线

总水头即位置水头z、静压水头$\frac{p}{\rho g}$和动压水头$\frac{u^2}{2g}$之和。

总水头线是沿程各断面总水头的连线，在实际流体中总水头线沿程是单调下降的。总水头用公式表示为：

$$H=z+\frac{p}{\rho g}+\frac{u^2}{2g} \tag{12-8}$$

2)测压管水头线

测压管水头即位置水头z和静压水头$\frac{p}{\rho g}$之和。

测压管水头线是沿程各断面测压管水头的连线。该线沿程可升可降,也可不变。测压管水头用公式表示为:

$$H_{\mathrm{p}}=z+\frac{p}{\rho g} \tag{12-9}$$

如图12-2所示,结合水头的含义,仔细观察总水头线和测压管水头线,可以看出:实际流体流动过程中,总会有能量损失,水头线会一直下降,但若有泵输入能量,水头线会突然上升;测压管水头线比总水头线低,由两者的公式可知,差值是一个速度水头,并从图中可知,管道变细时,两线差距大,因为这时速度大;在管径不变时,流速不变,总水头线与测压管水头线平行;水静止时,速度水头为零,测压管水头线与总水头线重合,且与水面平齐;在管径变化或有阀门存在时,会造成局部水头损失,总水头线会下降,但测压管水头线可能上升或下降。

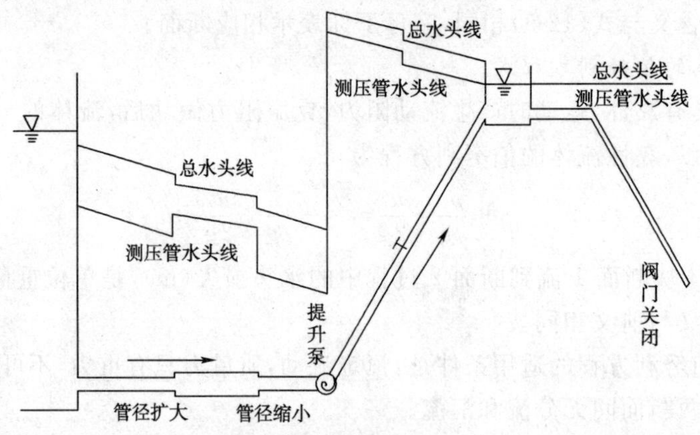

图12-2　总水头线和测压管水头线

典型例题解析

【例12-3】 (2014)理想液体流经管道突然放大断面时,其测压管水头线:

A.只可能上升　　B.只可能下降

C.只可能水平　　D.以上三种情况均有可能

解　理想流体,没有能量损失。管道突然放大,液体流速减小,动能转变为势能,势能增大。测压管水头即单位重量流体的势能(位能+压能),因此,测压管水头线上升。选A。

12.1.6 总压线和全压线

总压线是在流体力学中,为了反映气流沿程的能量变化,而与总水头线相对应的图形。位能 ρgz、静压 p 和动能 $\rho u^2/2$ 之和称为总压,即 $P=\rho gz+p+\rho u^2/2$,将各流通断面上的总压连成线就是总压线。位能 ρgz 和静压 p 之和称为势压,其相应连线称为势压线。静压 p 与动能 $\rho u^2/2$ 之和称为全压,其相应边线称为全压线。与液体相似,总压线沿程下降,势压线沿程变化与动能有关。

典型例题解析

【例12-4】 对于气体流动,若不考虑气体的重度和高程差,要绘制全压线,下列说法正确的是:

A.全压线与液流的测压管水头线相对应

B.全压线与液流的总水头线相对应

C. 全压线与管道轴线相对应

D. 以上三种说法都不对

解 对于气体，要区分两种情况，绘出各种压强线：①不考虑容重差与高程差，须绘制全压线与静压线，静压线与液体流动的测压管水头线相对应。②考虑容重差与高程差，须绘制全压线、势压线和位压线，势压线与液体流动的测压管水头线相对应，位压线与液体管流轴线相对应。选 B。

经典练习

12-1 在水箱上接出一条长直的渐变锥管管段，末端设有阀门以控制流量。若水箱内水面不随时间变化、阀门的开度固定，此时，管中水流为（　　）。

A. 恒定均匀流　　B. 恒定非均匀流

C. 非恒定均匀流　　D. 非恒定非均匀流

12-2 （2010）从物理意义上看，能量方程表示的是（　　）。

A. 单位重量液体的位能守恒　　B. 单位重量液体的动能守恒

C. 单位重量液体的压能守恒　　D. 单位重量液体的机械能守恒

12-3 （2008）在矩形明渠中设置一薄壁堰，水流经堰顶溢流而过，如图所示，已知渠宽为 4m，堰高为 2m，堰上水头 H 为 1m，堰后明渠中水深 h 为 0.8m，流量 Q 为 $6.8\text{m}^3/\text{s}$。若能量损失不计，试求堰壁上所受水动力 R 的大小和方向。（　　）

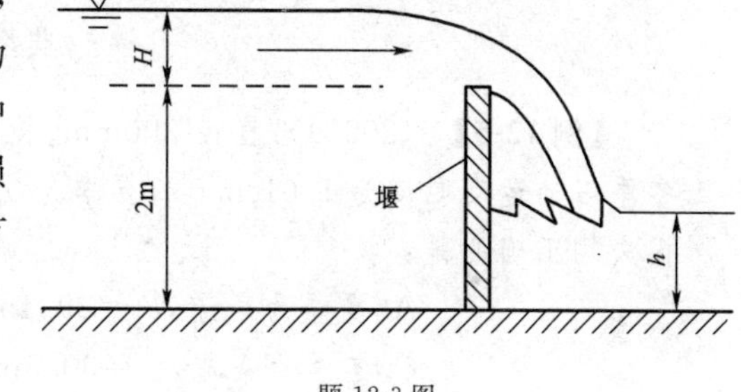

题 12-3 图

A. $R=153\text{kN}$，方向向右

B. $R=10.6\text{kN}$，方向向右

C. $R=153\text{kN}$，方向向左

D. $R=10.6\text{kN}$，方向向左

12-4 如图所示，从水面保持恒定不变的水池中引出一管路，管路由两段管道组成，在管路末端设有一阀门，当阀门开度一定时，试问左边管段的水流为何种流动？（　　）

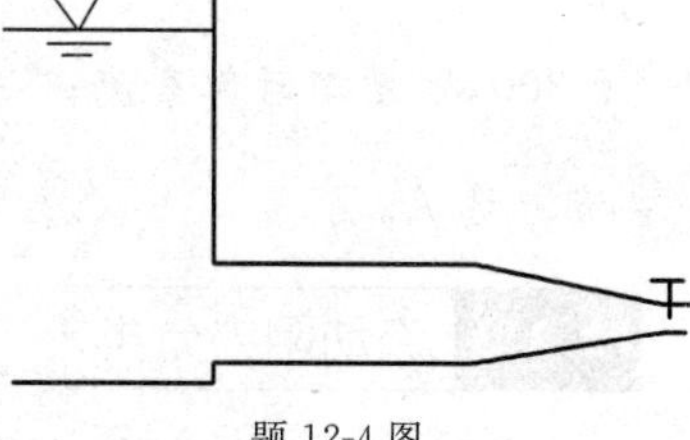

题 12-4 图

A. 急变流　　B. 非均匀流

C. 恒定流　　D. 非恒定流

12-5 下列哪种流体的总水头线是水平线？（　　）

A. 黏性不可压缩流体　　B. 理想不可压缩流体

C. 恒定流　　D. 非恒定流

12.2 流体阻力

考试大纲☞：层流与紊流　雷诺数　流动阻力分类　层流和紊流沿程阻力系数的计算　局部阻力产生的原因和计算方法　减少局部阻力的措施

必备基础知识

12.2.1 层流与紊流

层流与紊流是流体的两种不同流态。层流(laminar flow)又称为滞流,指各流体质点彼此平行地分层流动,互不干扰与混杂,流速一般很低。紊流(turbulent flow)又称为湍流,指各流体质点间强烈地混合与掺杂,不仅有沿着主流方向的运动,而且还有垂直于主流方向的运动。在试验中可以看到,紊流时不断有漩涡产生与消失。

12.2.2 雷诺数

雷诺数用 Re 表示,$Re=ud/\nu$,可以用它来判断流态。在圆形管道中的流体,Re<2 000 时为层流;Re=2 000~4 000 时为过渡流,也即该雷诺数范围内流动处于一种过渡状态,即可能是层流,也可能是紊流,或二者交替出现;Re>4 000 时为紊流。

雷诺数是一个无因次量,即没有单位的量。层流和紊流可以相互转化,由紊流转变为层流的流速(下临界流速)小于由层流转变为紊流的流速(上临界流速),与之对应的雷诺数称为下临界雷诺数和上临界雷诺数。试验表明,下临界雷诺数比较稳定,因此采用下临界雷诺数作为层流和紊流的判别标准。Re 大于下临界雷诺数时,流态为紊流,小于它时为层流。

典型例题解析

【例 12-5】 (2008)沿直径 200mm、长 4 000m 的油管输送石油,流量为 $2.8\times10^{-2}\text{m}^3/\text{s}$,冬季石油运动黏度为 $1.01\text{cm}^2/\text{s}$,夏季为 $0.36\text{cm}^2/\text{s}$,则冬、夏两季输油管道中的流态和沿程损失均正确的是:

A. 夏季为紊流,$h_f=29.4$m 油柱　　B. 夏季为层流,$h_f=30.5$m 油柱

C. 冬季为紊流,$h_f=30.5$m 油柱　　D. 冬季为紊流,$h_f=29.4$m 油柱

解 流速 $u=\dfrac{Q}{\dfrac{\pi d^2}{4}}=\dfrac{2.8\times10^{-2}}{\dfrac{\pi}{4}\times0.2^2}=0.891\text{m/s}$,夏季雷诺数 $Re=\dfrac{ud}{\nu}=\dfrac{0.891\times0.2}{0.36\times10^{-4}}=4\ 950>2\ 300$,则夏季时为紊流;冬季雷诺数 $Re=\dfrac{ud}{\nu}=\dfrac{0.891\times0.2}{1.01\times10^{-4}}=1\ 764<2\ 300$,则冬季时为层流。选 A。

12.2.3 流动阻力分类

实际流体具有黏性,在管道内流动时,流体内部流层之间存在相对运动和流动阻力。流体克服阻力做功,使一部分机械能转化为热能散发掉。总流单位重量流体的平均机械能损失称为水头损失。按流体在流动中产生机械能损失的外在原因的不同,可将流动阻力分为沿程阻力和局部阻力。

1)沿程阻力

在边壁沿程无变化的均匀流流段上,产生的流动阻力称为沿程阻力。流体克服沿程阻力做功引起的水头损失称为沿程水头损失。沿程水头损失均匀分布在整个流段上,与流段长度成比例。

在层流状态下,沿程阻力完全由黏性摩擦产生;在紊流状态下,沿程阻力由边界层黏性摩擦和流体质点的迁移与脉动产生。

2)局部阻力

在边壁沿程急剧变化,流速分布发生变化的局部区段上,集中产生的流动阻力称为局部阻力。因局部阻力引起的水头损失称为局部水头损失。在管径变化、弯管、阀门等处都有局部水头损失。

12.2.4 层流和紊流沿程阻力系数的计算

圆管沿程水头损失计算公式为

$$h_f=\lambda \cdot \frac{l}{d} \cdot \frac{u^2}{2g} \tag{12-10}$$

式中:λ——沿程摩阻系数;

l——管长;

d——管径;

u——断面平均流速。

1)层流时的 λ

因为

$$h_f=\frac{64}{\mathrm{Re}} \cdot \frac{l}{d} \cdot \frac{u^2}{2g}=\lambda \frac{l}{d} \frac{u^2}{2g}$$

故有

$$\lambda=\frac{64}{\mathrm{Re}} \tag{12-11}$$

式(12-11)表明,层流的沿程摩阻系数只是雷诺数的函数,与管壁粗糙度无关。

2)紊流时的 λ

由于紊流的复杂性,摩阻系数主要通过试验方法,查取经验图,或建立经验关联式来求解。

由图 12-3 可知,层流时,λ 是关于雷诺数的曲线,随 Re 的增大而减小;紊流时,λ 随 Re 增大而减小,当增大到某一值后,就基本不变了,此时沿程阻力与速度的平方成正比,该区域称为阻力平方区。

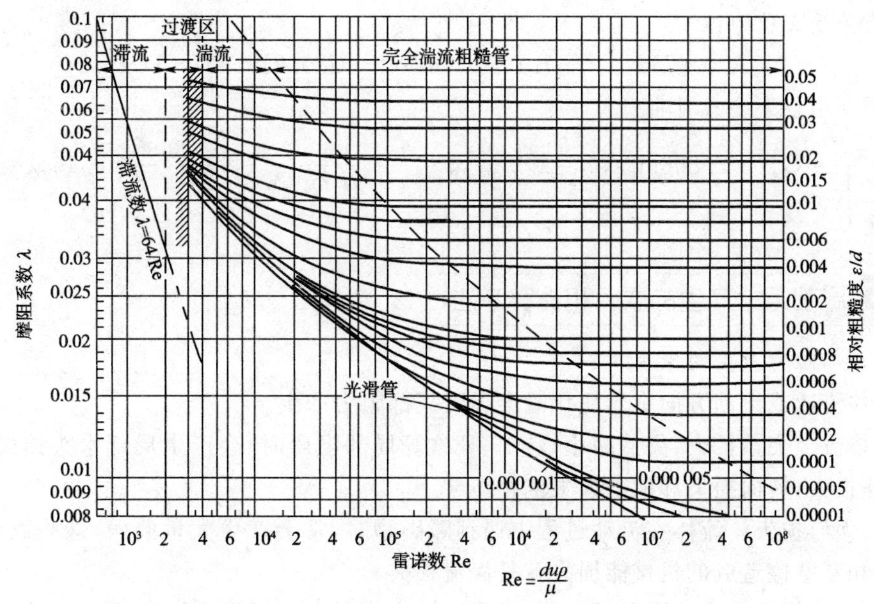

图 12-3 摩阻系数 λ 与雷诺数 Re 相对粗糙度 ε/d 的关系图

3)非圆管的沿程阻力

在工程上除了圆管之外，还有非圆管，如通风系统中的风管等矩形管道。这种情况下，需要把非圆管折算成圆管来计算。

水力半径公式为：

$$R=\frac{A}{\chi} \tag{12-12}$$

式中：R——水力半径；

A——过流断面面积；

χ——过流断面上流体与避免接触的周界，称为湿周。

圆管渠道，$R=d/4$；矩形渠道，$R=bh/(b+2h)$。

所以，对圆管来说，$d=4R$；对非圆管来说，把水力半径相等的圆管直径定义为非圆管的当量直径，即 $d_e=4R$，当量直径是水力半径的 4 倍。在式(12-10)中，把 d 换为 d_e 即可。

典型例题解析

【例 12-6】 (2007)某低速送风管，管道断面为矩形，长 $a=250$mm，宽 $b=200$mm，管中风速 $v=3.0$m/s，空气温度 $t=30$℃，空气的运动黏性系数 $\nu=16.6\times10^{-6}\text{m}^2/\text{s}$。试判别流态为：

A. 层流　　B. 紊流　　C. 急流　　D. 缓流

解 对于非圆管的运动，雷诺数 $\text{Re}=\frac{vR}{\nu}$，其中 v 是风速，R 是水力半径，ν 是运动黏性系数。可知 $R=\frac{A}{\chi}=\frac{ab}{a+2b}=\frac{0.25\times0.2}{0.25+2\times0.2}=\frac{1}{13}$m，雷诺数 $\text{Re}=\frac{vR}{\nu}=\frac{3\times1/13}{16.6\times10^{-6}}=$ 13 902>575(注意：用水力半径计算时，雷诺数标准为 575)，为紊流。选 B。

【例 12-7】 (2014)管道直径 $d=200$mm，流量 $Q=90$L/s，水力坡度 $J=0.46$，管道的沿程阻力系数 λ 值为：

A. 0.0219　　B. 0.00219　　C. 0.219　　D. 2.19

解 由以下公式可得：

$$v\frac{\pi d^2}{4}=Q, v=2.866\text{m/s}, h_f=\lambda\frac{l}{d}\frac{v^2}{2g}, J=\frac{h_f}{l}=\frac{\lambda}{d}\frac{v^2}{2g}, \frac{\lambda}{0.2}\times\frac{2.866^2}{2\times9.8}=0.46, \lambda=0.219$$

选 C。

12.2.5 局部阻力产生的原因和计算方法

1)局部阻力产生的原因

流体流速或流动方向突然变化时会导致局部阻力产生。

流体流经突然扩大、突然缩小、转向、分岔等局部阻碍时，会产生局部水头损失，有涡流损失、加速损失、转向损失和撞击损失四种。

(1)涡流损失。流体在流动过程中遇到障碍物时，常会产生大量漩涡，这些涡流内部和壁面之间相互摩擦造成的机械能损失就是涡流损失。

(2)加速损失。流体在经过变化的管径时，流速会发生变化，同时会导致压力的改变，这个过程中发生的能量损失就是加速损失。

(3)转向损失。流体在弯管中流动，或遇到障碍物要改变流向时，会消耗掉一部分能量，就是转向损失。

(4)撞击损失。流体遇到障碍物时,往往会和固体壁面发生碰撞,其过程中会有能量损失,即撞击损失。

其实,主流脱离壁面,漩涡区的形成是造成局部水头损失的主要原因。

2)局部阻力的计算方法

局部损失机理很复杂,多由试验确定。局部阻力有两种近似算法,局部阻力系数法和当量长度法。

(1)局部阻力系数法

$$h_j=\zeta\frac{u^2}{2g} \tag{12-13}$$

其中,ζ是局部阻力系数,由试验测定。常见的管件和阀门对应的ζ可查表得到。

(2)当量长度法

将局部阻力看做与某一长度为l_e的同径管道所产生的摩擦损失相当,此折算长度l_e称为当量长度。局部阻力计算公式为:

$$h_j=\lambda\frac{l_e}{d}\frac{u^2}{2g} \tag{12-14}$$

特殊突然扩大管(流入断面很大的容器)的管出口,其局部阻力系数$\zeta=1$,对应流速是管径扩大前的流速。突然缩小管(由断面很大的容器流出)的管入口,其局部阻力系数$\zeta=0.5$,对应流速是管径缩小后的流速。

典型例题解析

【例 12-8】 (2010)如图 12-4 所示,输水管道中设有阀门,已知管道直径为 50mm,通过流量为 3.34L/s,水银压差计读值$\Delta h=150$mm,水的密度$\rho=1\,000\text{kg/m}^3$,水银的密度$\rho=13\,600\text{kg/m}^3$,沿程水头损失不计,阀门的局部水头损失系数$\zeta$是:

A. 12.8　　B. 1.28

C. 13.8　　D. 1.38

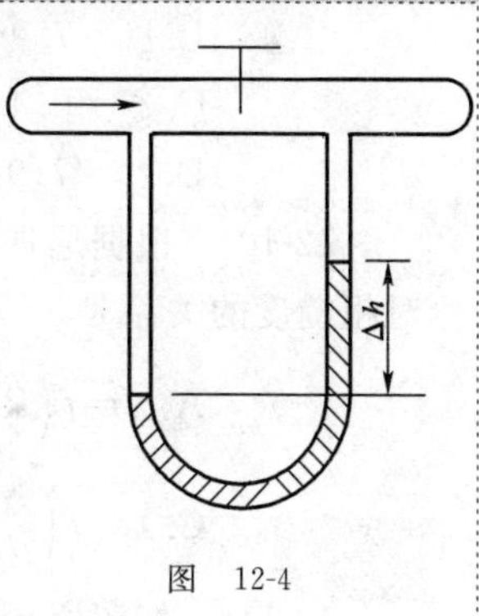

图 12-4

解 流量$Q=\frac{\pi}{4}d^2v$,得流速$v=\frac{4Q}{\pi d^2}=1.702\text{m/s}$。列总流能量方程$z+\frac{p_1}{\rho_水 g}+\frac{v^2}{2g}=z+\frac{p_2}{\rho_水 g}+\frac{v^2}{2g}+\zeta\frac{v^2}{2g}$,化简得$\frac{p_1}{\rho_水 g}=\frac{p_2}{\rho_水 g}+\zeta\frac{v^2}{2g}$,又有$p_1+\rho_水(\Delta h+h)=p_2+\rho_{水银}\Delta h+\rho_水 h$,代入可得$\frac{p_1-p_2}{\rho_水 g}=\frac{\rho_{水银}-\rho_水}{\rho_水}\Delta h=\zeta\frac{v^2}{2g}$。故阀门的局部水头损失系数$\zeta=\frac{\rho_{水银}-\rho_水}{v^2\rho_水}2g\Delta h=\frac{13\,600-1\,000}{1.702^2\times 1\,000}\times 2\times 9.8\times 0.15=12.789\approx 12.8$。选 A。

12.2.6 减少局部阻力的措施

可采用以下措施减少局部阻力:①减少局部组件个数;②改善局部组件形状;③进口采用圆弧光滑过渡;④改边界突变为渐变;⑤采用较大的转弯半径。

典型例题解析

【例 12-9】 下列措施不能减小局部阻力的是：

A. 改突然扩大为渐扩　　B. 减少组件个数

C. 采用小转弯半径　　D. 进出口采用圆弧形过渡

解 选 C。

经典练习

12-6 (2007)等直径圆管中的层流，其过流断面平均流速是圆管中最大流速的(　　)。

A. 1.0 倍　　B. 1/3　　C. 1/4　　D. 1/2

12-7 (2010)有两根管道，直径 d、长度 l 和绝对粗糙度 k 均相同，一根输送水，另一根输送油。当两管道中液流的流速 v 相等时，两者沿程水头损失 h_f 相等的流区是(　　)。

A. 层流区　　B. 紊流光滑区

C. 紊流过渡区　　D. 紊流粗糙区

12-8 (2008)实验用矩形明渠，底宽为 25cm，当通过流量为 $1.0\times10^{-2}\text{m}^3/\text{s}$ 时，渠中水深为 30cm，测知水温为 20℃($\nu=0.010\ 1\text{cm}^2/\text{s}$)，则渠中水流形态和判别的依据分别是(　　)。

A. 层流，Re=11 588>575　　B. 层流，Re=11 588>2 000

C. 紊流，Re=11 588>2 000　　D. 紊流，Re=11 588>575

12-9 (2008)轴线水平的突然扩大管，直径 d_1 为 0.3m、d_2 为 0.6m，实测水流流量为 $0.283\text{m}^3/\text{s}$，测压管水面高差 h 为 0.36m。求局部阻力系数 ζ，并说明测压管水面高差 h 与局部阻力系数 ζ 的关系。(　　)

A. $\zeta_1=0.496$(对应细管流速)，h 值增大，ζ 值减小

B. $\zeta_1=7.944$(对应细管流速)，h 值增大，ζ 值减小

C. $\zeta_2=0.496$(对应粗管流速)，h 值增大，ζ 值增大

D. $\zeta_2=7.944$(对应粗管流速)，h 值增大，ζ 值增大

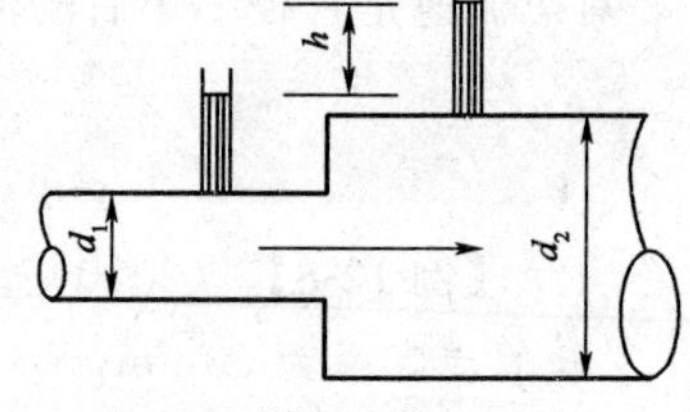

题 12-9 图

12-10 根据尼古拉兹试验判断，当水流处于紊流粗糙区时，沿程阻力系数与雷诺数、相对粗糙度的关系是(　　)。

A. $\lambda=f\left(\text{Re},\dfrac{\Delta}{d}\right)$　　B. $\lambda=f(\text{Re})$

C. $\lambda=f\left(\dfrac{\Delta}{d}\right)$　　D. 都不正确

12-11 如图所示，通过虹吸管由 A 池向 B 池供水，管路由 3 段组成，管径相同，$d=0.2\text{m}$，$l_1=5\text{m}$，$l_2=5\text{m}$，$l_3=8\text{m}$，沿程阻力系数 $\lambda_1=\lambda_2=\lambda_3=0.02$，进口局部损失系数 $\zeta_e=3$，中间有两个弯头，每个弯头的局部损失系数 $\zeta=0.3$。试求通过的流量。(　　)

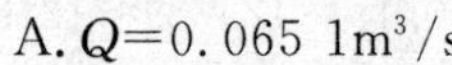

A. $Q=0.065\ 1\text{m}^3/\text{s}$　　B. $Q=0.085\ 0\text{m}^3/\text{s}$

C. $Q=0.097\ 3\text{m}^3/\text{s}$　　D. $Q=0.067\ 3\text{m}^3/\text{s}$

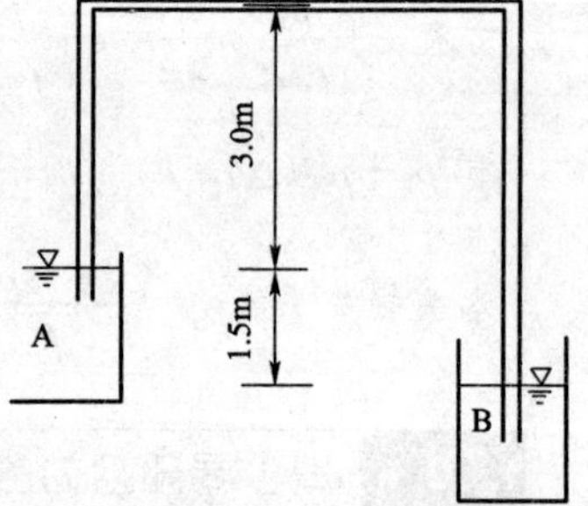

题 12-11 图

12-12 15℃水在半径为 10mm 的钢管内流动，流速为 0.15m/s，该水密度为 999kg/m^3，黏度为 0.001 14Pa·s，则该流动是(　　)。

A. 层流　　B. 湍流　　C. 过渡流　　D. 无法判断

12-13 (2017)已知某管道的孔口出流为薄壁孔口出流，则其出流系数中的流量系数(C_q)、流速系数(C_v)、收缩系数(C_c)的大小顺序排列正确的是(　　)。

A. $C_q<C_v<C_c$　　B. $C_q<C_c<C_v$　　C. $C_v<C_q<C_c$　　D. $C_c<C_q<C_v$

12.3 管道计算

考试大纲☞：孔口(或管嘴)的变水头出流　简单管路的计算　串联管路的计算　并联管路的计算

必备基础知识

12.3.1 孔口(或管嘴)的变水头出流

1)薄壁小孔恒定出流

容器壁上开孔，流体经孔口流出的水力现象称为孔口出流。孔口出流时壁厚对出流无影响。水流仅在一条周线上接触的孔口称为薄壁孔口。

(1)自由出流

水从孔口流出进入大气中叫做自由出流，如图12-5所示。恒定自由出流的基本公式为：

$$Q=\mu A\sqrt{2gH_0} \tag{12-15}$$

式中：μ——孔口流量系数；

A——孔口面积(m^2)；

H_0——作用水头(m)，$H_0\approx H$。

要保持恒定出流，需要保持容器内水面恒定，即流入量和流出量相等即可。

(2)淹没出流

水由孔口流入另一水体中，称为淹没出流，如图12-6所示，其基本公式为：

$$Q=\mu A\sqrt{2gH_0} \tag{12-16}$$

式中：μ——淹没孔口流量系数；

A——孔口面积(m^2)；

H_0——作用水头(m)，$H_0\approx H$。

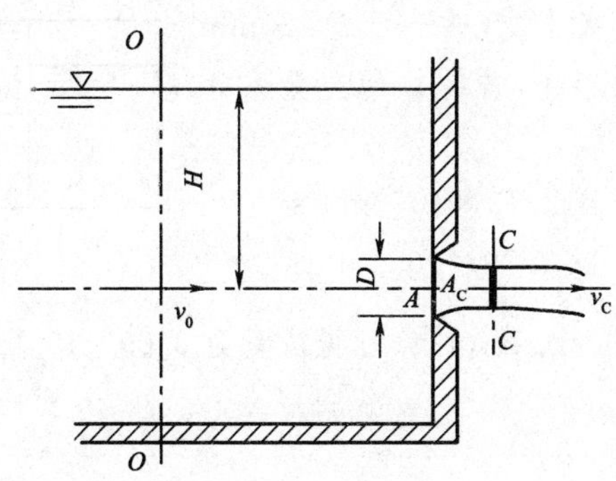

图 12-5　孔口自由出流

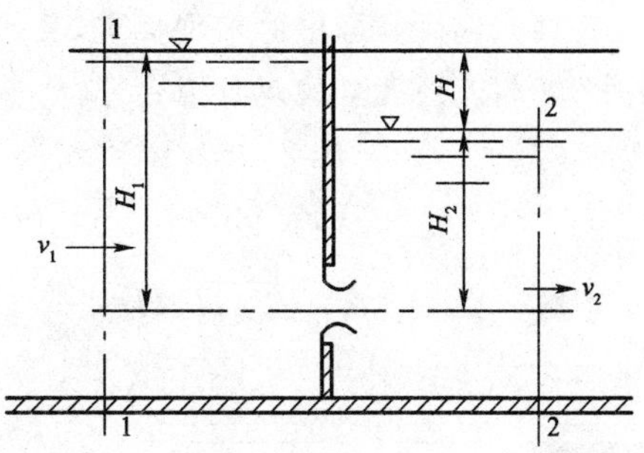

图 12-6　淹没出流

2)孔口的变水头出流

孔口出流过程中，若没有外来水补充，容器内水位随时间变化，导致孔口的流量随时间变化的流动，叫做孔口的变水头出流。其放空时间为：

$$t=\frac{2FH_1}{\mu A\sqrt{2gH_1}}=\frac{2V}{Q_{\max}} \tag{12-17}$$

式中：V——容器放空的体积(m^3)，$V=FH_1$，F 是容器底面积，H_1 是放空高度；

μ——自由出流孔口流量系数；

A——孔口面积(m^2)。

可以看出，变水头出流容器的放空时间等于在恒定水头 H_1 作用下，流出同体积水所需时间的 2 倍。

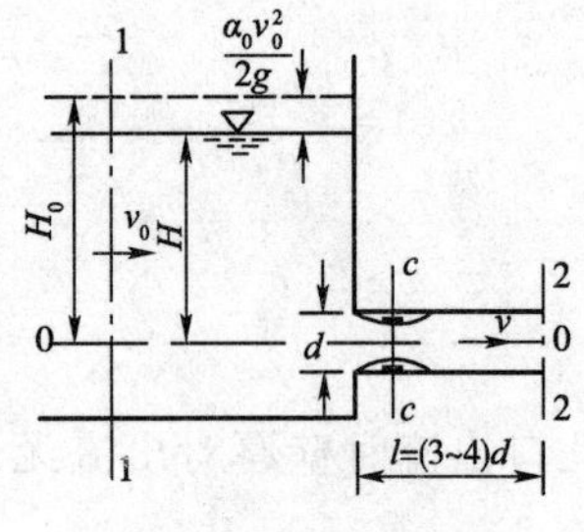

图 12-7　管嘴出流

3)管嘴出流

在孔口上接一个长度为 3～4 倍孔径的短管，水通过短管并在出口断面满管流出的水力现象称为管嘴出流。如图 12-7 所示，管嘴流量为：

$$Q=uA=\varphi_n A\sqrt{2gH_0}=\mu_n A\sqrt{2gH_0} \tag{12-18}$$

式中：H_0——作用水头(m)，$H_0\approx H$；

φ_n——管嘴流速系数，取 0.82；

μ_n——管嘴流量系数，取 0.82。

对比式(12-18)和式(12-19)，可知它们在形式上相同，但流量系数不同，$\mu_n=1.32\mu$。可见在相同水头作用下，同样面积管嘴的过流能力是孔口的 1.32 倍。孔口外接短管，增加了阻力，但流量不减，反而增加，这是因为管嘴收缩断面处有真空作用，相当于把孔口出流的作用水头增加了。

以上这些公式都是以伯努利方程为基础推导而来的，流量系数都是根据沿程水头损失和局部水头损失求算的。例如，一般短管的流量公式为：

$$Q=uA=\frac{1}{\sqrt{1+\lambda\frac{l}{d}+\sum\zeta}}\sqrt{2gH}A=\mu A\sqrt{2gH} \tag{12-19}$$

式中：$\sum\zeta$——局部损失系数和；

其他符号意义同前。

典型例题解析

【例 12-10】　(2014)图 12-8 所示容器 A 中水面上压强 $p_1=9.8\times10^3$ Pa，容器 B 中水面压强 $p_2=19.6\times10^3$ Pa，两水面高差为 0.5m，隔板上有一直径 $d=20$mm 的孔口。设两容器中的水位恒定，且水面上压强不变，若孔口的流量系数 $\mu=0.62$，流经孔口的流量为：

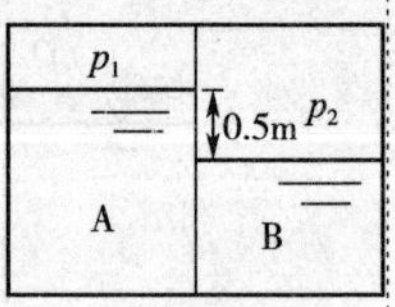

A. 2.66×10^{-3} m³/s　　B. 2.73×10^{-3} m³/s

C. 6.09×10^{-4} m³/s　　D. 2.79×10^{-3} m³/s

图 12-8

解　由 $Q=\mu A\sqrt{2gH}$，$H=\frac{p_2}{\rho g}-\left(0.5+\frac{p_1}{\rho g}\right)=0.5$m，计算可得流量为 6.09×10^{-4} m³/s。选 C。

12.3.2 简单管路的计算

长管是指水头损失以沿程损失为主，局部损失和流速水头都可忽略不计的管道，如城市给水管道。其中，沿程流量和直径都不变的管路称为简单管路。这种长管的全部作用水头都消

耗在沿程水头损失上，总水头线为连续下降的直线，并与测压管水头线重合（流速水头忽略不计）。其计算公式为

$$H=h_{\mathrm{f}}=\lambda\frac{l}{d}\frac{u^2}{2g}=\lambda\frac{l}{d}\left(\frac{4Q}{\pi d^2}\right)^2\frac{1}{2g}=\frac{8\lambda}{\pi^2 gd^5}lQ^2 \tag{12-20}$$

令 $a=\frac{8\lambda}{\pi^2 gd^5}$，称为比阻，则

$$H=alQ^2 \tag{12-21}$$

其中，a 的单位是 $\mathrm{s^2/m^6}$，它取决于沿程摩阻系数 λ 和管径 d，这些数据可以查找相关图表获取。该公式是长管流量的基本公式，是后面串联和并联管道计算的基础。

12.3.3 串联管路的计算

由直径不同的管段连接起来的管道，称为串联管道，如图 12-9 所示。其满足节点流量平衡，即

$$Q_i=Q_{i+1}+q_i \tag{12-22}$$

其中，q_i 表示第 i 段管道末尾与第 $i+1$ 段管路连接节点处泻流量大小。

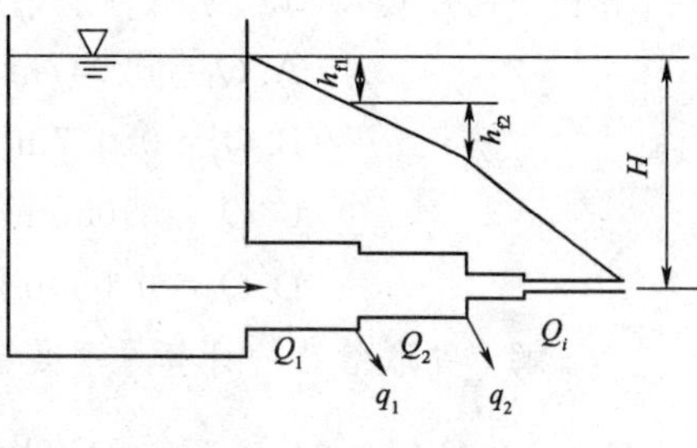

图 12-9 长管的串联

每一管段均为简单管道，水头损失按比阻计算

$$h_{\mathrm{f}i}=a_i l_i Q_i^2=S_i Q_i^2 \tag{12-23}$$

式中：S_i——管段阻抗，$S_i=a_i l_i$。

$$H=\sum_{i=1}^{n}h_{\mathrm{f}i}=\sum_{i=1}^{n}S_i Q_i^2 \tag{12-24}$$

若中途无流量分出，则

$$H=Q^2\sum(a_i l_i) \tag{12-25}$$

典型例题解析

【例 12-11】 一水塔供水系统，由三条管段串联组成。已知要求末端出水水头为 10m，$d_1=450\mathrm{mm}$、$l_1=1\ 500\mathrm{m}$、$Q_1=0.23\mathrm{m^3/s}$，$d_2=350\mathrm{mm}$、$l_2=1\ 000\mathrm{m}$、$Q_2=0.13\mathrm{m^3/s}$，$d_3=250\mathrm{mm}$、$l_3=1\ 000\mathrm{m}$、$Q_3=0.05\mathrm{m^3/s}$，管径改变处有出水。管道沿程阻力系数 $\lambda_1=0.012$、$\lambda_2=0.015$、$\lambda_3=0.018$，试求水塔高度：

A. 25.2m　　B. 23.85m　　C. 30.52m　　D. 22.08m

解 由公式 $H=\frac{8\lambda}{\pi^2 gd^5}lQ^2$，得 $H=\sum_{i=1}^{3}\frac{8\lambda i}{\pi^2 gd_i^5}l_iQ_i^2=12.08\mathrm{m}$，则水塔高度 $H'=H+10=22.08\mathrm{m}$。选 D。

12.3.4 并联管路的计算

在两节点之间并接两根以上管段的管路称为并联管路。如图 12-10 所示，总流量是分管段流量之和，各个分管段的首端和末端是相同的，那么这几个管段的水头损失都相等，即

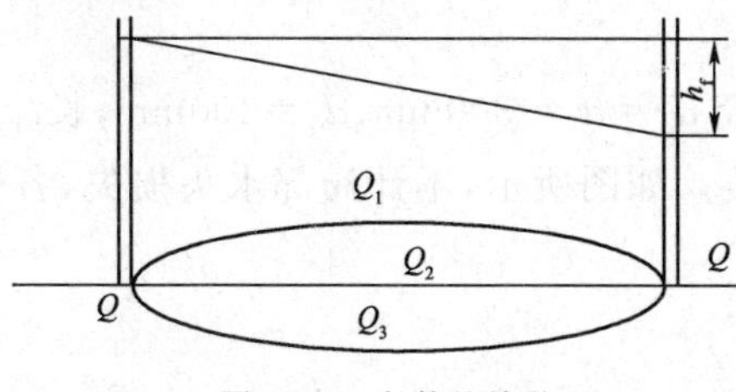

图 12-10 长管的并联

$$H=H_1=H_2=\cdots=H_i \tag{12-26}$$

以阻抗和流量表示为：

$$S_1Q_1^2=S_2Q_2^2=\cdots=S_iQ_i^2 \tag{12-27}$$

可知，并联长管中阻抗大的流量小，阻抗小的流量大。

若管路系统由总管部分和并联支管部分串联而成，则计算总阻力损失时只需计算并联部分中任一支管的阻力损失，而不需将并联部分各支管的阻力损失之和作为并联部分的总阻力损失。

典型例题解析

【例 12-12】 (2007)有一管材、管径相同的并联管路(图 12-11)，已知通过的总流量为 $0.08\text{m}^3/\text{s}$，管径 $d_1=d_2=200\text{mm}$，管长 $l_1=400\text{m}$、$l_2=800\text{m}$，沿程损失系数 $\lambda_1=\lambda_2=0.035$，则管中流量 Q_1 和 Q_2 分别为：

A. $Q_1=0.047\text{m}^3/\text{s}$，$Q_2=0.033\text{m}^3/\text{s}$

B. $Q_1=0.057\text{m}^3/\text{s}$，$Q_2=0.023\text{m}^3/\text{s}$

C. $Q_1=0.050\text{m}^3/\text{s}$，$Q_2=0.040\text{m}^3/\text{s}$

D. $Q_1=0.050\text{m}^3/\text{s}$，$Q_2=0.020\text{m}^3/\text{s}$

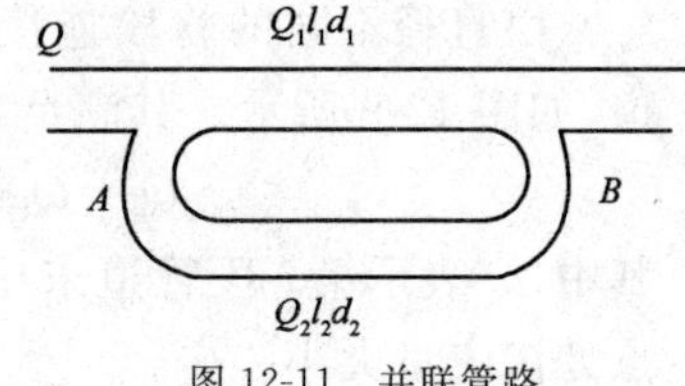

图 12-11 并联管路

解 并联管路的计算原理是能量方程和连续性方程，可知

$Q=Q_1+Q_2$，$h_{f1}=h_{f2}$，又 $h_f=SlQ^2$，$S=\dfrac{8\lambda}{g\pi^2d^5}$，得 $h_f=\dfrac{8\lambda lQ^2}{g\pi^2d^5}\approx\dfrac{\lambda lQ^2}{d^5}$，所以 $\dfrac{\lambda_1l_1Q_1^2}{d_1^5}=\dfrac{\lambda_2l_2Q_2^2}{d_2^5}$，得

$\dfrac{Q_1}{Q_2}=\sqrt{2}$，而 $Q=Q_1+Q_2=0.08\text{m}^3/\text{s}$，很容易解得 $Q_1=0.047\text{m}^3/\text{s}$，$Q_2=0.033\text{m}^3/\text{s}$。选 A。

经典练习

12-14 长管并联管道与各并联管段的(　　)。

A. 水头损失相等　　B. 总能量损失相等

C. 水力坡度相等　　D. 通过的流量相等

12-15 (2008)如图所示为一管径不同的有压弯管，细管直径 d_1 为 0.2m，粗管直径 d_2 为 0.4m，1-1 断面压强水头为 7.0m 水柱，2-2 断面压强水头为 4m 水柱，已知 v_2 为 1m/s，2-2 断面轴心点比 1-1 断面轴心点高 1.0m，则水流流向与 1-1、2-2 断面间的水头损失 h_w 为(　　)。

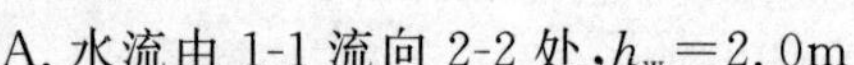

A. 水流由 1-1 流向 2-2 处，$h_w=2.0\text{m}$

B. 水流由 2-2 流向 1-1 处，$h_w=2.0\text{m}$

C. 水流由 1-1 流向 2-2 处，$h_w=2.8\text{m}$

D. 水流由 2-2 流向 1-1 处，$h_w=2.8\text{m}$

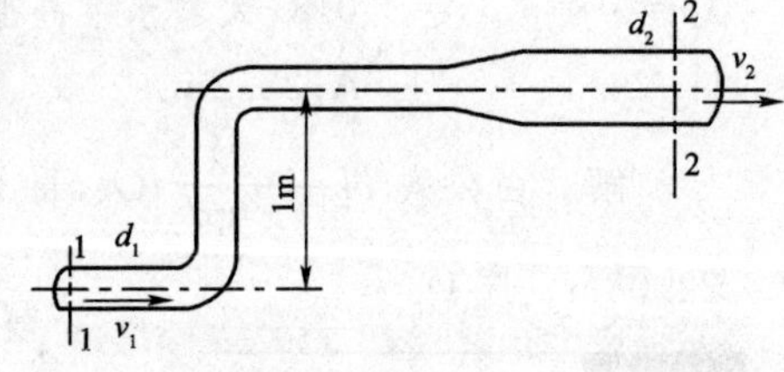

题 12-15 图

12-16 (2008)两水池水面高度差 $H=25\text{m}$，用直径 $d_1=d_2=300\text{mm}$、$d_3=400\text{mm}$，长 $l_1=400\text{m}$、$l_2=l_3=300\text{m}$，沿程阻力系数为 0.03 的管段连接。如图所示，不计局部水头损失，各管段流量应为(　　)。

A. $Q_1=238\text{L/s}$，$Q_2=78\text{L/s}$，$Q_3=160\text{L/s}$

B. $Q_1=230\text{L/s}$，$Q_2=75\text{L/s}$，$Q_3=154\text{L/s}$

C. $Q_1=228\text{L/s}, Q_2=114\text{L/s}, Q_3=114\text{L/s}$

D. 以上都不正确

12-17　如图所示，有两个水池，水位差为 8m，先由内径为 600mm、管长为 3 000m 的管道 A 将水自高位水池引出，然后由两根长为 3 000m、内径为 400mm 的 B、C 管接到低位水池。若管内摩擦系数 $\lambda=0.03$，则总流量为(　　)。

A. $0.17\text{m}^3/\text{s}$　　B. $195\text{m}^3/\text{s}$　　C. $320\text{m}^3/\text{s}$　　D. $612\text{m}^3/\text{s}$

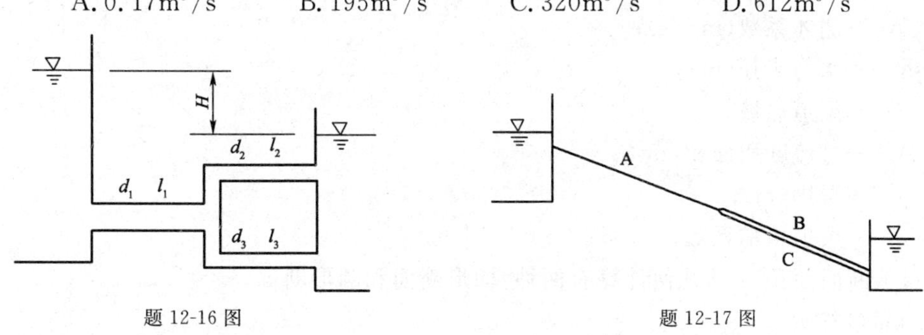

题 12-16 图　　　　题 12-17 图

12-18　(2017)某管道的断面为矩形，长 $a=100\text{mm}$，宽 $b=50\text{mm}$，流量 $Q=8.0\text{L/s}$，空气温度 $t=30℃$，其运动黏性系数 $\mu=1.57\times10^{-6}\text{m}^2/\text{s}$，试判别其流态为(　　)。

A. 层流　　B. 紊流　　C. 急流　　D. 缓流

12.4　明渠均匀流和非均匀流

考试大纲☞：明渠均匀流的计算公式　明渠水力最优断面和允许流速　明渠均匀流水力计算的基本问题　断面单位能量和临界水深　缓流、急流、临界流及其判断准则　明渠恒定非均匀渐变流的基本微分方程

必备基础知识

12.4.1　明渠均匀流的计算公式

明渠流动具有自由表面，表面压力都是大气压，重力对流动起主导作用；底坡的改变对流速和水深有直接影响；明渠局部边界变化对水深在很长距离上都有影响；明渠均匀流是流线为平行直线的明渠水流，是明渠流动的最简单形式。

明渠均匀流条件是沿程减少的位能等于沿程水头损失。因此，明渠均匀流只能出现在底坡不变，断面形状尺寸、粗糙系数都不变的顺向坡长直渠道中。明渠均匀流是等深流，水面线即测压管水头线，与渠底平行。它又是等速流，总水头线与测压管水头线平行，所以，水力坡度 $J=$渠底坡度 i。

明渠均匀流的基本计算公式为：

$$u=C\sqrt{RJ}=C\sqrt{Ri} \tag{12-28}$$

$$Q=Au=AC\sqrt{Ri} \tag{12-29}$$

$$R=\frac{A}{\chi} \tag{12-30}$$

$$C=\frac{1}{n}R^{\frac{1}{6}} \tag{12-31}$$

$$Q=\frac{1}{n}AR^{\frac{2}{3}}i^{\frac{1}{2}}=\frac{i^{\frac{1}{2}}A^{\frac{5}{3}}}{n\ \chi^{\frac{2}{3}}} \tag{12-32}$$

式中：u——明渠的断面平均流速(m/s)；

C——谢才系数($m^{\frac{1}{2}}/s$)；

R——水力半径(m)；

i——渠道底坡；

A——过流断面面积(m^2)；

χ——湿周(m)；

n——渠道粗糙系数。

过流断面面积 A 的几何计算有两种：梯形断面和圆形断面。

1)梯形断面

梯形断面颇具代表性，矩形是一种特殊的梯形。如图 12-12 所示，b 为底宽，h 为水深，m 表示边坡系数，$m=\cot\alpha$，则 $a=mh$。梯形断面的几何关系如下：

$$\left.\begin{array}{ll}\text{水面宽} & B=b+2mh \\ \text{过流断面面积} & A=(b+mh)h \\ \text{湿周} & \chi=b+2h\sqrt{1+m^2} \\ \text{水力半径} & R=\dfrac{A}{\chi}\end{array}\right\} \tag{12-33}$$

2)圆形断面

无压圆管均匀流是明渠均匀流特定的断面形式，它的形成条件、水力特征及基本公式都和前面所述的一样。如图 12-13 所示，d 为直径，h 为水深，α 为充满度，$\alpha=h/d$，θ 是充满角。其几何要素关系如下：

$$\left.\begin{array}{ll}\text{充满度} & \alpha=\sin^2\dfrac{\theta}{4} \\ \text{过流断面面积} & A=\dfrac{d^2}{8}(\theta-\sin\theta) \\ \text{湿周} & \chi=\dfrac{d}{2}\theta \\ \text{水力半径} & R=\dfrac{d}{4}\left(1-\dfrac{\sin\theta}{\theta}\right)\end{array}\right\} \tag{12-34}$$

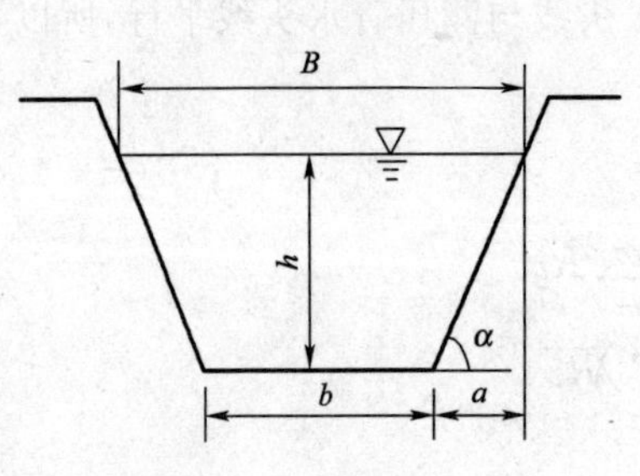

图 12-12　梯形断面

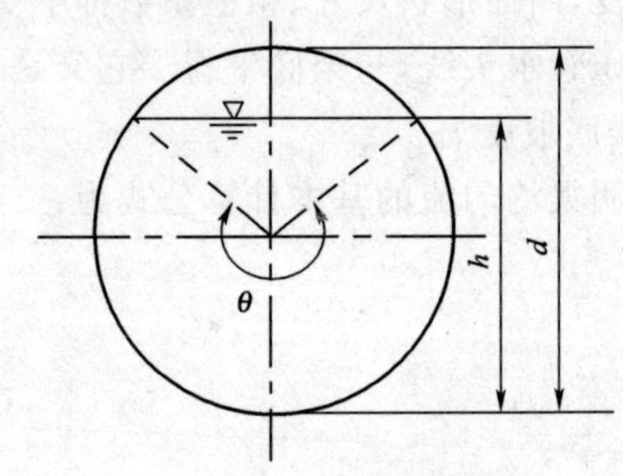

图 12-13　圆形断面

对于明渠均匀流的计算，首先要搞清楚过流断面的几何关系，求出过流断面面积、湿周、水力半径等，剩余的一些参数可通过查找图表得到。

典型例题解析

【例 12-13】 (2007)有一条长直的棱柱形渠道，梯形断面，底宽 $b=2.0\text{m}$，边坡系数 $m=1.5$，粗糙系数 $n=0.025$，底坡 $i=0.002$，设计水深 $h_0=1.5\text{m}$，则通过流量为：

A. $16.40\text{m}^3/\text{s}$　　B. $10.31\text{m}^3/\text{s}$　　C. $18.00\text{m}^3/\text{s}$　　D. $20.10\text{m}^3/\text{s}$

解 流量 $Q=\frac{1}{n}AR^{\frac{2}{3}}i^{\frac{1}{2}}=\frac{A^{\frac{5}{3}}i^{\frac{1}{2}}}{n\chi^{\frac{2}{3}}}$，过水断面面积 $A=(b+mh_0)h_0=6.375\text{m}^2$，湿周 $\chi=b+2h_0\sqrt{1+m^2}=7.41\text{m}$，代入公式得到 $Q=10.316\text{m/s}$。选 B。

12.4.2 明渠水力最优断面和允许流速

当过流断面面积 A、粗糙系数 n 及渠道底坡 i 一定时，使流量 Q 达到最大值的断面称为水力最优断面。由式(12-32)可知，湿周 χ 最小时，渠道断面最优，在计算上，其实就是求解一个函数的极值问题。

允许流速是一个范围值，即为确保渠道能长期稳定地通水，要将设计流速控制在既不冲刷渠底，又不致水中悬浮的泥沙沉降淤积的不冲不淤的范围之内。渠道设计流速的大小取决于土质和衬砌材料情况，渠道允许流速要大于不淤流速，小于不冲流速。

对于不同形状(如矩形、圆形、梯形)断面的渠道，过流断面面积 A 的相关计算不同。

(1)矩形断面宽深比为 2，即 $b=2h$ 时，水力最优。此时，最大允许流速 $v_{\max}=0.63\frac{\sqrt{i}}{n}(2\sqrt{1+m^2}-m)\cdot h^{\frac{2}{3}}$。

(2)梯形断面的水力半径为水深的一半，即 $R=h/2$ 时，水力最优。此时，最大允许流速 $v_{\max}=2^{\frac{1}{3}}\cdot\frac{\sqrt{i}}{n}h^{\frac{8}{3}}$。

注意：这里的断面是指过水断面，不是指渠道的边壁断面。但是，水力最优不一定经济最优，在设计时要综合考虑各方面因素。

典型例题解析

【例 12-14】 (2007)有一条长直的棱柱形渠道，梯形断面，按水力最优断面设计，底宽 $b=2.0\text{m}$，边坡系数 $m=1.5$，则在设计流量通过时，该渠道的正常水深(渠道设计深度)为：

A. 3.8m　　B. 3.6m　　C. 3.3m　　D. 4.0m

解 梯形断面按水力最优断面设计时，水力半径等于水深的一半，即 $R=h/2$，梯形断面的水力半径 $R=\frac{h(b+mh)}{b+2h\sqrt{1+m^2}}$，计算公式为 $\frac{h(b+mh)}{b+2h\sqrt{1+m^2}}=\frac{h}{2}$，解得 $h=3.3\text{m}$。选 C。

12.4.3 明渠均匀流水力计算的基本问题

(1)验算渠道的输水能力。当渠道建成后，过流断面的形状、尺寸，壁面材料 n，底坡 i 都已知，根据公式(12-28)～公式(12-32)算出 A、R、C 值，再计算流量即可。

(2)决定渠道底坡。这种情况是过流断面的形状、尺寸，壁面材料 n，流量 Q 均已知，先用

公式算出 $K=AC\sqrt{R}$，再带入明渠均匀流基本公式 $i=Q^2/K^2$。

(3)设计渠道断面。这时已知 Q、m、n、i，要设计出渠道的过流断面尺寸 b 和 h。有两个未知数，需列方程组求解，也可用试算法，但计算过程复杂，或在图中找点求解。

典型例题解析

【例 12-15】 (2014)坡度、边壁材料相同的渠道，当过水断面积相等时，明渠均匀流过水断面的平均流速在哪种渠道中最大？

A. 半圆形渠道　　B. 正方形渠道

C. 宽深比为 3 的矩形渠道　　D. 等边三角形渠道

解 根据明渠均匀流的基本公式 $Q=A\frac{1}{n}R^{\frac{2}{3}}i^{\frac{1}{2}}$ 可知，当过水断面面积、粗糙系数及渠道底坡一定时，使流量达到最大值的断面称为水力最优断面。即湿周最小时，渠道断面最优，流量最大，平均流速最大。选 A。

12.4.4 断面单位能量和临界水深

明渠非均匀流是不等深、不等速流动，水深的变化同明渠的流动状态有关。设水深为 h，流量为 Q，过水断面面积为 A，断面动能修正系数为 α。以断面最低点为基准点，则总水头方程为

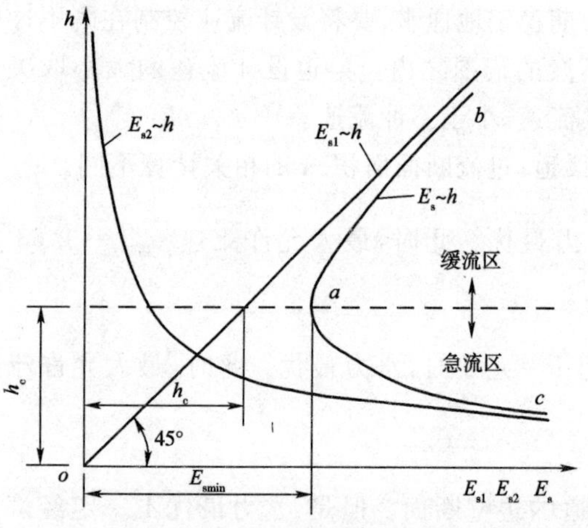

$$E=h+\frac{\alpha v^2}{2g}=h+\frac{\alpha Q^2}{2gA^2}=f(h) \quad (12\text{-}35)$$

E 称为断面单位能量(或断面比能)，是单位重量液体相对于通过该断面最低点的基准面的机械能。单位重量流体的机械能是相对于沿程同一基准面的机械能，其值沿程减少。而断面单位能量 E 是以各个断面最低点为基准面来计算的，只和水深、流速有关，与该断面位置的高低无关。以水深为纵坐标，断面能量为横坐标，做曲线，如图 12-14 所示。

图 12-14 断面单位能量与临界水深

当 $h\to 0$ 时，$A\to 0$，则 $E\to\infty$，曲线以横轴为渐近线；当 $h\to\infty$ 时，$A\to\infty$，则 $E\approx h\to\infty$，曲线以通过原点与横轴呈 45°角的直线为渐近线。可以看出，断面单位能量存在最小值，其对应的水深 h_{cr} 为临界水深。

临界水深可由式(12-36)确定

$$\frac{\alpha Q^2}{g}=\frac{A_{cr}^3}{B_{cr}} \quad (12\text{-}36)$$

其中，A、B 表示临界水深时的过流断面面积和水面宽度，cr 表示在临界水深情况下。式(12-36)等号左边是已知量，右边是临界水深的函数，可解得 h_{cr}。

典型例题解析

【例 12-16】 (2010)明渠流临界状态时，断面比能 e 与临界水深 h_k 的关系是：

A. $e=h_k$　　B. $e=\frac{2}{3}h_k$　　C. $e=\frac{3}{2}h_k$　　D. $e=2h_k$

解 本题属于记忆题。选 C。

12.4.5 缓流、急流、临界流及其判断准则

明渠中由于流速与波速的比值不同而出现两种不同性质的水流形态。流速小于波速，外界干扰引起的水面波动能逆流上传的水流称为缓流。缓流水势平稳，遇到底部障碍物时水面下跌。流速大于波速，外界干扰引起的水面波动不能上传的水流称为急流。急流水势湍急，遇到底部障碍物时水面隆起，一跃而过。临界流是介于急流与缓流之间的流态。急流与缓流可通过多种形式来判断，见表 12-1。

明渠水流流态的各种判别方法 表 12-1

判别法 / 流态	按波速 v_c $v_c=\sqrt{gA/B}$	按佛罗德数 Fr $\mathrm{Fr}=\sqrt{u^2/(gh)}$	按临界水深 h_c	均匀流时按底坡
缓流	$v<v_c$	$\mathrm{Fr}<1$	$h>h_c$	$i<i_c, h_0>h_c$
临界流	$v=v_c$	$\mathrm{Fr}=1$	$h=h_c$	$i=i_c, h_0=h_c$
急流	$v>v_c$	$\mathrm{Fr}>1$	$h<h_c$	$i>i_c, h_0<h_c$

典型例题解析

【例 12-17】 (2014)明渠流动为缓流时，v_k、h_k分别表示临界流速和临界水深：

A. $v>v_k$　　B. $h<h_k$　　C. $\mathrm{Fr}<1$　　D. $\dfrac{de}{dh}<1$

解 当明渠流动为缓流时，$v<v_k$、$h>h_k$、$\mathrm{Fr}<1$、$\dfrac{de}{dh}>1$。选 C。

12.4.6 明渠恒定非均匀渐变流的基本微分方程

明渠水流从急流状态过渡到缓流状态时，水面骤然跃起的急变流现象叫水跃，水面急剧上升。水跌是明渠水流从缓流过渡到急流，水面急剧降落的急变流现象。渐变流微分方程为：

$$\left.\begin{aligned}&-\mathrm{d}z=\mathrm{d}\left(\frac{\alpha v^2}{2g}\right)+\mathrm{d}h_f\\&\frac{\mathrm{d}E}{\mathrm{d}s}=i-J\\&\frac{\mathrm{d}h}{\mathrm{d}s}=\frac{i-J}{1-\mathrm{Fr}^2}\end{aligned}\right\}\tag{12-37}$$

式(12-37)中第一个表示的是能量的转化关系，即减小的势能一部分用于克服沿程损失，另一部分转化为动能，表现为动能的增加；第二个表示的是断面单位能量沿程的变化关系，如果 $i>J$，说明坡度大，断面单位能量沿程增加；第三个表示的是水深沿程的变化关系，是进行水面曲线分析和计算的基本公式。

经 典 练 习

12-19 (2010)在无压圆管均匀流中，其他条件不变，通过最大流量时的充满度 h/d 为(　　)。

A. 0.81　　B. 0.87 流速最大　　C. 0.95　　D. 1.0

12-20 有两个断面形状、尺寸完全相同的棱柱形渠道，$n_1<n_2$，在通过相同流量的情况下，有(　　)。

A. $h_1<h_2$　　B. $h_1=h_2$　　C. $h_1>h_2$　　D. 无法判断

12-21 发生水跃的水力条件是(　　)。

A. 从急流过渡到急流　　B. 从急流过渡到缓流

C. 从缓流过渡到缓流　　　　　　　　D. 从缓流过渡到急流

12-22　有一排水渠道，边坡系数 $m=1$，粗糙系数 $n=0.020$，底坡 $i=0.003$，通过流量 $Q=1.2\text{m}^3/\text{s}$，排水断面为梯形，按水力最优断面设计，其断面尺寸为（　　）。

A. $b=0.577\text{m}, h=0.70\text{m}$　　B. $b=2.12\text{m}, h=1.25\text{m}$

C. $b=1.50\text{m}, h=1.50\text{m}$　　D. $b=1.0\text{m}, h=1.5\text{m}$

12-23　(2017)有一条长直的棱柱形渠道，梯形断面，按水力最优断面设计，底宽 $b=1.5\text{m}$，边坡系数 $m=1.5$，则在设计流量通过时，该渠道的正常水深为（　　）。

A. 2.5m　　B. 3.5m　　C. 3.0m　　D. 2.0m

12-24　发生水跃和水跌的水利条件是（　　）。

A. 都是从急流过渡到缓流

B. 都是从缓流过渡到急流

C. 水跃是从急流过渡到缓流，水跌是从缓流过渡到急流

D. 水跃是从缓流过渡到急流，水跌是从急流过渡到缓流

12-25　下列哪项能作为判别明渠均匀流的指标？（　　）

A. 雷诺数　　B. 断面单位能量　　C. 水深　　D. 流速

12-26　缓流和急流越过障碍物时水面分别如何变化？（　　）

A. 升高，跌落　　B. 跌落，升高　　C. 不变，升高　　D. 不变，跌落

12.5　紊流射流与紊流扩散

考试大纲☞： 紊流射流的基本特征　圆断面射流　平面射流

必备基础知识

12.5.1　紊流射流的基本特征

紊流射流是指流体自孔口、管嘴或条形缝向外界流体空间喷射所形成的流动，流动状态通常为紊流。其特征如下：

(1)几何特征。射流按一定的扩散角向前扩散运动，射流外边界近似为直线。

(2)运动特征。同一断面上，轴心速度最大，至边缘速度逐渐减小为零；各断面纵向流速分布具有相似性。

(3)动力特征。出口横截面上动量等于任意横截面上动量(各截面动量守恒)。

典型例题解析

【例 12-18】　(2010)喷口或喷嘴射入无限广阔的空间，并且射流出口的雷诺数较大，则称为紊流自由射流，其主要特征是：

A. 射流主体段各断面轴向流速分布不相似

B. 射流各断面的动量守恒

C. 射流起始段中流速的核心区为长方形

D. 射流各断面的流量守恒

解　各断面速度分布具有相似性，A 错；射流核心区为圆锥形，C 错；断面流量沿程逐渐增大，D 错。选 B。

【例 12-19】 (2014)在紊流射流中,射流扩散角 α 取决于:

A. 喷嘴出口流速

B. 紊流强度,但与喷嘴出口特性无关

C. 喷嘴出口特性,但与紊流强度无关

D. 紊流强度和喷嘴出口特性

解 紊流射流中,射流扩散角与紊流强度和喷嘴出口特性均有关。选 D。

12.5.2 圆断面射流

圆断面射流是指流体由孔口或喷嘴射出,进入无限空间的紊流淹没射流。射流流体和周围介质之间的掺混是在圆锥面上进行的。

12.5.3 平面射流

流体从狭长的缝隙中外射运动时,射流在条缝长度方向几乎无扩散运动,这种流动可视为平面运动,故称为平面射流。该流体与周围介质之间的掺混是在上下表面进行的。

经 典 练 习

12-27 (2008)下列关于无限空间气体淹没紊流射流的说法中,正确的是(　　)。

A. 不同形式的喷嘴,紊流系数确定后,射流边界层的外界边线也就被确定,并且按照一定的扩散角向前做扩散运动

B. 气体射流中任意点上的压强周围气体的压强

C. 在射流主体段的不断混掺,各射流各断面上的动量不断增加,也就是单位时间通过射流各断面的流体总动量不断增加

D. 紊流射流横断面上流速分布规律是:轴心处速度最大,从轴心向边界层边缘速度逐渐减小至零,越靠近射流出口,各断面速度分布曲线的形状越扁平化

12-28 当喷嘴形状与出口流速一定时(　　)。

A. 射流的边界层外边界线不能确定

B. 射流的边界层外边界线不能确定,沿程不断变化

C. 射流的边界层外边界线就确定了

D. 以上说法都不对

12-29 (2017)在紊流射流中,射流扩散角 α 取决于(　　)。

A. 喷嘴出口流速

B. 紊流强度和喷嘴出口流速

C. 紊流强度,但与喷嘴出口流速无关

D. 喷嘴出口流速,但与紊流强度无关

12-30 下列关于无限空间紊流射流特征的说法中,正确的是(　　)。

A. 紊流射流形成向周围扩散的圆柱形流场

B. 在紊流射流各断面上动量是不守恒的

C. 射流各断面的速度分布没有相似性

D. 在射流中任意点的压强均等于周围的大气压强

12-31　下列哪项不是无限空间紊流射流所具有的特征？(　　)

A. 射流各断面速度分布具有相似性

B. 形成向周围扩散的圆锥形流场

C. 离管嘴距离越远，轴心上速度越大，边界层厚度越大

D. 各断面上的动量相等

12.6　气体动力学基础

考试大纲☞： 压力波传播和音速概念　可压缩流体一元稳定流动的基本方程　渐缩喷管与拉伐管的特点　实际喷管的性能

必备基础知识

12.6.1　压力波传播和音速概念

快速的压强变化会产生压力波。气体与固体不同，很容易被压缩，当在气体中激起压力变动时，气体的密度将产生与压力相同形式的变动，压力波的传播过程实际上就是密度变化的传播过程。

音速也叫声速，是介质中微弱压强扰动的传播速度。其大小因媒质的性质和状态而异。空气中的音速在1个标准大气压和15℃的条件下约为340m/s。

一般来说，音速与介质的性质和状态有关。在压缩性小的介质中的音速大于在压缩性大的介质中的音速。介质状态不同，音速也不同。音速的数值在固体中比在液体中大，在液体中又比在气体中大。音速的大小还随大气温度的变化而变化。

可压缩性流体中的音速 c 还与气体的绝对温度有关，理想气体中的音速与绝对温度的平方根成正比，即

$$c=\sqrt{\gamma RT} \tag{12-38}$$

其中，γ 是绝热指数，R 是理想气体常数，T 是热力学温度。

典型例题解析

【例 12-20】　(2010)常压下，空气温度为23℃时，绝热指数 $\gamma=1.4$，气体常数 $R=287\text{J/(kg}\cdot\text{K)}$，声速为：

A. 330m/s　　B. 335m/s　　C. 340m/s　　D. 345m/s

解　$c=\sqrt{\gamma RT}=\sqrt{1.4\times287\times(23+273)}=345\text{m/s}$。选 D。

12.6.2　可压缩流体一元稳定流动的基本方程

1)连续性方程

连续性方程即质量守恒方程为

$$\rho_1 u_1 A_1=\rho_2 u_2 A_2=C \tag{12-39}$$

2)动量方程

对于理想气体，有

$$\frac{\mathrm{d}p}{\rho}+u\mathrm{d}u=0 \tag{12-40}$$

这是伯努利方程的微分式。

3)机械能衡算方程

恒温流动时,有

$$p_1^2-p_2^2=\frac{2RTG^2}{M}\left(\ln\frac{p_1}{p_2}+\frac{\lambda l}{2d}\right) \tag{12-41}$$

其中,p 是截面压强,M 是气体分子摩尔质量,G 是质量流速(单位时间内流经单位垂直截面的流体质量)。

当管道很长,p_1、p_2 相差不大时,式(12-41)右端括号内,第一项比第二项小得多,可忽略不计,则有

$$\frac{p_1-p_2}{\rho_{\mathrm{m}}}=\lambda\frac{l}{d}\frac{G^2}{2\rho_{\mathrm{m}}^2}=\lambda\frac{l}{d}\frac{u_{\mathrm{m}}^2}{2} \tag{12-42}$$

平均密度为

$$\rho_{\mathrm{m}}=\frac{p_{\mathrm{m}}M}{RT}=\frac{(p_1+p_2)M}{2RT} \tag{12-43}$$

4)状态方程

理想气体状态方程为

$$\frac{p}{\rho}=RT \tag{12-44}$$

12.6.3 渐缩喷管与拉伐管的特点

当气流速度小于音速时,与液体运动规律相同,速度随断面增大而减小、随断面减小而增大。但是,气体流速大于音速时,速度会随断面增大而增大、随断面减小而减小。这是因为沿着流线方向,气体密度变化和速度变化是成正比的。在亚音速状态下,密度变化小于速度变化;在超音速状态下,密度变化大于速度变化。

所以,将亚音速气流加速到音速或小于音速,需采用渐缩喷管;将亚音速气流加速到超音速,需先经过收缩管加速到音速,再进入能使气流进一步增速到超音速的扩张管,这就是拉伐管。

典型例题解析

【例 12-21】 (2007)根据可压缩流体一元恒定流动的连续性方程,亚音速气流的速度随流体过流断面面积的增大而:

A. 增大　　B. 减小　　C. 不变　　D. 难以确定

解　$\rho_1u_1A_1=\rho_2u_2A_2$,可知速度与过流断面面积成反比,故亚音速气流的速度随流体过流断面的增大而减小。选 B。

【例 12-22】 (2014)可压缩流动中,欲使流速从超音速减小到音速,则断面必须:

A. 由大变到小　　B. 由大变到小再由小变到大

C. 由小变到大　　D. 由小变到大再由大变到小

解　当气流速度小于音速时,与液体运动规律相同,速度随断面增大而减小、随断面减小而增大。但是,当气流速度大于音速时,速度会随断面增大而增大、随断面减小而减小。所以,将亚音速气流加速到音速或小于音速,需采用渐缩管;将亚音速气流加速到超音速,需先收缩管加速到音速,再进入扩张管。欲将超音速减小到音速,需收缩管径使超音速减小到音速。选 D。

12.6.4 实际喷管的性能

实际喷管存在摩擦，不再是等熵流，需用喷管效率和流量系数加以校正。

经典练习

12-32 超音速气流速度随过流断面增大而(　　)。

A. 增大　　B. 减小　　C. 不变　　D. 不确定

12-33 同一种气体声速值与温度的变化关系为(　　)。

A. 随温度的增加而减小

B. 随温度的增加而增大

C. 不随温度变化

D. 不确定

12-34 在压力不变的情况下，空气的声速随温度的升高而(　　)。

A. 减小　　B. 增大

C. 不变　　D. 不一定

12-35 亚音速气流进入渐缩管和超音速气流进入渐扩管，其流速分别如何变化？(　　)

A. 变大，变小　　B. 变小，变大

C. 均变大　　D. 均变小

12.7 相似原理和模型试验方法

考试大纲☞： 流动相似　相似准则　因次分析法　流体力学模型研究方法　试验数据处理方法

必备基础知识

12.7.1 流动相似

大多数工程试验都是在模型上进行的。模型和实物原型要有同样的运动规律，有相似的流动，运动参数也存在固定的比例关系。相似理论是模型试验的理论基础。

流体运动的相似包括：几何相似、运动相似、动力相似、边界条件和初始条件相似。

1)几何相似

几何相似是指两个流动流场的几何形状相似，即相应的线段长度成比例(长度比尺相同)、夹角相等。

2)运动相似

运动相似是指两个流动相应点速度大小成比例(比尺相同)，方向相同。

3)动力相似

动力相似是指两个流动相应点处质点受同名力作用，力的大小成比例(比尺相同)，方向相同。

4)边界条件和初始条件相似

边界条件和初始条件相似是保证流体相似的充分条件。如原型中的固体壁面，模型中相应部分也要设成固体壁面。

典型例题解析

【例 12-23】 (2016)下列关于流动相似的条件中可以不满足的是：

A. 几何相似　B. 运动相似　C. 动力相似　D. 同一种流体介质

解 流动相似是图形相似的推广。流动相似具有三个特征，或者说要满足三个条件，即几何相似、运动相似、动力相似。其中，几何相似是前提，动力相似是保证，才能实现运动相似这个目的。运动相似和动力相似是表示原型和模型两个流动对应的点速度、压强和所受的作用力都分别满足确定的比例关系。选 D。

12.7.2 相似准则

几何相似是运动相似和动力相似的前提条件。所以，首先要满足几何相似，其次是实现动力相似。要使两个流动动力相似，各项比尺须满足一定的约束关系，这种约束关系就称为相似准则。

对于两个液体流动，相似准则包括雷诺准则、弗劳德准则、欧拉准则和柯西准则。

1)雷诺准则

$$\frac{v_1 l_1}{\nu_1}=\frac{v_2 l_2}{\nu_2}$$

$$\mathrm{Re}_1=\mathrm{Re}_2 \tag{12-45}$$

雷诺数 $\mathrm{Re}=vl/\nu$，表征惯性力与黏滞力之比。雷诺数相等，黏滞力相似。

2)弗劳德准则

$$\frac{v_1}{\sqrt{g_1 l_1}}=\frac{v_2}{\sqrt{g_2 l_2}}$$

$$\mathrm{Fr}_1=\mathrm{Fr}_2 \tag{12-46}$$

弗劳德数 $\mathrm{Fr}=v/\sqrt{gl}$，表征惯性力与重力之比。弗劳德数相等，重力相似。

3)欧拉准则

$$\frac{p_1}{\rho_1 v_1^2}=\frac{p_2}{\rho_2 v_2^2}$$

$$\mathrm{Eu}_1=\mathrm{Eu}_2 \tag{12-47}$$

欧拉数 $\mathrm{Eu}=p/\rho v^2$，表征压力与惯性力之比。欧拉数相等，压力相似。

4)柯西准则

$$\frac{\rho_1 v_1^2}{K_1}=\frac{\rho_2 v_2^2}{K_2}$$

$$\mathrm{Ca}_1=\mathrm{Ca}_2 \tag{12-48}$$

式中：K——流体的体积模量。

柯西数 $\mathrm{Ca}=\rho v^2/K$，表征惯性力与弹性力之比。柯西数相等，弹性力相似。

典型例题解析

【例 12-24】 (2007)为了验证单孔小桥的过流能力，按重力相似准则(弗劳德准则)进行模型试验，小桥孔径 $b_p=24\mathrm{m}$，流量 $Q_p=30\mathrm{m^3/s}$，长度比尺 $\lambda_L=30$，介质为水，则模型中流量 Q_m 为：

A. $7.09\times10^{-3}\mathrm{m^3/s}$　B. $6.09\times10^{-3}\mathrm{m^3/s}$　C. $10\mathrm{m^3/s}$　D. $1\mathrm{m^3/s}$

解 弗劳德准则即重力相似，可知弗劳德数相等，$\mathrm{Fr_p}=\mathrm{Fr_m}$，$\lambda_v=\sqrt{\lambda_L}$，$Q=Av$，则 $\lambda_Q=\lambda_L^2\lambda_v=\lambda_L^{\frac{5}{2}}$，故模型中流量 $Q_m=Q_p/\lambda_Q=30/30^{\frac{5}{2}}=0.00609\mathrm{m^3/s}$。选 B。

【例 12-25】 (2014)要保证两个流动问题的力学相似，以下描述错误的是：

A. 应同时满足几何、运动、动力相似

B. 相应点的同名速度方向相同、大小成比例

C. 相应线段长度和夹角均成同一比例

D. 相应点的同名力方向相同、大小成比例

解 要保证两个流动问题的力学相似，必须是两个流动几何相似，运动相似，动力相似，以及两个流动的边界条件和起始条件相似。相应线段长度成比例，同名力、同名速度方向相同，故夹角相同。欲将超音速减小到音速，需收缩管径使超音速减小到音速。选 C。

12.7.3 因次分析法

流体力学的简单问题，可通过建立流体运动的基本方程来求解。但对于许多复杂的工程问题，求解基本方程在数学上存在困难或无法列出方程，这时就要采用因次分析法来进行研究。

因次分析法也叫量纲分析法，是在量纲和谐原理（凡正确反映客观规律的物理方程，其各项的量纲一定是一致的）基础上发展起来的。该分析法有两种：瑞利法和布金汉法。前者适用于较简单的问题，后者具有普遍性。

(1)瑞利法。某一物理过程与几个物理量有关，如 q_1、q_2、q_3、q_4，则其中一个物理量可表示为其他物理量的指数乘积形式，如 $q_1=Kq_2^a q_3^b q_4^c$，其中 K 为由试验确定的系数。根据量纲和谐原理求算各指数，再将指数代回到上式即可。

(2)布金汉法。该法是应用 π 定理（又称布金汉定理）进行量纲分析。π 定理指出：一个物理过程包含 n 个物理量，其中有 m 个基本量，则可以转化成包含 $n-m$ 个独立的无量纲项的关系式。如 $q_1, q_2, q_3, \cdots, q_n$，其中 q_1, q_2, q_3 为基本量，则 $\pi_1=q_4/(q_1^{a_1} q_2^{b_1} q_3^{c_1})$，$\pi_2=q_5/(q_1^{a_2} q_2^{b_2} q_3^{c_2})$，$\pi_3=q_6/(q_1^{a_3} q_2^{b_3} q_3^{c_3})$，$\cdots$，$\pi_{n-3}=q_n/(q_1^{a_{n-3}} q_2^{b_{n-3}} q_3^{c_{n-3}})$。π 都是无量纲数，这样可以求出各指数，再整理方程式即可。

12.7.4 流体力学模型研究方法

运用数学分析来求解流体动力学问题是有限的，大量问题还要依靠试验研究方法来解决。试验研究方法分为直接试验方法和模型试验方法。直接试验方法有很大局限性：试验结果只能用于特定的试验条件；对于一些极端条件（温度、压力过高）下的试验难以进行；常常得出个别量之间的规律，难以抓住现象的全部实质；对于尚未建造的设备，也无法进行试验。

然而，模型试验能很好地解决这些问题。根据相似原理，进行模型试验。制成和原型相似的小尺寸模型进行试验研究，并以试验的结果预测出原型将会发生的情况。

模型试验要做到完全相似是比较困难的，一般只能达到近似相似，需要保证对流动起决定性作用的条件相似。如有压管流、潜体绕流，黏滞力起主要作用，按雷诺准则设计模型；明渠流动、堰顶溢流等，重力起主要作用，按弗劳德准则设计模型。

典型例题解析

【例 12-26】 在做模型试验时，采用同一介质，按雷诺准则，其流速比尺是：

A. $\lambda_v=\sqrt{\lambda_l}$　　B. $\lambda_v=\lambda_l$

C. $\lambda_v=1/\lambda_l$　　D. $\lambda_v=\lambda_l^2$

解 考查雷诺准则。选 C。

12.7.5 试验数据处理方法

根据相似原理将试验数据整理成含有无量纲数的相似准则方程式，再根据前面所述方法将所有无量纲数之间的关系表示成指数函数形式，系数由试验确定。

经典练习

12-36　以 L、M、T 为基本量纲，试推出黏度 μ 的量纲(　　)。

A. L/T^2　　B. L^2/T　　C. M/TL　　D. T/LM

12-37　在做模型试验时，采用同一介质，按弗劳德准则，其流量比尺为(　　)。

A. $\lambda_Q=\lambda_l$　　B. $\lambda_Q=\sqrt{\lambda_l}$　　C. $\lambda_Q=\lambda_l^2$　　D. $\lambda_Q=\lambda_l^{2.5}$

12-38　闸门出流模型试验中，采用长度比尺 1∶20，模型中流量为 45L/s，则原型流量为(　　)。

A. $0.9m^3/s$　　B. $80.5m^3/s$　　C. $36m^3/s$　　D. $180m^3/s$

12-39　在做模型试验时，采用雷诺准则，同一介质，长度比尺为 10，模型中速度为 15m/s，则原型中速度为(　　)。

A. 1.5m/s　　B. 15m/s　　C. 0.5m/s　　D. 30m/s

12-40　下列哪项是重力的量纲(用质量 M、时间 T、长度 L 来表示)？(　　)

A. ML/T　　B. ML^2/T　　C. ML/T^2　　D. ML^2/T^2

12.8 泵与风机

考试大纲☞：泵与风机的工作原理及性能参数　泵与风机的基本方程　泵与风机的特性曲线　管路系统特性曲线　管路系统中泵与风机的工作点　离心式泵或风机的工况调节　离心式泵或风机的选择　气蚀　安装要求

必备基础知识

12.8.1 泵与风机的工作原理及性能参数

1)泵与风机的工作原理

泵与风机可分为离心式、轴流式和混流式等，这里以离心式为例说明。

离心泵主要构件是叶轮与泵壳，启动之前泵内必须灌满所运输的液体。

离心式泵与风机的工作原理是，叶轮高速旋转时产生的离心力使流体获得能量，即流体通过叶轮后，压力能和动能都得到提高，从而能够被输送到高处或远处。图 12-15 所示为离心泵的结构形式。叶轮装在一个螺旋形的外壳内，当叶轮由电动机带动旋转时，流体轴向流入，之后转 90°进入叶轮流道并径向流出。叶轮连续旋转，在叶轮入口 1 处不断形成真空，从而使流体连续不断地被泵吸入和排出。

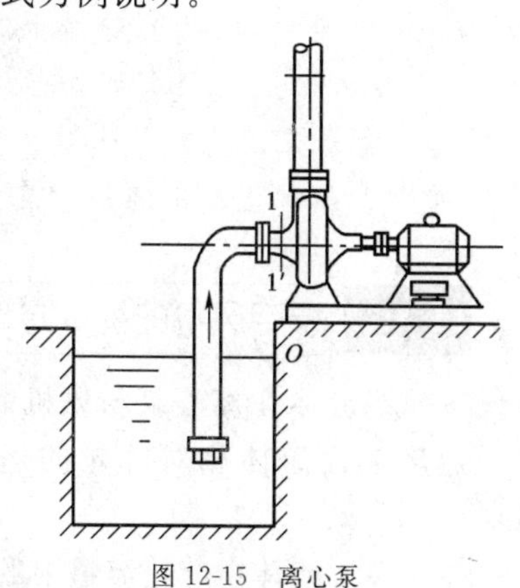

图 12-15　离心泵

离心泵开动时如果泵壳内没有充满液体，便不能抽吸液体。这是因为空气密度比液体小得多，叶轮产生的离心力不足以使液体上吸。这种因泵壳内存在气体而导致吸不上液体的现象，称为“气缚”。为避免这种情况发生，常在泵的吸入管底部安装止逆阀。

离心风机与离心泵的工作原理相同。只是液体经过泵后，获得的机械能中静压能占绝大部分，动能占得少；而气体经过风机后，动能和静压能所占比例相当。

2)泵与风机的性能参数

(1)流量：泵与风机在单位时间内所输送的流体量，可用体积流量 Q 或质量流量来表示，单位为 m^3/s。

(2)扬程：单位重力作用下的液体通过泵后获得的能量增加值，用 H 表示，单位为 m。

全(风)压：单位体积的气体通过风机获得的总能量增加值，用 p 表示，单位为 Pa。

(3)轴功率：泵与风机在一定工况下运行时原动机传递到泵或风机转轴上的功率，用 N 表示，单位为 kW。

有效功率：单位时间内通过泵或风机的流体获得的功率，用 N_e 来表示。

$$N_e = HQ\rho g \tag{12-49}$$

效率：有效功率与轴功率之比，用 η 表示。

$$\eta = \frac{N_e}{N} \tag{12-50}$$

(4)转速：泵与风机每分钟的转数，用 n 表示，单位为 r/min。

(5)气蚀余量：标志泵气蚀性能的重要参数，水泵叶轮进口处单位质量液体所必须具有的超过其汽化压力的富余能量，用 NPSH 表示。

泵内的机械能损失主要分为以下三类：

①水力损失，包括叶片间的环境损失、阻力损失和冲击损失。

②机械损失，包括轴承等机械部件的摩擦、叶轮盖板外表面与流体的摩擦所造成的机械损失。

③容积损失，即高压液体有少部分渗漏回中央入口所造成的能量损失。

泵与风机的铭牌上标出的都是额定工况下的参数。

典型例题解析

【例 12-27】 (2014)离心泵装置的工况就是装置的工作状况，工况点就是水泵装置在以下哪项时的流量、扬程、轴功率、效率以及允许吸上真空度等？

A. 铭牌上的　　B. 实际运行

C. 理论上最大　　D. 启动

解　工况点就是水泵装置在实际运行时的流量、扬程、轴功率、效率以及允许吸上真空度等。铭牌上列出的是水泵在设计转速下的运转参数。选 B。

12.8.2 泵与风机的基本方程

当流体在离心泵与风机的叶轮中运动时，可认为流体相对外界系统的运动速度是绝对速度 $\boldsymbol{v}$，而流体相对叶轮的运动速度是 $\boldsymbol{w}$，叶轮相对外界的运动速度是 $\boldsymbol{u}$(牵连速度)，且 $\boldsymbol{v}=\boldsymbol{w}+\boldsymbol{u}$。

鉴于流体在叶轮流道中的运动十分复杂，为了简便起见，可作一些假定来讨论，用流束理论进行分析。这些基本假定是:流动为恒定流;流体为不可压缩流体(进出流体密度视为不变,当作不可压缩流体看待);叶轮的叶片数目无限多,叶片厚度无限薄;流体在整个叶轮流道的流动过程中没有能量损失。

离心泵或风机在上述基本假定情况下所能产生的压头,称为理论压头,用 H_∞ 表示,即离心泵或风机可能达到的最大压头,其计算公式为:

$$H_\infty=\frac{1}{g}\left[(\omega r_2)^2-\frac{Q\omega\cot\beta_2}{2\pi b_2}\right] \tag{12-51}$$

式中:r_2——叶轮半径(m);

ω——角速度(rad/s);

Q——流量(m^3/s);

b_2——叶轮周边的宽度(m);

β_2——叶片的装置角。

式(12-51)称为离心泵或风机的基本方程。

由式(12-51)可知,理论压头 H_∞ 与流量 Q 呈线性关系,变化率的正负取决于装置角 β_2。当 $\beta_2<90°$时,叶片后弯,H_∞ 随 Q 的增大而减小;当 $\beta_2>90°$时,叶片前弯,H_∞ 随 Q 的增大而增大;当 $\beta_2=90°$时,叶片径向,H_∞ 不随 Q 变化。由此看来,似乎对于前弯叶片,H_∞ 会达到最大值。但实际过程中,这样做会损失大量机械能,使效率降低。因此,离心泵多采用后弯叶片,装置角为 25°~30°。在大型风机中,几乎都采用后弯叶片,但对于中小型风机,因效率不是主要因素,为将叶轮和外壳做得较小,多采用前弯叶片。

典型例题解析

【例 12-28】 (2008)依据离心式水泵与风机的理论流量与理论扬程的方程式,下列选项中表达正确的是:

A. 理论流量增大,前向叶型的理论扬程减小,后向叶型的理论扬程增大

B. 理论流量增大,前向叶型的理论扬程增大,后向叶型的理论扬程减小

C. 理论流量增大,前向叶型的理论扬程增大,后向叶型的理论扬程增大

D. 理论流量增大,前向叶型的理论扬程减小,后向叶型的理论扬程减小

解 根据公式 $H_\infty=\frac{1}{g}[(\omega r_2)^2-\frac{Q\omega\cot\beta_2}{2\pi b_2}]$,可知理论压头 H_∞ 与流量 Q 呈线性关系,变化率的正负取决于装置角 β_2,当 $\beta_2<90°$时,叶片后弯,H_∞ 随 Q 的增大而减小;当$\beta_2>90°$时,叶片前弯,H_∞ 随 Q 的增大而增大;当 $\beta_2=90°$时,叶片径向,H_∞ 不随 Q 变化。选 B。

12.8.3 泵与风机的特性曲线

1)泵与风机的特性曲线

在转速 n 一定时,泵与风机的扬程 H(或压头 p)、流量 Q 以及所需的功率 N 等性能参数之间存在着一定的内在联系。这种关系用曲线表示出来,称为泵的特性曲线,如图 12-16 所示。

(1)$H\sim Q$ 曲线:泵或风机所提供的流量和扬程之间的关系,通常扬程随流量的增大而下

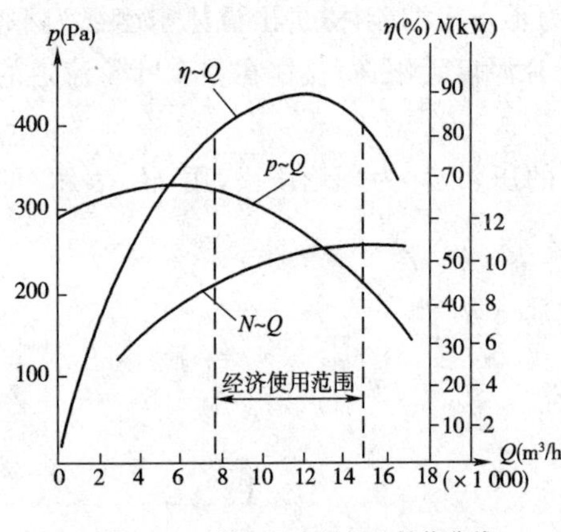

图 12-16 某离心式风机的性能曲线

降(流量较小时可能有例外)。

(2)$N \sim Q$ 曲线:泵或风机所提供的流量和所需外加轴功率之间的关系。功率随流量的增大而增大,一般在离心泵起动前应关闭出口阀,这样泵在启动时功率最小,减小了电动机的起动电流,也能避免水力冲击。

(3)$\eta \sim Q$ 曲线:泵或风机所提供的流量和设备本身效率之间的关系。效率先随流量的增大而上升,达到最大值后再下降。在选用泵或风机时,应使工作点在最高效率附近。

2)泵与风机特性曲线的影响因素

(1)密度影响

输送不同密度的流体,流量不随密度改变,泵的扬程也不随密度改变,但风压与气体密度成正比。泵的功率与流体密度成正比,效率一般和流体密度无关。

(2)黏度影响

液体黏度小于 $2\times10^{-5}\,m^2/s$ 时,如汽油、煤油等,对离心泵的特性曲线影响可忽略不计;黏度较大时,需对离心泵的特性曲线进行修正,再选泵。

(3)转速与叶轮尺寸对离心泵特性的影响

同一台泵或风机,在不同的转速下,可视为效率不变,有

$$\frac{Q_1}{Q_2}=\frac{n_1}{n_2},\frac{H_1}{H_2}=\frac{n_1^2}{n_2^2},\frac{N_1}{N_2}=\frac{n_1^3}{n_2^3} \tag{12-52}$$

在切削叶轮情况下,若切削幅度在 20% 以内,泵效率可视为不变,有

$$\frac{Q_1}{Q_2}=\frac{D_1}{D_2},\frac{H_1}{H_2}=\frac{D_1^2}{D_2^2},\frac{N_1}{N_2}=\frac{D_1^3}{D_2^3} \tag{12-53}$$

典型例题解析

【例 12-29】 (2007)某单吸单级离心泵,$Q=0.073\,5m^3/s$,$H=14.65m$,用电机由皮带拖动,测得 $n=1\,420r/min$,$N=3.3kW$,后因改为电机直接联动,n 增大为 $1\,450r/min$,此时泵的工作参数为:

A. $Q=0.075\,0m^3/s$,$H=15.28m$,$N=3.50kW$

B. $Q=0.076\,6m^3/s$,$H=14.96m$,$N=3.50kW$

C. $Q=0.075\,0m^3/s$,$H=14.96m$,$N=3.47kW$

D. $Q=0.076\,6m^3/s$,$H=15.28m$,$N=3.44kW$

解 根据相似律,有 $\frac{Q'}{Q}=\frac{n'}{n},\frac{H'}{H}=\left(\frac{n'}{n}\right)^2,\frac{N'}{N}=\left(\frac{n'}{n}\right)^3$,将数据代入,可得 $Q'=\frac{n'}{n}Q=0.075\,1m^3/s$,$H'=\left(\frac{n'}{n}\right)^2H=15.276m$,$N'=\left(\frac{n'}{n}\right)^3N=3.514kW$,与选项 A 的结果最为接近。选 A。

12.8.4 管路系统特性曲线

所谓管路特性，是指当水流通过管路系统时所需要的扬程 H_e 与流量 Q 之间的关系，即

$$H_e = A + BQ^2 \tag{12-54}$$

式(12-54)为管路特性方程。其中，对于一定的管路系统，A 为净扬程，单位为 m；B 为管路阻抗，单位为 s^2/m^5，是沿程阻力系数与局部阻力系数之和，和管径、管长、粗糙系数等有关。按式(12-54)绘出的曲线为管路特性曲线，如图12-17所示。

由图 12-17 可知，管路特性曲线是一条截距为 A，开口向上的抛物线。

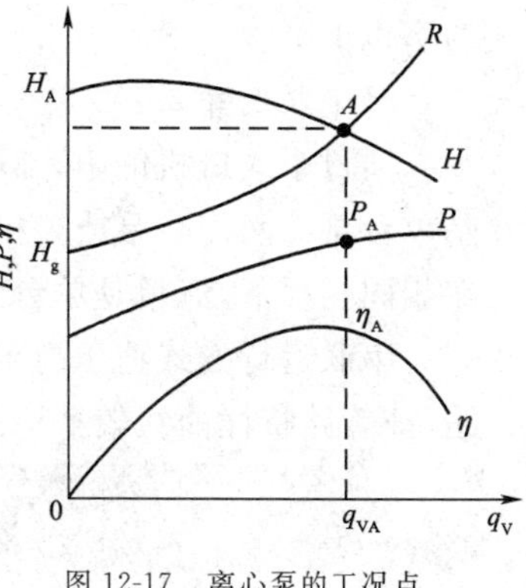

图 12-17 离心泵的工况点

12.8.5 管路系统中泵与风机的工作点

根据能量守恒原理，在泵或风机的装置系统中，泵或风机供给流体的比能应和管路系统所需要的比能相等，即管路特性曲线与泵或风机的特性曲线交点就是两者的平衡点，也就是泵或风机的工作点(或工况点)。工作点表示一个特定的泵(或风机)安装在一特定管路上时，泵(风机)实际输送的流量和压头。

典型例题解析

【例 12-30】 下列说法正确的是：

A. 开大阀门，管路特性曲线会变得更陡

B. 泵的工作点是管路特性曲线与泵的特性曲线交点

C. 管路特性曲线与管壁粗糙度无关

D. 阀门开大或关小，泵的工作点不变

解 开大阀门，管路阻抗变小，管路特性曲线(抛物线)变得更平缓，A 错；阻抗与管壁粗糙度有关，C 错；阀门改变，管路特性曲线就会变化，泵的工作点也会改变，D 错。选 B。

12.8.6 离心式泵或风机的工况调节

前面已说明，泵或风机的工作点是建立在泵或风机与管路系统能量供需平衡之上的，两者之一发生变化，工作点就会改变。所以，要改变工作点来调节流量，既可以改变管路的特性，也可以改变泵的特性。

1)调节阀门

通过改变出水管路上的阀门开度，可以使局部阻力系数发生变化，从而改变管路特性曲线，进而改变流量。

阀门关小，式(12-54)中的 B 值会变大，管路特性曲线变陡，工作点左移，流量变小；完全关闭时，B 值无限大，流量 $Q=0$。

阀门调节是以增加阻力，消耗水泵的多余能量为代价的。其结果是比实际需要多消耗动力，并可能使泵低效率工作。但该调节方法方便、迅速、易于控制，是常用的一种方法。

2)改变转速或切割叶轮

根据比例律，若将泵或风机的转速降低，则泵或风机的特性曲线平行下移，工作点左移，流

量下降，扬程（或压头）减小，功率也下降。反之，则情况相反。

切削叶轮后的泵或风机的特性曲线平行下移，工作点左移，流量下降，扬程（或压头）减小，功率也下降。

3）串联或并联

通过泵或风机的串、并联来调节流量时，双泵串联的特点为：在相同流量下，扬程（或压头）是单台泵的两倍。泵或风机串联后工作点右移，流量变大，压头变大。双泵并联后的特点为：在相同扬程下，流量是单台泵的2倍。并联后工作点右移，流量变大，压头变大。

串联运行方式适于高阻力管路，即管路特性曲线较陡的情况；并联运行方式适于低阻力管路，即管路特性曲线较平坦的情况。

典型例题解析

【例12-31】 （2010）两台同型号水泵在外界条件相同的情况下并联工作，并联时每台水泵工作点与单泵单独工作时工作点相比，出水量：

A. 有所增加　　B. 有所减少　　C. 相同　　D. 增加1倍

解 双泵串联：流量不变，扬程加倍；双泵并联：流量加倍，扬程不变。选C。

12.8.7 离心式泵或风机的选择

1）选类型

根据输送流体的性质和现场条件来确定泵的类型：根据输送介质决定选用水泵、油泵等；根据流量、扬程及现场条件决定选用单吸、双吸泵，单级、多级泵，卧式、立式泵等。

2）定型号

根据需要的流量与扬程确定泵的型号。无论是生活用水还是生产用水，水量都是经常变化的。例如，生活中夏季比冬季用水多，工业用水随气温和水温而变化。选泵时不仅要满足最大流量和最高水压，还要全面顾及用水量的变化。一般以最大流量作为所选泵的额定流量，没有最大流量时，则以正常流量的1.1～1.15倍作为额定流量。以最大流量所对应的压头的1.05～1.1倍作为泵的额定压头。为了节省动力费用，要根据水量和水压的变化，合理选择不同性能的水泵，做到在运行中可灵活调度。若没有一个型号的扬程和流量与所要求的刚好符合，就在临近型号中选用扬程和流量稍大的一个。如果几个型号都能满足要求，则考虑效率高的。

总之，选泵或风机要做到：大小兼顾，调配灵活；型号整齐，互为备用；合理多用各泵的高效段；考虑泵或风机的尺寸与泵房大小、布置、结构形式等的关系；节能。

典型例题解析

【例12-32】 关于泵的选择，下列说法不正确的是：

A. 多台泵并联时，尽可能选用同型号、同性能的设备，互为备用

B. 尽量选用大泵

C. 选泵时，要查明泵的气蚀余量，确定安装高度与场地条件是否符合

D. 实际工程中，要选用小于设计计算得到的最大流量的泵

解 选项B，一般大泵效率高，尽量选用大泵；选项D，实际工程中，考虑到计算误差及管路泄漏等情况，选用流量和扬程偏大的泵。选D。

12.8.8 气蚀

当水泵运转时，由于某些原因使泵内局部位置液体的压力降到工作温度下的饱和蒸汽压时，水会大量汽化，原先溶解在水中的气体也会逸出。气泡被水流带入叶轮中高压区时，气泡会被压碎，在此过程中，会产生很高的水锤压力，使泵的叶轮和泵壳受到侵蚀和破坏，这一过程称为气蚀。水泵发生气蚀后，泵内水利条件变差，水泵性能恶化，还会产生噪声和振动，对部件材料产生破坏，严重时会停止出水。

12.8.9 安装要求

离心泵所安装位置与液面之间的垂直距离称为安装高度。水泵安装高度过小，会造成泵房的土建费用增加；安装高度过大，可能引起气蚀。因此，合理确定水泵安装高度具有很重要的意义。

(1)为避免气蚀发生，要求泵的安装高度不得超过最大安装高度 H_{ss}，即

$$H_{ss}=H_s-\frac{u_1^2}{2g}-\sum h_s \qquad (12\text{-}55)$$

式中：H_s——允许吸上真空高度，即保证水泵运行时不发生气蚀的最大吸上真空高度(m)；

u_1——水泵进口处断面的平均流速(m/s)；

$\sum h_s$——吸水管进口至泵进口处的水头损失(m)。

要保证水泵在运行中不发生气蚀，其实际安装高度应小于等于 H_{ss}。

(2)在输送温度高或沸点低的液体时，由于其饱和蒸汽压高，允许安装高度会很小，甚至可能出现负值。在这种情况下，应将水泵安装在液面以下，使液体自灌入泵。

(3)为了减小吸入管道的压头损失，泵吸入管的直径应大于排出管直径，泵安装的位置尽可能靠近液源以减小吸入管长度，调节阀应装在排出管上。

典型例题解析

【例 12-33】 有一离心泵，吸入口径为 600mm，流量为 880L/s，允许吸上真空高度为 6m，吸入管道阻力为 2m，试求其安装高度：

A. 大于 3.5m　　B. 小于 3.5m　　C. 小于 3m　　D. 无法确定

解 流速 $u_1=\frac{4Q}{\pi d^2}=3.1\text{m/s}$，$H_{ss}=6-\frac{u_1^2}{2g}-2=3.5\text{m}$，为避免气蚀发生，泵的安装高度不得超过最大安装高度 H_{ss}，因此选 B。

经典练习

12-41 下列关于扬程的说法正确的是(　　)。

A. 水泵提升水的几何高度　　B. 水泵出口的压强水头

C. 单位重量流体所获得的能量　　D. 以上说法都不正确

12-42 下列做法不能改变泵或风机特性曲线的是(　　)。

A. 改变进口处叶片的角度　　B. 改变转速

C. 切削叶轮改变直径　　D. 改变阀门开度

12-43 某供水系统，水泵轴线标高 100m，吸水面标高 95m，上水池液面标高 135m，吸水

管段水头损失 0.78m，压水管道水头损失 2m。那么泵所需扬程为(　　)。

A. 7.78m　　B. 42.78m　　C. 37.22m　　D. 39.22m

12-44　下列哪项不是泵的性能参数？(　　)

A. 扬程　　B. 轴功率　　C. 有效功率　　D. 效率

12-45　当离心泵的安装高度超过允许安装高度时，离心泵会发生什么现象？(　　)

A. 爆炸　　B. 气缚

C. 气蚀　　D. 无特殊现象发生

12-46　泵的工作点是(　　)。

A. 效率最高点

B. 最大流量点

C. 泵的特性曲线与管路特性曲线的交点

D. 由泵的特性曲线所决定

12-47　某单吸离心泵，流量为 $0.1m^3/s$，扬程为 16m，转速为 3 000r/min，为了改变其特性曲线，改转速为 3 600 r/min，那么改装后泵的工作参数为(　　)。

A. 流量 $0.144m^3/s$，扬程 27.6m　　B. 流量 $0.12m^3/s$，扬程 23m

C. 流量 $0.173m^3/s$，扬程 27.6m　　D. 流量 $0.144m^3/s$，扬程 23m

参考答案及提示

12-1　B　水箱内水面不随时间变化，判定为恒定流；如管径沿程缓慢均匀扩散或收缩的渐变管中的水流，流线虽为直线但不相互平行，属于非均匀流，因此管中水流为恒定非均匀流。

12-2　D　位能、动能、压能之和为机械能。能量方程的依据是机械能定恒。

12-3　B　取水平向右为正方向，水动力 $R=\rho Q(\beta_2 v_2-\beta_1 v_1)$，$\beta_1=\beta_2=1$，流速 $v_2=\dfrac{Q}{A_2}=\dfrac{6.8}{0.8\times4}=2.125\text{m/s}$，流速 $v_1=\dfrac{Q}{A_1}=\dfrac{6.8}{(2+1)\times4}=0.567\text{m/s}$，代入得 $R=\rho Q(\beta_2 v_2-\beta_1 v_1)=1\ 000\times6.8\times(2.125-0.567)=10.594\text{kN}$，方向向右。

12-4　C

12-5　B　理想流体的伯努利方程 $z+\dfrac{p}{\rho g}+\dfrac{u^2}{2g}=C$ 表明：总水头沿流程保持不变。其应用条件是：无黏性流体；恒定流动；质量力中只有重力；不可压缩流体。

12-6　D　过流断面上流速分布为 $u=\dfrac{\rho gJ}{4\mu}(r_0^2-r^2)$；过流断面上最大流速在管轴处，即 $u_{\max}=\dfrac{\rho gJ}{4\mu}r_0^2$，断面平均流速 $v=\dfrac{\int_A u\,\mathrm{d}A}{A}=\dfrac{\int_0^{r_0}\dfrac{\rho gJ}{4\mu}(r_0^2-r^2)2\pi r\mathrm{d}r}{\pi r_0^2}=\dfrac{\rho gJ}{8\mu}r_0^2$，可知 $v=\dfrac{u_{\max}}{2}$，所以圆管层流运动的断面平均流速为最大流速的一半。

12-7　D　该水头损失只与摩擦系数 λ 有关。在层流时，λ 是雷诺数的函数，因为水和油的运动黏度不同，雷诺数不等，水头损失也不等。在紊流光滑区和紊流过渡区时，λ 与雷诺数有关，雷诺数不等，水头损失也不等。在紊流粗糙区，λ 与雷诺数无关，与管壁粗糙情况有关，所以选项 D 正确。

12-8　D　水力半径 $R=\frac{A}{\chi}=\frac{0.25\times0.3}{0.25+0.3\times2}=0.088\text{m}$，流速 $u=\frac{Q}{A}=\frac{1.0\times10^{-2}}{0.25\times0.3}=0.133\text{m/s}$，雷诺数 $\text{Re}=\frac{uR}{\nu}=\frac{0.133\times0.088}{0.0101\times10^{-4}}=11\ 588.1$。

注意：用水力半径计算时，雷诺数标准为575。

12-9　A　流速 $u_1=\frac{Q}{\frac{\pi}{4}d_1^2}=\frac{0.283}{\frac{\pi}{4}\times0.3^2}=4\text{m/s}$，$u_2=\frac{Q}{\frac{\pi}{4}d_2^2}=\frac{0.283}{\frac{\pi}{4}\times0.6^2}=1\text{m/s}$；对于左边管道，$\frac{u_1^2}{2g}=h+\frac{u_2^2}{2g}+\zeta_1\frac{u_1^2}{2g}$，代入数据，有 $\frac{4^2}{2g}=0.36+\frac{1^2}{2g}+\zeta_1\frac{4^2}{2g}$，得局部阻力系数 $\zeta_1=0.496$。对于右边管道，$\frac{u_1^2}{2g}=h+\frac{u_2^2}{2g}+\zeta_2\frac{u_2^2}{2g}$，代入数据，有 $\frac{4^2}{2g}=0.36+\frac{1^2}{2g}+\zeta_2\frac{1^2}{2g}$，得局部阻力系数 $\zeta_2=7.944$。故 h 值增大，ζ 值减小。

12-10　C　当水流处于紊流粗糙区时，沿程阻力系数 λ 与雷诺数 Re 无关，只与管壁相对粗糙度有关，因此 $\lambda=f\left(\frac{\Delta}{d}\right)$。

12-11　D　作用水头用于克服沿程阻力和局部阻力，突然扩大管的局部损失系数是1。由 $\Delta H=\sum\left(\lambda\frac{l}{d}+\zeta\right)\frac{u^2}{2g}=0.02\times\frac{5+5+8}{0.2}\times\frac{u^2}{2g}+(3+0.3\times2+1)\frac{u^2}{2g}$，计算得 $u=2.1433\text{m/s}$；$Q=uA=u\cdot\frac{\pi d^2}{4}=2.1433\times\frac{\pi\times0.2^2}{4}=0.0673\text{m}^3/\text{s}$。

12-12　B　由 $\text{Re}=\frac{ud}{v}$，$v=\frac{\mu}{\rho}$，得 $\text{Re}=\frac{ud\rho}{\mu}=\frac{0.15\times2\times10\times10^{-3}\times999}{0.00114}=2\ 629>2\ 300$ 为紊流，又称湍流。

12-13　B　当管道的孔口出流为薄壁孔口出流时，$C_q<C_c<C_v$。

12-14　B　并联管路总的能量损失等于各支管的能量损失，总流量等于各支管流量之和。

12-15　C　由流量守恒，$Q_1=Q_2$，即 $v_1\frac{\pi}{4}d_1^2=v_2\frac{\pi}{4}d_2^2$，得 $v_1=4\text{m/s}$。对1-1和2-2断面列伯努利方程：$z_1+\frac{p_1}{\rho_水}+\frac{v_1^2}{2g}=z_2+\frac{p_2}{\rho_水}+\frac{v_2^2}{2g}+h_w$，代入数据可得 $h_w=2.766\text{m}$。

12-16　A　并联管路，各支管的能量损失相等。$h_{f2}=h_{f3}$，即 $S_2l_2Q_2^2=S_3l_3Q_3^2$，得 $\frac{Q_2}{Q_3}=\sqrt{\frac{l_3S_3}{l_2S_2}}$，又 $S=\frac{8\lambda}{g\pi^2d^5}$，则 $\frac{S_3}{S_2}=\left(\frac{d_2}{d_3}\right)^5=\left(\frac{3}{4}\right)^5$，得 $\frac{Q_2}{Q_3}=\left(\frac{3}{4}\right)^{\frac{5}{2}}=0.487$；因为 $H=\lambda\frac{l_1}{d_1}\frac{v_1^2}{2g}+\lambda\frac{l_2}{d_2}\frac{v_2^2}{2g}=0.03\times\frac{400}{0.3}\frac{v_1^2}{2g}+0.03\times\frac{300}{0.3}\frac{v_2^2}{2g}=25$，即 $4v_1^2+3v_2^2=5g$，可得 $Q_2=78\text{L/s}$，$Q_3=160\text{L/s}$，$Q_1=Q_2+Q_3=238\text{L/s}$。

12-17　A　管段很长，局部损失忽略不计。B管和C管水力条件相同，流量均是A管的一半。由 $H=\frac{8\lambda}{\pi^2gd^5}lQ^2$，得 $H=\frac{8\lambda}{\pi^2gd_A^5}l_AQ^2+\frac{8\lambda}{\pi^2gd_B^5}l_B\left(\frac{Q}{2}\right)^2$，代入数据解得 $Q=0.17\text{m/s}$。

12-18　B　对于非圆管的运动，雷诺数 $\text{Re}=\frac{vR}{\nu}$，其中 v 是流速，R 是水力半径，ν 是运动黏性系数。

其中： $R=\frac{A}{\chi}=\frac{ab}{a+2b}=\frac{0.1\times0.05}{0.1+2\times0.05}=\frac{1}{40}\text{m}$

$$v=\frac{Q}{ab}=\frac{8\times10^{-3}}{0.1\times0.05}=1.6\text{m/s}$$

雷诺数 $\text{Re}=\frac{vR}{\nu}=\frac{1.6\times1/40}{1.57\times10^{-6}}=25\ 477>575$，故为紊流。

12-19　C　对于圆管无压流，当 $h/d=0.95$ 时，流量达到最大值；当 $h/d=0.81$ 时，流速达到最大值。

12-20　A　由 $Q=\frac{1}{n}AR^{\frac{2}{3}}i^{\frac{1}{2}}$ 可知。

12-21　B　考查水跃的定义。

12-22　A　梯形断面水力最优条件为水力半径是水深的一半，即 $\frac{h(b+mh)}{b+2h\sqrt{1+m^2}}=\frac{h}{2}$，得 $b=(2\sqrt{2}-2)h$；联合 $Q=\frac{1}{n}AR^{\frac{2}{3}}i^{\frac{1}{2}}$，求得 $b=0.577\text{m}$，$h=0.70\text{m}$。

12-23　A　梯形断面按水力最优断面设计时，水力半径等于水深的一半，即 $R=\frac{h}{2}$，梯形断面的水力半径 $R=\frac{h(b+mh)}{b+2h\sqrt{1+m^2}}=\frac{h}{2}$，解得 $h=2.5\text{m}$。

12-24　C　考查水跃和水跌的定义。

12-25　B　考查明渠均匀流。

12-26　B　缓流水势平稳，遇到底部障碍物时水面下跌；急流水势湍急，遇到底部障碍物时水面隆起，一跃而过。

12-27　A　气体射流中任意点上的压强等于周围气体压强，选项 B 错；射流各断面上的动量是守恒的，选项 C 错；越远离射流出口，各断面速度分布曲线的形状越扁平化，选项 D 错。

12-28　C　紊流系数确定后，则射流边界层的外边界轮廓也被确定；而紊流系数 a 与出口断面上紊流强度有关，还与射流出口断面上速度分布的均匀性有关。

12-29　B　紊流射流中，射流扩散角与紊流强度和喷嘴出口流速特性均有关。

12-30　D　考查无限空间紊流射流特征。

12-31　C　距喷嘴赵远，边界层厚度越大，轴心速度则越小，故选项 C 错误。

12-32　A　气体流速大于音速时，速度会随断面增大而增大、随断面减小而减小。

12-33　B　对同一种气体，温度越高，声速越大。

12-34　B　空气中音速与温度的关系式 $v=331\sqrt{1+T/273}$，因此空气中的声速随温度的升高而增大。

12-35　C　考查喷管中气流流动的性能。

12-36　C　$\text{Re}=\frac{du\rho}{\mu}$，雷诺数是无量纲的数，可知 μ 和 $du\rho$ 量纲一致。

12-37　D　$\text{Fr}=u/\sqrt{gl}$，按弗劳德准则，Fr 相等，则 $u\propto\sqrt{l}$，流量 $Q=uA$，所以流量比尺为长度比尺的 2.5 次方。

12-38　B　闸门出流，重力起主要作用，应按弗劳德准则，其余计算和上题类似。

12-39　A　采用雷诺准则，流速比尺 $\lambda_v=\frac{1}{\lambda_l}$，则流速比尺 $\lambda_v=\frac{1}{10}$，原型速度为 1.5m/s。

12-40　C

12-41　C　扬程是泵输送的单位重量流体从泵的入口至出口所获得的能量增量。

12-42　D　阀门开度改变的是管路特性曲线，不是泵或风机的特性曲线。

12-43　B　泵所需扬程为吸水扬程＋压水扬程＋水头损失，即(135－100)＋(100－95)＋0.78＋2＝42.78m。从水泵叶轮中心线至水源水面的垂直高度，即水泵能把水吸上来的高度，叫做吸水扬程，简称吸程；从水泵叶轮中心线至出水池水面的垂直高度，即水泵能把水压上去的高度，叫做压水扬程，简称压程。

12-44　C　泵的性能参数(6 个基本参数)：流量、扬程、轴功率、效率、转速、允许吸上真空高度。

12-45　C　考查气蚀。

12-46　C　考查泵的工作点。

12-47　B　根据相似定律 $\frac{Q_1}{Q_2}=\frac{n_1}{n_2}$，$\frac{H_1}{H_2}=\frac{n_1^2}{n_2^2}$，代入数据，得 $Q_2=\frac{n_2}{n_2}Q_1=\frac{3\ 600}{3\ 000}\times 0.1=0.12\text{m}^3/\text{s}$，$H_2=\frac{n_2^2}{n_1^2}H_1=\left(\frac{3\ 600}{3\ 000}\right)^2\times 16=23.04\text{m}$。

13 环境工程微生物学

考题配置	单选,6 题
分数配置	每题 2 分,共 12 分

复习指导

本章多为概念题,需要记忆。如细菌的结构、内部组成、不同消毒方式对细菌内部结构的破坏、自然界的物质循环过程等都需要理解、掌握并牢记。同时本章还需要掌握水处理技术方面的综合知识,如反硝化菌是异氧兼性菌、硝化菌是自养好氧菌、藻类属光能自养型、铁细菌及硫细菌属化能自养型等。

13.1 微生物学基础

考试大纲☞: 微生物的分类、命名、特点　病毒的特点、分类和繁殖过程　病毒的去除　细菌的形态、细胞结构、生理功能和生长繁殖　原生动物及后生动物的分类、结构和生理功能

必备基础知识

13.1.1 微生物的分类、命名、特点

生物系统的六界:病毒界、原核动物界、原生生物界、真菌界、动物界和植物界。微生物分属前面四界,微生物的各级分类为界、门、纲、目、科、属、种。

微生物有俗名和学名,俗名具有通俗、简明、大众化的特点,如铜绿假单胞杆菌;学名=属名+种名+(首次定名人)+现定名人+现定名年份,如大肠埃希氏菌:*Escherichia coli* (Migula) Castellani et Chalmers 1919。可省略首次定名人、现定名人和年份,只用属名+种名构成,但不管省略与否,属名和种名必须采用拉丁化的词,斜体字。

微生物的特点:个体微小,结构简单;分布广泛,种类繁多;繁殖迅速,容易变异;代谢活跃,类型多样。

典型例题解析

【例 13-1】 (2010)下列各项中,不是微生物特点的是:

A. 个体微小　　B. 不易变异

C. 种类繁多　　D. 分布广泛

解 考查微生物的特点。选 B。

13.1.2 病毒的特点、分类和繁殖过程

1)病毒的特点

病毒是一类没有细胞结构,专性寄生在活的宿主细胞内的超微小微生物。个体在 0.2μm 以下,用电子显微镜才能看清楚,可通过细菌过滤器。其特点有:①非细胞生物(由核酸和蛋白质外壳组成);②具有化学大分子的属性(在细胞外,病毒如同化学大分子,不表现生命特征);③不具备独立代谢能力(病毒没有完整的酶系统和独立代谢系统,只能寄生在活的宿主体内)。

2)病毒的分类

根据病毒的宿主范围,可以将病毒分为细菌病毒(噬菌体)、放线菌病毒(噬放线菌体)、藻类病毒(噬藻体)、真菌病毒(噬真菌体)、动物病毒和植物病毒等。根据所含核酸的不同可分为 DNA 病毒和 RNA 病毒。根据其所致疾病科分为感冒病毒、乙肝病毒、烟草花叶病毒等。

3)病毒的繁殖

病毒不是二分裂繁殖,而是以复制方式繁殖。以大肠杆菌 T 系偶数噬菌体为例,繁殖过程分为吸附、侵入、复制与合成、装配与释放,如图 13-1 所示。

(1)吸附。病毒与易感细胞接触时,由于细胞膜表面有特异性受体,与病毒表面相互结合而使病毒吸附于细胞表面,非易感细胞没有这种受体,病毒不吸附。

(2)侵入。噬菌体分泌一种能水解细胞壁的酶,使细菌细胞壁产生一个小孔,将噬菌体的 DNA 注入宿主细胞内,蛋白质外壳留在细胞外。

(3)复制与合成。侵入宿主细胞的噬菌体 DNA,迅速支配宿主细胞代谢,大量复制与合成新噬菌体的 DNA 和蛋白质。

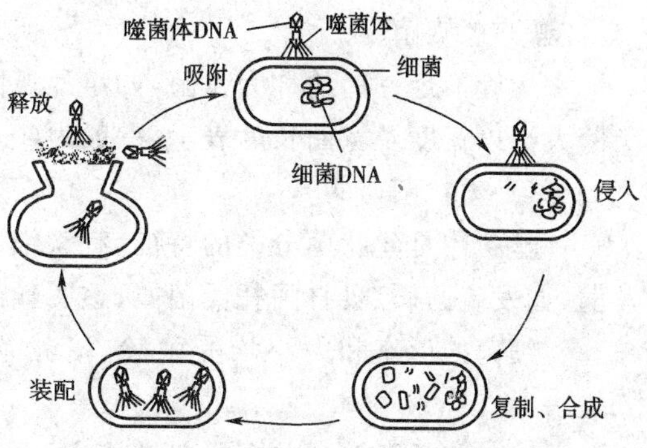

图 13-1 噬菌体侵染过程

(4)装配与释放。当 DNA 和蛋白质分子复制到一定数量后,装配成子代新的噬菌体,此时溶解宿主细胞壁的内溶菌酶迅速增加,使宿主细胞裂解,释放出许多新噬菌体。

典型例题解析

【例 13-2】 下列关于病毒的说法正确的是:

A. 病毒具有细胞结构

B. 病毒个体微小,在显微镜下才能看清楚

C. 病毒可通过细菌过滤器

D. 病毒可脱离宿主细胞,独立生活

解 考查病毒的相关知识,需记忆。选 C。

13.1.3 病毒的去除

在污水处理中,一级处理主要是物理过程,以过筛、除渣、沉淀等去除沙砾、塑料袋和固体废物等。在一级处理中病毒的去除效果差,最多去除 30%。

二级处理是生物处理,主要是生物吸附和降解的过程,以去除有机物和脱氮除磷为目的。在处理过程中,对污水中的病毒去除率较高,可达 90%以上。病毒一般被吸附在活性污泥中,

浓缩后，逐渐由液相变为固相，但总体上对病毒的灭活率不高。

污水的三级处理是深度处理，有生物、化学和物理过程，包括絮凝、沉淀、过滤和消毒过程，进一步去除有机物，脱氮除磷。三级处理可对病毒灭活，去除率高。

13.1.4 细菌的形态、细胞结构、生理功能和生长繁殖

1）细菌的形态

细菌按照其基本形态分为球菌、杆菌、螺旋菌（包括弧菌）和丝状菌四类。

（1）球菌

根据球菌生长排列方式分为单球菌、双球菌、四球菌（四个叠在一起呈“田”字形）、八叠球菌、链球菌、葡萄球菌（不规则排列、呈葡萄状）。球菌大小以直径表示，一般为 0.5～2μm。

（2）杆菌

各种杆菌的大小、长短、弯度、粗细差异较大，一般长 1～5μm，宽 0.5～1μm。大的杆菌如炭疽杆菌，小的如野兔热杆菌。菌体的形态多呈直杆状，也有的菌体微弯。杆菌细胞常沿一平面分裂，大多分散存在，也有的呈双杆状或链状。

（3）螺旋菌

螺旋不足一周的称为弧菌，如霍乱弧菌、纤维弧菌等；螺旋超过一周的称为螺旋菌。螺旋菌大小以宽度及宽曲长度表示，一般为(0.25～1.7)μm×(2～60)μm。

（4）丝状菌

丝状体是丝状菌分类的特征，有铁细菌（如浮游球衣菌、泉发菌属及纤发菌属）、丝状硫细菌（如发硫菌属、贝日阿托氏菌属、透明颤菌属、亮发菌属等）多种丝状菌。

细菌的形态和大小均受菌龄、培养条件等因素的影响，其形态特征是鉴别菌种的依据之一。

2）细菌的细胞结构和生理功能

细菌细胞的结构可分为基本结构和特殊结构，特殊结构是某些细菌所特有的，如图 13-2 所示。基本结构包括细胞壁、细胞膜、细胞质、细胞核等；特殊结构包括鞭毛、荚膜、芽孢等。

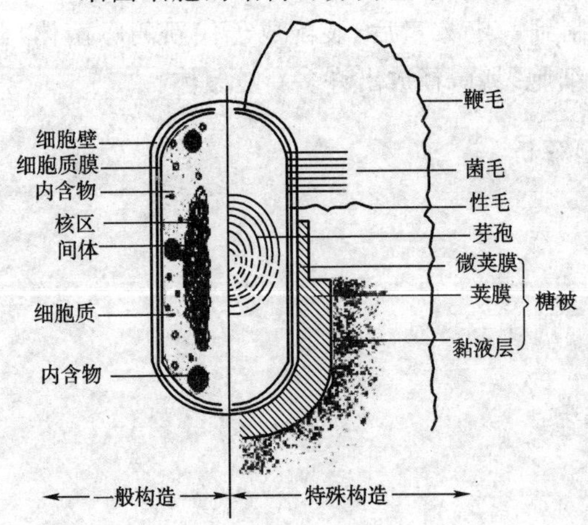

图 13-2　细菌细胞结构

（1）细胞壁

细胞壁是包在细菌细胞外表，坚韧而富有弹性的一层结构，其主要成分是肽聚糖，细胞壁占菌体干重的 10%～25%。根据革兰氏染色反应特征，将细菌分为两大类：G 阳性(G^+)菌和 G 阴性(G^-)菌，前者经染色后呈蓝紫色，后者呈红色。这两类细菌在细胞壁结构和组成上有着显著差异，因而染色反应也不同。革兰氏染色法一般包括初染、媒染、脱色、复染等四个步骤，其原理是：细菌细胞经过初染和媒染后，在细胞壁内形成了不溶于水的结晶紫与碘的复合物，G^+ 菌由于细胞壁较厚，肽聚糖网层次较多且交联致密，故遇乙醇脱色处理时，因失水反而使网孔缩小，再加上它不含类脂，故乙醇处理时，细胞壁上不会溶出缝隙，因此能把结晶紫与碘复合物牢牢留在壁内，使其呈现出蓝紫色；而 G^- 菌细胞壁薄，肽聚糖层薄且交联松散，外壁层类脂含量高，在遇乙醇后，细胞壁上会溶出较大的空洞或缝隙，薄而松

散的肽聚糖网不能阻挡结晶紫与碘复合物的溶出，因此通过乙醇脱色后仍呈无色，再经红色染料（如蕃红）复染，就使 G^- 菌呈红色。

革兰氏阳性菌细胞壁厚度为 20～80mm，结构简单，含有大量肽聚糖，含有磷壁酸，不含脂多糖，其细胞壁组成中肽聚糖占 40%～90%，蛋白质约占 20%，脂肪占 1%～4%。

革兰氏阴性菌细胞壁厚度为 10mm，结构复杂，分为外壁层及内壁层，外壁层又分 3 层，由上到下分别为脂多糖、磷脂层、蛋白质层，内壁层不含膦壁酸，其细胞壁组成中，肽聚糖约占 10%，蛋白质约占 60%，脂肪占 11%～22%。

细胞壁的主要功能有：①保持细胞形状和提高细胞机械强度；②保护原生质体免受渗透破裂（没有细胞壁的细菌细胞会因吸水过度而裂解，在自然界，细菌一般生长于低渗溶液中，如果没有细胞壁的保护，细菌难以生存）；③作为鞭毛的支点，实现鞭毛的运动；④赋予细胞特定的抗原性以及对抗生素和噬菌体的敏感性；⑤细胞壁是多孔型分子筛，能阻挡某些分子进入和保留蛋白质在间质。

（2）细胞膜

细胞膜是一层紧贴细胞壁内侧，包围着细胞质的柔软而富有弹性的半透性薄膜，其组成包括蛋白质、脂类（30%～40%）、糖类（2%），主要成分是蛋白质（60%～70%），占菌体干重的 10%。

细胞膜的结构：磷脂双分子层组成膜的基本骨架，亲水基朝外，疏水基向内；磷脂分子和蛋白分子在细胞膜中不断运动，故膜具有流动性；膜蛋白以不同方式分布于膜的两侧或磷脂层中。

细胞膜的生理功能：选择性地控制细胞内外物质（营养物质和代谢产物）的运输和交换；维持细胞正常渗透压；膜内陷形成的中间体含有细胞色素，参与呼吸作用，中间体与染色体的分离和细胞分裂有关，还为 DNA 提供附着点；合成细胞壁组分和荚膜的场所；是细菌产能代谢的重要部位，膜上分布着呼吸酶及 ATP 合成酶；鞭毛的生长点和附着点。

（3）细胞质及其内含物

细胞质是细胞膜内除细胞核区外所有物质的统称，是一种透明黏稠的胶状物，其组成为水、蛋白质、核酸、脂类、糖类和无机盐等。内含物是细胞质内所含颗粒状物质，包括核糖体、颗粒状贮藏物、气泡等。其中，核糖体也称核糖核蛋白体，用于合成蛋白质，其沉降系数为 70s，由 50s 和 30s 两个亚基组成，化学成分为蛋白质与 RNA。

颗粒状贮藏物是贮备的营养物质，在缺乏营养时被细菌所分解利用。常见颗粒状贮藏物为异粒体，聚 β-羟基丁酸颗粒（PHB）、肝糖和淀粉、硫粒等。

气泡是某些光合细菌和水生细菌细胞储存气体的特殊结构，可以调节细菌在水体中的位置。气泡囊含有蛋白质但不含磷脂，其大小和数量随细菌种类而异。

（4）核质

细菌属于原核生物，核质由核酸构成，携带着遗传信息，无核膜、核仁，也称拟核。它是细菌生长发育、新陈代谢和遗传变异的控制中心。

（5）荚膜

在一定条件下，某些细菌在细胞壁外包绕的一层黏稠性物质，较厚时称为荚膜，厚度约为 200μm，比较薄时称为黏液层。荚膜含水率为 90%～98%，主要成分为多糖，少数含多肽与蛋白质，也有多糖与多肽混合型的。荚膜功能是：保护细胞免受干燥影响；增强某些病原菌的致病能力，有的荚膜本身有毒；储藏营养；表面附着作用。

有时多个细菌按一定的排列方式互相黏集在一起，被一个公共荚膜包围形成一定形状的细菌基团,称为菌胶团。菌胶团是污水处理中细菌的主要存在形式,在废水处理中有重要意义:有较强的吸附和氧化有机物的能力,可防止细菌被动物吞噬,可增强细菌对不良环境的抵抗。菌胶团具有指示作用:新生胶团颜色较浅,甚至无色透明,但有旺盛的生命力,氧化分解有机物的能力强;老化了的菌胶团,由于吸附了许多杂质,颜色较深,看不到细菌单体,而像一团烂泥似的,生命力较差。

(6)鞭毛和菌毛

鞭毛是起源于细胞膜并穿过细胞壁伸出菌体外的蛋白性丝状物,其主要成分是蛋白质,直径约为 0.02μm,长度为 15~20μm。通常一个细菌鞭毛为一根或多根,它是细菌的运动器官,执行运动功能。菌毛比鞭毛更细,且短而直,硬而多,须用电镜才能看到。菌毛可分为普通菌毛和性菌毛两类,前者遍布整个菌体表面,形短而直,数百根,与细菌黏附有关,是细菌的致病因素之一;后者比前者长而粗,仅有 1~10 根,中空呈管状。带性菌毛的细菌具有致育性,细菌的毒力质粒和耐药质粒都能通过性菌毛的接合方式转移,细菌的抗药性与某些细菌的毒力因子均可通过此种方式转移。

(7)芽孢

芽孢是某些细菌在不利环境条件下,细胞内形成的圆形或椭圆形的休眠体。芽孢只是休眠体,不是繁殖体,在条件适宜时可以长成新的营养体。一个细菌只能形成 1 个芽孢,1 个芽孢只能萌发 1 个菌体。芽孢的特点:壁厚而致密,不易透水;含水率低;芽孢皮层含大量吡啶二羧酸,具有耐热性;酶含量少,具有极强的抗热、抗辐射、抗化学药物等能力。

3)细菌的生长繁殖

细菌繁殖的主要方式是裂殖,常见的是二分裂,即一个细胞分裂成两个细胞的过程。除裂殖外,少数细菌进行出芽繁殖,另有少数进行有性繁殖。

将单个或少量同种细菌细胞接种于固体培养基表面,在适当的培养条件下,该细胞会迅速生长繁殖,形成许多细胞聚集在一起且肉眼可见的细胞集合体,称为菌落。不同种的细菌菌落特征是不同的,包括其大小、形态、光泽、颜色、硬度、透明度等。菌落特征可以作为细菌的分类依据之一。主要从三方面看菌落的特征:表面特征(光滑、粗糙、干燥等)、边缘特征(圆形、锯齿状、花瓣状等)、纵剖面特征(平坦、扁平、凸起等)。

用含菌样品或菌种在平面或斜板上画线,经培养后长出密集的细菌群体称为菌苔。

以穿刺接种法将细菌接种到半固体培养基中,如果细菌不长鞭毛,就只能在穿刺线上生长;如果长鞭毛,则不但在穿刺线上生长,也在周围扩散生长。不同种细菌的生长扩散状况有所不同,该技术可以判断细胞能否运动。

在液体培养基中,细菌生长能使培养基浑浊。浑浊情况因细菌对氧气的要求不同而有区别:好氧菌仅使培养液上部浑浊;厌氧菌仅使培养液下部浑浊;兼性菌使培养液均匀浑浊。也有的细菌在培养液表面形成菌环或在底部产生絮状沉淀,有的产生气泡、色素等。细菌在液体培养基中的培养特征是菌种鉴定的依据之一。

典型例题解析

【例 13-3】 (2008)细菌菌落与菌苔有着本质区别,下列描述菌苔特征正确的是:

A. 在液体培养基上生长的,由 1 个菌落组成

B. 在固体培养基表面生长,由多个菌落组成

C. 在固体培养基内部生长，由多个菌落组成

D. 在液体培养基表面生长，由1个菌落组成

解 ①菌苔：细菌在斜面培养基接种线上有母细胞繁殖长成的一片密集的，具有一定形态结构特征的细菌群落，一般为大批菌落聚集而成。②菌落：单个微生物在适宜固体培养基表面或内部生长繁殖到一定程度，形成肉眼可见有一定形态结构的子细胞的群落。③菌种：保存着的，具有活性的菌株。④模式菌株：在给某细菌定名、分类作记载和发表时，为了使定名准确并作为分类概念的准则，以纯粹活菌（可繁殖）状态所保存的菌种。选B。

13.1.5 原生动物及后生动物的分类、结构和生理功能

1）原生动物

（1）原生动物是动物界最低等的单细胞动物

原生动物个体都很小，长度在100～300μm之间。原生动物虽只有一个细胞，但在生理上却是一个完善的有机体，能和多细胞动物一样行使营养、呼吸、排泄、生殖等机能。根据原生动物的细胞器和特点，将原生动物分为四个纲，即鞭毛纲、肉足纲、孢子纲和纤毛纲。在污水生物处理中常见的有鞭毛纲、肉足纲和纤毛纲。

①鞭毛纲。这类原生动物具有一根或两根鞭毛，鞭毛长度与基体长相等或更长些，是运动器官。鞭毛虫可分为植物性鞭毛虫和动物性鞭毛虫。前者多数有叶绿体，能进行植物性营养，常见的绿眼虫是植物性营养型，有时进行植物式腐生性营养；后者体内无叶绿体，靠吞食细菌等微生物和其他固体食物生存，常见的有梨波豆虫和跳侧滴虫等。在自然水体中，鞭毛虫喜在多污带和α-中污带生活，在活性污泥培养初期或污水处理效果差时大量出现，可作为污水处理的指示生物。

②肉足纲。体型小，无色透明，表面只有细胞质形成的一层薄膜，可伸缩变动而形成伪足，作为运动和摄食的细胞器，没有固定形态。肉足类原生动物没有专门的胞口，完全靠伪足摄食，大多数为全动性营养。可任意变形的肉足类叫变形虫。还有一些体型不变的肉足类，呈球形，如太阳虫和辐射变形虫等。肉足虫的繁殖方式以无性生殖为主，也有分裂与出芽生殖。变形虫喜在自然水体α-中污带或β-中污带中生活，在活性污泥培养中期出现。

③纤毛纲。纤毛类原生动物的特点是周身表面或部分表面具有纤毛，作为运动或摄食的工具。可分为游泳型和固着型两种，前者能自由游动，如草履虫；后者附着在其他物体上，如钟虫，有单个固着生活，也有群体生活。多数游泳型纤毛虫在α-中污带或β中污带生活，在活性污泥培养中期或生物处理效果较差时出现。钟虫喜在寡污带生活，是水体自净程度高、污水处理效果好的指示生物。

（2）细胞结构及功能

原生动物没有细胞壁，属真核微生物，大小多为100～300μm。其运动胞器是鞭毛、纤毛、刚毛、伪足，消化与营养胞器是胞口、胞咽、食物泡、吸管，感觉胞器是眼点，排泄胞器是收集管、伸缩泡和胞肛。有的胞器具有多种功能，如波多虫的鞭毛既有运动功能，又有捕食功能。原生动物的繁殖方式有无性繁殖和有性繁殖。无性繁殖为二分裂繁殖，也有复分裂繁殖。绝大部分原生动物可以形成休眠体（即孢囊），以抵抗不良环境，到环境适宜时，再萌发长出新细胞。原生动物的营养类型有全动性营养、植物性营养及腐生性营养。

2)后生动物

后生动物是除原生动物以外的多细胞动物的统称。其中,个体微小需要显微镜或放大镜才能看清的后生动物称为微型后生动物。在污水生物处理中常见的微型后生动物有轮虫、甲壳类动物、线虫和其他小动物等,可作为处理状况的指示生物。

(1)轮虫

轮虫是多细胞动物中比较简单的一种,体型微小,长 0.004~4mm,大多在 0.5mm 左右,属担轮动物门(Trochel minthes)轮虫纲(Rotifera)。其头部上有一列、两列或多列纤毛形成的纤毛环,如图 13-3 所示。纤毛环经常摆动(如旋转的轮盘),是轮虫的运动工具,也可以将细菌和有机颗粒等引入口部。轮虫有透明的壳,两侧对称,尾部有分叉的趾。轮虫以细菌、小的原生动物和有机颗粒为食,在污水处理中有一定的净化作用,轮虫生活在 pH6.8 左右的水体中,对溶解氧的要求较高,轮虫的出现是污水寡污带处理效果好的标志。

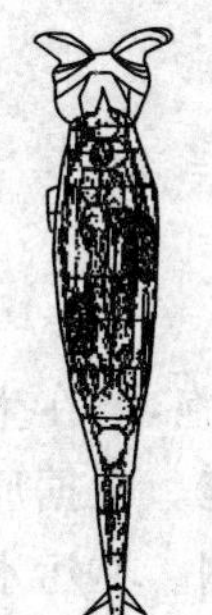

图 13-3 轮虫

(2)甲壳类动物

水处理中遇到的多为微型甲壳类动物,这类生物的特点是具有坚硬的甲壳。常见的有水蚤和剑水蚤,它们以细菌和藻类为食。氧化塘出水中往往含有较多的藻类,可以利用甲壳类动物去净化。水蚤的血液含血红素,其含量随环境中溶解氧的高低而变化,水体中氧含量低,水蚤中的血红素含量高;水体中氧含量高时,水蚤的血红素含量低。可根据水蚤呈现的颜色不同来判断水体的清洁程度。

(3)线虫

线虫属于线型动物门(Nemathel minthes)线形纲(Nematoda),体型微小,多在 1mm 以下,肉眼不易看到,在显微镜下清晰可见。线虫前端口上有感觉器官,体内有神经系统。线虫体两侧纵肌可交替收缩来运动。线虫的营养类型有腐食性、植食性和肉食性三种,有好氧和兼性厌氧之分。在污水处理中,线虫多独立生活。在缺氧时,兼性厌氧线虫大量繁殖,是污水净化程度差的指示生物。

(4)其他小动物

水中有机淤泥和生物黏膜上常生活着一些其他小动物,如昆虫幼虫和蚯蚓等。在水中出现的小虫还有蜂蝇幼虫和摇蚊幼虫等,这些生物都可用作河川污染的指示生物。动物生活时需要氧气,微型后生动物在缺氧环境里也能生存数小时。若在无毒污水中没有动物生长,往往说明溶解氧不足。

典型例题解析

【例 13-4】 鞭毛是细菌的:

A.摄食胞器　　B.运动胞器

C.代谢胞　　D.休眠体

解 鞭毛是细菌的运动器官,执行运动功能。选 B。

经典练习

13-1 微生物不属于下面哪一界?(　　)

A.动物界　　B.真菌界

C.病毒界　　D.原生生物界

13-2 (2010)细菌的核糖体游离于细胞质中，核糖体的化学成分是(　　)。

A. 蛋白质和脂肪　B. 蛋白质和 RNA　C. RNA　D. 蛋白质

13-3 在污水生物处理中常见到的原生动物主要有三类，分别是(　　)。

A. 轮虫类、甲壳类、腐生类　B. 甲壳类、肉食类、鞭毛类

C. 肉足类、轮虫类、腐生类　D. 鞭毛类、肉足类、纤毛类

13-4 在原生动物的四个纲中，与废水生物处理无关的一个纲是(　　)。

A. 鞭毛纲　B. 肉足纲　C. 纤毛纲　D. 孢子纲

13-5 细菌细胞结构中，(　　)的功能是维持细胞体内渗透压的。

A. 细胞膜　B. 细胞壁　C. 细胞核　D. 核糖体

13-6 细菌细胞的基本结构包括细胞壁、细胞膜、细胞质和(　　)。

A. 荚膜　B. 芽孢　C. 拟核　D. 纤毛

13-7 对细菌进行革兰氏染色，主要是根据它们的(　　)。

A. 细胞质组成成分不同　B. 细胞内含物组成成分不同

C. 所含的质粒类型不同　D. 细胞壁结构与化学组成不同

13-8 (2017)下列关于细菌的细胞壁，说法错误的是(　　)。

A. 革兰氏阴性菌的细胞壁主要成分为肽聚糖

B. 可以保持细胞的形状，提高细胞的机械强度

C. 可以阻挡某些分子进入和保留蛋白质在细胞间质

D. 细菌的细胞壁占菌体干重的 10%～25%

13-9 (2017)原生动物是水处理过程及处理效果指示性微生物，如钟虫的出现是水处理系统中(　　)。

A. 活性污泥培养初期　B. 活性污泥培养对数期

C. 活性污泥培养成熟期　D. 活性污泥培养中期

13-10 (2017)下列关于 BIP 指数，说法错误的是(　　)。

A. BIP 指数是水污染生物指数

B. BIP 指数是无叶绿素的微生物占所有微生物数的百分比

C. BIP 指数是有叶绿素的微生物占所有微生物数的百分比

D. 利用 BIP 指数可以判断水体的污染程度

13.2 微生物的生理

考试大纲☞： 酶的催化特征　影响酶活力的因素　营养类型的划分　呼吸类型　微生物的生长曲线

必备基础知识

13.2.1 酶的催化特征

酶是由生物活细胞产生的具有催化活性的生物催化剂。绝大多数酶都是具有特定催化功能的蛋白质，具有很大的分子量。其特性如下：

(1)只加快反应速度，而不改变反应平衡点，反应前后质量不变。

(2)反应的高度专一性。一种酶只作用于一种物质或一类物质的催化反应，产生一定的产物。专一性包括绝对专一性、相对专一性和立体异构专一性。

(3)反应条件温和。一般化学反应催化剂需要高温、高压、强酸或强碱等异常条件。酶反应只需常温、常压和接近中性的水溶液就可催化反应的进行。

(4)对环境极为敏感。高温、强酸和强碱能使酶丧失活性，重金属离子能钝化酶，使之失活。

(5)催化效率极高。比无机催化剂效率高几千倍至百亿倍。

(6)活力具有可调节性。很多因素都影响酶活力，这是无机催化剂所不具备的。

典型例题解析

【例 13-5】 下列关于酶的说法中，不正确的是：

A. 加快反应速度，同时改变反应平衡点

B. 具有高度的专一性

C. 反应条件温和

D. 对环境条件很敏感

解 考查酶的催化特征。选 A。

13.2.2 影响酶活力的因素

影响酶活力的因素有温度、pH 值、抑制剂、激活剂、底物浓度和酶浓度。

(1)温度。如图 13-4 所示，在最适温度范围内，酶活性最强，酶促反应速度最快。不同微生物体内酶的最适温度不同，培养微生物应在最适温度下进行，以发挥酶的最大催化效率。

(2)pH 值。如图 13-5 所示，酶在最适 pH 值范围内表现出很好的活性，此时酶促反应速度最快，效率最高。大于或小于最适 pH 值，都会降低酶活性。

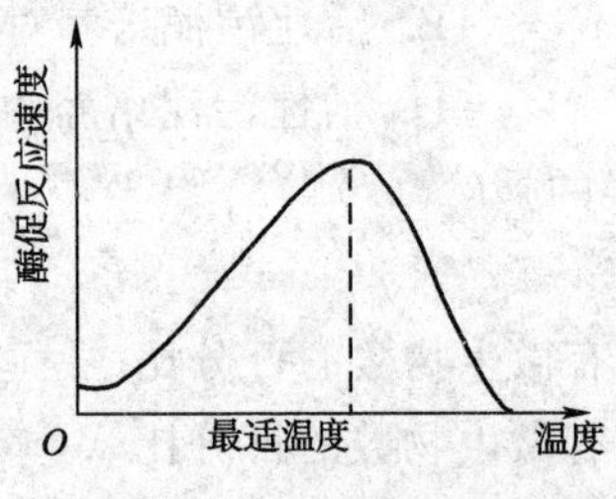

图 13-4 温度对酶活力的影响

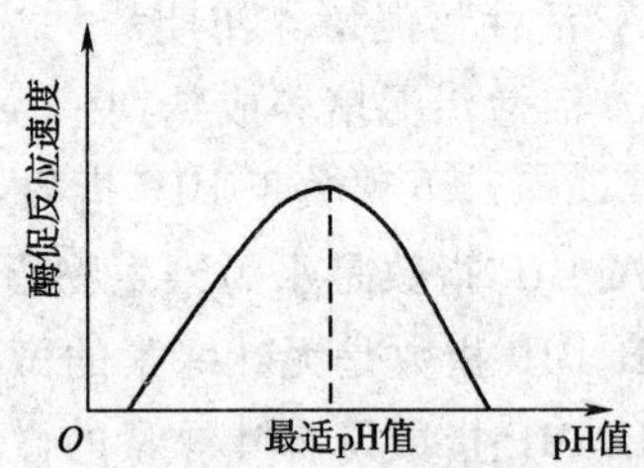

图 13-5 pH 对酶活力的影响

(3)抑制剂。能减弱、抑制甚至破坏酶活性的物质称为酶的抑制剂。一般分为可逆与不可逆两类，前者又有竞争性抑制和非竞争性抑制之分。竞争性抑制剂是与底物结构类似的物质，可争先与酶的活性中心结合，通过增加底物浓度最终可解除抑制，恢复酶的活性。非竞争性抑制剂与酶活性中心以外的位点结合后，底物仍可与活性中心结合，但酶不显活性，不能通过增加底物浓度解除抑制。

(4)激活剂。能激活酶的物质称为酶的激活剂。如一些无机阳离子(Na^+、K^+、Ca^{2+} 等)、无机阴离子(Cl^-、CN^-、SO_4^{2-} 等)、有机化合物等都可以作为激活剂。许多酶只有当某一种适当的激活剂存在时，才表现出催化活性或强化其催化活性。

(5)底物浓度。在酶催化反应中，若酶的浓度为定值，底物的浓度较低时，酶促反应速度与底物浓度成正比。当所有的酶与底物结合生成中间产物后，即使再增加底物浓度，中间产物浓度也不会增加，酶促反应速度也不增加，即此时酶达到饱和。若对底物浓度和酶促反应速度作一曲线，如图 13-6 所示，用米门公式表示该规律。

米门公式为：

$$v=\frac{v_{max}[S]}{K_m+[S]} \tag{13-1}$$

式中：v——反应速度；

$[S]$——底物(基质)浓度；

v_{max}——最大反应速度；

K_m——米氏常数，当酶促反应速度为 $0.5v_{max}$ 时的基质浓度。

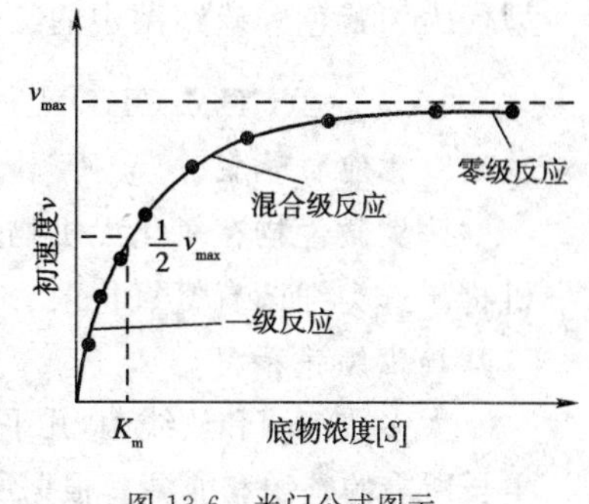

图 13-6　米门公式图示

K_m 是酶的特征常数，只与酶的种类和性质有关，与酶浓度无关，受 pH 值和温度的影响。

(6)酶浓度。从米门公式和酶浓度与酶促反应速度的关系图解可以看出：当底物浓度较低时，酶促反应速度与酶分子的浓度成正比；当底物分子浓度足够时，酶分子越多，底物转化速度越快。但事实上，当酶浓度很高时，并不保持这种关系。根据分析，这可能是高浓度的底物夹带有许多抑制剂所致。

典型例题解析

【例 13-6】 影响酶活性的最重要因素是：

A. 温度和 pH 值　　B. 底物浓度和反应活化能

C. 初始底物浓度和产物种类　　D. 酶的特性和种类

解　选 A。

13.2.3 营养类型的划分

微生物从外界环境中摄取对其生命活动必需的物质和能量的过程，称为营养。营养物质是微生物获得的用于合成细胞物质和提供生命活动所需能量的各种物质。微生物体内发生的所有生化反应总称为新陈代谢，包括能量代谢和物质代谢。

根据碳源的不同，微生物可分为自养微生物和异养微生物；根据所需能量来源的不同，微生物又分为光能营养和化能营养两类。将两者综合起来，微生物分光能自养型、光能异养型、化能自养型和化能异养型四种营养类型。

1)光能自养型

该类微生物都含有光合色素，以光为能源，CO_2 为碳源，水或还原态无机物(如 H_2S)作为供氢体来合成细胞所需的有机质。

藻类和蓝细菌可利用光能分解水产生氧气，并将 CO_2 合成为有机碳化物，称为产氧光合作用，其反应式为

$$CO_2+H_2O\xrightarrow{\text{光能、叶绿体}}[CH_2O]+O_2 \tag{13-2}$$

紫色硫细菌的光合作用以 H_2S 为供氢体，不释放氧气，称为不产氧光合作用，其反应式为

$$CO_2+2H_2S\xrightarrow{\text{光能、菌绿素}}[CH_2O]+2S+H_2O \tag{13-3}$$

2)光能异养型

该类微生物利用光能作为能源，以有机物(有机酸、醇等)作为供氢体，CO_2 或碳酸盐作为

碳源。属于这一营养类型的微生物很少，主要包括紫色非硫细菌和绿色非硫细菌等微生物，典型代表为紫色非硫细菌中的红微菌，其反应式为

$$2(CH_3)_2CHOH+CO_2 \xrightarrow{\text{光能、光合色素}} [CH_2O]+2CH_3COCH_3+H_2O \tag{13-4}$$

3)化能自养型

该类微生物在氧化无机物过程中获取能源，同时无机物作为电子供体，使 CO_2 还原为有机物。这类细菌有氨氧化菌、硝化细菌、铁细菌、氢细菌和某些硫黄细菌等。

4)化能异养型

大多数细菌和放线菌，几乎所有真菌及原生动物，都以这种营养方式生活，利用有机物作为生长所需的碳源和能源。根据所利用的有机物质，可分为腐生性和寄生性两类。前者利用无生命的有机体(如动植物遗体)，后者从活的有机体中获得营养，离开寄主便不能生长繁殖。在腐生和寄生之间，还有称为兼性腐生微生物，既能利用无生命的有机物质，也能利用活体中的有机物质。

在四种基本营养类型之间无特别的界限。一种微生物以一种营养方式生长，但在环境条件改变后，其营养类型也可能会改变。例如，在有光和无氧条件下，红螺菌进行光能自养；在黑暗和有氧条件下，则进行化能异养。

典型例题解析

【例 13-7】 根据微生物所需碳源和能源的不同，可将它们分为哪四种营养类型？

A. 无机营养、有机营养、光能自养、光能异养

B. 光能自养、光能异养、化能自养、化能异养

C. 化能自养、化能异养、无机营养、有机营养

D. 化能自养、光能异养、无机营养、有机营养

解 考查微生物的四种营养类型。选 B。

13.2.4 呼吸类型

呼吸作用是微生物在氧化分解基质的过程中，基质释放电子，生成水或其他代谢产物，并释放能量的过程。根据最终电子受体的不同，将微生物呼吸作用分为好氧呼吸、厌氧呼吸和发酵。

1)好氧呼吸

好氧呼吸是一种最普遍而重要的产能方式，基质的氧化以分子氧作为最终电子受体。以葡萄糖为例，在代谢过程中，分两个阶段：第一阶段通过糖酵解(EMP)途径，由 1 个六碳糖变成 2 个含三碳的丙酮酸；第二阶段经三羧酸循环(TCA)，丙酮酸彻底氧化分解成 CO_2 和 H_2O。好氧呼吸氧化彻底，产能最多。

2)厌氧呼吸

厌氧呼吸是指有机物脱下的电子最终交给无机氧化物的生物氧化。这是在无氧条件下进行的，产能效率低的呼吸。其特点是基质按常规途径脱氢后，经部分呼吸链递氢，最终由氧化态无机物或有机物受氢，完成氧化磷酸化产能反应。某些特殊营养和代谢类型的微生物，由于它们具有特殊的氧化酶，在无氧时能使某些无机氧化物(如硝酸盐、亚硝酸盐等)中的氧活化而作为电子受体，接受基质中被脱下来的电子。反硝化细菌、硫酸盐还原菌等的呼吸作用都是这种类型。

3)发酵

发酵是指在无氧条件下，基质脱氢后所产生的还原力[H]未经呼吸链传递而直接交给某内源中间代谢产物，以实现基质水平磷酸化(也叫底物水平磷酸化)产能的一类生物氧化反应。

基质水平磷酸化的特点是基质(有机物)在氧化过程中脱下的电子不经电子传递链,而经酶促反应直接传递给另一有机物,同时将产生的能量交给 ADP,合成 ATP。发酵是不彻底的氧化作用,产能效率低。

典型例题解析

【例 13-8】 关于厌氧好氧处理下列说法错误的是:

A. 好养条件下溶解氧要维持在 2~3mg/L

B. 厌氧消化如果在好氧条件下,氧作为电子受体,使反硝化无法进行

C. 好氧池内聚磷菌分解体内的 PHB,同时吸收磷

D. 在厌氧条件下,微生物无法吸收磷

解 厌氧阶段聚磷菌释磷:在厌氧段,有机物通过微生物的发酵作用产生挥发性脂肪酸(VFAs),聚磷菌(PAO)通过分解体内的聚磷和糖原产生能量,将 VFAs 摄入细胞,转化为内贮物,如 PHB。但并非厌氧条件下就不会发生吸磷现象,研究发现,在厌氧—好氧周期循环反应器中,稳定运行阶段会出现规律性的与生物除磷理论相悖的厌氧磷酸盐吸收现象。选 D。

13.2.5 微生物的生长曲线

将少数细菌接种到一定量的液体培养基内封闭,在适宜温度下培养,在培养过程中不加入也不取出培养基和微生物,这就是间歇培养(分批培养)。在培养中,以培养时间为横坐标,以活微生物个数为纵坐标,来描述细菌生长规律的曲线,叫做生长曲线。

微生物生长曲线大致分为四个时期:延滞期(适应期)、对数期(指数期)、稳定期、衰亡期,如图 13-7 所示。

1)延滞期

在该期细菌并不生长繁殖,数目不增加,但细胞生理活性很活跃,菌体体积增长很快。这是个适应时期,新接种的细菌一时缺乏分解底物的酶,需一定的时间来大量合成诱导酶、辅酶等,以适应环境变化。核糖体合成加快,RNA 含量升高。该期特点:细菌数目几乎没有变化;细菌生长速度为零。若要缩短延滞期,可采用适当菌龄的菌种,选用接近种子培养基的发酵培养基等。

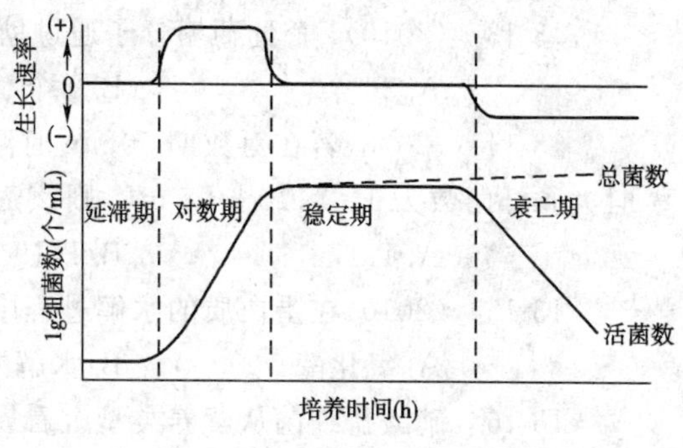

图 13-7 微生物生长曲线

2)对数期

细菌细胞分裂速度迅速增加,进入对数增长期。该期特点:细菌数呈指数增长,活性强,代谢旺盛,极少有细菌死亡;世代时间最短;生长速度最快。

3)稳定期

随着营养物质的消耗和有毒代谢产物的积累,部分细菌开始死亡,新生细菌数和死亡数基本相等。该期特点:个体数目达到最高,细菌新生数等于死亡数,生长速度为零,细菌活性下降,芽孢、荚膜形成,内含物如肝糖、脂肪、PHB 等开始储存等。

4)衰亡期

因营养严重不足,大部分细菌死亡,只有少数菌体繁殖,微生物进入内源呼吸期。该期特

点:细菌进行内源呼吸,细菌死亡数远大于新生数,细菌数目不断减少,细菌呈畸形或多形态,细胞内产生液泡或空泡。

在污水生物处理过程中,如果利用对数期的微生物,整体处理效果并不好,因为微生物繁殖很快,活力很强大,不易凝聚和沉淀,并且对数期需要充分的食料,污水中的有机物须有较高的浓度,难以得到较好的出水。稳定期的污泥代谢活性和絮凝沉降性能均较好,该期常用于污水处理。衰亡期的微生物用于延时曝气、污泥消化等。

典型例题解析

【例 13-9】 (2007)细菌间歇培养的生产曲线可分为以下四个时期,细菌形成荚膜主要在哪个时期?

A. 延迟期　　B. 对数期

C. 稳定期　　D. 衰亡期

解 考查微生物生长曲线四个时期的特点。选 C。

经典练习

13-11 (2007)维持酶活性中心空间构型作用的物质为(　　)。

A. 结合基团　　B. 催化基团　　C. 多肽链　　D. 底物

13-12 (2007)若在对数期某一时刻测得大肠杆菌数为 1.0×10^2 cfu/mL,当繁殖多少代后,大肠杆菌数可增至 1.0×10^9 cfu/mL?(　　)

A. 17　　B. 19　　C. 21　　D. 23

13-13 (2010)1 个葡萄糖分子通过糖酵解途径,细菌可获得 ATP 分子的个数为(　　)。

A. 36 个　　B. 8 个　　C. 2 个　　D. 32 个

13-14 (2008)若在对数期 50min 时测得大肠杆菌数为 1.0×10^4 cfu/mL,培养到 450min 时大肠杆菌数为 1.0×10^{11} cfu/mL,则该菌的细菌生长繁殖速率为多少?(　　)

A. 1/17　　B. 1/19　　C. 1/21　　D. 1/23

13-15 (2010)在蛋白质的水解过程中,参与将蛋白质分解成小分子肽的酶属于(　　)。

A. 氧化酶　　B. 水解酶　　C. 裂解酶　　D. 转移酶

13-16 硝酸盐细菌从营养类型上看属于(　　)。

A. 光能自养菌　　B. 化能自养菌　　C. 光能异养菌　　D. 化能异养菌

13-17 酶的催化具有专一性,其专一性可分为绝对专一性、相对专一性和(　　)。

A. 产物专一性　　B. 结构专一性

C. 底物专一性　　D. 立体异构专一性

13-18 (2017)在微生物的生长过程中,微生物的生长速率下降,活细胞数目减少,是处于微生物生长的哪个阶段?(　　)

A. 延滞期　　B. 对数期　　C. 稳定期　　D. 衰亡期

13-19 作为接种污泥,选用微生物哪个生长时期最为合适(　　)。

A. 停滞期　　B. 对数期　　C. 稳定期　　D. 衰亡期

13-20 (2017)下列关于微生物无氧呼吸,说法错误的是(　　)。

A. 无氧呼吸是指一类呼吸链末端的氢受体为外源无机氧化物(少数为有机氧化

物)的生物氧化

B. 无氧呼吸是在无氧条件下进行的特殊呼吸

C. 其反应经过部分呼吸链递氢,最终由内源性中间代谢产物受氢,并完成氧化磷酸化的产能反应

D. 其产能效率比有氧呼吸低很多

13.3 微生物生态

考试大纲☞：土壤微生物生态　空气微生物生态　水体微生物生态　水体自净过程　污染水体的微生物生态

必备基础知识

13.3.1 土壤微生物生态

土壤是自然界微生物生长繁殖的良好环境,它具有绝大多数微生物生长繁殖所需的各种条件。

1)土壤的环境条件

(1)有机营养。土壤中含有丰富的动植物残体,可供微生物作为有机营养。

(2)无机元素。土壤中含有大量而全面的矿质元素,满足微生物生长需要。

(3)水分。土壤中的水分能满足微生物的需求。

(4)氧气。通气条件好时,为好氧微生物提供了良好条件;通气条件差时,又成了厌氧微生物的理想环境。土壤中各类微生物数量会因通气条件变化而有所改变。

(5)pH 值。土壤 pH 值范围在 3.5～8.5,多数在 5.5～8.5,适合大多数微生物生长。

(6)温度。土壤温度变化幅度小而缓慢,一般维持在 10～25℃,适宜多种微生物生长。

(7)渗透压。土壤渗透压在 0.3～0.6MPa 之间,对微生物而言是等渗环境或低渗环境,利于微生物摄取营养。

(8)保护层。土层可保护微生物免受阳光紫外线的辐射伤害。

土壤是微生物资源的巨大宝库,如人类使用的大多数抗生素都来自土壤中分离出的放线菌。

2)土壤中微生物的种类、数量和分布

土壤微生物中细菌最多,作用强度和影响最大,大部分为 G^+ 菌,放线菌和真菌数量次之,藻类和原生动物等数量相对较少,影响也小。

在肥沃土壤中每克含几亿甚至更多个微生物,而在贫瘠土壤中每克仅含有几百万个微生物。在不同的土壤中,生长着各自的优势种群。例如,酸性土壤中真菌较多,潮湿土壤表层藻类较多。微生物的种类、数量和活动强度等特点也会随着季节变化而发生显著的周期性变化。

土壤中微生物的垂直分布与紫外线照射、营养、水分、温度等因素有关。由于日光照射、干燥等因素的影响,土壤表层不易生存微生物,离地表 10～30cm 的土层中微生物数量较多,更深的土层,由于有机营养缺乏、氧气少等因素,微生物数量越来越少。

3)土壤自净

土壤自净是指土壤本身通过吸附、分解、迁移、转化等自然作用,使土壤中污染物的浓度降

低直至消失的过程。

土壤具有自净功能，因土壤中含有各种各样的微生物，对外界进入土壤的污染物质可分解转化；土壤中存在复杂的有机和无机胶体体系，通过吸附、解吸、代换等过程使污染物发生形态变化；土壤是绿色植物生长的基地，通过植物的吸收作用，土壤中的污染物质起着转化和转移的作用。另外，其他性质不同的污染物在土体中可通过挥发、扩散、分解以及水循环等作用，逐步降低污染物的浓度，减少毒性或被分解成无害的物质。土壤自净能力还与土壤结构、通气状况等有关。

4)土壤生物修复

土壤生物修复是利用土壤中天然的微生物或人为投加目的菌株，甚至用构建的特异降解菌投加到污染土壤中，将滞留的污染物迅速降解掉，使土壤恢复其天然功能的过程。

生物修复技术有原位处理、挖掘堆置处理和反应器处理三种。

(1)原位处理。这种方法是在受污染区钻井，分为两组：一组是注水井，用来将接种的微生物、水、营养物和电子受体等物质注入土壤中；另一组是抽水井，通过向地面上抽取地下水造成所需要的地下水在地层中流动，促进微生物的分布和营养等物质的运输，保持氧气供应。该工艺是较为简单的处理方法，费用较省，不过由于采用的工程强化措施较少，处理时间会有所增加，而且在长期的生物修复过程中，污染物可能会进一步扩散到深层土壤和地下水中，因而适用于处理污染时间较长、状况已基本稳定的地区或者受污染面积较大的地区。

生物通风是原位生物修复的一种方式。在这些受污染地区，土壤中的氧气浓度低，二氧化碳浓度高。为了提高土壤中的污染物降解效果，需要排出土壤中的二氧化碳和补充氧气，生物通风系统就是为改变土壤中气体成分而设计的。生物通风工艺主要是通过真空或加压进行土壤曝气，使土壤中的气体成分发生变化，通常用于由地下储油罐泄漏造成的轻度污染土壤的生物修复。

(2)挖掘堆置处理。就是将受污染的土壤从污染地区挖掘起来，防止污染物向地下水或更广大地域扩散，将土壤运输到一个经过各种工程准备的地点堆放，形成上升的斜坡，并在此进行生物修复的处理，处理后的土壤再运回原地。这种技术的优点是可以在土壤受污染之初限制污染物的扩散和迁移，减小污染范围。但用在挖土方和运输方面的费用显著高于原位处理方法，另外在运输过程中可能会造成污染物进一步暴露，还会由于挖掘而破坏原地点的土壤生态结构。

(3)反应器处理。这种方法是将受污染的土壤挖掘起来，和水混合后，在接种了微生物的反应器内进行处理，其工艺类似于污水生物处理方法。处理后的土壤与水分离后，经脱水处理再运回原地。处理后的出水视水质情况，直接排放或送入污水处理厂继续处理。反应装置不仅包括各种可以拖动的小型反应器，也有类似稳定塘和污水处理厂的大型设施。

和前两种处理方法相比，反应器处理的一个主要特征是以水相为处理介质，而前两种处理方法是以土壤为处理介质。由于以水相为主要处理介质，污染物、微生物、溶解氧和营养物的传质速度快，且避免了复杂而不利的自然环境变化，各种环境条件便于控制在最佳状态，因此反应器处理污染物的速度明显加快，但其工程复杂，处理费用高。

土壤生物修复的关键要素如下：

(1)微生物品种。从污染土壤中选取优势菌种，扩大培育后接种到污染土壤中；或用质粒育种、基因工程构建工程菌投加入污染土壤中。

(2)营养。污染土壤中的营养元素严重失衡，应确定适宜的营养元素比例，一般土壤中C：

N 为 25∶1，污水好氧处理中，BOD_5∶N∶P＝100∶5∶1。

(3)DO。为保证微生物旺盛生长，可用鼓风机向地下鼓风，使土壤内 DO 含量达到 8～12mg/L。并可投加适量(100～200mg/L)的 H_2O_2，为微生物提供更多电子受体，并释放 O_2。

典型例题解析

【例 13-10】 (2010)土壤中微生物的数量从多到少依次为：

A. 细菌、真菌、放线菌、藻类、原生动物和微型动物

B. 细菌、放线菌、真菌、藻类、原生动物和微型动物

C. 真菌、放线菌、细菌、藻类、原生动物和微型动物

D. 真菌、细菌、放线菌、藻类、原生动物和微型动物

解 土壤中微生物的数量很大，但不同种类数量差别较大。一般细菌＞放线菌＞真菌＞藻类和原生动物。选 B。

13.3.2 空气微生物生态

空气不是微生物生长繁殖的良好场所，因为空气中有紫外辐射(能杀菌)，也不具备微生物生长所必需的营养物质。但空气中仍有细菌、放线菌、真菌、藻类、原生动物、病毒等多种微生物，主要来源于地面尘土、水面、动物体表、呼吸道分泌物或排泄物等，在空气中只是暂时停留。

空气中的细菌以能产生芽孢、色素的为多，真菌以孢子的形式为多。室外空气中的微生物多为真菌孢子。城市上空的微生物密度比农村大，陆地上空比海洋上空大，室内比室外大，无植被地表上空比有植被地表上空大。尘埃多的空气微生物数量也多。微生物在空气中的停留时间和气流流速、温度及附着粒子的大小有关，能在气流作用下传播到很远地方，在太空中也有微生物存在。

典型例题解析

【例 13-11】 关于空气中的微生物，下列说法正确的是：

A. 空气中微生物数量较多，而且可以长期存在

B. 城市上空的微生物比农村少

C. 空气中的微生物主要来源于地面、水面、动物体表、排泄物等

D. 一般情况，有植被的地表上空微生物比无植被的地表上空多

解 考查空气微生物生态。选 C。

13.3.3 水体微生物生态

水体中含有各种有机物和无机物，可满足微生物生命活动需要。但由于各种水体中的有机物和无机物的种类和数量以及温度、渗透压等存在差异，各水域中微生物的种类和数量也不相同。水体中微生物来自土壤、空气、动植物残体及工业废水、生活污水等。

在洁净的湖泊或水库中，有机物含量低，因此微生物主要是自养菌，且数量少，多倾向于生长在固体表面或颗粒物上，这样能吸收利用更多的营养物。在生活污水、工业有机废水大量排入腐败有机残体、有机废物多的水体中，有机物含量特别高，水体中微生物多为腐生型，且数量很多。

在垂直分布上，光线和氧气充足的浅层区分布着大量的藻类和好氧微生物，如假单胞菌、噬纤维素菌和生丝微菌等。深水区光线少，溶解氧含量低，多为紫色和绿色硫细菌及其他兼性厌氧菌。湖底区是厌氧的沉积物，分布着大量厌氧菌，如甲烷菌、芽孢杆菌等。

典型例题解析

【例 13-12】 下列水体中，微生物最少的是哪个：

A. 池塘　　B. 海洋

C. 湖泊　　D. 地下水

解　选 D。

13.3.4 水体自净过程

污染物进入水体后，对水体产生污染，但水体本身有一定的净化污水的能力，即经过水体的物理、化学和生物的作用，使污水中污染物的浓度得以降低，并在微生物的作用下进行降解，使水体由不洁恢复为清洁，水质恢复到污染前的水平和状态，这一过程称为水体的自净过程，如图 13-8 所示。

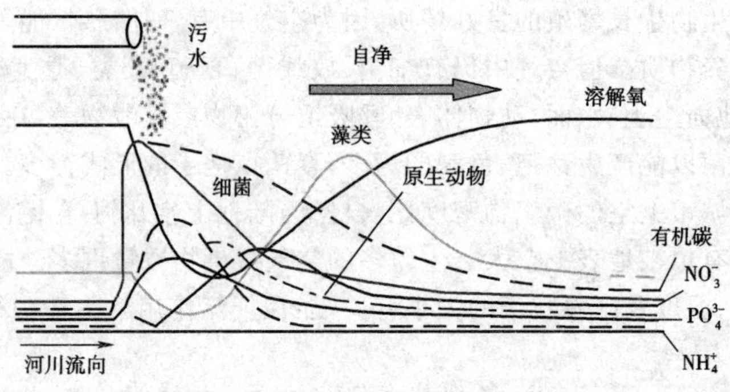

图 13-8　河流水体自净过程

水体自净过程的特征：①进入水体中的污染物，在连续的自净过程中，总的趋势是浓度逐渐下降；②大多数有毒污染物经各种物理、化学和生物作用，转变为低毒或无毒化合物；③重金属一类污染物，从溶解状态被吸附或转变为不溶性化合物，沉淀后进入底泥；④复杂的有机物被微生物逐渐分解掉；⑤不稳定的污染物在自净过程中转变为稳定的化合物，如氨转变为亚硝酸盐，再氧化为硝酸盐；⑥在自净过程的初期，水中溶解氧数量急剧下降，到达最低点后又缓慢上升，逐渐恢复到正常水平；⑦进入水体的大量污染物，如果是有毒的，水中生物就要大量死亡，生物种类和个体数量就要随之大量减少。随着自净过程的进行，有毒物质浓度或数量下降，生物种类和个体数量也逐渐随之回升，最终趋于正常的生物分布。进入水体的大量污染物中，如果有机物含量过高，那么微生物就可以利用丰富的有机物为食料而迅速的繁殖，溶解氧随之减少。随着自净过程的进行，纤毛虫类原生动物开始取食细菌，则细菌数量又减少；而纤毛虫又被轮虫、甲壳类吞食，使后者成为优势种群。有机物分解所生成的大量无机营养成分，如氮、磷等，使藻类生长旺盛，藻类旺盛又使鱼、贝类动物随之繁殖起来。

水体自净过程中的物理、化学和生物作用：物理作用包括对污染物的稀释和颗粒的下沉，化学作用包括氧化还原反应、酸碱中和等，生物作用包括各种生物对有机物的氧化分解。

典型例题解析

【例 13-13】 下列关于水体自净的过程,说法不正确的是:

A. 通过水的物理、化学、生物作用,使污染物浓度得以降低

B. 当进入水体的污染物含有大量有机物时,微生物会大量繁殖

C. 在自净过程中,有机碳量基本保持不变

D. 在连续的自净过程中,污染物浓度是逐渐降低的

解 考查水体自净。选 C。

13.3.5 污染水体的微生物生态

当有机污染物质进入河流后,在其下游河段中发生正常的自净过程,在自净中形成了一系列连续的污化带,分别是多污带、α-中污带、β-中污带和寡污带。污化指示生物有细菌、真菌、原生动物、藻类、鱼类等。污化带的划分及其特点如下:

(1)多污带。此带在靠近污水出口的下游,水色暗灰,很浑浊,含有大量有机物,溶解氧极少,甚至没有。在有机物分解过程中,产生 H_2S、SO_2 和 CH_4 等气体。由于环境恶劣,水生生物很少。多污带有代表性的指示生物是细菌,种类很多,数量很大,每毫升几亿个,几乎都是异养(兼性)厌氧细菌。具有代表性的指示生物:贝日阿托式菌、球衣细菌、颤蚯蚓等。

(2)α-中污带。在多污带下游,水仍为灰色,溶解氧少,有氨和氨基酸等存在。BOD 下降,水面上有泡沫和浮泥。生物种类比多污带稍多,细菌含量仍高,每毫升几千万个。水中出现蓝藻、纤毛虫、轮虫,水底污泥中滋生大量颤蚯蚓。具有代表性的指示生物:天蓝喇叭虫、椎尾水轮虫、臂尾水轮虫、大颤藻、小球藻等。

(3)β-中污带。在 α-中污带之后,绿色植物大量出现,水中溶解氧升高,有机物质含量已很少。生物种类变得多种多样,细菌数量减少,每毫升几万个。有根的水生植物、鱼类也出现了。具有代表性的指示生物:梭裸藻、变异直链硅藻、腔轮虫、大型水溞、绿草履虫等。

(4)寡污带。河流的自净作用已经完成,溶解氧已恢复到正常含量,无机化作用彻底,有机污染物质已完全分解,CO_2 含量很少,BOD 和悬浮物含量都很低。寡污带生物种类很多,但细菌数量很少,有大量浮游植物,显花植物大量出现,鱼类种类也很多。具有代表性的指示生物:水花鱼腥藻、玫瑰旋轮虫、黄团藻、大变形虫等。

典型例题解析

【例 13-14】 反映河流自净的污化带,哪个带中的溶解氧最低:

A. 多污带　　B. α-中污带　　C. β-中污带　　D. 寡污带

解 考查污化带。选 A。

【例 13-15】 (2012)排污口下游的污化带排序,正确的是:

A. 寡污带、α-中污带、β-中污带、多污带

B. 多污带、β-中污带、α-中污带、寡污带

C. 多污带、α-中污带、β-中污带、寡污带

D. 寡污带、β-中污带、α-中污带、多污带

解 基础知识。选 C。

经典练习

13-21　(2012)下列哪种环境最不适宜微生物的生长？(　　)

A. 湖泊　　B. 空气　　C. 土壤　　D. 海洋

13-22　水体自净过程中形成的一系列污化带，按顺序出现分别是(　　)。

A. 排污带、稀释带、自净带　　B. 排污带、净污带、寡污带

C. 多污带、中污带、寡污带　　D. 多污带、自净带、无污带

13.4 微生物与物质循环

考试大纲☞：碳循环　氮循环　硫循环　磷循环

必备基础知识

13.4.1 碳循环

1)碳循环的基本过程

自然界碳循环的基本过程如下：大气中的 CO_2 被陆地和海洋中的植物吸收，然后通过生物或地质过程以及人类活动，又以 CO_2 的形式返回大气中，如图 13-9 所示。

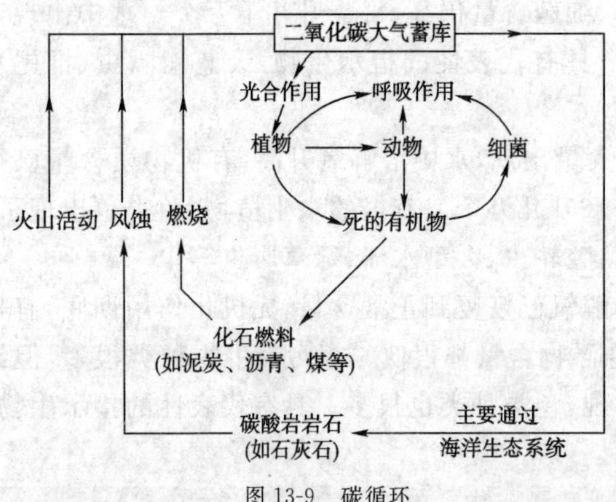

图 13-9　碳循环

绿色植物从空气中获得 CO_2，经过光合作用转化为葡萄糖，再综合成为植物体的碳化合物，经过食物链的传递，成为动物体的碳化合物。植物和动物的呼吸作用把摄入体内的一部分碳转化为 CO_2 释放入大气，另一部分则构成生物的机体或在机体内储存。动植物死后，残体中的碳通过微生物的分解作用也成为 CO_2 而最终排入大气。大气中的 CO_2 就是如此循环。

动植物残体中一部分在被分解之前会被沉积物所掩埋而变成为有机沉积物。这些沉积物在热能和压力作用下经过几亿年后变成矿物燃料，如煤、石油和天然气等。当它们在风化过程中或作为燃料燃烧时，其中的碳氧化为 CO_2 排入大气。

生物体死亡以及其他各种含碳物质又不停地以沉积物的形式(如化石等)返回地壳中，对于沉积岩中的碳因自然和人为的各种化学作用分解后进入大气和海洋，由此构成了全球碳循环的一部分。总之，碳循环是以 CO_2 为中心，是以 CO_2 的固定和 CO_2 的再生为主的物质循环。

2)微生物在碳循环中的作用

光合作用是生态系统能量和有机物质的重要来源。生产者利用光能来将 CO_2 固定在有机物质中。光合产物沿着食物链传递，每经过一个营养级，能量损失 90%，即上一营养级只有 10%的能量传递给下一营养级。若直接传递给分解者，一次利用就可消耗掉全部能量。微生物对含碳有机物的分解是通过一系列生化反应，最终将含碳有机物分解成小分子有机物、无机物和 CO_2 的过程。生物分解可分为好氧分解和厌氧分解。好氧分解是在有氧的条件下，借好

氧细菌(包括好氧菌和兼性菌)作用进行。厌氧分解是在无氧条件下,借厌氧菌(也包括兼性菌)作用进行的。在碳循环中,微生物承担着90%的任务,若没有分解者,大气中的CO_2会很快消耗尽。

3)有机物的分解

(1)有机物的好氧分解

在有氧条件下,微生物利用氧作为电子受体,通过呼吸作用分解有机质,形成最高氧化状态的产物CO_2,其好氧分解途径如图13-10所示。

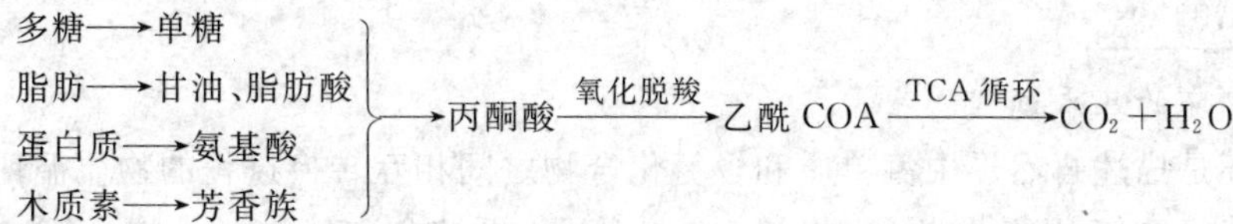

图13-10　有机物好氧分解途径

(2)有机物的厌氧分解

在无氧环境下,微生物以含氧化合物(硝酸盐、硫酸盐等)为电子受体,通过厌氧呼吸分解有机质,形成CO_2,或把代谢中间产物丙酮酸作为电子受体,通过发酵分解有机质,形成CO_2和CH_4,有机物厌氧分解的途径如图13-11所示。

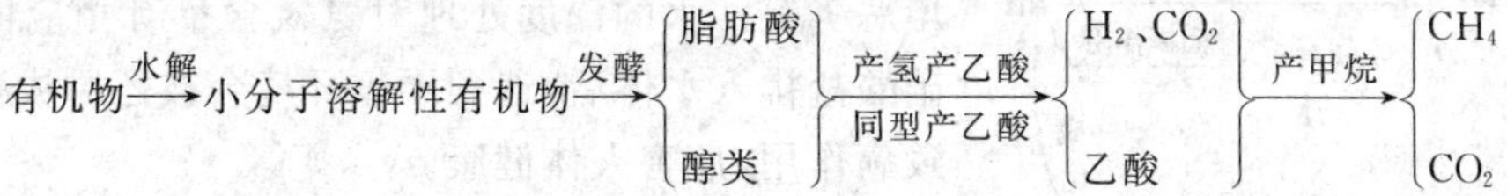

有机物 $\xrightarrow{\text{水解}}$ 小分子溶解性有机物 $\xrightarrow{\text{发酵}}$ {脂肪酸, 醇类} ⟶ {产氢产乙酸, 同型产乙酸} ⟶ {H_2、CO_2, 乙酸} $\xrightarrow{\text{产甲烷}}$ {CH_4, CO_2}

图13-11　有机物厌氧分解途径

(3)纤维素的分解

纤维素属于碳水化合物,主要来自食品、造纸、纺织、棉纺印染废水等。纤维素在细菌胞外酶的作用下水解成可溶性的简单物质如葡萄糖,再被微生物吸收分解掉,这里的微生物可以是分解纤维素的细菌,也可以是别的微生物。在有充分氧气条件下,葡萄糖就彻底氧化为二氧化碳和水;在缺氧条件下,葡萄糖就在厌氧菌作用下产生多种有机酸、醇类和甲烷等物质。大部分微生物都能分解葡萄糖,只有一些特殊微生物能分解纤维素,半纤维素存在于植物的细胞壁中,由聚戊糖、聚己糖和聚糖醛酸构成。能分解纤维素的微生物大多数能分解半纤维素,半纤维素在多种酶作用下水解成单糖和糖醛酸,单糖和糖醛酸在好氧条件下彻底分解,在厌氧条件下生成发酵产物,如CO_2和甲烷等。

(4)淀粉的分解

淀粉在生活中很常见,在污水中一般来源于淀粉厂、纺织工业、酒厂、印染等工业废水。淀粉是植物的重要储能物质,可分为直链淀粉和支链淀粉,通过胞外淀粉酶水解,其过程为:淀粉⟶糊精⟶麦芽糖⟶葡萄糖。参与的微生物有曲霉、根霉等。对于葡萄糖的分解,也可由另一些细菌来完成。

(5)脂肪的分解

脂肪由碳、氢、氧构成,洗毛、肉类加工厂等工业废水和生活污水中都含有油脂。脂肪先被水解为甘油和脂肪酸,甘油和脂肪酸在有氧环境中被彻底分解成水和CO_2或用于合成微生物的细胞物质;在厌氧条件下,脂肪酸被分解为简单的酸。参与分解的微生物有荧光杆菌、灵杆菌、绿脓杆菌、青霉、曲霉、乳霉等。

典型例题解析

【例 13-16】 能利用无机碳和光能进行生长的微生物，其营养类型属于：

A. 光能自养　　B. 光能异养

C. 化能自养　　D. 化能异养

解 选 A。

13.4.2 氮循环

1）氮循环的基本过程

氮循环是描述自然界中氮单质和含氮化合物之间相互转换过程的物质循环。固氮微生物从空气中获得氮气，经生物固氮，将氮气转化为氨，再结合成植物氮化物，经食物链传递，成为动物氮化物。动植物死亡后，残体中的氮化物被微生物分解成氨，氨又会被硝化类细菌氧化为硝酸盐。硝酸盐则被反硝化微生物还原成氮气返回到大气中，如图 13-12 所示。

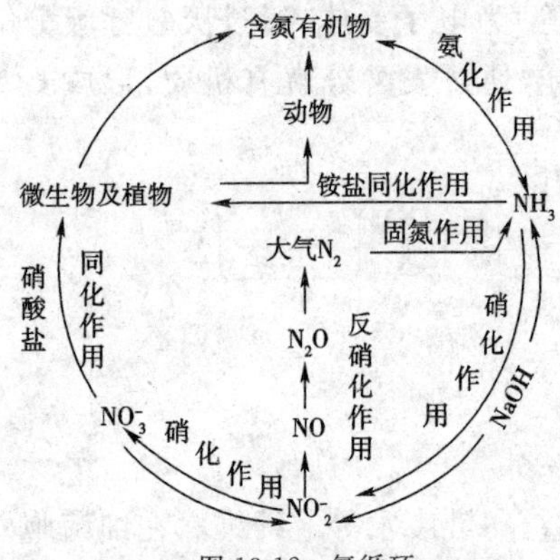

图 13-12 氮循环

水体中氮素过多会导致富营养化。破坏水资源，降低水的使用价值，直接影响人类的健康，同时提高水处理的成本，其次是导致鱼类及水生动物大量死亡，水体发臭，水环境恶劣等。水的深度处理对氨氮含量有相应的要求，因为硝酸盐排入水体后，遇到厌氧环境会被还原成亚硝酸盐，有致癌作用，危害人体健康。

2）微生物在氮循环中的作用

微生物参与着氮循环过程，并起着重要作用。

（1）固氮作用

分子态氮被还原成氨和其他氮化物的过程称为固氮作用。自然界氮的固定有两种方式：一是非生物固氮，即通过闪电、高温放电等方式固氮，这样形成的氮化物很少；二是生物固氮，即通过微生物的转化作用固氮。大气中的氮气固定主要是靠微生物的固氮作用。

生物固氮是指将氮气还原为 NH_3 的过程：

$$N_2+6e^-+6H^+\xrightarrow[\text{固氮酶}]{\text{ATP}}2NH_3+APP+P_i$$

在生物固氮过程中，必须有固氮酶且在无氧环境下。还原 1 分子 N_2 需要 6 个电子及质子，且需要大量能量。在固氮过程中，产生的 NH_3 需及时排除，否则将对固氮酶产生反馈阻遏作用。

生物固氮是固氮微生物的一种特殊的生理功能，有细菌、放线菌和蓝细菌（即蓝藻），它们的细胞内都具有固氮酶，而固氮酶必须在厌氧条件下才能催化反应。根据固氮微生物与高等植物的关系，可分为自生固氮菌（独立生活时就可以固氮）、共生固氮菌（只有与高等植物共生时才能固氮）以及联合固氮菌（介于前两者之间的类型）。

①自生固氮。自生固氮菌是生活在土壤或水域中，以分子态氮为氮素营养，将其还原为 NH_3，再合成氨基酸、蛋白质。包括好氧性细菌，如固氮菌属、固氮螺菌属等；兼性厌氧菌，如克雷伯氏菌属；厌氧菌，如梭状芽孢杆菌属的一些种；还有光合细菌，如红螺菌属、绿菌属以及蓝细菌等。

②共生固氮。固氮产物氨可直接为共生体提供氮源。共生固氮效率比自生固氮体系高数

十倍。主要有根瘤菌属的细菌与豆科植物共生形成的根瘤共生体,某些蓝细菌与植物共生形成的共生体,如念珠藻或鱼腥藻与裸子植物苏铁共生形成苏铁共生体,红萍与鱼腥藻形成的红萍共生体等。

③联合固氮。固氮菌生活在某些植物根的黏质鞘套内或皮层细胞间,不形成根瘤,但有较强的专一性,如雀稗固氮菌与点状雀稗联合,生活在水稻、甘蔗及许多热带牧草的根际的微生物,由于与这些植物根系联合,因而都有很强的固氮作用。

(2)氨化作用

将氨合成细胞物质的过程称为氨的同化(生物固定)。

微生物同化氨的途径主要是氨与α-酮戊二酸合成谷氨酸及氨与谷氨酸结合生成谷氨酰胺。

有机态氮转化为氨的生化反应称为氨化作用(矿化作用)。产生的氨,一部分供微生物或植物同化,一部分被转变成硝酸盐。很多细菌、真菌和放线菌都能分泌蛋白酶,在细胞外将蛋白质分解为多肽、氨基酸和氨,其中分解能力强并释放出氨的微生物称为氨化微生物。氨化微生物广泛分布于自然界,在有氧或无氧条件下,均有不同的微生物分解蛋白质和各种含氮有机物。

细菌中氨化作用较强的有假单胞菌属、芽孢杆菌属、梭菌属、沙雷氏菌属及微球菌属中的一些种。真菌中分解有机含氮化合物能力强的有毛霉属、根霉属、曲霉属、青霉属及交链孢霉等属中的许多种。有不少放线菌能参与较难分解的有机含氮化合物的分解。一般来说,在土壤施肥过程中,施用 $C/N<20$ 的有机肥时,矿化作用(氨化作用)强于生物固定(氨的同化),可释放部分 NH_3—N;施用 $C/H>20$ 的有机肥时,生物固定强于矿化作用,对植物生长不利。

(3)硝化作用

氨在有氧条件下,经硝化细菌作用先氧化成亚硝酸再氧化成硝酸,这种氨氧化成硝酸的过程为硝化作用。由两种细菌分工进行:亚硝酸菌氧化氨为亚硝酸,硝酸细菌氧化亚硝酸为硝酸。

$$2NH_3+3O_2 \longrightarrow 2HNO_2+2H_2O \tag{13-5}$$

$$\Delta G_0'=-260.2\text{kJ/mol } NH_4^+$$

$$2HNO_2+O_2 \longrightarrow 2HNO_3 \tag{13-6}$$

$$\Delta G'_0=-75.8\text{kJ/mol } NO_2^-$$

亚硝酸细菌主要是亚硝化单胞菌属、亚硝化叶菌属、亚硝化球菌属和亚硝化螺菌属中的一些种类。硝酸盐细菌主要有硝化杆菌属、硝化螺菌属和硝化球菌属中的一些种类。参与硝化作用的细菌都是革兰氏阴性无芽孢杆菌,高度好氧,专性化能自养。

硝化作用对氧的需要量很大,这一点对污水处理很重要。若污水中的 BOD 较高,且含较多的含氮物质,其处理过程就需要大量的氧气。这类污水在处理开始阶段耗氧量少,后来逐渐增加,到达饱和点后可能为了除铵盐还要增加氧量。有时充氧不足,但耗氧量大,会采用投加硝酸盐,使一部分活性污泥微生物利用硝酸盐中的结合态氧,以弥补供氧的不足,起到一定的缓冲作用,来净化污水。

(4)反硝化作用

硝酸盐在厌氧条件下被反硝化细菌还原成亚硝酸盐和氮气等,该过程叫反硝化。反硝化细菌多数为异养厌氧菌,反硝化过程中需要消耗有机物,即有机物作供氢体。

自养的反硝化细菌能利用硝酸盐中的氧,把硫氧化成硫酸,以取得能量来同化二氧化碳,如脱氮硫杆菌。异养反硝化细菌是利用硝酸盐中的氧来氧化有机物。该类细菌有好氧的如铜绿假单胞菌等，兼性厌氧的如地衣芽孢杆菌等。在天然水体中，由于水表层溶解氧较多，在该水层只会发生硝化作用。在水底部，由于缺氧而发生反硝化作用。

典型例题解析

【例 13-17】 (2008)在污染严重的水体中，常由于缺氧或厌氧导致微生物在氮素循环过程中的哪种过程受到遏制？

A. 固氮作用　　B. 硝化作用　　C. 反硝化作用　　D. 氨化作用

解　硝化作用是在有氧条件下进行的。选 B。

13.4.3 硫循环

1)硫循环的基本过程

自然界中的硫循环基本过程是：陆地和海洋中的硫元素通过生物分解和火山爆发等进入大气，大气中的硫元素随降雨回到陆地和海洋；地表径流带着硫元素进入河流，汇入大海，沉积于海底。在人类开发利用含硫矿物燃料的过程中，硫元素被氧化成二氧化硫或被还原成硫化氢进入大气，也可随酸性雨水进入水体或土壤，如图 13-13 所示。

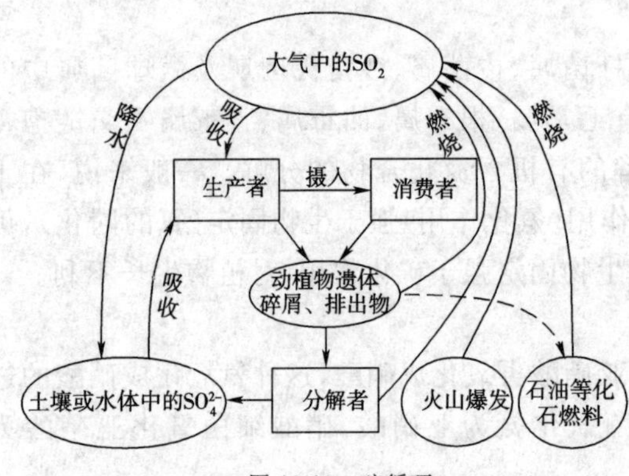

图 13-13　硫循环

硫是生物必需的大量营养元素之一。硫和硫化氢经微生物氧化形成硫酸盐，被植物或微生物吸收同化并组成其本身，经食物链传递给动物。当动植物死后，其残体被微生物分解，以硫化氢和硫的形式返回自然界。在水生环境中，以硫酸盐开始，被植物、藻类吸收后转化为含硫有机化合物。含硫有机化合物在厌氧条件下分解，产生硫化氢，硫化氢被硫细菌氧化为硫，并进一步氧化为硫酸盐。

人类活动干预自然界的硫循环，化石燃料大量燃烧，释放很多二氧化硫。在空气中最终会形成酸雨，腐蚀建筑和金属等。硫化氢带有臭鸡蛋气味，在水体中对混凝土和金属管渠有侵蚀破坏作用，其原因是管渠底部污泥厌氧环境产生了硫化氢，硫化氢挥发，溶于管顶部的液滴中，在有氧条件下被氧化成硫酸，腐蚀管道。学习后文的硫化与反硫化作用，将会有更深刻的理解。

2)微生物在硫循环中的作用

(1)脱硫作用

动植物和微生物残体中的有机硫化物，被微生物分解而释放出硫化氢的过程叫脱硫作用。在有氧环境中，硫化氢可以继续被氧化成硫酸盐，供植物和微生物利用；在厌氧环境中，蛋白质腐解产生硫化氢和硫醇，逸入大气，产生恶臭。一般能分解有机氮化物的微生物都能分解含硫蛋白质。环境中存在的含硫物质主要是含硫氨基酸，如半胱氨酸、谷氨酸和胱氨酸等。此外，动物排泄物也含有少量硫化物，被分解时会释放硫化氢。

(2)硫化作用

将硫化氢、单质硫或硫化亚铁等氧化成硫酸的生物过程，称为硫化作用。自然界氧化无机硫化物的微生物主要是硫细菌，可分为三类。

①硫黄细菌。氧化硫化氢为硫，储存在菌体内，当环境中全是硫化氢时，储存的硫粒能被氧化成 SO_4^{2-}。主要有贝日阿托式菌和发硫菌，它们都是丝状菌，还有辫硫菌、亮发菌、球衣菌、透明颤菌等。丝状硫细菌在污水处理中常见，与活性污泥丝状膨胀有密切关系。

②无色氧化硫细菌。该类细菌为专性或兼性化能自养型细菌，革兰氏阴性，无芽孢，均能氧化硫化氢。主要有氧化硫硫杆菌、氧化亚铁硫杆菌、脱氮硫杆菌和喜酸硫杆菌等。

③有色氧化硫细菌。这类细菌体内含有特殊的菌绿素和类胡萝卜素，从光中获取能量进行光合作用，分自养型和异养型两类。光能自养型氧化硫细菌以硫化物为电子供体，以 CO_2 为碳源，主要有着色菌属和绿菌属等，大都是厌氧菌。光能异养氧化硫细菌以简单有机酸类和醇类作为电子供体，以光为能源，包括红螺菌、红假单胞菌和绿丝菌等，它们进行光照厌氧或黑暗好氧呼吸。

(3)反硫化作用

微生物利用硫酸盐作为电子受体而还原成硫化氢的生物过程称为反硫化作用。参与反硫化作用的细菌叫硫酸盐还原菌(反硫化细菌)，常见的有去硫弧菌。反硫化细菌在缺氧、有机物存在的条件下，进行反硫化作用。这类细菌呈革兰氏阴性，无芽孢。不同的去硫弧菌以乳酸盐、丙酮酸盐或苹果酸盐为基质，还原硫酸盐的反应不完全相同。

典型例题解析

【例 13-18】 (2014) 下列有关硫循环的描述，错误的是：

A. 自然界中的硫有三态：单质硫、无机硫和有机硫化合物

B. 在好氧条件下，会发生反硫化作用

C. 参与硫化作用的微生物是硫化细菌和硫黄细菌

D. 在一定环境条件下，含硫有机物被微生物分解可产生硫化氢

解 在好氧条件下，发生硫化作用；氧气不足时，发生反硫化作用。选 B。

13.4.4 磷循环

1)磷循环的基本过程

岩石和土壤中的磷酸盐由于风化和淋溶作用进入河流、土壤，植物可以直接从土壤或水中吸收可溶性磷酸盐，合成自身原生质，然后通过植食动物、肉食动物在食物链中传递，并借助于排泄物和动植物残体再分解成无机离子形式，又重新回到环境中，再被植物吸收。磷是有机体不可缺少的元素，生物的细胞内发生的一切生物化学反应中的能量转移都是通过高能磷酸键在 ADP 和 ATP 之间的可逆转化实现的，磷还是构成核酸的重要元素。磷在生物圈中的循环过程不同于碳和氮，属于典型的沉积型循环。生态系统中的磷的来源是磷酸盐岩石和沉积物以及鸟粪层和动物化石。这些磷酸盐矿床经过天然侵蚀或人工开采，磷酸盐进入水体和土壤，供植物吸收利用，然后进入食物链。经短期循环后，这些磷的大部分随水流失到海洋的沉积层中。因此，在生物圈内，磷的大部分只是单向流动，形不成循环。磷酸盐资源也因而成为一种不能再生的资源。

2)微生物在磷循环中的作用

(1)有机磷的矿化作用

有机磷的矿化是随着有机物降解过程发生的，不具有专一性，一切能降解有机物的异养细菌都可以进行这一作用，包括细菌、真菌和放线菌。在农业生产上常用的菌种如解磷巨大芽孢杆菌等，促进有机物中磷素的释放，以磷酸盐的形式供作物利用。矿化有机磷的影响因素：含碳有机物的可降解程度，是否有合适氮源供应，微生物降解有机物的能力，pH 值和温度条件。例如在富营养化的湖泊中，当水温不适于藻类的生长时，藻类停止生长，并逐渐死亡。若 pH 值和温度适宜，湖泊中的微生物就能利用死亡的藻类作为碳源进行降解，同时释放无机氮素和磷化物。

(2)不溶性磷酸盐的有效化

生活于沉积物中的自养细菌，在磷的有效化中起着重要作用。例如，硝化细菌产生的硝酸和硫化细菌产生的硫酸能溶解磷酸钙，生产可溶性的磷酸氢钙，不溶性磷酸盐的有效化就是这样进行的。能促进磷溶解的细菌有无色杆菌和胶质芽孢杆菌等。除了产酸细菌外，土壤中微生物和植物根系分泌的 CO_2 和有机酸类也可以使不溶性的磷酸钙溶解。

(3)磷的同化作用

微生物从环境中吸收可溶性磷酸盐，并将其转化为有机磷化物。例如，细胞内的磷酸盐可与 ADP 反应产生 ATP。磷的同化作用受到很多因素的影响，如温度、光照、有机碳源、氮源等。由于磷酸很容易与其他盐类生成不溶性的磷酸盐，在许多天然环境中都缺乏可以为生物直接利用的磷素。在这种地区，可以释放磷肥以满足作物需要。

磷是水体富营养化的限制因子，可溶性磷酸盐的过量排入，可以引起藻类过度繁殖造成水体污染，水质严重恶化。因此，在污水深度处理中要进行脱氮除磷。有明显除磷能力的细菌统称为除磷菌(或聚磷菌)，它能在厌氧环境中释放磷，在好氧环境中过量地吸收磷。除磷过程是先在厌氧条件下，聚磷菌分解聚磷酸盐，释放磷酸，产生 ATP，并利用 ATP 将污水中的脂肪等有机物摄入细胞以 PHB(聚-β羟基丁酸盐)及糖原等形式存于细胞内。再进入好氧环境，PHB 分解释放能量，用于过量地吸收环境中的磷，合成聚磷酸盐存于细胞，沉淀后随污泥排走。

典型例题解析

【例 13-19】 与生物体内的能量转化密切相关的元素是：

A. C　　B. N　　C. S　　D. P

解　磷存在于一些核苷酸结构中，ATP(即三磷腺苷)与生物体内的能量转化密切相关。选 D。

经典练习

13-23　(2008)利用微生物处理固体废弃物时，微生物都需要一定的电子受体才能进行代谢，下列不属于呼吸过程中电子受体的是(　　)。

A. NO_3^-　　B. SO_4^{2-}　　C. O_2　　D. NH_4^+

13-24　生物除磷是利用聚磷菌在厌氧条件下和好氧条件下所发生的作用，最终通过排泥去除，这两个作用分别是(　　)。

A. 放磷和吸磷　　B. 吸磷和放磷

C. 都是吸磷　　D. 都是放磷

13-25　反硝化细菌的最终产物是(　　)。

A. 硝酸　　B. 亚硝酸　　C. 氮气　　D. 氨气

13-26　在自然界碳素循环中，微生物主要参与(　　)。

A. 有机物的分解　　B. 有机物的合成

C. 有机物的储存　　D. 有机物的迁移

13.5　污染物质的生物处理

考试大纲☞：好氧活性污泥　好氧生物膜　厌氧消化　原生动物及微型后生动物在污水生物处理过程中的作用

必备基础知识

13.5.1 好氧活性污泥

好氧生物处理法，是在有氧气的条件下，利用好氧和兼性微生物的好氧呼吸作用，将废水中的有机物分解为水和二氧化碳等。好氧生物处理工艺有好氧活性污泥法和生物膜法。好氧活性污泥法处理工艺很多，常见的有推流式活性污泥法、渐减曝气法、阶段曝气法、延时曝气法、吸附再生活性污泥法、完全混合式活性污泥法、深井曝气法等。

1)好氧活性污泥的组成、菌种以及运行中易出现的问题

好养活性污泥法是以污水中的有机污染物为培养基，在有氧条件下培养出充满各种微生物的活性污泥。活性污泥系统具有混合培养的，主要起氧化有机物作用的细菌和其他较高级的水生微生物，通过吸附、氧化、分解、沉淀等过程去除废水中的有机污染物。活性污泥含水率高达99%，密度与水接近，颗粒大小为0.02～0.2mm，比表面积为20～100cm^2/mL，能自我增殖，正常运行的污泥具有良好的沉淀性能。

好氧活性污泥的主体是菌胶团，菌胶团上生长着酵母菌、霉菌、放线菌、藻类、原生动物等。活性污泥的实质即在合适的DO、pH、温度、营养条件下，由具有絮凝作用的细菌为中心，与其他微生物集居所组成的生态系统。

好氧活性污泥中的微生物浓度用MLSS(混合液悬浮固体浓度)表示，也即1L活性污泥中所含有的干固体的量，一般城市生活污水中，MLSS为2000～3000mg/L，好氧活性污泥中的细菌个数为10^7～10^8个/mL。

在传统活性污泥法过程中，曝气池里细菌多为异养菌，在二沉池的污泥部分主要是原生动物，且沉淀性能良好。完全混合曝气池内在空间上微生物种类没有什么差别。随着时间推移，污泥初步成熟，混合液中微生物种类由肉足类、鞭毛类优势动物开始，依次出现游泳型、爬行型、附着型纤毛虫。活性污泥中微生物主要有假单胞菌、无色杆菌、黄杆菌、硝化细菌、贝日阿托式菌、发硫菌等，还有钟虫、等枝虫、草履虫等原生动物以及轮虫等后生动物。

活性污泥法运行中常见的故障是二沉池中泥水的分离，即污泥沉降问题：①活性污泥不凝聚；②含微小絮体；③起泡沫；④丝状菌引起的污泥膨胀：在活性污泥法运行过程中，有时会出现污泥结构松散，沉降性能不好，甚至溢出池外的现象，称为污泥膨胀。正常情况下絮体沉降性能好，丝状菌和絮体保持平衡，出水水质良好。如果丝状菌大量增殖，就会出现污泥膨胀。可采取一定方法来有效控制，如：控制污泥负荷[0.2～0.45kg/(kg·d)]，控制营养比例(BOD_5：

N:P=100:5:1),控制 DO 浓度,加氯、臭氧或过氧化氢,投加混凝剂(可增加絮体改善沉淀效果);⑤非丝状菌引起的污泥膨胀,这种情况是由于细菌产生了过多菌胶团基质造成的。

2)菌胶团的作用

许多细菌的荚膜物质黏集成团块,内含很多细菌,称其为菌胶团。菌胶团是污水处理中细菌的主要存在形式,是活性污泥的结构和功能的中心。在废水处理中有重要意义:有较强的吸附和氧化有机物的能力;菌胶团为原生动物和微型后生动物提供了良好的生存环境;为原生动物和微型后生动物提供了附着的场所。菌胶团具有指示作用:新生胶团颜色较浅,甚至无色透明,但有旺盛的生命力,氧化分解有机物的能力强;老化了的菌胶团,由于吸附了许多杂质,颜色较深,看不到细菌单体,而像一团烂泥似的,生命力较差。

典型例题解析

【例 13-20】 活性污泥的主体是:

A. 有机物　　B. 菌胶团　　C. 无机物　　D. 后生动物

解 菌胶团是活性污泥的结构和功能的中心。选 B。

13.5.2 好氧生物膜

含有营养物质和接种微生物的污水在填料的表面流动一定时间后,微生物会附着在填料表面而增殖和生长,形成一层薄的生物膜,在该生物膜上由细菌及其他各种微生物组成生态系统,其对有机物有降解功能。用生物膜法处理废水的构筑物有生物滤池、生物转盘、生物流化床和生物接触氧化等。

1)好氧生物膜的结构

如图 13-14 所示,左侧为滤料,右侧为生物膜。生物膜附着在滤料表面,外部空气中的氧进入废水传递给生物膜上的微生物,再往里层,氧浓度更低,在靠近滤料表面处可能是厌氧层,上面富集着厌氧微生物。不同的膜层,微生物所得到的营养物质不同,致使微生物种类和数量的不同。最外层营养物质浓度高,生长的全都是细菌,少数鞭毛虫。生物膜中间层上微生物的种类比外层稍多,营养比外层低。内层有机物浓度很低,微生物种类更多,但数量少,有不少以钟虫为主的纤毛虫,也有轮虫等。

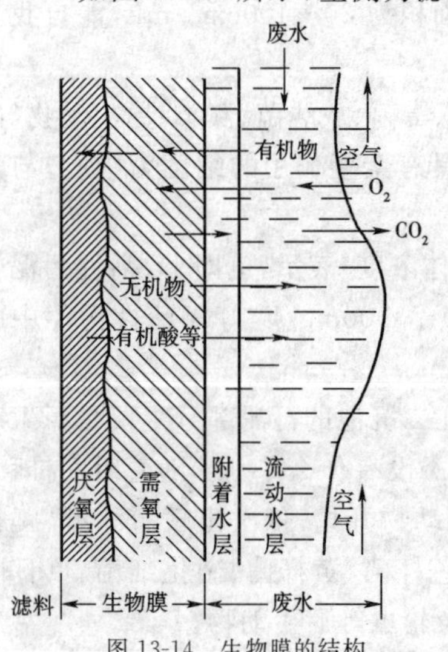

图 13-14 生物膜的结构

附着水层中的有机物被生物膜吸收、氧化分解时,附着水层中的有机物浓度会降低。流动水层中的高浓度有机物会不断转移到附着水层,并被生物膜上的微生物降解。氧气也是如此途径,从空气中进入流动水层,再进入附着水层,被好氧微生物利用。产生的二氧化碳等则是沿着相反的途径,最后进入空气中。

随着有机物的降解,生物膜厚度不断增加,氧气不能透入的内部深处将转变为厌氧状态。成熟的生物膜一般都由厌氧层膜和好氧层膜组成。厌氧层代谢的气体产物导致厌氧膜与好氧膜之间的平衡被破坏。气体产物不断地逸出,减弱了生物膜在填料上的附着能力。最后导致生物膜老化、脱落,开始新的生物膜形成。

2)生物膜上的微生物

生物膜上生长着一个复杂的生物群体。丝状菌也可以大量生长，但无污泥膨胀之虞；线虫类、轮虫类等微型动物出现的频率较高；藻类甚至昆虫类也会出现；生物膜上的生物，类型广泛、种属繁多、食物链长且复杂。

在生物膜中存在好氧、兼性厌氧和厌氧的环境，在好氧层中以专性好氧的芽孢杆菌属占优势；在厌氧层，有专性厌氧的反硫化弧菌属。生物膜中数量最多的是兼性厌氧菌，主要有假单胞杆菌、黄杆菌、无色杆菌、微球菌等。常见的丝状菌有球衣细菌、贝氏硫细菌等。原生动物常见的有钟虫、草履虫和等枝虫等，当水质和环境发生变化时，原生动物的优势种群也会有所变化。微型后生动物有轮虫类、线虫类、寡毛类等，还有些小型动物如昆虫幼虫、灰蝇等。

典型例题解析

【例 13-21】 (2014)下列有关好氧活性污泥和生物膜的描述，正确的是：

A. 好氧活性污泥和生物膜的微生物组成完全不同

B. 好氧活性污泥和生物膜在构筑物内的存在状态不一样

C. 好氧活性污泥和生物膜所处理的污水性质不能一样

D. 好氧活性污泥和生物膜都会发生丝状膨胀现象

解 根据微生物在构筑物中处于悬浮状态或固着状态，分为活性污泥法和生物膜法，二者在构筑物内的存在状态不一样。选 B。

13.5.3 厌氧消化

1)厌氧消化过程

厌氧消化(厌氧生物处理)是在无氧条件下，借厌氧微生物来处理废水的过程。厌氧反应器有接触消化池、厌氧生物滤池、厌氧流化床和升流式厌氧污泥床(UASB)等。厌氧消化有四阶段理论，揭示了厌氧发酵(消化)过程中不同代谢菌群之间相互功能、相互影响、相互制约的动态平衡关系，阐明了复杂有机物厌氧消化的微生物过程。

(1)第一阶段：水解发酵阶段。水解性细菌将大分子有机物(淀粉、蛋白质和脂肪等)水解成小分子产物。发酵性细菌将水解性细菌的水解产物发酵生成有机酸、醇等。水解和发酵性细菌有专性厌氧菌和兼性厌氧菌。

(2)第二阶段：产氢产乙酸阶段。产氢和产乙酸细菌将第一阶段的产物转化成乙酸、氢气和二氧化碳。产氢产乙酸菌的倍增时间为 2～6 天，比产甲烷菌慢得多，因此产氢产乙酸反应易成为厌氧消化过程中的限速阶段。

(3)第三阶段：产甲烷阶段。甲烷细菌利用氢气和二氧化碳或只用乙酸来生成甲烷，后者占的较多。经过产甲烷作用，各种基质上脱下的氢被汇入甲烷中，不仅为发酵细菌和产氢产乙酸菌解除了氢抑制，保证了反应的顺利进行，还通过对甲烷的分离实现了对有机污染物的彻底去除。

(4)第四阶段：同型产乙酸阶段。同型产乙酸细菌利用氢气和二氧化碳来合成乙酸。

2)厌氧消化的条件

(1)温度。代谢速度在 35～38℃有一个高峰，中温性厌氧消化微生物在该温度下最适生长，叫中温发酵；53～54℃有另一高峰，在此温度下高温性厌氧消化微生物最适生长，叫高温发酵。一般厌氧发酵常控制在这两个温度内，以获得尽可能高的降解速度。低于 20℃的称为常温发酵。

(2)pH 值。厌氧消化微生物中，产甲烷菌对 pH 值敏感，pH 值低于 6.4 或高于 7.8，产甲烷菌就会受到抑制。最适 pH 值在 6.8~7.2 之间。

(3)营养比。厌氧消化 BOD_5∶N∶P 控制在200∶5∶1，添加少量的 K、Na、Mg、Zn、P 等元素，有助于提高产气率。

(4)抑制物。重金属离子、S^{2-} 等阴离子使酶发生变性、沉淀或有毒害作用，对甲烷消化产生抑制。

(5)厌氧环境。厌氧消化微生物对氧敏感，反应器内应保持厌氧环境。厌氧生物处理装置必需密封好，防止空气进入。通常高温厌氧发酵的氧化还原电势为－560～－600mV，中温发酵为－300～－350mV。

3)厌氧消化的特点及参与处理的微生物

(1)厌氧消化的特点：①资源化效果好，可以将潜在于废弃有机物中的生物能转化为可以直接利用的沼气；②与好氧处理相比，厌氧消化不需要通风动力，设施简单，运行成本低；③产物要再利用，经厌氧消化处理后的废物基本得到稳定，可以用于农肥、饲料或堆肥原料；④厌氧微生物对某些难降解和有毒有机物具有独特的转化降解能力，如氯仿、硝基苯类和氯代芳烃等；⑤厌氧消化过程中会产生 H_2S 等恶臭气体。其缺点主要是反应器起动时间长，对污水负荷、有毒物质及温度要求较高，对高浓度有机废水不能处理至达标。

对于高浓度有机污水，往往先采用厌氧生物处理，将有机污染降至一定浓度后，再采用好氧法处理至达标排放。

(2)参与消化处理的微生物。发酵细菌有梭菌属、杆菌属、乳杆菌属等，产氢产乙酸细菌有脱硫弧菌、沃尔夫互营单胞菌等，同型产乙酸菌有乙酸梭菌、甲酸乙酸化梭菌、乌氏梭菌伍迪乙酸杆菌等，产甲烷菌有产甲烷杆菌、甲烷短杆菌、甲烷球菌、甲烷微球菌等。除此之外，还有一些厌氧的原生动物。厌氧活性污泥颜色为灰色或黑色，颗粒直径在 0.5mm 以上。

典型例题解析

【例 13-22】 (2007)厌氧产酸段将大分子有机物转化成有机酸的微生物类群为：

A. 发酵细菌群　　B. 产氢产乙酸细菌群

C. 同型产乙酸细菌群　　D. 产甲烷细菌

解 在水解发酵阶段，水解性细菌将大分子有机物(淀粉、蛋白质和脂肪等)水解成小分子产物，发酵性细菌将水解性细菌的水解产物发酵生成有机酸、醇等。选 A。

13.5.4 原生动物及微型后生动物在污水生物处理过程中的作用

1)净化作用

动物性营养型原生动物(如鞭毛虫、纤毛虫等)和微型后生动物能直接利用水中的溶解性有机物质，对水中有机物的净化起一定作用；这些原生动物是以吞食细菌为主的，但它们的吞食量并不影响整体的净化效果。整体来说，它们对出水水质有较好的改善。

2)促进絮凝和沉淀作用

活性污泥絮凝沉淀得好，则出水水质也较好。小口钟虫、尾草履虫等纤毛虫能分泌一些促进絮凝的黏性物质，与细菌凝聚在一起，促进絮凝作用。

3)指示作用

由于不同种类的原生动物和微型后生动物对环境条件的要求不同,对环境变化的敏感程度不同,所以由它们的种群生长情况来判断生物处理运作情况及污水净化效果。

(1)可以根据原生动物和微型后生动物的类群更替,判断水处理程度。运行初期以鞭毛虫和肉足虫为主,中期以动物性鞭毛虫和游泳型纤毛虫为主,后期以固着型纤毛虫为主。

(2)可以根据原生动物的种类,判断水处理的好坏。若固着型纤毛虫减少,游泳型纤毛虫突然增加,表明处理效果将变坏。

(3)可以根据原生动物形态变化,判断进水水质变化及运行中的问题。纤毛虫在环境适宜时,用裂殖方式进行繁殖;当食物不足,或溶解氧、温度、pH 值不适宜等情况时,就会变为接合繁殖,甚至形成孢囊以保卫其身体。

典型例题解析

【例 13-23】 (2007)原生动物在污水生物处理中不具备下列哪项作用?

A. 指示生物　　B. 吞噬游离细菌

C. 增加溶解氧含量　　D. 去除部分有机污染物

解 原生生物在污水生物处理中具有指示生物、净化和促进絮凝和沉淀作用。选 C。

经典练习

13-27 (2007)水体自净过程中,水质转好的标志是(　　)。

A. COD 升高　　B. 细菌总数升高

C. 溶解氧降低　　D. 轮虫出现

13-28 (2008)在活性污泥法污水处理中,可以根据污泥中微生物的种属判断处理水质的优劣,当污泥中出现较多轮虫时,一般表明水质(　　)。

A. 有机质较高,水质较差

B. 有机质较低,水质较差

C. 有机质较低,水质较好

D. 有机质较高,水质较好

13-29 (2010)在污水生物处理系统中,鞭毛虫大量出现的事情为(　　)。

A. 活性污泥培养初期或在处理效果较差时

B. 活性污泥培养中期或在处理效果较差时

C. 活性污泥培养后期或在处理效果较差时

D. 活性污泥内源呼吸期,生物处理效果较好时

13-30 好氧生物处理工艺可分为(　　)。

A. 活性污泥法和延时曝气法　　B. 曝气池法和二次沉淀法

C. 活性污泥法和生物膜法　　D. 延时曝气法和生物膜法

13-31 好氧活性污泥中,与污泥活性关系密切的微生物类群是(　　)。

A. 放线菌类　　B. 轮虫类　　C. 菌胶团细菌　　D. 藻类

参考答案及提示

13-1 A 微生物分属病毒界、原核动物界、原生生物界、真菌界。

13-2 B 核糖体主要由 RNA 和蛋白质构成。

13-3 D 在污水生物处理中常见的有鞭毛纲、肉足纲和纤毛纲。

13-4 D 同题 13-3。

13-5 A 考查细菌细胞结构的生理功能。

13-6 C 考查细菌细胞的基本结构。

13-7 D 考查革兰氏染色的原理。

13-8 A 革兰氏阴性菌的细胞壁组成中，肽聚糖约占 10%，蛋白质约占 60%，脂肪占11%～22%。

13-9 C 当钟虫出现较多时，活性污泥成熟，污水处理运行正常。

13-10 B BIP 指数是指水体中无叶绿素的微生物占所有微生物(有叶绿素和无叶绿素)数的百分比。

13-11 C 酶活性中心包括结合部位和催化部位，结合部位的作用是识别并结合底物分子，催化部位的作用是打开和形成化学键。选项 A、B 错误。D 显然不对，和底物无关。通过肽链的盘绕，折叠在空间构象上相互靠近，维持空间构型的就是多肽链。

13-12 D $1.0\times10^{2}\times2^{n}=1.0\times10^{9}, 2^{n}=10^{7}, n=23.25$

13-13 C 糖酵解(发酵)途径是 2，有氧呼吸是 32。

13-14 D $X=X_{0}e^{\mu t}, \mu=\dfrac{\ln X-\ln X_{0}}{t}=\dfrac{\ln 10^{11}-\ln 10^{4}}{450-50}=0.0403\approx\dfrac{1}{23}$

13-15 B 蛋白质可在水解酶的作用下发生水解反应，形成小分子肽。

13-16 B 考查硝酸盐细菌的营养类型。

13-17 D 考查酶催化的专一性。

13-18 D 微生物生长处于衰亡期时，细菌进入内源呼吸，大部分细胞死亡，活细胞数目减少。

13-19 B 接种污泥中的微生物有个驯化过程，即停滞期，如果接种污泥中群体菌龄处于对数期，会缩短细菌的停滞期。

13-20 C 无氧呼吸是底物按常规途径脱氢，经过部分呼吸链递氢，最终由氧化态的无机物或有机物受氢，并完成氧化磷酸化的反应。

13-21 B 空气不是微生物生长繁殖的良好场所，因为空气中有紫外辐射(能杀菌)，也不具备微生物生长所必需的营养物质，微生物在空气中只是暂时停留。

13-22 C 基础知识。

13-23 D 电子受体：O_2、NO^{3-}、NO^{2-}、NO^{-}、SO_4^{2-}、S^{2-}、CO_3^{2-} 等；电子供体：H_2、S、Fe^{2+}、NH_4^{+}、NO^{2-}、G 及其他有机质等。

13-24 A 考查生物除磷。

13-25 C 反硝化细菌在厌氧条件下将硝酸盐还原成亚硝酸盐和氮气等(氮气是最终产物)。

13-26 A 考查微生物在碳循环中的作用。

13-27 D 当轮虫在水中大量繁殖时，对水体可以起净化作用，使水质变得澄清。

13-28 D 活性污泥实际上就是很多种类的微生物构成的。当污水水质变好有利于它的生长时，它们就会大量繁殖。

13-29 A 当活性污泥达到成熟期时，其原生动物发展到一定数量后，出水水质得到明显改善。新运行的曝气池或运行不好的曝气池，池中主要含鞭毛类原生动物和根足虫类，只有少量纤毛虫。相反，出水水质好的曝气池混合液中，主要含纤毛虫，只有少量鞭毛型原生动物。

13-30 C 好氧生物处理法有活性污泥法和生物膜法两大类。

13-31 C 好氧活性污泥中有活性的微生物主要由细菌、真菌组成，通常以菌胶团的形式存在，菌胶团是由细菌分泌的多糖类物质将细菌等包覆成的黏性团块，使细菌具有抵御外界不利因素的性能。

14 环境监测与分析

考题配置　　单选，8 题
分数配置　　每题 2 分，共 16 分

复习指导

本章知识点较多、很多内容需要强化记忆，复习过程中需要花大力气，方能考出好成绩，如监测点的布设原则、水样的保存及预处理方法等都需要牢记，水样的 COD、BOD_5、氨氮、磷酸盐等、气体 SO_2、NO_x、烟尘等的检测方法、原理都需要掌握，其计算公式可根据理解在考试时推导出来，不用死记硬背，在推导公式过程中应注意量纲，否则容易出错。

14.1 环境监测过程的质量保证

考试大纲☞： 监测方法的选择　监测项目的确定　监测点的设置　采样与样品保存　分析测试误差和监测结果表述　质量控制方法

必备基础知识

14.1.1 监测方法的选择

1)水和废水监测方法

目前常用的监测方法有国家标准分析方法、统一分析方法和等效分析方法。国家标准分析方法，即国家编制的 60 多项包括采样在内的标准分析方法，准确度较高，是评价其他分析方法的基准，也是环境污染纠纷法定的仲裁方法。统一分析方法，即在有些项目监测方法尚不成熟的情况下，经过研究将某一分析方法作为统一分析方法推广，并在使用中不断完善。等效分析方法，即灵敏度、准确度与国家标准分析方法及统一分析方法一致的检测方法。

监测方法的选择原则是：灵敏度满足定量要求；方法成熟、准确；操作简便，易于普及；抗干扰能力好。常用水质监测方法有化学法（包括重量法、滴定法、分光光度法）、电化学法、原子吸收分光光度法、离子色谱法、气相色谱法、等离子体发射光谱（ICP-AES）法等。

2)大气和废气监测方法

目前应用最多的方法是分光光度法和气相色谱法，其次是荧光光度法、液相色谱法、原子吸收法等。为获得准确和具有可比性的监测结果，监测方法应尽量统一和规范化。

典型例题解析

【例 14-1】 关于监测方法的选择原则,下列不正确的是:

A. 灵敏度满足定量要求　　B. 标准规范

C. 易于普及,抗干扰能力好　　D. 方法成熟、准确,操作简便

解 监测方法的选择原则是:灵敏度满足定量要求;方法成熟、准确;操作简便,易于普及;抗干扰能力好。选 B。

14.1.2 监测项目的确定

1)水质监测项目的确定

水质监测是监视和测定水体中污染物的种类、各类污染物的浓度及变化趋势,评价水质状况的过程。可分为环境水体监测和水污染源监测。环境水体包括地表水(江、河、湖、库、海水)和地下水,水污染源包括生活污水、医院污水及各种废水。

一般来说,对于地表水,常见监测项目有水温、pH、浊度(悬浮物)、总硬度、DO、BOD_5、COD、NH_3-N、硝态氮、亚硝态氮、TN、TP 等。对于工业废水,常见监测项目有 pH、SS、COD、BOD 及重金属类。对于生活污水,常见监测项目有 BOD、COD、SS、NH_3-N、TN、TP、阴离子洗涤剂、细菌总数、大肠菌群数等。对于医院污水,常见监测项目包括 pH、色度、浊度、SS、余氯、COD、BOD、细菌总数、大肠菌群数及致病菌等。

水质监测项目依据水体功能和污染源的类型不同而异,其数量繁多,但受人力、物力、经费等各种条件的限制,不可能也没有必要一一监测,而应根据实际情况,选择环境标准中要求控制的危害大、影响范围广,并已建立可靠分析测定方法的项目。

我国《水污染物排放总量监测技术规范》(HJ/T 92—2002)规定,COD、NH_3-N、石油类、TP 及砷、汞、铅等必须实施总量控制。

2)大气和废气监测项目的确定

存在于大气中的污染物多种多样,应根据优先监测原则,选择那些危害大,涉及范围广,已建立成熟的测定方法,并有标准可比的项目进行监测。我国环境监测技术规范中规定的例行监测项目见表 14-1 和表 14-2。

连续采样实验室分析项目　　表 14-1

必测项目	选测项目
二氧化硫、氮氧化物、总悬浮颗粒物、硫酸盐化速率、灰尘自然降尘量	一氧化碳、可吸入颗粒物 PM10、光化学氧化剂、氟化物、铅、苯并(a)芘、总烃及非甲烷烃

大气环境自动监测系统监测项目　　表 14-2

必测项目	选测项目
二氧化硫、二氧化氮、总悬浮颗粒物或可吸入颗粒物 PM10、一氧化碳	臭氧、总碳氢化合物

典型例题解析

【例 14-2】(2014)《水污染物排放总量监测技术规范》(HJ/T 92—2002)中规定实施总量控制的监测项目包括：

A. pH 值　　B. 悬浮物　　C. 氨氮　　D. 总有机碳

解 实施总量控制的监测项目包括 COD、氨氮、石油类、总磷、氰化物、砷、汞、铅等。选 C。

14.1.3 监测点的设置

1)地面水采样点的布设

(1)监测断面

①应设置监测断面的水域位置：a. 有大量废(污)水排入江河的主要居民区、工业区的上游和下游，支流与干流汇合处，入海河流河口及受潮汐影响河段，国际河流出入国境线出入口，湖泊、水库出入口，应设置监测断面；b. 饮用水源地和流经主要风景游览区、自然保护区，以及与水质有关的地方病发病区、严重水土流失区及地球化学异常区的水域或河段，应设置监测断面；c. 监测断面的位置要避开死水区、回水区、排污口处，尽量选择水流平稳、水面宽阔、无浅滩的顺直河段；d. 监测断面应尽可能与水文测量断面一致，要求有明显岸边标志。

②河流监测断面的布设：为评价完整江河水系的水质，需要设置背景断面、对照断面、控制断面和削减断面；对于某一河段，只需设置对照、控制和削减三种断面。

a. 背景断面：设在基本上未受人类活动影响的河段处，用于评价一完整水系污染程度。

b. 对照断面：为了解流入监测河段前的水体水质状况而设置。这种断面应设在河流进入城市或工业区以前的地方，避开各种废水、污水流入或回流处。一个河段一般只设一个对照断面，有主要支流时可酌情增加。

c. 控制断面：为评价监测河段两岸污染源对水体水质影响而设置。控制断面的数目应根据城市的工业布局和排污口分布情况而定，设在排污区(口)下游污水与河水基本混匀处。在流经特殊要求地区(如饮用水源地、风景游览区等)的河段上也应设置控制断面。

d. 削减断面：河流收纳废水和污水后，经稀释扩散和自净作用，使污染物浓度显著降低的断面，通常设在城市或工业区最后一个排污口下游 1500m 以外的河段上。

③湖泊、水库监测断面的布设：湖泊、水库通常只设监测垂线，如有特殊情况也可设置监测断面。布设时，首先判断湖、库是单一水体还是复杂水体；考虑汇入湖、库的河流数量，水体的径流量、季节变化及动态变化，沿岸污染源分布及污染物扩散与自净规律、生态环境特点等。然后按照以下原则确定监测垂线(或断面)的位置：a. 在进出湖泊、水库的河流汇合处分别设置监测断面；b. 以各功能区(城市和工厂的排污口、饮用水源、风景游览区、排灌站等)为中心，在其辐射线上设置弧形监测断面；c. 在湖库中心，深、浅水区，滞流区，不同鱼类的回游产卵区，水生生物经济区等设置监测断面。

(2)采样点位的确定

设置监测断面后，应根据水面的宽度确定断面上的采样垂线，再根据采样垂线处水深确定采样点的数目和位置。

对于江、河水系，当水面宽小于或等于 50m 时，只设一条中泓垂线；水面宽 50～100m 时，在左右近岸有明显水流处各设一条垂线；水面宽大于 100m 时，设左、中、右三条垂线(中泓及左、右近岸有明显水流处)，如证明断面水质均匀时，可仅设中泓垂线。

在一条垂线上，当水深小于或等于5m时，只在水面下0.5m处设一个采样点；水深不足1m时，在1/2水深处设采样点；水深5～10m时，在水面下0.5m处和河底以上0.5m处各设一个采样点；水深大于10m时，设三个采样点，即水面下0.5m处、河底以上0.5m处及1/2水深处各设一个采样点。

湖泊、水库监测垂线上采样点的布设与河流相同，但如果存在温度分层现象，应先测定不同水深处的水温、溶解氧等参数，确定分层情况后，再决定垂线上采样点位和数目，一般除在水面下0.5m处和水底以上0.5m处设点外，还要在每一斜温分层1/2处设点。

2)水污染源采样点的设置

水污染源包括工业废水源、生活污水源、医院污水源等。水污染源一般经管道或渠、沟排放，截面积比较小，不需设置监测断面，可直接确定采样点位。

(1)工业废水

①监测一类污染物：在车间或车间处理设施的废水排放口设置采样点。一类污染物主要包括汞、镉、砷、铅、铬的无机化合物、有机氯化合物、强致癌物等。

②监测二类污染物：在工厂废水总排放口布设采样点。二类污染物主要包括SS、硫化物、挥发酚、氰化物、有机磷化合物等。

③已有废水处理设施的工厂，在处理设施的排放口布设采样点。为了解废水处理效果，可在进出口分别设置采样点。

④在排污管道上，采样点应设在渠道较直、水量稳定，上游无污水汇入的地方。

(2)生活污水和医院污水

采样点设在污水总排放口。对于污水处理厂，应在进、出口分别设置采样点进行采样监测。

3)大气和废气监测网点的布设

(1)布设采样点的原则和要求

①采样点应布设在整个监测区域的高、中、低三种不同污染物浓度的地方。

②在污染源比较集中、主导风向比较明显的情况下，应将污染源的下风向作为主要监测范围，布设较多的采样点；上风向布设少量点作为对照。

③工业较密集的城区和工矿区，人口密度大及污染物超标地区，要适当增设采样点；城市郊区和农村，人口密度小及污染物浓度低的地区，可酌情少设采样点。

④采样点周围应开阔，采样口水平线与周围建筑物高度的夹角应不大于30°。测点周围无局地污染源，并应避开树木及吸附能力较强的建筑物。交通密集区的采样点应设在距人行道边缘至少1.5m远处。

⑤各采样点的设置条件要尽可能一致或标准化，使获得的监测数据具有可比性。

⑥采样高度根据监测目的而定。研究大气污染对人体的危害，采样口应在离地面1.5～2m处；研究大气污染对植物或器物的影响，采样口高度应与植物或器物高度相近。连续采样例行监测采样口高度应距地面3～15m；若置于屋顶采样，采样口应与基础面有1.5m以上的相对高度，以减少扬尘的影响。特殊地形地区可视实际情况选择采样高度。

(2)采样点数目的确定

在一个监测区域内，采样点设置数目应根据监测范围大小、污染物的空间分布和地形地貌特征、人口分布情况及其密度、经济条件等因素综合考虑确定。

我国对大气环境污染规定的监测采样点数目见表14-3。

监测采样点数目　　表 14-3

市区人口(万)	SO_2、NO_x、TSP	灰尘自然降尘量	硫酸盐化速率
≤50	3	≥3	≥6
50～100	4	4～8	6～12
100～200	5	8～11	12～18
200～400	6	12～20	18～30
>400	7	20～30	30～40

(3)采样点布设方法

①功能区布点法:按功能区划分布点法多用于区域性常规监测。先将监测区域划分为工业区、商业区、居住区、工业和居住混合区、交通稠密区、清洁区等,再根据具体污染情况和人力、物力条件,在各功能区设置一定数量的采样点。各功能区的采样点数不要求平均,在污染源集中的工业区和人口较密集的居住区多设采样点。

②网格布点法:这种布点法是将监测区域地面划分成若干均匀网状方格,采样点设在两条直线的交点处或方格中心(图 14-1)。网格大小视污染源强度,人口分布及人力、物力条件等确定。若主导风向明显,下风向设点应多一些,一般约占采样点总数的 60%。对于有多个污染源,且污染源分布较均匀的地区,常采用此法。

③同心圆布点法:这种方法主要用于多个污染源构成污染群,且大污染源较集中的地区。先找出污染群的中心,以此为圆心在地面上画若干个同心圆,再从圆心作若干条放射线,将放射线与圆周的交点作为采样点(图 14-2)。不同圆周上的采样点数目不一定相等或均匀分布,常年主导风向的下风向比上风向多设一些点。

④扇形布点法:该法适用于孤立的高架点源,且主导风向明显的地区。以点源所在位置为顶点,主导风向为轴线,在下风向地面上划出一个扇形区作为布点范围。扇形的角度一般为 45°,也可更大些,但不能超过 90°。采样点设在扇形平面内据点源不同距离的若干弧线上(见图 14-3)。每条弧线上设 3～4 个采样点,相邻两点与顶点连线的夹角一般取 10°～20°。在上风向应设对照点。

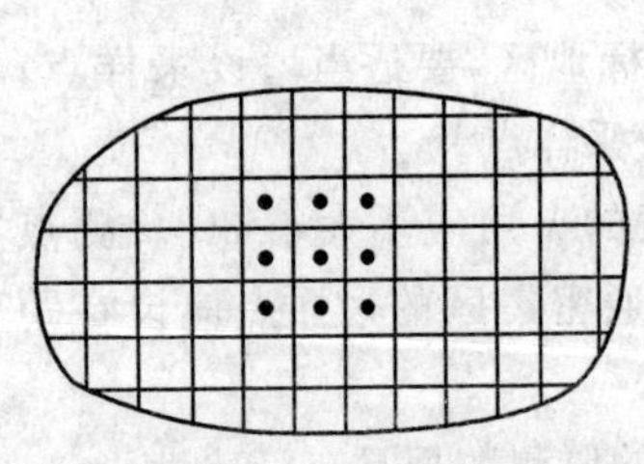

图 14-1　网格布点法

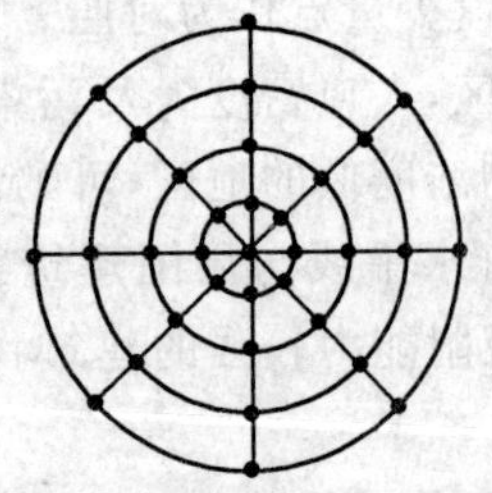

图 14-2　同心圆布点法

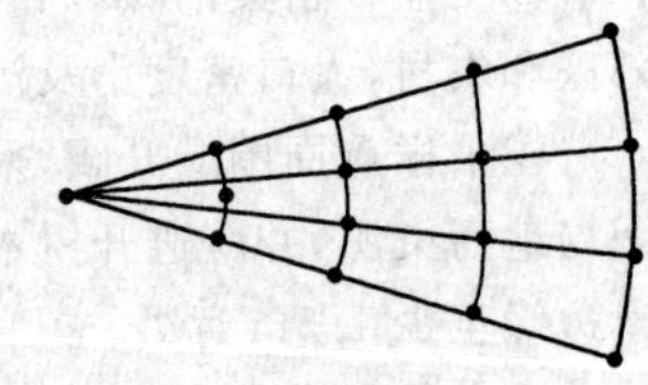

图 14-3　扇形布点法

典型例题解析

【例 14-3】　(2007)进行大气污染监测点布设时,对于面源或多个点源,在其分布较均匀的情况下,通常采用下列哪种监测点布设方法?

A. 网格布点法　　B. 扇形布点法

C. 同心圆(放射式)布点法　　D. 功能区布点法

解　对于有多个污染源且污染源分布较均匀的地区,常采用网格布点法。选 A。

14.1.4 采样与样品保存

1)水样采集和保存

(1)地面水样的采集

①采样前的准备：采样前，要根据监测项目的性质和采样方法的要求，选择适宜材质的盛水容器和采样器，并清洗干净。此外，还需准备好交通工具。交通工具常使用船只。对采样器具的材质要求其化学性能稳定，大小和形状适宜，不吸附欲测组分，容易清洗并可反复使用。

②采样方法和采样器(或采水器)：a. 在河流、湖泊、水库、海洋中采样，常乘船到采样点采集，也可涉水和在桥上采集；b. 采集表层水水样，可用适当的容器如塑料桶等直接采集；c. 采集深层水水样，可用简易采水器、深层采水器等；d. 对于工业废水，可用自动采样的方法采样，如自动分级采样式采水器或自动混合采样式采样器等。

③水样的类型：a. 瞬时水样是指在某一时间和地点从水体中随机采集的分散水样。当水体水质稳定，或其组分在相当长的时间或相当大的空间范围内变化不大时，瞬时水样具有很好的代表性；当水体组分及含量随时间和空间变化时，就应隔时、多点采集瞬时样，分别进行分析，摸清水质的变化规律。b. 混合水样是指在同一采样点于不同时间所采集的瞬时水样混合后的水样，又称“时间混合水样”。这种水样在观察平均浓度时非常有用，但不适用于被测组分在储存过程中发生明显变化的水样；如果水的流量随时间变化，必须采集流量比例混合水样，即在不同时间依照流量大小按比例采集混合样。c. 综合水样是指把不同采样点同时采集的各个瞬时水样混合后所得到的样品。这种水样在某些情况下更具有实际意义。例如，当为几条排污河、渠建立综合处理厂时，以综合水样取得的水质参数作为设计的依据更为合理。

④废水样类型：a. 瞬时废水样：对于生产工艺连续、废水水质稳定的工厂，或某些出水规律性波动的工厂，可间隔适当时间采集瞬时水样分别测定。b. 平均废水样：对于排放量及水质波动较大的工厂，通常采集平均混合水样或平均比例混合水样。

(2)水样运输和保存

水样采集后，必须选用适当的运输方式，尽快送回实验室。水样的保存方法有冷藏或冷冻法、加入化学试剂保存法等。通常情况下，水样的最大允许运输时间为 24h，当 BOD、COD 值较低时，应尽量使用玻璃器皿保存。

(3)水样的预处理

环境水样所含组分复杂，并且多数污染物组分含量低，存在形态各异，所以在分析测定之前，往往需要进行预处理，以得到欲测组分适合测定方法要求的形态、浓度并能消除共存组分干扰的试样体系。

①水样的消解。当测定含有机物水样中的无机元素时，需进行消解处理。消解处理的目的是破坏有机物，溶解悬浮性固体，将各种价态的欲测元素氧化成单一高价态或转变成易于分离的无机化合物。消解后的水样应清澈、透明、无沉淀。消解的方法有湿式消解法和干式分解法。

常用湿式消解法见表 14-4。

常用湿式消解法 表 14-4

名　　称	适用处理水水质
硝酸消解法	较清洁水样
硝酸—高氯酸消解法	含难氧化有机物的水样

续上表

名　称	适用处理水水质
硝酸—硫酸消解法	不含铅、钡、锶等易生成难溶硫酸盐的水样
硫酸—磷酸消解法	含 Fe^{3+} 的水样
硫酸—高锰酸钾消解法	测定含汞水样
多元消解法	测定总铬等

注意:干式分解法不适用于处理测定易挥发组分(如砷、汞、镉、硒、锡等)的水样。

②富集与分离。当水样中的欲测组分含量低于测定方法的测定下限时,就必须进行富集或浓集;当有共存干扰组分时,就必须采取分离或掩蔽措施。富集和分离过程往往是同时进行的,常用的方法有过滤、气提、顶空、蒸馏、溶剂萃取、离子交换、吸附、共沉淀、层析等,要根据具体情况选择使用。

2)大气样品的采集

大气污染物可分为一次污染物和二次污染物、分子状污染物及颗粒状污染物,其中:

(1)一次污染物:直接从排放源排入大气的污染物。

(2)二次污染物:一次污染物进入大气后,由于相互作用或与大气中某些组分发生反应所生成的污染物,粒径一般在 1μm 以下,毒性较高。

(3)分子状污染物:常温常压下以气体分子形式存在,如 CO_2、SO_2、NO_2 等。

(4)颗粒状污染物:飘浮在大气中,由微小液滴或固体颗粒组成的非均匀体系污染物,粒径一般在 0.01~100μm 之间,按其重力沉降特性可分为降尘、总悬浮微粒(TSP)和可吸入颗粒物(飘尘)。其中,TSP 指粒径<100μm 的颗粒状污染物,可吸入颗粒物(IP)指粒径<10μm 的颗粒状污染物。

采集空气样品的方法可归纳为直接采样法和富集(浓缩)采样法两类。

当空气中的被测组分浓度较高,或者监测方法灵敏度高时,直接采集少量气样即可满足监测分析要求。该方法常用的采样容器有注射器、塑料袋、真空瓶等。

空气中的污染物质浓度一般都比较低,直接采样法往往不能满足分析方法检测限的要求,故需要用富集采样法对空气中的污染物进行浓缩。富集采样时间一般比较长,这类采样方法有溶液吸收法、固体阻留法、低温冷凝法、扩散(或渗透)法及自然沉降法等。

大气中污染物浓度的表示方法:

$$C_p = \frac{22.4}{M} \cdot C$$

式中:C_p——气体浓度(ppm);

M——污染物的分子量;

22.4——标准状态下气体摩尔体积(L);

C——气体浓度(mg/m^3)。

计算之前需将气体体积换算为标准状态下的气体体积:

$$V_0 = V_t \cdot \frac{273}{273+t} \times \frac{P}{101.325}$$

式中:V_0——标准状态下样品气体体积(m^3);

V_t——现场样品气体体积(m^3);

t——温度(℃);

P——采样时的大气压(kPa)。

3)固体废物样品的采集和保存

(1)样品采集

固体废弃物的采样工具包括尖头钢锹、钢尖镐(腰斧)、采样铲(采样器)、具盖采样筒或内衬塑料的采样袋。采样方法有现场采样、运输车及容器采样、废渣堆采样法。

(2)样品的制备

制样工具有粉碎机(破碎机)、药碾、钢锤、标准套筛、十字分样板、机械缩分器。制样程序包括两步,即粉碎和缩分。

(3)样品的保存

制好的样品密封于容器中保存(容器应对样品不产生吸附、不使样品变质),贴上标签备用。

典型例题解析

【例 14-4】 常用的水样预处理方法有:

A. 过滤、吸附、离子交换　　B. 湿式消解法、干式分解法

C. 过滤、挥发、蒸馏　　D. 消解、富集、分离

解 常用的水样预处理方法是消解、富集、分离,湿式消解法和干式分解法是消解的方法;剩余选项是富集和分离的方法。选 D。

14.1.5 分析测试误差和监测结果表述

1)环境监测对数据质量的要求

高质量的监测数据应该具有代表性、完整性、准确性、精密性和可比性。

2)真值

在某一时刻和某一位置或状态下,某量的效应体现出客观值或实际值称为真值。真值包括理论真值、约定真值、标准器(包括标准物质)的相对真值。

3)误差及其分类

误差按其性质和产生原因,可分为系统误差、随机误差和过失误差。误差的表示方法分绝对误差和相对误差。

4)准确度和精密度

准确度是指在特定条件下获得的分析结果与真值之间的符合程度。

精密度是指在一特定条件下,重复分析同一样品所得测定值的一致程度。

5)数据修约原则

各种测量、计算的数据需要修约时,应遵守下列规则:四舍六入五考虑,五后非零则进一,五后皆零视奇偶,五前为偶应舍去,五前为奇则进一。

6)可疑数据的取舍

取舍原则:测量中发现明显的系统误差和过失错误,由此而产生的分析数据应随时剔除;可疑数据的取舍应采用统计学方法判别,即离群数据的统计检验。现介绍最常用的两种方法。

(1)狄克逊(Dixon)检验法。

此法适用于一组测量值的一致性检验和剔除离群值,本法中对最小可疑值和最大可疑值进行检验的公式因样本的容量 n 的不同而异,检验方法如下:

①将一组测量数据按从小到大顺序排列为 $x_1, x_2, \cdots, x_n$,其中 x_1 和 x_n 分别为最小可疑

值和最大可疑值。

②按表14-5计算公式求Q值。

③根据给定的显著性水平α和样本容量n，从表14-6查得临界值Q_{α}。

④若$Q \leqslant Q_{0.05}$，则可疑值为正常值；

若$Q_{0.05} < Q \leqslant Q_{0.01}$，则可疑值为偏离值；

若$Q > Q_{0.01}$，则可疑值为离群值，应舍去。

狄克逊检验统计量Q计算公式 表14-5

n值范围	可疑数据为最小值x_1时	可疑数据为最大值x_n时
3～7	$Q=\frac{x_2-x_1}{x_n-x_1}$	$Q=\frac{x_n-x_{n-1}}{x_n-x_1}$
8～10	$Q=\frac{x_2-x_1}{x_{n-1}-x_1}$	$Q=\frac{x_n-x_{n-1}}{x_n-x_2}$
11～13	$Q=\frac{x_3-x_1}{x_{n-1}-x_1}$	$Q=\frac{x_n-x_{n-2}}{x_n-x_2}$
14～25	$Q=\frac{x_3-x_1}{x_{n-2}-x_1}$	$Q=\frac{x_n-x_{n-2}}{x_n-x_3}$

狄克逊检验临界值(Q_{α})表 表14-6

n	显著性水平α		n	显著性水平α	
	0.05	0.01		0.05	0.01
3	0.941	0.988	15	0.525	0.616
4	0.765	0.889	16	0.507	0.595
5	0.642	0.780	17	0.490	0.577
6	0.560	0.698	18	0.475	0.561
7	0.507	0.637	19	0.462	0.547
8	0.554	0.683	20	0.450	0.535
9	0.512	0.635	21	0.440	0.524
10	0.447	0.597	22	0.430	0.514
11	0.576	0.679	23	0.421	0.505
12	0.546	0.642	24	0.413	0.497
13	0.521	0.615	25	0.406	0.489
14	0.546	0.641			

(2)格鲁勃斯(Grubbs)检验法

此法适用于检验多组测量值均值的一致性和剔除多组测量值中的离群均值，也可以用于检验一组测量值一致性和剔除一组测量值中的离群值。方法如下：

①有一组测定值，每组n个测定值的均值分别为$\overline{X}_1,\overline{X}_2,\cdots,\overline{X}_i,\cdots,\overline{X}_l$，其中最大均值记为$\overline{X}_{max}$，最小均值记为$\overline{X}_{min}$。

②由n个均值计算总均值($\overline{\overline{X}}$)和标准偏差($S_{\overline{x}}$)：

$$\overline{\overline{X}}=\frac{1}{l}\sum_{i=1}^{l}\overline{X}_i \tag{14-1}$$

$$S_{\overline{x}}=\sqrt{\frac{l}{l-1}\sum_{i=1}^{l}(\overline{X}_i-\overline{\overline{X}})^2} \tag{14-2}$$

③可疑均值为最大值($\overline{X}_{max}$)时，按下式计算统计量(T)：

$$T=\frac{\overline{\overline{X}}-\overline{X}_{min}}{S_{\overline{X}}} \tag{14-3}$$

④根据测定值组数和给定的显著性水平 α，从表 14-7 查得临界值 T_{α}。

⑤若 $T \leqslant T_{0.05}$，则可疑均值为正常均值；若 $T_{0.05} < T \leqslant T_{0.01}$，则可疑均值为偏离均值；若 $T > T_{0.01}$，则可疑均值为离群均值，应舍去。

格鲁勃斯检验临界值 T_{α} 表 14-7

n	显著性水平 α		n	显著性水平 α	
	0.05	0.01		0.05	0.01
3	1.153	1.155	15	2.409	2.705
4	1.463	1.492	16	2.443	2.747
5	1.672	1.749	17	2.475	2.785
6	1.822	1.944	18	2.504	2.821
7	1.938	2.097	19	2.532	2.854
8	2.032	2.221	20	2.557	2.884
9	2.110	2.322	21	2.580	2.912
10	2.176	2.410	22	2.603	2.939
11	2.234	2.485	23	2.624	2.963
12	2.285	2.050	24	2.644	2.987
13	2.331	2.607	25	2.663	3.009
14	2.371	2.695			

7)监测结果的表述

对一个试样某一指标的测定，其结果表达方式一般有如下几种：①用算术均数 $\overline{X}$ 代表集中趋势；②用算术均数和标准偏差($\overline{X}\pm S$)表示测定结果的精密度；③用($\overline{X}\pm S, C_v$)表示结果。

典型例题解析

【例 14-5】 (2007)一组测定值由小到大顺序排列为：18.31、18.33、18.36、18.39、18.40、18.46，已知 $n=6$ 时，狄克逊检验临界值 $Q_{0.05}=0.560$，$Q_{0.01}=0.698$，根据狄克逊检验法检验最大值 18.46 为：

A. 正常值　　B. 偏离值　　C. 离群值　　D. 非正常值

解 本题考查狄克逊检验法，因为 $n=6$，可疑数据为最大值，则 $Q=\frac{x_n-x_{n-1}}{x_n-x_1}=\frac{18.46-18.40}{18.46-18.31}=0.4<Q_{0.05}$，最大值 18.46 为正常值。选 A。

14.1.6 质量控制方法

1)质量控制

环境监测质量控制包括实验室内部质量控制和外部质量控制两个部分。实验室内部质量控制是实验室自我控制质量的常规程序，它能反映质量的稳定性，以便及时发现分析中质量的异常情况，随时采取相应的校正措施，其内容包括空白试验、校准曲线核查、仪器设备的定期标定、平行样分析、加标样分析、密码样品分析和编制质量控制图等；外部质量控制通常是由常规监测以外的中心监测站或其他有经验人员来执行，以便对数据质量进行独立评价，各实验室可以从中发现所存在的系统误差等问题，以便及时校正，提高监测质量。常用的方法有分析标准样品以进行实验室之间的评价和分析测量系统的现场评价等。

2)质量控制图

质量控制图的基本组成：

预期值——即图中的中心线；

目标值——图中上、下警告限之间区域；

实测值的可接受范围——图中上、下控制限之间的区域；

辅助线——上、下各一线，在中心线两侧与上、下警告限之间各一半处。

3)均数($\overline{X}$)控制图

控制样品的浓度及组成尽量与环境样品相似，用同一方法短期多次(≥20 次)测定某一控制样品，计算结果的均值 $\overline{X}$、总平均值 $\overline{\overline{X}}$ 和标准偏差 S，从而计算上、下控制线及上、下警告线。

中心线(CL)：$\overline{\overline{X}}$

上(下)控制线(UCL/LCL)：$\overline{\overline{X}}+(-)3S$

上(下)警告线(UWL/LWL)：$\overline{\overline{X}}+(-)2S$

上(下)辅助线(UAL/LAL)：$\overline{\overline{X}}+(-)S$

4)绘图注意事项

Ⅰ：原始数据中超出控制线者应剔除，剔除后若数据<20 个，则应补充新数据。

Ⅱ：在 UAL/LAL 之间的数据应占总数的 68%左右，若<50%，则分布不合适。

Ⅲ：若连续 7 点位于中心线同一侧，则此图不合适。

5)检验分析过程是否处于控制状态

①该点在 UWL 与 LWL 之间。

②超出 UWL/LWL，但在 UCL/LCL 以内，则有失控倾向。

③超出 UCL/LCL，失控。

④连续 7 点上升/下降，有失控倾向。

典型例题解析

【例 14-6】 (2014)绘制质量控制图时，上、下辅助线以何值绘制？

A. $\overline{\overline{X}}\pm S$　　B. $\overline{\overline{X}}\pm 2S$　　C. $\overline{\overline{X}}\pm 3S$　　D. $\overline{\overline{X}}$

解　中心线按 $\overline{\overline{X}}$，上、下辅助线按 $\overline{\overline{X}}\pm S$，上、下警告线按 $\overline{\overline{X}}\pm 2S$，上、下控制线按 $\overline{\overline{X}}\pm 3S$。选 A。

经典练习

14-1　水体监测的对象有(　　)。

A. 环境水体

B. 地表水和地下水

C. 环境水体和水污染物

D. 生活污水、医院污水、工业废水

14-2 (2017)《水污染物排放总量监测技术规范》(HJ/T 92—2002)中规定实施总量控制的监测项目包括(   )。

A. BOD_5　B. SS　C. COD　D. TOC

14-3 (2010)下列方法中,常用作有机物分析的方法是(   )。

A. 原子吸收法　B. 沉淀法　C. 电极法　D. 气相色谱法

14-4 (2010)对于江、河水体,当水深为7m时,应该在(   )布置采样点。

A. 水的表面

B. 1/2水深处

C. 水面以下0.5m处、河底以上0.5m处各一点

D. 水的上、中、下层各一点

14-5 (2008)采集工业企业排放的污水样品时,第一类污染物的采样点应设在(   )。

A. 企业的总排放口

B. 车间或车间处理设施的排放口

C. 接纳废水的市政排水管道或河渠的入口处

D. 污水处理池中

14-6 大气采样点的布设方法中,同心圆布点法适用于(   )。

A. 有多个污染源,且污染源分布较均匀的地区

B. 区域性常规监测

C. 主导风向明显的地区或孤立的高架点源

D. 多个污染源构成污染群,且大污染源较集中的地区

14-7 水体监测方法有(   )。

A. 国家标准分析方法、统一分析方法

B. 国家标准分析方法、等效方法

C. 国家标准分析方法、统一分析方法、等效方法

D. 国家标准分析方法

14-8 对于某一河段,需要设置断面为(   )。

A. 背景断面、对照断面、控制断面和削减断面

B. 控制断面、背景断面和削减断面

C. 背景断面、对照断面和控制断面

D. 对照断面、控制断面和削减断面

14-9 测定某工业废水样品的Cr^{6+}(mg/L),共6个数据,其值分别为20.06、20.09、20.10、20.08、20.09、20.01。已知$n=6$时,狄克逊(Dixon)检验临界值$Q_{0.05}=0.560$,$Q_{0.01}=0.698$,根据狄克逊检验法检验最小值20.01为(   )。

A. 正常值　B. 偏离值　C. 离群值　D. 非正常值

14-10 对于某一河段,削减断面一般设置在(   )。

A. 城市或工业区最后一个排污口下游1 000m以外的河段上

B. 城市或工业区最后一个排污口下游1 500m处的河段上

C. 城市或工业区最后一个排污口下游1 500m以外的河段上

D. 城市或工业区最后一个排污口下游1 000m处的河段上

14-11 在河流水深12m时,设置采样点数目为(   )。

A. 1　　　　B. 2　　　　C. 3　　　　D. 4

14.2　水和废水监测分析方法

考试大纲☞：重点污染因子(悬浮物、溶解氧、化学需氧量、高锰酸盐指数、生化需氧量、氨氮、磷酸盐、石油类、挥发酚、重金属等)的监测与分析方法原理

必备基础知识

常规项目监测与分析方法见表 14-8。

常规项目监测与分析方法　　　　表 14-8

监测项目	监测方法/仪器
水温	水温剂、颠倒温度计、热敏电阻温度计
色度	铂钴标准比色法、稀释倍数法、分光光度法
臭	定性描述法、臭阈值法
浊度	分光光度法、目视比浊法
透明度	铅字法、塞氏盘法、十字法
电导率	电导率仪

14.2.1　悬浮物的监测与分析方法原理

悬浮物是指悬浮在水中的固体物质，包括不溶于水的无机物、有机物及泥砂、黏土、微生物等。

1)总残渣

定义：水和废水在一定的温度下蒸发、烘干后剩余的物质，包括总不可滤残渣和总可滤残渣。

测定方法：取适量(如 50mL)振荡均匀的水样于称至恒重的蒸发皿中，在蒸汽浴或水浴上蒸干，移入 103～105℃烘箱内烘至恒重，增加的质量即为总残渣。

计算式如下：

$$\text{总残渣(mg/L)} = \frac{(A-B)\times 1\,000\times 1\,000}{V} \tag{14-4}$$

式中：A——总残渣和蒸发皿质量(g)；

B——蒸发皿质量(g)；

V——水样体积(mL)。

2)总可滤残渣

定义：指能通过滤器并于 103～105℃烘干至恒重的固体。

测定方法：把滤过的水样放入恒重的蒸发皿中蒸干，然后在 103～105℃烘箱内烘至恒重，滤渣的质量表示过滤性残渣。

3)总不可滤残渣(悬浮物)

定义：水样经过滤后留在过滤器上的固体物质，于 103～105℃烘至恒重得到的物质称为总不可滤残渣量。

典型例题解析

【例 14-7】 (2007)为测一水样中的悬浮物,称得滤膜和称量瓶的总质量为 56.512 8g,取水样 100.00mL,抽吸过滤水样,将载有悬浮物的滤膜放在经恒重过的称量瓶里,烘干、冷却后称重得 56.540 6g,则该水样中悬浮物的含量为:

A. 278.0mg/L　　B. 255.5mg/L　　C. 287.0mg/L　　D. 248.3mg/L

解　简单计算,该水样中悬浮物的含量$\frac{56.540\,6-56.512\,8}{0.1}\times 1\,000\text{mg/L}=278\text{mg/L}$。选 A。

【例 14-8】 (2014)现测一水样的悬浮物,取水样 100mL,过滤前后滤膜和称量瓶称重分别为 55.627 5g 和 55.650 6g,该水样的悬浮物浓度为:

A. 0.231mg/L　　B. 2.31mg/L　　C. 23.1mg/L　　D. 231mg/L

解　$\frac{55.650\,6-55.627\,5}{0.1}\times 1000=231\text{mg/L}$。选 D。

14.2.2 溶解氧的监测与分析方法原理

溶解于水中的分子态氧称为溶解氧。测定水中溶解氧的方法有碘量法、修正的碘量法和氧电极法。清洁水可用碘量法;受污染的地面水和工业废水必须用修正的碘量法或氧电极法。

1)碘量法

在水样中加入硫酸锰和碱性碘化钾,水中的溶解氧将二价锰氧化成四价锰,并生成氢氧化物沉淀。加酸后,沉淀溶解,四价锰又可氧化碘离子而释放出与溶解氧量相当的游离碘。以淀粉为指示剂,用硫代硫酸钠标准溶液滴定释放出的碘,可计算出溶解氧量。反应式如下:

$$\left.\begin{array}{l} MnSO_4+2NaOH = Na_2SO_4+Mn(OH)_2\downarrow \\ 2Mn(OH)_2+O_2 = 2MnO(OH)_2\downarrow\text{(棕色沉淀)} \\ MnO(OH)_2+2H_2SO_4 = Mn(SO_4)_2+3H_2O \\ Mn(SO_4)_2+2KI = MnSO_4+K_2SO_4+I_2 \\ 2Na_2S_2O_3+I_2 = Na_2S_4O_6+2NaI \end{array}\right\}$$

2)修正的碘量法

当水样中含有氧化性物质、还原性物质及有机物时,会干扰测定,应预先消除干扰物质,并根据不同的干扰物质采用修正的碘量法。

叠氮化钠修正法:水样中含有亚硝酸盐会干扰碘量法测定溶解氧,可用叠氮化钠将亚硝酸盐分解后再用碘量法测定。计算公式如下:

$$DO(O_2,\text{mg/L})=\frac{MV\times 8\times 1\,000}{V_{\text{水}}} \tag{14-5}$$

式中:M——硫代硫酸钠标准溶液浓度(mol/L);

V——滴定消耗硫代硫酸钠标准溶液体积(mL);

$V_{\text{水}}$——水样体积(mL);

8——氧的摩尔质量($\frac{1}{4}O_2$)(g/mol)。

$$\text{溶解氧饱和度}(\%)=\frac{\text{水中溶解氧含量}}{\text{采样水温和气压下饱和溶解氧含量}}\times 100\% \tag{14-6}$$

高锰酸钾修正法：该方法适用于含大量亚铁离子，不含其他还原剂及有机物的水样。用高锰酸钾氧化亚铁离子，消除干扰，过量的高锰酸钾用草酸钠溶液除去，生成的高价铁离子用氟化钾掩蔽。其他同碘量法。

3）氧电极法

广泛应用的溶解氧电极是聚四氟乙烯薄膜电极。测定时，首先用无氧水样校正零点，再用化学法校准仪器刻度值，最后测定水样，便可直接显示其溶解氧浓度。

典型例题解析

【例 14-9】 （2009）碘量法测定水中溶解氧时，加入叠氮化钠主要消除的干扰是：

A. 亚硝酸盐　　B. 亚铁离子

C. Fe^{3+}　　D. 碳酸盐

解 水样中含有亚硝酸盐会干扰碘量法测定溶解氧，可用叠氮化钠将亚硝酸盐分解后再用碘量法测定。选 A。

14.2.3 化学需氧量的监测与分析方法原理

化学需氧量是指在一定条件下，氧化 1L 水样中还原性物质所消耗的氧化剂的量，以氧的 mg/L 表示。化学需氧量反映了水中受还原性物质污染的程度。测定废（污）水的化学需氧量，我国规定用重铬酸钾法。其他方法有库仑滴定法、快速密闭催化消解法、氯气校正法等。

1）重铬酸钾法

在强酸溶液中，用一定量的重铬酸钾氧化水样中的还原性物质，过量的重铬酸钾以试铁灵作指示剂，用硫酸亚铁铵标准溶液回滴，根据其用量计算水样中还原性物质的需氧量。氧化水样中还原性物质使用带 250mL 锥形瓶的全玻璃回流装置。测定过程如下：

取水样 20mL（原样或经稀释）于锥形瓶中：

↓←$HgSO_4$ 0.4g（消除 Cl^- 干扰）

混匀

↓←0.25mol/L（$\frac{1}{6}K_2Cr_2O_7$）10mL

↓←沸石数粒

混匀，接上回流装置

↓←自冷凝管上口加入 Ag_2SO_4—H_2SO_4 溶液 30mL（催化剂）

混匀

↓

回流加热 2h

↓

冷却

↓←自冷凝管上口加入 80mL 水于反应液中

取下锥形瓶

↓←加试铁灵指示剂 3 滴

用 0.1mol/L $(NH_4)_2Fe(SO_4)_2$ 标准溶液滴定，终点由蓝绿色变成红棕色，记录标准溶液用量。

再以蒸馏水代替水样，按同法测定试剂空白溶液，记录硫酸亚铁铵标准溶液消耗量，按下式计算 COD_{Cr} 值。

$$COD_{Cr}(O_2,mg/L)=\frac{(V_0-V_1)c\times8\times1\,000}{V} \tag{14-7}$$

式中：V_0——滴定空白时消耗硫酸亚铁铵标准溶液体积(mL)；

V_1——滴定水样消耗硫酸亚铁铵标准溶液体积(mL)；

V——水样体积(mL)；

c——硫酸亚铁铵标准溶液浓度(mol/L)；

8——氧的摩尔质量($\frac{1}{4}O_2$)(g/mol)。

2)库仑滴定法

恒电流库仑滴定法是一种建立在电解基础上的分析方法。其原理为在试液中加入适当物质，以一定强度的恒定电流进行电解，使之在工作电极(阳极或阴极)上电解产生一种试剂(称滴定剂)，该试剂与被测物质进行定量反应，反应终点可通过电化学等方法指示。

3)快速密闭消解滴定法或光度法

该方法是在经典重铬酸钾—硫酸消解体系中加入助催化剂硫酸铝与钼酸铵，于具密封塞的加热管中，放在165℃的恒温加热器内快速消解，消解好的试液用硫酸亚铁铵标准溶液滴定，同时做空白试验。计算方法同重铬酸钾法。若消解后的试液清亮，可于600nm处用分光光度法测定。

4)氯气校正法

本方法适用于氯离子含量大于1 000mg/L，小于2 000mg/L的高氯废水COD的测定，检出限为30mg/L。

典型例题解析

【例14-10】 (2010)计算100mg/L苯酚水溶液的理论COD值是多少？

A. 308mg/L　　B. 238mg/L　　C. 34mg/L　　D. 281mg/L

解 化学需氧量是指在一定条件下，氧化1L水样中还原性物质所消耗的氧化剂的量，以氧的mg/L表示。$C_6H_6O\sim(6+\frac{6}{4}-\frac{1}{2})O_2$，则COD=100/94×7×32=238.3mg/L。选B。

14.2.4 高锰酸盐指数的监测与分析方法原理

以高锰酸钾溶液为氧化剂测得的化学需氧量，称为高锰酸盐指数，以氧的mg/L表示。按测定溶液的介质不同，分为酸性高锰酸钾法和碱性高锰酸钾法。

酸性高锰酸钾法适用于氯离子含量不超过300mg/L的水样。当高锰酸盐指数超过10mg/L时，应少取水样并经稀释后测定。

原理：水样在酸性条件下，加入高锰酸钾溶液，在沸水浴中加热30min，使水中有机物被氧化，剩余的高锰酸钾以草酸回滴，然后根据实际消耗的高锰酸钾量计算出化学耗氧量。计算公式如下。

水样不稀释时：

$$\text{高锰酸盐指数}(O_2,mg/L)=\frac{[(10+V_1)K-10]M\times8\times1\,000}{100} \tag{14-8}$$

式中：V_1——滴定水样消耗高锰酸钾标准溶液量(mL)；

K——校正系数(每毫升高锰酸钾标准溶液相当于草酸钠标准溶液的毫升数)；

M——草酸钠标准溶液($\frac{1}{5}Na_2C_2O_4$)浓度(mol/L)；

8——氧的摩尔质量($\frac{1}{4}O_2$)(g/mol)；

100——取水样体积。

水样经稀释时：

$$高锰酸盐指数(O_2,mg/L)=\frac{\{[(10+V_1)K-10]-[(10+V_0)K-10]f\}M\times 8\times 1\,000}{V_2} \tag{14-9}$$

式中：V_0——空白试验中高锰酸钾标准溶液消耗量(mL)；

V_1——滴定水样消耗高锰酸钾标准溶液量(mL)；

V_2——取原水样体积(mL)；

f——稀释水样中含稀释水的比值(如 10.0mL 水样稀释至 100mL，则 $f=0.90$)；

其他项同水样不经稀释计算式。

化学需氧量和高锰酸盐指数是采用不同的氧化剂在各自的氧化条件下测定的，难以找出明显的相关关系。一般来说，重铬酸钾法的氧化率可达 90%，而高锰酸钾法的氧化率为 50% 左右，两者均未将水样中还原性物质完全氧化，因而都只是一个相对参考数据。

典型例题解析

【例 14-11】 以下关于高锰酸盐指数的说法中，不正确的是：

A. 重铬酸钾法的氧化率可达 90%

B. 重铬酸钾法未将水样中还原性物质完全氧化，只是一个相对参考数据

C. 酸性高锰酸钾法适用于氯离子含量不超过 300mg/L 的水样

D. 化学需氧量和高锰酸盐指数有明显的相关关系

解 化学需氧量和高锰酸盐指数是采用不同的氧化剂在各自的氧化条件下测定的，难以找出明显的相关关系。选 D。

14.2.5 生化需氧量的监测与分析方法原理

生化需氧量是指在有溶解氧的条件下，好氧微生物在分解水中有机物的生物化学氧化过程中所消耗的溶解氧量。目前国内外广泛采用的是 20℃下 5d 培养法，测定 BOD 的方法还有微生物电极法、库仑法、测压法等。

1)5d 培养法

5d 培养法也称标准稀释法或稀释接种法。其测定原理是：水样经稀释后，在(20±1)℃条件下培养 5d，求出培养前后水样中溶解氧含量，二者的差值为 BOD_5。如果水样 5d 生化需氧量未超过 7mg/L，则不必进行稀释，可直接测定。很多较清洁的河水就属于这一类水。溶解氧测定方法一般用叠氮化钠修正法。

对于不含或少含微生物的工业废水，如酸性废水、碱性废水、高温废水或经过氯化处理的废水，在测定 BOD_5 时应进行接种，以引入能降解废水中有机物的微生物。当废水中存在着难

被一般生活污水中的微生物以正常速度降解的有机物或有剧毒物质时，应将驯化后的微生物引入水样中。

对于污染的地面水和大多数工业废水，因含较多的有机物，需要稀释后再培养测定，以保证在培养过程中有充足的溶解氧。其稀释程度应使培养中所消耗的溶解氧大于 2mg/L，而剩余溶解氧在 1mg/L 以上。

稀释水一般用蒸馏水配制，先通入经活性炭吸附及水洗处理的空气，曝气 2～8h，使水中溶解氧接近饱和，然后再在 20℃下放置数小时。临用前加入少量氯化钙、氯化铁、硫酸镁等营养盐溶液及磷酸盐缓冲溶液，混匀备用。稀释水的 pH 值应为 7.2，BOD_5 应小于 0.2mg/L。

如水样中无微生物，则应于稀释水中接种微生物，即在每升稀释水中加入生活污水上层清液 1～10mL，或表层土壤浸出液 20～30mL，或河水、湖水 10～100mL。

水样稀释倍数可根据实践经验估算。对地表水，由高锰酸盐指数与一定系数乘积求得(见表 14-9)。工业废水的稀释倍数由 COD_{Cr} 值分别乘以系数 0.075、0.15、0.25 获得。通常同时作三个稀释比的水样。

由高锰酸盐指数估算稀释倍数乘以的系数 表 14-9

高锰酸钾指数(mg/L)	系　数	高锰酸钾指数(mg/L)	系　数
<5	—	10～20	0.4,0.6
5～10	0.2,0.3	>20	0.5,0.7,1.0

测定结果分别按以下两式计算。

对不经稀释直接培养的水样：

$$BOD_5(mg/L)=\rho_1-\rho_2 \tag{14-10}$$

式中：ρ_1——水样在培养前溶解氧的浓度(mg/L)；

ρ_2——水样经 5d 培养后剩余溶解氧浓度(mg/L)。

对稀释后培养的水样：

$$BOD_5(mg/L)=\frac{(\rho_1-\rho_2)-(B_1-B_2)f_1}{f_2} \tag{14-11}$$

式中：B_1——稀释水(或接种稀释水)在培养前的溶解氧的浓度(mg/L)；

B_2——稀释水(或接种稀释水)在培养后的溶解氧的浓度(mg/L)；

f_1——稀释水(或接种稀释水)在培养液中所占比例；

f_2——水样在培养液中所占比例。

2)微生物电极法

微生物电极是一种将微生物技术与电化学检测技术相结合的传感器。响应 BOD 物质的原理是：在适宜的 BOD 物质浓度范围内，电极输出电流降低值与 BOD 物质浓度之间呈线性关系，而 BOD 物质浓度又和 BOD 值之间有定量关系。

3)其他方法

测定 BOD 的方法还有库仑法、测压法、活性污泥曝气降解法等。

典型例题解析

【例 14-12】 (2007)在测定某水样的 5d 生化需氧量(BOD_5)时，取水样 200mL，加稀释水 100mL，水样加稀释水培养前、后的溶解氧含量分别为 8.28mg/L 和 3.37mg/L。稀释水培养前后的溶解氧含量分别为 8.85mg/L 和 8.75mg/L。该水样的 BOD_5 值是：

A. 4.91mg/L　　B. 9.50mg/L　　C. 7.32mg/L　　D. 4.81mg/L

解　参考本节知识，根据公式 $BOD_5(mg/L)=\frac{(\rho_1-\rho_2)-(B_1-B_2)f_1}{f_2}$ 计算，代入 $\rho_1=8.28mg/L$，$\rho_2=3.37mg/L$，$B_1=8.85mg/L$，$B_2=8.75mg/L$，$f_1=\frac{100}{100+200}=\frac{1}{3}$，$f_2=\frac{200}{100+200}=\frac{2}{3}$，得水样的 BOD_5 值为 7.315mg/L，即 7.32mg/L。选 C。

【例 14-13】　(2014)测定 BOD_5 时，以下哪种类型的水不适合作为接种用水？

A. 河水　　B. 表层土壤浸出液

C. 工业废水　　D. 生活污水

解　河水、表层土壤浸出液、生活污水均含有一定量微生物，可作为接种用水。工业废水不适合作为接种用水。选 C。

14.2.6 氨氮的监测与分析方法原理

水中的氨氮是指以游离氨(或称非离子氨，NH_3)和离子氨(NH_4^+)形式存在的氮，两者的组成比取决于水的 pH 值。测定水中氨氮的方法有纳氏试剂分光光度法、水杨酸—次氯酸盐分光光度法、气相分子吸收光谱法、电极法和滴定法。两种分光光度法具有灵敏、稳定等特点，但水样有色、浑浊和含钙、镁、铁等金属离子及硫化物、醛和酮类等均干扰测定，需作相应的预处理。

1)纳氏试剂分光光度法

在经絮凝沉淀或蒸馏法预处理的水样中，加入碘化汞和碘化钾的强碱溶液(纳氏试剂)，则与氨反应生成黄棕色胶态化合物，此颜色在较宽的波长范围内具有强烈吸收，通常使用 410～425nm 范围波长光比色定量。

本法最低检出浓度为 0.025mg/L，测定上限为 2mg/L。采用目视比色法，最低检出浓度为 0.02mg/L。本法适用于地表水、地下水和废(污)水中氨氮的测定。

2)水杨酸—次氯酸盐分光光度法

在硝普钠存在下，氨与水杨酸和次氯酸反应生成蓝色化合物，于其最大吸收波长 697nm 处比色定量。该方法测定浓度范围为 0.01～1mg/L。

3)相分子吸收光谱法

水样中加入次溴酸钠，将氨及铵盐氧化成亚硝酸盐，再加入盐酸和乙醇溶液，则亚硝酸盐迅速分解，生成二氧化氮，用空气载入气相分子吸收光谱仪的吸光管，测量该气体对锌空心阴极灯发射的 213.9nm 特征波长光的吸光度，以标准曲线法定量。专用气相分子吸收光谱仪安装有微型计算机，经用试剂空白溶液校零和用系列标准溶液绘制标准曲线后，即可根据水样吸光度值及水样体积，自动计算出分析结果。

本方法最低检出浓度为 0.005mg/L，测定上限为 100mg/L。可用于地表水、地下水、海水等水中氨氮的测定。

4)滴定法

取一定体积水样，将其 pH 值调至 6.0～7.4，加入氯化镁使呈微碱性。加热蒸馏，释出的氨用硼酸溶液吸收。取全部吸收液，以甲基红—亚甲蓝为指示剂，用硫酸标准溶液滴定至绿色转变成淡紫色，根据硫酸标准溶液消耗量和水样体积计算氨氮含量。

典型例题解析

【例 14-14】 (2007)用纳氏试剂比色法测定水中氨氮，在测定前对一些干扰需做相应的预处理，在下列常见物质：①KI；②CO_2；③色度；④Fe^{3+}；⑤氢氧化卤；⑥硫化物；⑦硫酸根；⑧醛；⑨酮；⑩浊度中，下列哪组是干扰项?

A. ①②④⑥⑦⑧　　B. ①③⑤⑥⑧⑩

C. ②③⑤⑧⑨⑩　　D. ③④⑥⑧⑨⑩

解　纳氏试剂分光光度法具有灵敏、稳定等特点，但水样有色、浑浊和含钙、镁、铁等金属离子及硫化物、醛和酮类等均干扰测定，需作相应的预处理。选 D。

14.2.7 磷酸盐的监测与分析方法原理

在天然水和废(污)水中，磷主要以各种磷酸盐和有机磷(如磷脂等)形式存在，也存在于腐殖质粒子和水生生物中。

1)钼锑抗分光光度法

在酸性条件下，正磷酸盐与钼酸铵、酒石酸锑钾反应，生成磷钼杂多酸，被还原剂抗坏血酸还原，变成蓝色络合物，于 700nm 波长处测量吸光度。

该方法最低检出浓度为 0.001mg/L，测定上限为 0.6mg/L，适用于地表水和废水。

2)孔雀绿—磷钼杂多酸分光光度法

在酸性条件下，利用碱性染料孔雀绿与磷钼杂多酸生成绿色离子缔合物，并以聚乙烯醇稳定显色液，直接在水相于 620nm 波长处测量吸光度。

该方法最低检出浓度为 1μg/L，适用浓度范围为 0～0.3mg/L，用于江河、湖泊等地表水及地下水中痕量磷的测定。

14.2.8 石油类的监测与分析方法原理

水中的石油类物质来自工业废水和生活污水的污染。测定水中石油类物质的方法有质量法(旧称“重量法”)、红外分光光度法、非色散红外吸收法、紫外分光光度法、荧光法等。

1)质量法

以硫酸酸化水样，用石油醚萃取矿物油，然后蒸发除去石油醚，称量残渣重，计算矿物油含量。

该方法是测定水中可被石油醚萃取的物质总量，石油的较重组分中可能含有不被石油醚萃取的物质。另外，蒸发除去溶剂时，使轻质油有明显损失。若废水中动、植物性油脂含量大，需用层析柱分离。该法适用于测定含油 10mg/L 以上的水样。

2)红外分光光度法

用四氯化碳萃取水样中的油类物质，测定总萃取物，然后用硅酸镁吸附除去萃取液中的动、植物油等极性物质，测定吸附后滤出液中石油类物质。总萃取物和石油类物质的含量均由波数分别为 2 930cm^{-1}(CH_2 基团中 C—H 键的伸缩振动)、2 960cm^{-1}(CH_3 基团中 C—H 键的伸缩振动)和 3 030cm^{-1}(芳香环中 C—H 键的伸缩振动)谱带处的吸光度 A_{2930}、A_{2960} 和 A_{3030} 进行计算。

本方法适用于各类水中石油类和动、植物油的测定。样品体积为 500mL，使用光程为

4cm 的比色皿时，检出限为 0.1mg/L。

3)非色散红外吸收法

测定时，先用硫酸将水样酸化，加氯化钠破乳化，再用四氯化碳萃取，萃取液经无水硫酸钠层过滤，滤液定容后测定。

所有含甲基、亚甲基的有机物质都将产生干扰。如水样中有动、植物性油脂以及脂肪酸物质应预先将其分离。此外，石油中有些较重的组分不溶于四氯化碳，致使测定结果偏低。

14.2.9 挥发酚的监测与分析方法原理

根据酚类物质能否与水蒸气一起蒸出，分为挥发酚与不挥发酚。通常认为沸点在 230℃以下的为挥发酚，而沸点在 230℃以上的为不挥发酚。

酚的主要分析方法有溴化滴定法、分光光度法、色谱法等。目前各国普遍采用的是 4-氨基安替吡林分光光度法；高浓度含酚废水可采用溴化滴定法。

1)4-氨基安替吡林分光光度法

酚类化合物于 pH 取 10.0±0.2 的介质中，在铁氰化钾的存在下，与 4-氨基安替吡林(4-AAP)反应，生成橙红色的吲哚酚安替吡林燃料，在 510nm 波长处有最大吸收，用比色法定量。

用 20mm 比色皿测定，方法最低检出浓度为 0.1mg/L。如果显色后用三氯甲烷萃取，于 460nm 波长处测定，其最低检出浓度可达 0.002mg/L，测定上限为 0.12mg/L。此外，在直接光度法中，有色络合物不够稳定，应立即测定；氯仿萃取法有色络合物可稳定 3h。

2)溴化滴定法

在含过量溴(由溴酸钾和溴化钾产生)的溶液中，酚与溴反应生成三溴酚，并进一步生成溴代三溴酚。剩余的溴与碘化钾作用释放出游离碘。与此同时，溴代三溴酚也与碘化钾反应置换出游离碘。用硫代硫酸钠标准溶液滴定释放出的游离碘，并根据其消耗量，计算出以苯酚计的挥发酚含量。计算公式如下

$$挥发酚(以苯酚计,mg/L)=\frac{(V_1-V_2)c\times 15.68\times 1\,000}{V} \tag{14-12}$$

式中：V_1——空白(以蒸馏水代替水样，加同体积溴酸钾—溴化钾溶液)试验滴定时硫代硫酸钠标准溶液用量(mL)；

V_2——水样滴定时硫代硫酸钠标准溶液用量(mL)；

c——硫代硫酸钠标准溶液得浓度(mol/L)；

V——水样体积(mL)；

15.68——苯酚($\frac{1}{6}C_6H_5OH$)摩尔质量(g/mol)。

典型例题解析

【例 14-15】 (2008)采用 4-氨基安替吡林分光光度法测定水中的挥发酚，显色最佳的 pH 值范围是：

A. 9.0～9.5　　B. 9.8～10.2　　C. 10.5～11.0　　D. 8.8～9.2

解 酚类化合物于 pH 值取 10.0±0.2 的介质中，在铁氰化钾的存在下，与 4-氨基安替吡林(4-AAP)反应，生成橙红色的吲哚酚安替吡林燃料，在 510nm 波长处有最大吸收，用比色法定量。选 B。

【例 14-16】 (2014)通常认为挥发酚是指沸点在多少度以下的酚：

A. 100℃　　B. 180℃　　C. 230℃　　D. 550℃

解 挥发酚是指沸点在230℃以下的酚类。选C。

【例 14-17】 (2014)《城镇污水处理厂污染物排放标准》规定污水中总磷测定方法采用：

A. 钼酸铵分光光度法　　B. 二硫腙分光光度法
C. 亚甲基蓝分光光度法　　D. 硝酸盐滴定法

解 总磷测定采用钼酸铵分光光度法。选A。

14.2.10 重金属的监测与分析方法原理

1)铝

铝的测定方法有电感耦合等离子体原子发射光谱法(ICP-AES),间接火焰原子吸收法和分光光度法等。

(1)电感耦合等离子体原子发射光谱法

该方法是以电感耦合等离子矩为激光光源的光谱分析方法,具有准确度和精密度高、检出限低、测定快速、线性范围宽、可同时测定多种元素等优点。

测定要点：

①水样预处理。测定溶解态元素,采样后立即用0.45μm滤膜过滤,取所需体积滤液,加入硝酸消解。测定元素总量,取所需体积均匀水样,用硝酸消解。消解好后,均需定容至原取样体积,并使溶液保持5%的硝酸酸度。

②配制标准溶液和试剂空白溶液。

③测量。调节好仪器工作参数,选两个标准溶液进行两点校正后,依次将试剂空白溶液、水样喷入ICP焰测定,扣除空白值后的元素测定值即为水样中该元素的浓度。

(2)间接火焰原子吸收法

在pH值为4.0～5.0的乙酸-乙酸钠缓冲介质中及有α-吡啶基-β-偶氮萘酚(PAN)存在的条件下,Al^{3+}与Cu(Ⅱ)-EDTA发生定量交换,生成物Cu(Ⅱ)-PAN可被氯仿萃取,分离后,将水相喷入原子吸收分光光度计的空气—乙炔贫燃焰,测定剩余的铜,从而间接测定铝的含量。

该方法测定浓度范围为0.1～0.8mg/L,可用于地表水、地下水、饮用水及污染较轻的废(污)水中铝的测定。

2)汞

(1)二硫腙分光光度法

水样在酸性介质中于95℃用高锰酸钾和过硫酸钾消解,将无机汞和有机汞转化为二价汞后,用盐酸羟胺还原过剩的氧化剂,加入二硫腙溶液,与汞离子反应生成橙色螯合物,用三氯甲烷或四氯化碳萃取,再加入碱溶液洗去萃取液中过量的二硫腙,于485nm波长处测其吸光度,以标准工作曲线法定量。

该方法适用于工业废水和受汞污染的地表水中汞的测定,测定浓度范围为2～40μg/L。

(2)冷原子吸收法

水样经消解后,将各种形态的汞转变成二价汞,再用氯化亚锡将二价汞还原为元素汞。利用汞易挥发的特点，在室温下通入空气或氮气流将其气化，载入冷原子吸收测汞仪，测量对特征波长光的吸光度，与汞标准溶液的吸光度进行比较定量。汞原子蒸气对253.7nm的紫外光有强烈吸收，并在一定浓度范围内，吸光度与浓度成正比。

该方法适用于各种水体中汞的测定，在最佳条件下，最低检出浓度可达0.05μg/L。

(3)冷原子荧光法

该方法是将水样中的汞离子还原为基态汞原子蒸气，吸收253.7nm的紫外光后，被激发而发射特征共振荧光，在一定的测量条件下和较低的浓度范围内，荧光强度与汞浓度成正比。

该方法的最低检出浓度为0.05μg/L，测定上限可达1μg/L，且干扰因素少，适用于地面水、生活污水和工业废水。

3)镉

测定镉的主要方法有原子吸收分光光度法、二硫腙分光光度法、阳极溶出伏安法和电感耦合等离子体原子发射光谱法(ICP-AES)。

(1)原子吸收分光光度法

该方法可测定七十多种元素，具有测定快速、准确、干扰少、可用同一试样分别测定多种元素等优点。测定废水和受污染的水中镉、铜、铅、锌等元素时，可采用直接吸入火焰原子吸收法；对于含量低的清洁地面水或地下水，用萃取或离子交换法富集后再用火焰原子吸收法测定，也可以用石墨炉原子吸收法测定，后者测定灵敏度高于前者，但基本干扰较火焰原子化法严重。

方法原理：将含待测元素的溶液通过原子化系统喷成细雾，随载气进入火焰，并在火焰中解离成基态原子。当空心阴极灯辐射出待测元素的特征波长光通过火焰时，因被火焰中待测元素的基态原子吸收而减弱。在一定实验条件下，特征波长光强的变化与火焰中待测元素基态原子的浓度有定量关系，从而与试样中待测元素的浓度(ρ)有定量关系，即

$$A=k'\rho \tag{14-13}$$

式中：A——待测元素的吸光度；

k'——与实验条件有关的系数，当实验条件一定时为常数。

可见，只要测得吸光度，就可以求出试样中待测元素的浓度。

(2)二硫腙分光光度法

在强碱性介质中，镉离子与二硫腙反应，生成红色螯合物，用三氯甲烷萃取分离后，于518nm处测其吸光度，用标准曲线法定量。其测定浓度范围为1～60μg/L。

(3)阳极溶出伏安法

阳极溶出伏安法是在经典极谱分析法基础上发展起来的一种新方法，可用于多种金属元素的分析，具有灵敏、准确、快速、在同一试样中可连续测定几种元素等优点。

测定要点：

①水样预处理。对含有机质较多的地面水用硝酸—高氯酸消解，比较清洁的水直接取样测定。

②标准曲线绘制。分别取不同体积的镉、铜、铅、锌标准溶液，加入支持电解(高氯酸)，配制系列标准溶液，依次倾入电解池中，通氮气除氧，在－1.30V极化电压下于悬汞电极上富集3min，静置30s，使富集在悬汞电极表面的金属均匀化；将极化电压均匀地由负向正扫描(速度视浓度水平选择)，记录伏安曲线，对峰高分别作空白校正后，绘出峰高—浓度曲线。

③样品测定。取适量水样，在与标准系列溶液相同操作条件下，测量并绘制伏安曲线。根据经空白校正后各被测离子峰电流高度，从相应标准曲线上查知并计算其浓度。

当样品成分比较复杂时，可采用标准加入法。

4)铅

测定水体中铅的方法与测定镉的方法相同。广泛采用原子吸收分光光度法和二硫腙分光光度法，也可以用阳极溶出伏安法、示波极谱法和电感耦合等离子体发射光谱法(ICP-AES)。

二硫腙分光光度法基于在 pH 值为 8.5～9.5 的氨性柠檬酸盐—氰化物的还原介质中，铅与二硫腙反应生成红色螯合物，用三氯甲烷(或四氯化碳)萃取后于 510nm 波长处比色测定。

原子吸收法、阳极溶出伏安法测定铅的方法见镉的测定，ICP-AES 法测定铅见铝的测定。

5)铜

测定水中铜的方法主要有原子吸收分光光度法、二乙氨基二硫代甲酸钠萃取分光光度法和新亚铜灵萃取分光光度法，还可以用阳极溶出伏安法、示波极谱法、ICP-AES 法。

二乙氨基二硫代甲酸钠萃取分光光度法原理基于：在 pH 值为 9～10 的氨性溶液中，铜离子与二乙氨基二硫代甲酸钠(DDTC)作用，生成摩尔比为 1:2 的黄棕色胶体络合物，该络合物可被四氯化碳或三氯甲烷萃取，其最大吸收波长为 440nm。

该方法最低检出浓度为 0.01mg/L，测定上限可达 2.0mg/L，可用于地面水和工业废水中铜的测定。

原子吸收法、阳极溶出伏安法测定铜见镉的测定，ICP-AES 法测定铜见铝的测定。

6)锌

原子吸收分光光度法测定锌，灵敏度较高，干扰少，适用于各种水体。此外，还可选用二硫腙分光光度法、阳极溶出伏安法或示波极谱法、ICP-AES 法。

二硫腙分光光度法的原理基于：在 pH 值为 4～5 的乙酸缓冲介质中，锌离子与二硫腙反应生成红色螯合物，用四氯化碳或三氯甲烷萃取后，于其最大吸收波长 535nm 处，与四氯化碳作参比，测其经空白校正后的吸光度，用标准曲线法定量。

当使用 20mm 比色皿，试样体积 100mL 时，锌的最低检出浓度为 0.005mg/L，适用于测定天然水和轻度污染的地表水中的锌。

原子吸收法、阳极溶出伏安法测定锌见镉的测定，ICP-AES 法测定锌见铝的测定。

7)铬

铬的化合物常见价态有三价和六价。水中铬的测定方法主要有二苯碳酰二肼分光光度法、原子吸收分光光度法、等离子体发射光谱法和硫酸亚铁铵滴定法。分光光度法是国内外的标准方法；滴定法适用于含铬量较高的水样。

(1)二苯碳酰二肼分光光度法

六价铬的测定：在酸性介质中，六价铬与二苯碳酰二肼(DPC)反应，生成紫红色络合物，于 540nm 波长处进行比色测定。

总铬的测定：在酸性溶液中，首先将水样中的三价铬用高锰酸钾氧化成六价铬，过量的高锰酸钾用亚硝酸钠分解，过量的亚硝酸钠用尿素分解；然后加入二苯碳酰二肼显色，于 540nm 处进行分光光度测定。

(2)火焰原子吸收法测定总铬

将经消解处理的水样喷入空气-乙炔富燃(黄色)火焰，铬的化合物被原子化，于 357.9nm 波长处测其吸光度，用标准曲线法进行定量。

(3)硫酸亚铁铵滴定法

本法适用于总铬浓度大于 1mg/L 的废水。其原理为在酸性介质中，以银盐作催化剂，用过硫酸铵将三价铬氧化成六价铬。加少量氯化钠并煮沸，除去过量的过硫酸铵和反应中产生的氯气。以苯基代邻氨基苯甲酸作指示剂，用硫酸亚铁铵标准溶液滴定，至溶液呈亮绿色。根据硫酸亚铁铵溶液的浓度和进行试剂空白校正后的用量，可计算出水样中总铬的含量。

8）砷

测定水体中砷的方法有新银盐分光光度法、二乙氨基二硫代甲酸银分光光度法、原子吸收分光光度法、原子荧光法、ICP-AES法。

（1）新银盐分光光度法

该方法基于用硼氢化钾在酸性溶液中产生新生态氢，将水样中无机砷还原成砷化氢气体，用硝酸-硝酸银-聚乙烯醇-乙醇溶液吸收，则砷化氢将吸收液中的银离子还原成单质胶态银，使溶液呈黄色，其颜色强度与生成氢化物的量成正比。该黄色溶液对400nm光有最大吸收，且吸收峰形对称。以空白吸收液为参比测其吸光度，用标准曲线法测量。

（2）二乙氨基二硫代甲酸银分光光度法

在碘化钾、酸性氯化亚锡作用下，五价砷被还原成三价砷，并与新生态氢反应，生成气态砷化氢，被吸收于二乙氨基二硫代甲酸银（AgDDC）—三乙醇胺的三氯甲烷溶液中，生成红色的胶体银，在510nm波长处，以三氯甲烷为参比测其经空白校正后的吸光度，用标准曲线法定量。

（3）原子吸收分光光度法

硼氢化钾或硼氢化钠在酸性溶液中产生新生态氢，将水样中的无机砷还原成砷化氢，用N_2载入升温至900～1 000℃的电热石英管中，则砷化氢被分解，生成砷原子蒸气，对来自砷光源（常用无极放电灯）发射的特征光（193.7nm）产生吸收。将测得水样中砷的吸光度值与标准溶液的吸光度值比较，确定水样中砷的含量。

典型例题解析

【例14-18】 （2010）日本历史上曾经发生的“骨痛病”与下列哪种金属对环境的污染有关？

A. Pb　　B. Cr　　C. Hg　　D. Cd

解　骨痛病与镉（Cd）有关。选D。

14.2.11 总需氧量TOD的监测与分析方法原理

（1）燃烧法测定TOD：将一定量的水样注入有铂催化剂的石英燃烧管，通过含已知氧浓度的载气（N_2）为原料气，水样中的还原物质在900℃下被燃烧氧化，测定前后原料气中氧气的减少量，即为水样的TOD值。

（2）由TOD/TOC的值判断有机物种类：

TOD/TOC≈2.67，主要为含碳有机物。

TOD/TOC＞4.0，主要为含S、P有机物。

TOD/TOC＜2.6，含有大量硝酸盐、亚硝酸盐。

14.2.12 总有机碳TOC的监测与分析方法原理

燃烧氧化法——非色散红外吸收法测TOC：将一定量的水样注入高温炉内的石英管，在900～950℃温度下，以铂和三氧化钴为催化剂，使有机物燃烧裂解为CO_2，然后用红外线气体分析仪测定CO_2的含量，从而得知水样中总碳的含量。

经典练习

14-12　高锰酸钾修正法适用于含大量亚铁离子，不含其他还原剂及有机物的水样。用高锰酸钾氧化亚铁离子，消除干扰，但过量的高锰酸钾应用下列哪种物质除去（　　）。

A. 过氧化氢（俗称双氧水）　　B. 草酸钾溶液

C. 盐酸　　D. 草酸钠溶液

14-13　重铬酸钾法测定化学需氧量时，回流时间为（　　）。

A. 30min　　B. 2h　　C. 1h　　D. 1.5h

14-14　冷原子吸收法原理：汞原子对波长为253.7nm的紫外光有选择性吸收，在一定的浓度范围内，吸光度与汞浓度成（　　）。

A. 正比　　B. 反比　　C. 负相关关系　　D. 线性关系

14-15　测定水样，水中有机物含量高时，应稀释水样测定，稀释水要求（　　）。

A. pH值为7.2，BOD_5应小于0.5mg/L

B. pH值为7.5，BOD_5应小于0.2mg/L

C. pH值为7.2，BOD_5应小于0.2mg/L

D. pH值为7.0，BOD_5应小于0.5mg/L

14-16　（2007）已知$K_2Cr_2O_7$的分子量为294.2，Cr的分子量为51.996，欲配制浓度为400.0mg/L的Cr^{6+}标准溶液500.0mL，则应称取基准物质$K_2Cr_2O_7$以克为单位的质量为（　　）。

A. 0.200 0g　　B. 0.565 8g　　C. 1.131 6g　　D. 2.829 1g

14-17　欲配制理论COD值为500mg/L的葡萄糖溶液1升，需要称取葡萄糖的质量为（　　）。

A. 450.38mg　　B. 325.78mg　　C. 468.75mg　　D. 514.80mg

14-18　（2017）欲配置COD浓度为500mg/L的邻苯二甲酸氢钾溶液500.0mL，需要称取邻苯二甲酸氢钾的质量为（　　）。

A. 465mg　　B. 425mg　　C. 665mg　　D. 625mg

14-19　测定水样BOD_5时，如水样中无微生物，则应于稀释水中接种微生物，可采用（　　）。

A. 在每升稀释水中加入生活污水上层清液1～10mL

B. 在每升稀释水中加入河水、湖水20～100mL

C. 在每升稀释水中加入表层土壤浸出液10～20mL

D. 在每升稀释水中加入河水、湖水50～100mL

14-20　测定某水样的生化需氧量时，培养液300mL，其中原水100mL。水样培养前、后的溶解氧含量分别为8.39mg/L和1.41mg/L。稀释水培养前、后的溶解氧含量分别为8.87mg/L和8.79mg/L。该水样的BOD_5值是（　　）。

A. 10.4mg/L　　B. 20.8mg/L　　C. 15.4mg/L　　D. 18.6mg/L

14-21　（2017）采用4-氨基安替比啉分光光度法测定水中的挥发酚时，则显色最佳的pH范围是（　　）。

A. 9.0～9.5　　B. 9.8～10.2　　C. 10.5～11.0　　D. 8.8～9.2

14-22　日本历史上曾经发生的“水俣病”与下列哪种金属对环境的污染有关？（　　）

A. Pb　　B. Cr　　C. Hg　　D. Cd

14.3 大气和废气监测与分析

考试大纲☞：气态和蒸汽态污染物质的监测　颗粒物的测定　固定污染源监测

必备基础知识

14.3.1 气态和蒸汽态污染物质的监测

1) SO_2 的测定

SO_2 是主要空气污染物之一，为例行监测的必测项目。测定空气中 SO_2 常用的方法有分光光度法、紫外荧光法、电导法、定电位电解法和气相色谱法。下面主要介绍分光光度法和定电位电解法。

(1)分光光度法

①四氯汞钾溶液吸收——盐酸副玫瑰苯胺分光光度法

原理：空气中的 SO_2 被四氯汞钾溶液吸收后，生成稳定的二氯亚硫酸盐络合物，该络合物再与甲醛及盐酸副玫瑰苯胺作用，生成紫色络合物，其颜色深浅与 SO_2 含量成正比。

测定要点：有两种操作方法。方法一所用盐酸副玫瑰苯胺显色溶液含磷酸量较方法二少，最终显色溶液 pH 值为 1.6±0.1，呈红紫色，最大吸收波长在 548nm 处，试剂空白值较高，最低检出限为 0.75μg/25mL；当采样体积为 30L 时，最低检出浓度为 0.025mg/m³。方法二最终显色溶液 pH 值为 1.2±0.1，呈蓝紫色，最大吸收波长在 575nm 处，试剂空白值较低，最低检出限为 0.40μg/7.5mL；当采样体积为 10L 时，最低检出浓度为 0.04mg/m³，灵敏度略低于方法一。

测定时，首先配制好所需试剂，用空气采样器采样，然后按照方法一或方法二要求的条件，用亚硫酸钠标准溶液配制标准色列、试剂空白溶液，并将样品吸收液显色、定容；最后，在最大吸收波长处以蒸馏水作参比，用分光光度计测定标准色列、试剂空白和样品试液的吸光度；以标准色列 SO_2 含量为横坐标，相应吸光度为纵坐标，绘制标准曲线，并计算出计算因子(标准曲线斜率的倒数)，按下式计算空气中 SO_2 浓度：

$$\rho=\frac{(A-A_0)B_s}{V_0}\cdot\frac{V_t}{V_a} \tag{14-14}$$

式中：ρ——空气中 SO_2 浓度(mg/m³)；

A——样品试液的吸光度；

A_0——试剂空白溶液的吸光度；

B_s——计算因子(μg/吸光度)；

V_0——换算成标准状况下的采样体积(L)；

V_t——气样吸收液总体积(mL)；

V_a——测定时所取气样吸收液体积(mL)。

②甲醛缓冲溶液吸收——盐酸副玫瑰苯胺分光光度法

原理：气样中的 SO_2 被甲醛缓冲溶液吸收后，生成稳定的羟基甲基磺酸加成化合物，加入氢氧化钠溶液使加成化合物分解，释放出 SO_2 与盐酸副玫瑰苯胺反应，生成紫红色络合物，其最大吸收波长为 577nm，用分光光度法测定。当用 10mL 吸收液采气 10L 时，最低检出浓度为 0.020mg/m^3。

③钍试剂分光光度法

原理：空气中 SO_2 用过氧化氢溶液吸收并氧化成硫酸。硫酸根离子与定量加入的过量高氯酸钡反应，生成硫酸钡沉淀，剩余钡离子与钍试剂作用生成紫红色的钍试剂—钡络合物，据其颜色深浅，间接进行定量测定。有色络合物最大吸收波长为 520nm。当用 50mL 吸收液采气 2m^3 时，最低检出浓度为 0.01mg/m^3。

④紫外荧光法：在波长 190～230mm 紫外光照射下，SO_2 吸收紫外光转为激发态，激发态的 SO_2 不稳定，返回基态的同时释放出波峰 330nm 的荧光，荧光光强与 SO_2 的量成正比，使用充电倍增管及电子测量系统测定荧光强度，即可得 SO_2 浓度。

(2)定电位电解法

定电位电解法是一种建立在电解基础上的监测方法，其传感器为一由工作电极、对电极、参比电极及电解液组成的电解池。定电位电解传感器将被测气体中 SO_2 浓度信号转变成电流信号，经信号处理系统进行 I/V 变换、放大等处理后，送入显示、记录系统指示测定结果。

2)氮氧化物的测定

空气中的氮氧化物以 NO、NO_2、N_2O_3、N_2O_4、N_2O_5 等多种形态存在，其中 NO_2 和 NO 是主要存在形态。空气中 NO、NO_2 常用的测定方法为盐酸萘乙二胺分光光度法、化学发光法、原电池库仑法及定电位电解法。

(1)盐酸萘乙二胺分光光度法

用冰乙酸、对氨基苯磺酸和盐酸萘乙二胺配成吸收液采样，空气中的 NO_2 被吸收转变成亚硝酸和硝酸。在冰乙酸存在条件下，亚硝酸与对胺基苯磺酸发生重氮化反应，然后再与盐酸萘乙二胺耦合，生成玫瑰红色偶氮染料，用分光光度法测定。

NO_x 的含量计算公式：

$$NO_x(NO_2)=\frac{(A-A_0)\cdot B_s}{0.76\cdot V_n}(\mathrm{mg/m^3})$$

式中：A——试样的吸光度；

A_0——空白溶液的吸光度；

B_s——NO_x 微克数；

V_n——标准状态下采样体积。

(2)原电池库仑法

该方法与常规库仑滴定法的不同之处是库仑池不施加直流电压，而依据原电池原理工作。缺点是 NO_2 在水溶液中发生副反应，造成电流损失。

3)CO 的测定

测定空气中 CO 的方法有非分散红外吸收法、气相色谱法、定电位电解法、汞置换法等。其中，非分散红外吸收法常用于自动监测。

(1)非分散红外吸收法

CO 的红外吸收峰为 4.5μm，CO_2 为 4.3μm，水蒸气为 3μm 和 6μm，后二者与 CO 红外吸收峰相近，因此测定前需除去水蒸气及 CO_2。当 CO 气态分子受到红外辐射时，将吸收各自特征波长的红外光，引起分子振动能级和转动能级的跃迁，产生振动—转动吸收光谱，即红外吸收光谱。在一定气态物质浓度范围内，吸收光谱的峰值（吸光度）与气态物质浓度之间的关系符合朗伯—比尔定律，因此，测定其吸光度即可确定气态物质浓度。

(2)气相色谱法

用该方法测定空气中 CO 的原理为:空气中的 CO、CO_2 和甲烷经 TDX-01 碳分子筛柱分离后,于氢气流中在镍催化剂(360℃±10℃)作用下,CO、CO_2 皆能转化为 CH_4,然后用氢火焰离子化检测器分别测定上述三种物质,其出峰顺序为:CO、CH_4、CO_2。

测定时,先在预定实验条件下用定量管加入各组分的标准气样,记录色谱峰,测其峰高,按下式计算定量校正值:

$$K=\frac{\rho_s}{h_s} \tag{14-15}$$

式中:K——定量校正值,表示每毫米峰高代表的 CO(或 CH_4、CO_2)浓度(mg/m^3);

ρ_s——标准气样中 CO(或 CH_4、CO_2)浓度(mg/m^3);

h_s——标准气样中 CO(或 CH_4、CO_2)峰高(mm)。

在测定标准气样相同的条件下测定气样,测量各组分的峰高(h_x),按下式计算 CO(或 CH_4、CO_2)的浓度 ρ_x:

$$\rho_x=h_xK \tag{14-16}$$

为保证催化剂的活性,在测定之前,转化炉应在 360℃下通气 8h;氢气和氮气的纯度应高于 99.9%。当进样量为 1mL 时,检出限为 0.2mg/m^3。

(3)汞置换法

汞置换法即冷原子吸收法,该方法基于气样中的 CO 与活性氧化汞在 180～200℃下反应,置换出汞蒸汽,带入冷原子吸收测汞仪测定汞的含量,再换算成 CO 浓度。

4)光化学氧化剂的测定

测定空气中光化学氧化剂常用硼酸-碘化钾分光光度法,其原理为:用硼酸-碘化钾吸收液吸收空气中的臭氧及其他氧化剂,碘离子被氧化析出碘分子的量与臭氧等氧化剂有定量关系,于 352nm 处测定游离碘的吸光度,与标准色列吸光度比较,可得总氧化剂浓度,扣除 NO_x 参加反应的部分后,即为光化学氧化剂的浓度。

5)O_3 的测定

O_3 是强氧化剂之一,它是空气中的氧在太阳紫外线的照射下或受雷击形成的。目前测定空气中臭氧广泛采用的方法有硼酸碘化钾分光光度法、靛蓝二磺酸钠分光光度法、化学发光法和紫外线吸收法。

(1)硼酸碘化钾分光光度法

该方法为用含有硫代硫酸钠的硼酸碘化钾溶液作吸收液采样,空气中的 O_3 等氧化剂氧化碘离子为碘分子,而碘分子又立即被硫代硫酸钠还原,剩余硫代硫酸钠加入过量碘标准溶液氧化,剩余碘于 352nm 处以水为参比测定吸光度。同时采集零气(除去的 O_3 空气),并准确加入与采集空气样品相同量的碘标准溶液,氧化剩余的硫代硫酸钠,于 352nm 测定剩余碘的吸光度,则气样中剩余碘的吸光度减去零气样剩余碘的吸光度即为气样中 O_3 氧化碘化钾生成碘的吸光度。根据标准曲线建立的回归方程式,按下式计算:

$$O_3(\text{mg/L})=\frac{f[(A_1-A_2)-a]}{bV_N} \tag{14-17}$$

式中:A_1——总氧化剂样品溶液的吸光度;

A_2——零气样品溶液的吸光度;

f——样品溶液最后体积与系列标准溶液体积之比;

a——回归方程式的截距；

b——回归方程式的斜率(吸光度/μgO_3)；

V_N——标准状况下的采样体积(L)。

(2)靛蓝二磺酸钠分光光度法

用含有靛蓝二磺酸钠的磷酸盐缓冲溶液作吸收液采集空气样品，则空气中的 O_3 与蓝色的靛蓝二磺酸钠发生等摩尔反应，生成靛红二磺酸钠，使之褪色，于 610nm 波长处测其吸光度，用标准曲线法定量。

6)氟化物的测定

空气中的气态氟化物主要是氟化氢，也可能有少量氟化硅和氟化碳。测定空气中氟化物的方法有分光光度法、离子选择电极法等。离子选择电极法具有简便、准确、灵敏和选择性好等优点，是目前广泛采用的方法。

7)硫酸盐化速率的测定

污染源排放到空气中的 SO_2、H_2S、H_2SO_4 蒸气等含硫污染物，经过一系列氧化演变和反应，最终形成危害更大的硫酸雾和硫酸盐雾，这种演变过程的速度称为硫酸盐化速率。其测定方法有二氧化铅—质量法(旧称"重量法"，下同)、碱片—质量法、碱片—离子色谱法和碱片—铬酸钡分光光度法等。

(1)二氧化铅—质量法

大气中的 SO_2、硫酸雾、H_2S 等与二氧化铅反应生成硫酸铅，用碳酸钠溶液处理，使硫酸铅转化为碳酸铅，释放出硫酸根离子，再加入 $BaCl_2$ 溶液，生成 $BaSO_4$ 沉淀，用质量法测定，结果以每日在 $100cm^2$ 二氧化铅面积上所含 SO_3 的毫克数表示。最低检出浓度为 0.05$mgSO_3$/($100cm^2 PbO_2 \cdot d$)。

测定要点：

①PbO_2 采样管制备。在素瓷管上涂一层黄蓍胶乙醇溶液，将适当大小的湿纱布平整地绕贴在素瓷管上，再均匀地刷上一层黄蓍胶乙醇溶液，除去气泡，自然晾至近干后，将 PbO_2 与黄蓍胶乙醇溶液研磨制成的糊状物均匀地涂在纱布上，涂布面积约 $100cm^2$，晾干，移入干燥器存放。

②采样。将 PbO_2 采样管固定在百叶箱中，在采样点上放置(30±2)d。注意不要靠近烟囱等污染源；收样时，将 PbO_2 采样管放入密闭容器中。

③准确测量 PbO_2 涂层的面积，将采样管放入烧杯中，用碳酸钠溶液淋洗涂层，洗涤液经搅拌放置后，加热并过滤；滤液加适量盐酸溶液，加热驱尽 CO_2 后，滴加 $BaCl_2$ 溶液，至 $BaSO_4$ 沉淀完全，用恒重的玻璃砂芯坩埚过滤，并洗涤至滤液中不含氯离子。沉淀于 105℃下烘至恒重，同时，用空白采样管按同样操作测定试剂空白值，按下式计算：

$$\text{硫酸盐化速率}[mg/(100cm^2 \cdot d)]=\frac{m_s-m_0}{S \cdot n} \cdot \frac{M_{SO_3}}{M_{BaSO_4}} \times 100\% \tag{14-18}$$

式中：m_s——样品管测得 $BaSO_4$ 的质量(mg)；

m_0——空白管测得 $BaSO_4$ 的质量(mg)；

S——采样管上 PbO_2 涂层面积(cm^2)；

n——采样天数，准确至 0.1d；

$\frac{M_{SO_3}}{M_{BaSO_4}}$——$SO_3$ 与 $BaSO_4$ 相对分子量之比值，0.343。

(2)碱片—质量法

将用碳酸钾溶液浸渍的玻璃纤维滤膜暴露于空气中，碳酸钾与空气中 SO_2 等反应生成硫酸盐，加入 $BaCl_2$ 溶液将其转化为 $BaSO_4$ 沉淀，用质量法测定，测定结果表示方法同二氧化铅法。该方法最低检出浓度为 $0.05mgSO_3/(100cm^2$ 碱片·d)。

(3)碱片—离子色谱法

该方法用碱片法采样，采样碱片经碳酸钠—碳酸氢钠稀溶液浸取后，获得样品溶液，注入离子色谱仪测定。

(4)碱片—铬酸钡分光光度法

在弱酸性溶液中，采样碱片中的 SO_4^{2-} 与铬酸钡发生置换反应，在氨—乙醇溶液中分离硫酸钡及过量铬酸钡后，反应释放的黄色铬酸根离子的浓度与硫酸根的浓度成正比，用分光光度法间接测定硫酸根浓度。

8)汞的测定

汞的测定方法有分光光度法、冷原子吸收法、冷原子荧光法等，其中，冷原子吸收法和冷原子荧光法应用比较广泛。

典型例题解析

【例 14-19】 (2010)用溶液吸收法测定大气中的 SO_2，吸收液体积为 10mL，采样流量为 0.5L/min，采样时间 1h，采样时气温为 30℃，大气压为 100.5kPa，将吸收液稀释至 20mL，测得的 SO_2 浓度为 0.2mg/L，求大气中 SO_2 在标准状态下的浓度。

A. $0.15mg/m^3$　　B. $0.075mg/m^3$

C. $0.13mg/m^3$　　D. $0.30mg/m^3$

解 采样体积 $0.5L/min\times1h=30L=0.03m^3$，根据公式 $PV=nRT$（在标准状态下，$P=101.325kPa$，$T=273.15K$）换为标准状况下的体积，$\frac{V}{0.03m^3}=\frac{100.5kPa}{101.325kPa}\times\frac{273.15K}{(273.15+30)K}$，即 $V=0.0268m^3$；将吸收液稀释至 20mL，测得的 SO_2 浓度为 0.2mg/L，则原来的浓度为 0.4 mg/L，得 $0.4\times(10\times10^{-3})/0.0268=0.15mg/m^3$。选 A。

14.3.2 颗粒物的测定

空气中颗粒物的测定项目有总悬浮颗粒物浓度、可吸入颗粒物浓度、自然降尘量、颗粒物中化学组分含量等。

1)总悬浮颗粒物(TSP)的测定

测定总悬浮颗粒物，国内外广泛采用滤膜捕集—质量法。原理为用抽气动力抽取一定体积的空气通过已恒重的滤膜，则空气中的悬浮颗粒物被阻留在滤膜上，根据采样前后滤膜质量之差及采样体积，即可计算 TSP 的浓度。

根据采样流量不同分为大流量、中流量和小流量采样法。大流量($1.1\sim1.7m^3/min$)采样使用大流量采样器连续采样 24h，按下式计算：

$$TSP(mg/m^3)=\frac{m}{Q_N\cdot t} \tag{14-19}$$

式中：m——阻留在滤膜上的 TSP 质量(mg)；

Q_N——标准状况下的采样流量(m^3/min)；

t——采样时间(min)。

2)可吸入颗粒物(PM_{10})的测定

粒径小于 10μm 的颗粒物称为飘尘,表示为 PM_{10}。测定 PM_{10} 的方法是:首先用切割粒径 $D=(10\pm1)\mu m$、δ_g(几何标准差)$=1.5\pm0.1$ 的切割器将大颗粒物分离,然后用质量法或β射线吸收法、压电晶体差频法、光散射法测定。

(1)质量法

根据采样流量不同,分为大流量采样—质量法、中流量采样—质量法和小流量采样—质量法。

大流量采样—质量法使用安装有大粒子切割器的大流量采样器采样,将 PM_{10} 收集在已恒重的滤膜上,根据采样前后滤膜质量之差及采气体积,即可计算出 PM_{10} 的质量浓度。

中流量采样—质量法使用安装有大粒子切割器的中流量采样器采样,测定方法同大流量法。

小流量采样—质量法使用小流量采样,采样器流量计一般用皂膜流量计校准,其他同大流量法。

(2)压电晶体差频法

气体经大粒子切割器剔除大颗粒物,PM_{10} 颗粒进入测量气室。当有气样进入仪器时,则测量石英谐振器因集尘而质量增加,使其振荡频率降低,两振荡器频率之差经信号处理系统转换成 PM_{10} 浓度并在数显屏幕上显示。

(3)光散射法

该方法测定原理基于悬浮颗粒物对光的散射作用,其散射光强度与颗粒物浓度成正比。

3)灰尘自然沉降量的测定

在空气环境条件下,单位时间靠重力自然沉降落在单位面积上的颗粒物量称为自然降尘量,简称降尘,其粒径一般$>10\mu m$。

在集尘器中注少量水,不使其被大风吹走,采样结束后,剔除集尘器中的树叶、小虫等异物,其余部分定量转移至 1 000mL 烧杯中,加热蒸发浓缩至 10~20mL 后,再转移至已恒重的磁坩埚中,蒸干后于(105±5)℃恒重。按下式计算:

$$\text{降尘量}[t/(km^2 \cdot 30d)]=\frac{m_1-m_0-m_a}{S \cdot n}\times30\times10^4 \tag{14-20}$$

式中:m_1——降尘瓷坩埚和乙二醇水溶液蒸干并在(105±5)℃恒重后的质量(g);

m_0——在(105±5)℃烘干至恒重的瓷坩埚的质量(g);

m_a——加入的乙二醇水溶液经蒸发和烘干至恒重后的质量(g);

S——集尘缸口的面积(cm^2);

n——采样天数,准确至 0.1d。

典型例题解析

【例 14-20】 (2008)采用重量法测定空气中可吸入颗粒物的浓度。采样时现场气温为 18℃,大气压力为 98.2kPa,采样流速为 13L/min,连续采样 24h。若采样前滤膜质量为 0.352 6g,采样后滤膜质量为 0.596 1g,试计算空气中可吸入颗粒物的浓度。

A. 13.00mg/m^3　　B. 13.51mg/m^3

C. 14.30mg/m^3　　D. 15.50mg/m^3

解 采样流量为 $13L/min\times24h=18.72m^3$,空气中可吸入颗粒物的浓度为 $\frac{0.596\ 1-0.352\ 6}{18.72}\times10^3 mg/m^3=13.007mg/m^3$。选 A。

14.3.3 固定污染源监测

1)采样点的布设

采样位置应选在气流分布均匀、稳定的平直管段上，避开弯头、变径管、三通管及阀门等易产生涡流的阻力构件。一般原则是按照废气流向，将采样断面设在阻力构件下游方向大于6倍管道直径处或上游方向大于3倍管道直径处。采样断面的气流流速应小于5m/s，采样位置最好选择在垂直管道上。

采样点的位置和数目主要根据烟道断面的形状、尺寸大小和流速分布情况确定。对圆形烟道，在选定的采样断面上设两个相互垂直的采样孔，将烟道断面分成一定数量的同心等面积圆环，沿着两个采样孔中心线设4个采样点；对矩形(或方形)烟道，将烟道断面分成一定数目的等面积矩形小块，各小块中心即为采样点位置，各小块面积一般不超过0.6m^2。对拱形烟道，可将其上部圆形部分采用圆形烟道布点方式，下部矩形部分采用矩形烟道布点方式。

2)基本状态参数的测量

烟道排气的体积、温度和压力是烟气的基本状态常数，也是计算烟气流速、烟尘及有害物质浓度的依据。其中，烟气体积由采样流量和采样时间的乘积求得，而采样流量由测点烟道断面乘以烟气流速得到，流速又由烟气压力和温度计算得知。

3)含湿量的测定

与空气相比，烟气中的水蒸气含量较高，变化范围较大，为便于比较，监测方法规定以除去水蒸气后标准状态下的干烟气为基准表示烟气中的有害物质的测定结果。含湿量的测定方法有质量法、冷凝法、干湿球法等。

4)烟尘浓度的测定

抽取一定体积烟气通过已知重量的捕尘装置，根据捕尘装置采样前后的质量差和采样体积，计算排气中烟尘浓度。测定排气烟尘浓度必须采用等速采样法，即烟气进入采样嘴的速度应与采样点烟气流速相等。

5)烟气组分的测定

烟道排气组分包括主要气体组分和微量有害气体组分。主要气体组分为氮、氧、二氧化碳和水蒸气等。

烟气中的主要组分可采用奥式气体分析器吸收法和仪器分析法测定。

对于含量较低的有害组分，其测定方法原理大多与空气中气态有害组分相同；对于含量较高的组分，多选用化学分析法。

典型例题解析

【例14-21】 烟气中的主要组分是：

A. 氮氧化物、硫氧化物、二氧化碳和水蒸气

B. 一氧化碳、氮氧化物、硫氧化物和硫化氢

C. 氮、氧、二氧化碳和水蒸气

D. 氮氧化物、硫氧化物和一氧化碳

解 烟道排气组分包括主要气体组分和微量有害气体组分。主要气体组分为氮、氧、二氧化碳和水蒸气等。选C。

经典练习

14-23 在测试某水样氨氮时，取 10mL 水样于 50mL 比色管中，从校准曲线上查得氨氮为 0.018mg，水样中氨氮含量是（　　）。

A. 1.8mg/L　B. 0.36mg/L　C. 9mg/L　D. 0.018mg/L

14-24 可吸入颗粒物的粒径为（　　）。

A. 100μm 以下　B. 1μm 以下　C. 10μm 以下　D. 10μm～100μm

14-25 烟气的基本状态常数是（　　）。

A. 烟气流速、温度和压力

B. 烟气体积、温度和压力

C. 烟气含湿量、体积和压力

D. 烟气温度、含湿量、体积

14-26 在烟道气监测中，一般按照废气流向，将采样断面设在阻力构件下游方向（　　）。

A. 小于 6 倍管道直径处或上游方向大于 3 倍管道直径处

B. 大于 6 倍管道直径处或上游方向大于 3 倍管道直径处

C. 大于 6 倍管道直径处或上游方向小于 3 倍管道直径处

D. 小于 6 倍管道直径处或上游方向小于 3 倍管道直径处

14-27 某采样点温度为 27℃，大气压力为 100kPa，现用溶液吸收法测定 SO_2 的小时平均浓度，采样时间 1h，采样流量 0.5L/min，吸收液定容至 50.00mL，取 5.00mL 用分光光度法测知 SO_2 为 1.0μg，该采样点大气在标准状态下的 SO_2 小时平均浓度为（　　）。

A. 1.00mg/m^3　B. 0.60mg/m^3　C. 0.25mg/m^3　D. 0.37mg/m^3

14-28 采用重量法测定空气中可吸入颗粒物的浓度。采样时现场气温为 18℃，大气压力为 98.2kPa，采样流速为 15L/min，连续采样 24h。若采样前滤膜质量为 0.3826g，采样后滤膜质量为 0.6241g，试计算空气中可吸入颗粒物的浓度（　　）。

A. 10.21mg/m^3　B. 10.54mg/m^3　C. 11.09mg/m^3　D. 11.18mg/m^3

14-29 (2017)利用气相色谱法测定总烃时，使用以下哪种检测器？

A. ECD　B. TCD　C. FID　D. FPD

14.4 固体废弃物监测与分析

考试大纲☞： 固体废弃物的有害特性监测　生活垃圾特性分析

必备基础知识

14.4.1 固体废弃物的有害特性监测

1)急性毒性的初筛试验

以体重 18～24g 的小白鼠（或 200～300g 大白鼠）作为实验动物。称取制备好的样品 100g，置于 500mL 具磨口玻璃塞的三角瓶中，加入 100mL(pH 值为 5.8～6.3)水，振摇 3min 于室温下静止浸泡 24h，用中速定量滤纸过滤，滤液留待灌胃用。对 10 只小白鼠（或大白鼠）进行一次性灌胃，每只灌浸出液 0.50（或 4.80）mL，对灌胃后的小白鼠（或大白鼠）进行中毒症状观察，记录48h内动物死亡数。

2）易燃性的试验方法

鉴别易燃性的方法是测定闪点。测定步骤为：仪器采用闭口闪点测定仪，温度采用1号温度计（$-30 \sim 170$℃）或2号温度计（$100 \sim 300$℃），按标准要求加热试样至一定温度，停止搅拌，每升高1℃点火一次，至试样上方刚出现蓝色火焰时，立即读出温度计上的温度值，该值即为测定结果，仪器采用闭口闪点测定仪。

3）腐蚀性的试验方法

腐蚀性指通过接触能损伤生物细胞组织或腐蚀物体而引起危害。测定方法有两种：一种是测定pH值，另一种是指在55.7℃以下对钢制品的腐蚀率。

现简单介绍一下pH值的测定。仪器采用pH计或酸度计，最小刻度单位在0.1pH单位以下。方法是用与待测样品pH值相近的标准溶液校正pH计，并加以温度补偿。

4）反应性的试验方法

测定方法包括：①撞击感度测定；②摩擦感度测定；③差热分析测定；④爆炸点测定；⑤火焰感度测定。

5）遇水反应性试验方法

遇水反应性包括：①固体废物与水发生剧烈反应而放出热量，使体系温度升高，可用温升实验测定；②与水反应释放出有害气体，如乙炔、硫化氢、砷化氢、氰化氢等。

6）浸出毒性试验

固体废物受到水的冲淋、浸泡，其中有害成分将会转移到水相而污染地面水、地下水，导致二次污染。

浸出试验采用规定办法浸出水溶液，然后对浸出液进行分析。我国规定的分析项目有汞、镉、砷、铬、铅、铜、锌、镍、锑、铍、氟化物、氰化物、硫化物、硝基苯类化合物。

典型例题解析

【例14-22】 （2007）将固体废弃物浸出液按规定量给小白鼠（或大白鼠）进行灌胃，记录48h内的动物死亡率，此试验是用来鉴别固体废弃物的哪种有害特性？

A.浸出毒性　　B.急性毒性

C.口服毒性　　D.吸入毒性

解　考查急性毒性的初筛试验。选B。

【例14-23】 （2014）用电位法测定废弃物浸出液的pH值，是为了鉴别其何种有害特性？

A.易燃性　　B.腐蚀性　　C.反应性　　D.毒性

解　腐食性测定方法有两种：一种是测定pH值，一种是在55.7℃以下对钢制品的腐蚀率。选B。

14.4.2 生活垃圾特性分析

1）垃圾采集和试样处理

从不同的垃圾产生地、储存场或堆放场采集有整体代表性的试样，是垃圾特性分析的第一步，也是保证数据准确的重要前提。为此，应充分研究垃圾产生地区的基本情况，还要考虑在收集、运输、储存过程等可能的变化，然后制订周密的采样计划。采样过程必须详细记录地点、时间、种类、表观特性等。在记录卡传递过程中，必须有专人签署便于查核。

2)采样量

采样量通常依据被分析的量、最大粒度和体积来确定各类垃圾试样的最低量。例如，国外曾按下式计算：

$$G=0.06d \tag{14-21}$$

式中：G——试样质量(kg)；

d——垃圾的最大粒度(mm)。

试样根据情况进行粉碎、干燥再储存。水分含量、pH 值、垃圾的质量、体积、容量等应按要求测定、记录。

3)垃圾的粒度分级

粒度分级采用筛分法，按筛目排列，依次连续摇动 15min，转到下一号筛子，然后计算每一粒度微粒所占的百分比。如果需要在试样干燥后再称量，则需在 70℃的温度下烘干 24h，然后再在干燥器中冷却后筛分。

4)淀粉的测定

垃圾在堆肥处理过程中，需借助淀粉量分析来鉴定堆肥的腐熟程度。堆肥颜色的变化过程是深蓝—浅蓝—灰—绿—黄。这种试样分析实验的步骤是：①将 1g 堆肥置于 100mL 烧杯中，滴入几滴酒精使其湿润，再加入 20mL、36％的高氯酸；②用纹网滤纸过滤；③加入 20mL 碘反应剂到滤液中并搅动；④将几滴滤液滴到白色板上，观察其颜色变化。

5)生物降解度的测定

垃圾中含有大量天然的和人工合成的有机物质，有的容易生物降解，有的难以生物降解。通过试验已经寻找出一种可以在室温下对垃圾生物降解做出适当估计的 COD 试验方法，即：

(1)称取 0.5g 已烘干磨碎的试样于 500mL 锥形瓶中。

(2)准确量取 20mL[$c_{\frac{1}{6}}(K_2Cr_2O_7)=2mol/L$]重铬酸钾溶液加入样品瓶中并充分混合。

(3)用另一支量筒量取 20mL 硫酸加到样品瓶中。

(4)在室温下将这一混合物放置 12h 且不断摇动。

(5)加入大约 15mL 蒸馏水。

(6)再依次加入 10mL 磷酸、0.2g 氟化钠和 30 滴指示剂，每加入一种试剂后必须混合。

(7)用标准硫酸亚铁铵溶液滴定，在滴定过程中颜色的变化是棕绿→绿蓝→蓝→绿，在等当点时出现的是纯绿色。

(8)用同样的方法在不放试样的情况下做空白试验。

(9)如果加入指示剂时已出现绿色，则试验必须重做，必须再加 30mL 重铬酸钾溶液；

(10)生物降解物质的计算：

$$\mathrm{BDM}=\frac{(V_2-V_1)\cdot V\cdot c(1.28)}{V_2} \tag{14-22}$$

式中：BDM——生物降解度；

V_1——滴定体积(mL)；

V_2——空白试验滴定体积(mL)；

V——重铬酸钾的体积(mL)；

c——重铬酸钾的浓度。

6)热值的测定

热值是废物焚烧处理的重要指标，分高热值(Ho)和低热值(Hu)。当垃圾的高热值测出后，应扣除水蒸发和燃烧时加热物质所需要的热量，低热值在实际工作中意义更大，由高热值换算成低热值。热值的测定可以用量热计法或热耗法。

7)垃圾渗滤液的测定

垃圾渗滤液具有以下特点：

(1)成分不稳定；

(2)浓度随填埋时间变化；

(3)几乎不含油类、氰化物、铬、汞等。

垃圾渗滤液的测定项目主要是 PH、COD、BOD、脂肪酸、NH_3-N、氯、钠、镁、钾、钙、铁、锌等。

典型例题解析

【例 14-24】 垃圾在堆肥处理过程中，需借助(　　)分析来鉴定堆肥的腐熟程度。

A. 堆肥颜色　　B. 温度

C. 淀粉量　　D. 生物降解量

解 垃圾在堆肥处理过程中，需借助淀粉量分析来鉴定堆肥的腐熟程度。选 C。

经典练习

14-30 (2008)测定固体废物易燃性是测定固体废物的(　　)。

A. 燃烧点　B. 闪点　C. 熔点　D. 燃点

14-31 采集的固体废物样品主要具有(　　)。

A. 追踪性　B. 可比性　C. 完整性　D. 代表性

14-32 关于热值的测定，下列说法不正确的是(　　)。

A. 热值是废物焚烧处理的重要指标

B. 热值分高热值和低热值

C. 高热值在实际工作中意义更大

D. 热值的测定可以用量热计法或热耗法

14-33 固体废物有害特性监测方法主要有(　　)。

A. 急性毒性的初筛试验、易燃性的试验方法、腐蚀性的试验方法、反应性的试验方法、遇水反应性试验方法、浸出毒性试验

B. 急性毒性的初筛试验、腐蚀性的试验方法、反应性的试验方法、遇水反应性试验方法

C. 慢性毒性的初筛试验、易燃性的试验方法、腐蚀性的试验方法、反应性的试验方法、遇水反应性试验方法、浸出毒性试验

D. 急性毒性的初筛试验、慢性毒性的初筛试验、易燃性的试验方法、腐蚀性的试验方法、反应性的试验方法、遇水反应性试验方法、浸出毒性试验

14-34 急性毒性的初筛试验中，对灌胃后的小白鼠进行中毒症状观察时，记录(　　)。

A. 24h 内动物死亡数　　B. 48h 内动物死亡数

C. 36h 内动物死亡数　　D. 72h 内动物死亡数

14.5 噪声监测与测量

考试大纲☞：声源测量和声环境噪声测量

必备基础知识

14.5.1 声源测量

噪声是为人们生活和工作所不需要的声音。环境噪声的来源有四种：①交通噪声；②工厂噪声；③建筑施工噪声；④社会生活噪声。

1)噪声的叠加和相减

(1)噪声的叠加

两个以上独立声源作用于某一点，产生噪声的叠加。

声能量是可以代数相加的，设两个声源的声功率分别为 W_1 和 W_2，那么总声功率 $W_{总}=W_1+W_2$。而两个声源在某点的声强为 I_1 和 I_2 时，叠加后的总声强 $I_{总}=I_1+I_2$。但声压不能直接相加。

总声压级：

$$L_p=10\lg\frac{p_1^2+p_2^2}{p_0^2}=10\lg(10^{L_{p_1}/10}+10^{L_{p_2}/10}) \tag{14-23}$$

如 $L_{p_1}=L_{p_2}$，即两个声源的声压级相等，则总声压级：

$$L_p=L_{p_1}+10\lg2\approx L_{p_1}+3(\text{dB}) \tag{14-24}$$

也就是说，作用于某一点的两个声源声压级相等，其合成的总声压级比一个声源的声压级增加 3dB。当声压级不相等时，按上式计算较麻烦。可以利用图 14-4 查曲线来计算。方法是：设 $L_{p_1}>L_{p_2}$，以差值按图查得 ΔL_p，则总声压级 $L_{p_{总}}=L_{p_1}+\Delta L_p$。

(2)噪声的相减

噪声测量中经常碰到如何扣除背景噪声问题，这就是噪声相减问题。通常是指噪声源的声级比背景噪声高，但由于后者的存在使测量读数增高，需要减去背景噪声。方法是：以 $L_p>L_{p_1}$，按图 14-5 查得 ΔL_p，则 $L_{p_2}=L_p-\Delta L_p$。

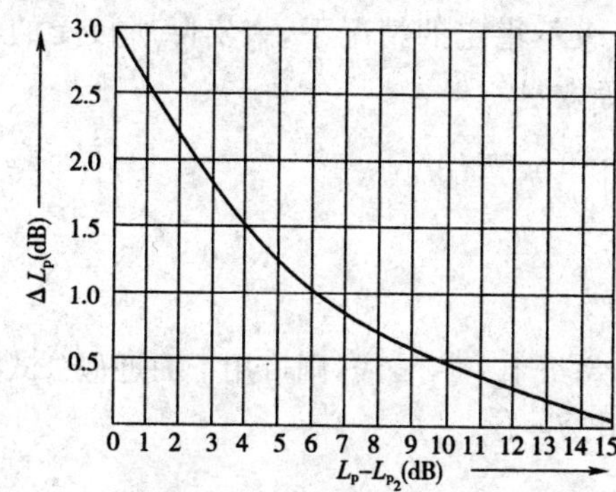

图 14-4 两噪声源的叠加曲线

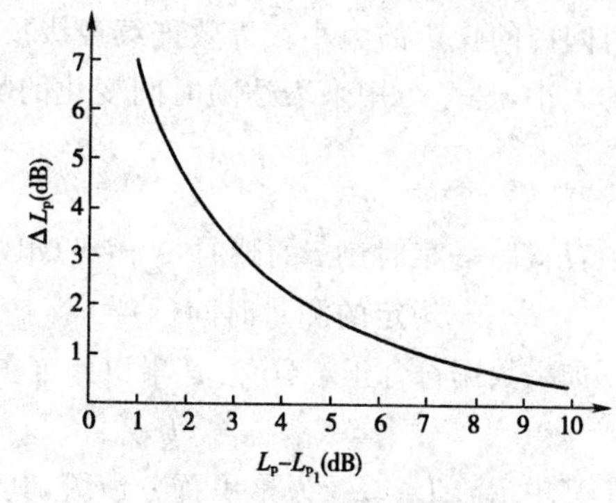

图 14-5 背景噪声修正曲线

2)噪声的物理量和主观听觉的关系

从噪声的定义可知，它包括客观的物理现象(声波)和主观感觉两个方面。但最后判别噪声的是人耳。所以确定噪声的物理量和主观听觉的关系十分重要。不过这种关系相当复杂,因为主观感觉牵涉复杂的生理机构和心理因素。这类工作是用统计方法在实验基础上进行研究的。

(1)响度和响度级

①响度(N)

响度是要耳判别声音由轻到响的强度等级概念,它不仅取决于声音的强度(如声压级),还与它的频率及波形有关。响度的单位叫"宋"(sone),1sone 的定义为声压级为 40dB,频率为 1 000Hz,且来自听者正前方的平面波形的强度。如果一个声音听起来比这个大 n 倍,即声音的响度为 n sone。

②响度级(L_N)

响度级的概念也是建立在两个声音的主观比较上的。定义 1 000Hz 纯音声压级的分贝值为响度级的数值,任何其他频率的声音,当调节 1 000Hz 纯音的强度使之与这声音一样响时,则这 1 000Hz纯音的声压级分贝值就定为这一声音的响度级别。响度级的单位叫"方"(phon)。

响度与响度级的换算:

$$L_N = 40 + 33\lg N$$

响度可以直接相加,响度级则不能。

(2)计权声级

为了能用仪器直接反映人的主观响度感觉的评价量,在噪声测量仪器——声级计中设计了一种特殊滤波器,叫计权网络。通过计权网络测得的声压级,已不再是客观物理量的声压级,而叫计权声压级或计权声级,简称声级。通用的有 A、B、C 和 D 计权声级。A 计权声级是模拟人耳对 55dB 以下低强度噪声的频率特性;B 计权声级是模拟 55~85dB 的中等强度噪声的频率特性;C 计权声级模拟高强度噪声的频率特性;D 计权声级是对噪声参量的模拟,专用于飞机噪声的测量。

(3)等效连续声级、噪声污染级和昼夜等效声级

①等效连续声级

A 计权声级能够较好地反映人耳对噪声的强度与频率的主观感觉,因此对一个连续的稳态噪声,它是一种较好的评价方法,但对一个起伏的或不连续的噪声,A 计权声级就显得不合适了。因此提出了一个用噪声能量按时间平均方法来评价噪声对人影响的问题,即等效连续声级,符号 L_{eq}或 $L_{Aeq,T}$。它是用一个相同时间内声能与之相等的连续稳定的 A 声级来表示该段时间内的噪声的大小。等效连续声级反映在声级不稳定的情况下,人实际所接受的噪声能量的大小,是一个用来表达随时间变化的噪声的等效量。

$$L_{Aeq,T} = 10\lg\left(\frac{1}{T}\int_0^T 10^{0.1L_{PA}}\,dt\right) \tag{14-25}$$

式中:L_{PA}——某时刻 t 的瞬时 A 声级(dB);

T——规定的测量时间(s)。

如果数据符合正态分布,其累积分布在正态概率纸上为一直线,则可用下面近似公式计算:

$$L_{Aeq,T} \approx L_{50} + d^2/60,\ d = L_{10} - L_{90} \tag{14-26}$$

其中 L_{10}、L_{50}、L_{90} 为累积百分声级,其定义是:

L_{10}——测量时间内,10%的时间超过的噪声级,相当于噪声的平均峰值;

L_{50}——测量时间内,50%的时间超过的噪声级,相当于噪声的平均值;

L_{90}——测量时间内,90%的时间超过的噪声级,相当于噪声的背景值。

累积百分声级 L_{10}、L_{50} 和 L_{90} 的计算方法有两种：其一是在正态概率纸上画出累积分布曲线，然后从图中求得；另一种简便方法是将测定的一组数据（如 100 个），从大到小排列，第 10 个数据即为 L_{10}，第 50 个数据即为 L_{50}，第 90 个数据即为 L_{90}。

②噪声污染级

许多非稳态噪声的实践表明，涨落的噪声所引起人的烦恼程度比等能量的稳态噪声要大，并且与噪声暴露的变化率和平均强度有关。经实验证明，在等效连续声级的基础上加上一项表示噪声变化幅度的量，更能反映实际污染程度。用这种噪声污染级评价航空或道路的交通噪声比较恰当。故噪声污染级（L_{NP}）公式为：

$$L_{NP}=L_{eq}+K\sigma \tag{14-27}$$

式中：K——常数，对交通和飞机噪声取 2.56；

σ——测定过程中瞬时声级的标准偏差。

③昼夜等效声级

昼夜等效声级也称日夜平均声级，符号 L_{dn}，用来表达社会噪声昼夜间的变化情况，表达式为：

$$L_{dn}=10\lg\left[\frac{16\times 10^{0.1L_d}+8\times 10^{0.1(L_n+10)}}{24}\right] \tag{14-28}$$

式中：L_d——白天的等效声级，时间为 6:00～22:00，共 16h；

L_n——夜间的等效声级，时间为 22:00 至第二天的 6:00，共 8h。

为表明夜间噪声对人的烦扰更大，故计算夜间等效声级这一项时应加上 10dB 的计权。

3）噪声测量仪器

噪声测量仪器主要有声级计、声频频谱仪、记录仪、录音机和实时分析仪器等。

(1)声级计

声级计又叫噪声计，是一种按照一定的频率计权和时间计权测量声音的声压级和声级的仪器，是声学测量中最常用的基本仪器。

声级计的工作原理：由传声器将声压信号转换成电信号，再由前置放大器变换阻抗，使传声器与衰减器匹配。放大器将输出信号加到计权网络，对信号进行频率计权（或外接滤波器），然后再经衰减器及放大器将信号放大到一定的幅值，送到有效值检波器（或外安电平记录仪），在指示表头上给出噪声声级的数值。

声级计的分类：按其精度将声级计分为 1 级和 2 级。

(2)其他噪声测量仪器

①声级频谱仪

噪声测量中如需进行频谱分析，通常在精密声级计配用倍频程滤波器。

②录音机

由于某些原因不能当场进行分析的噪声现场，需要录音机储备噪声信号，然后带回实验室分析。供测量用的录音机不同于家用录音机，其性能要求很高。

③记录仪

记录仪是将测量的噪声声频信号随时间变化记录下来，从而对环境噪声做出准确评价，记录仪能将交变的声谱电信号作对数转换，整流后将噪声的峰值、均方根值（有效值）和平均值表示出来。

④实时分析仪

实时分析仪是一种数字式谱线显示仪，能把测量范围的输入信号在短时间内同时反映在一系列信号通道示屏上，通常用于较高要求的研究、测量。目前使用还不普遍。

典型例题解析

【例 14-25】 (2007)某水泵距居民楼 16m，在距该水泵 2m 处测得的声压级为 80dB，某机器距同一居民楼 20m，在距该机器 5m 处测得的声压级为 74dB。在自由声场远场条件下，两机器对该居民楼产生的总声压级为：

A. 124dB　　B. 62dB　　C. 65dB　　D. 154dB

解 由点声源衰减公式 $\Delta L=20\lg\frac{r_1}{r_2}$ 得：

对水泵 1，$\Delta L_1=20\lg\frac{r_1}{r_2}=20\lg\frac{2}{16}=-18\text{dB}$，则水泵 1 在居民楼产生的声压是 80－18＝62dB；

对水泵 2，$\Delta L_2=20\lg\frac{r_1}{r_2}=20\lg\frac{5}{20}=-12\text{dB}$，则水泵 2 在居民楼产生的声压是 74－12＝62dB。

两个声源的声压级相等，则总声压级 $L_p=L_{p_1}+10\lg2\approx L_{p_1}+3\text{dB}=65\text{dB}$。选 C。

【例 14-26】 (2014)某城市白天平均等效声级为 60dB(A)，夜间平均等效声级为 50dB(A)，该城市昼夜平均等效声级为：

A. 55dB(A)　　B. 57dB(A)　　C. 60dB(A)　　D. 63dB(A)

解 考查昼夜等效声级的计算：

$$L_{dn}=10\lg\left[\frac{16\times10^{0.1L_d}+8\times10^{0.1(L_n+10)}}{24}\right]=10\lg\left[\frac{16\times10^{0.1\times60}+8\times10^{0.1(50+10)}}{24}\right]=60\text{dB}$$

L_d——白天的等效声级，时间为 6:00～22:00，共 16h；

L_n——夜间的等效声级，时间为 22:00～6:00，共 8h。

为表明夜间噪声对人的烦扰更大，故计算夜间等效声级这一项时应加上 10dB 的计权。选 C。

14.5.2 声环境噪声测量

1)城市区域环境噪声监测

城市区域环境噪声普查方法适用于为了解某一类区域或整个城市的总体环境噪声水平、环境噪声污染的时间与空间分布规律而进行的测量。基本方法有网格测量法和定点测量法两种。

(1)网格测量法

将要普查测量的城市某一区域或整个城市划分成多个等大的正方格，有效网格总数应多于 100 个，测点布在每一个网格的中心，若网格中心不宜测量，将测量点移至离中心点最近的可测量位置。

应分别在昼间和夜间进行测量。将全部网格中心测点测得的 10min 的连续等效 A 声级做算术平均运算，所得到的平均值代表测量区域的噪声水平。根据结果绘制在网格上，表示测量区域的噪声污染分布情况。

(2)定点测量法

在标准规定的城市建城区中，优选一个或多个有代表性的测点，进行 24h 连续监测。测量

每小时的 L_{Aeq} 及昼间的 L_d 和夜间的 L_n，可按网格测量法测量。将每小时测得的连续等效 A 声级按时间排列，得到 24h 的声级变化图形，用于表示测量区域环境噪声的时间分布规律。

2)城市交通噪声监测

在每两个交通路口之间的交通线上选择一个测点，测点在马路边人行道上，离马路 20cm，这样的点可代表两个路口之间的该段道路的交通噪声。

在规定的测量时间段内，各测点每隔 5s 记一个瞬时 A 声级(慢响应)，连续记录 200 个数据，同时记录车流量(辆/h)。

将 200 个数据从小到大排列，第 20 个数为 L_{90}，第 100 个数为 L_{50}，第 180 个数为 L_{10}，并计算 L_{eq}，因为交通噪声基本符合正态分布，故可用：

$$L_{eq} \approx L_{50} + \frac{d^2}{60}, d = L_{10} - L_{90} \tag{14-29}$$

城市交通噪声评价方法：

由全市测量结果可得出全市交通干线 L_{eq}、L_{10}、L_{50}、L_{90} 的均值 L 和最大值，以及标准偏差。

$$L = \frac{1}{L}\sum_{k=1}^{n} L_k l_k$$

式中：L——交通路线总长度(km)；

L_k——所测 k 段干线的 $L_{eq}(L_{10})$；

l_k——所测 k 段干线的长度(km)。

3)工业企业噪声监测方法

测量工业企业噪声时，传声器的位置应在操作人员的耳朵位置，但人需离开。测点选择的原则是：若车间内各处 A 声级波动小于 3dB，则只需在车间内选择 1～3 个测点；若车间内各处声级波动大于 3dB，则应按声级大小，将车间分成若干区域，任意两区域的声级应大于或等于 3dB，而每个区域内的声级波动必须小于 3dB，每个区域取 1～3 个测点。

如为稳态噪声则测量 A 声级，记为 dB(A)；如为不稳态噪声，测量等效连续 A 声级或测量不同 A 声级下的暴露时间，计算等效连续 A 声级。测量时使用慢挡，取平均读数。记录结果并计算。

工业企业一天的等效连续 A 声级计算公式为：

$$L_{eq} = 80 + 10\lg\left(\frac{\sum 10^{\frac{n-1}{2}} \cdot T_n}{480}\right)$$

式中：n——中心级对应段数，每段相差 5dB；

T_n——每段对应的暴露时间(min)。

典型例题解析

【例 14-27】 测量工业企业噪声时，若车间内各处 A 声级波动小于 3dB，则只需在车间内选择几个测点？

A. 1～3　　B. 2～4

C. 3～5　　D. 4～6

解 基础知识。选 A。

经 典 练 习

14-35　噪声污染级是以等效连续声级为基础，加上(　　)。

A. 10dB　　B. 15d

C. 一项表示噪声变化幅度的量　　D. 两项表示噪声变化幅度的量

14-36　(2008)下列关于累积百分声级的叙述中正确是(　　)。

A. L_{10}是测定时间内，90%的时间超过的噪声级

B. L_{90}是测定时间内，10%的时间超过的噪声级

C. 将测定的一组数据(例如 100 个数)从小到大排列第 10 个数据即为 L_{10}

D. 将测定的一组数据(例如 100 个数)从大到小排列第 10 个数据即为 L_{10}

14-37　(2010)哪一种计权声级是模拟 55dB 到 85dB 的中等强度噪声的频率特性？(　　)

A. A 计权声级　B. B 计权声级　C. C 计权声级　D. D 计权声级

14-38　三个声源作用于某一点的声压级分别为 65dB、68dB 和 71dB，同时作用于这一点的总声压级为(　　)。

A. 73.4dB　B. 68.0dB　C. 75.3dB　D. 70.0dB

14-39　为表明夜间噪声对人的烦扰更大，故计算夜间等效声级这一项时应加上(　　)的计权。

A. 10dB　B. 15dB　C. 20dB　D. 25dB

14-40　(2017)某城市中测定某个交通路口的 $L_{10}=73$dB，$L_{50}=68$dB，$L_{90}=61$dB，该路口的等效连续声级 L_{eq}为(　　)。

A. 81.6dB　B. 70.4dB　C. 71.6dB　D. 82.4dB

参考答案及提示

14-1　C　水体监测主要监测环境水体的水质和水中的主要污染物质。

14-2　C　实施总量控制的监测项目包括 COD、NH_3-N、石油类、TP 及砷、汞、铅等。

14-3　D　用于测定有机污染物的方法有气相色谱法、高效液相色谱法、气象色谱-质谱法；用于测定无机污染物的方法有原子吸收法、分光光度法、等离子发射光谱法、电化学法、离子色谱法。

14-4　C　水深 5～10m 时，在水面下 0.5m 处和河底以上 0.5m 处各设置一个采样点。

14-5　B　对工业废水，监测一类污染物：在车间或车间处理设施的废水排放口设置采样点。

14-6　D　同心圆布点法主要用于多个污染源构成污染群，且大污染源较集中的地区。

14-7　C　目前常用的监测方法有国家标准分析方法、统一分析方法、等效方法。

14-8　D　为评价完整江河水系的水质，需要设置背景断面、对照断面、控制断面和削减断面；对于某一河段，只需设置对照、控制和削减三种断面。

14-9　A　本题考查狄克逊检验法，因为 $n=6$，可疑数据为最小值，则 $Q=\frac{x_n-x_{n-1}}{x_n-x_1}=\frac{20.06-20.01}{20.10-20.01}=0.556<Q_{0.05}$，最大值 20.01 为正常值。

14-10　C　削减断面：是指河流受纳废水和污水后，经稀释扩散和自净作用，使污染物浓度显著降低的断面，通常设在城市或工业区最后一个排污口下游 1 500m 以外的河

段上。

14-11　C　水深大于 10m 时，设三个采样点，即水面下 0.5m 处、河底以上 0.5m 以及时 1/2 水深处各设一个采样点。

14-12　D　考查高锰酸钾修正法，需记忆。

14-13　B　重铬酸钾法测定化学需氧量时 回流加热 2h。

14-14　A　考查冷原子吸收法原理，需记忆。

14-15　C　稀释水的 pH 值应为 7.2，BOD_5 应小于 0.2mg/L。

14-16　B　500.0mL 浓度为 400.0mg/L 的 Cr^{6+} 标准溶液中 Cr 的质量为 400.0mg/L×500.0mL=200mg=0.2g，则 $n_{Cr}=0.2/51.996=3.846\times10^{-3}$ mol，$K_2Cr_2O_7$ 的质量为 $(3.846\times10^{-3})/2\times294.2=0.56574$g。

14-17　C　化学需氧量是指在一定条件下，氧化 1L 水样中还原性物质所消耗的氧化剂的量，以氧的 mg/L 表示。

$$C_6H_{12}O_6+6O_2=6CO_2+6H_2O$$

$$\begin{matrix}180 & 192\\ x & 500\end{matrix}$$

$$x=500\times180/192=468.75\text{mg}$$

14-18　B　化学需氧量是指在一定条件下，氧化 1L 水样中还原性物质所消耗的氧化物的量，以氧的 mg/L 表示。

$$2C_8H_5KO_4+15O_2\rightarrow16CO_2+5H_2O+K_2O$$

$$\begin{matrix}408 & 480\\ x & 500\end{matrix}$$

$$x=408\times500\div480=425\text{mg}$$

14-19　A　测定水样 BOD_5 时，如水样中无微生物，则应于稀释水中接种微生物，即在每升稀释水中加入生活污水上层清液 1～10mL，或表层土壤浸出液 20～30mL，或河水、湖水 10～100mL。

14-20　B　根据公式 $BOD_5(\text{mg/L})=\dfrac{(\rho_1-\rho_2)-(B_1-B_2)f_1}{f_2}$ 计算，代入 $\rho_1=8.39$mg/L，$\rho_2=1.41$mg/L，$B_1=8.87$mg/L，$B_2=8.79$mg/L，$f_1=\dfrac{200}{100+200}=\dfrac{2}{3}$，$f_2=\dfrac{100}{100+200}=\dfrac{1}{3}$，得水样的 BOD_5 值为 20.78mg/L，即 20.8mg/L。

14-21　B　酚类化合物于 pH 值取 10.0±0.2 的介质中，在铁氰化钾的存在下，与 4-氨基安替比啉反应，生成橙红色的吲哚酚安替比啉燃料，在 510nm 波长处最大吸收，用比色法定量。

14-22　C　水俣病与 Hg 有关。

14-23　A　简单计算，水样中氨氮含量 0.018mg/10mL=1.8mg/L。

14-24　C　基础知识，需牢记。

14-25　B　烟道排气的体积、温度和压力是烟气的基本状态常数。

14-26　B　采样位置应选在气流分布均匀稳定的平直管段上，避开弯头、变径管、三通管及阀门等易产生涡流的阻力构件。一般原则是按照废气方向，将采样断面设在阻力构件下游方向大于 6 倍管道直径处或上游方向大于 3 倍管道直径处。

14-27　D　采样体积为 0.5L/min×1h＝30L＝0.03m³，根据公式 $pV=nRT$（在标准状态下，$P=101.325\text{kPa}$，$T=273.15\text{K}$）换为标准状况下的体积，$\frac{V}{0.03\text{m}^3}=\frac{100\text{kPa}}{101.325\text{kPa}}\times\frac{273.15\text{K}}{(273.15+27)\text{K}}$，即 $V=0.0269\text{m}^3$，则该采样点大气在标准状态下的 SO_2 小时平均浓度为 $\frac{\frac{1.0}{5}\times 50\times 10^{-3}}{0.0269}\text{mg/m}^3=0.37\text{mg/m}^3$。

14-28　D　采样流量为 15L/min × 24h ＝ 21.6m³，空气中可吸入颗粒物的浓度为 $\frac{0.6241-0.3826}{21.6}\times 10^3\text{mg/m}^3=11.181\text{mg/m}^3$。

14-29　C　总烃是指所有的碳氢化合物，FID（氢焰离子化检测器）只对含碳有机物产生信号，主要用于碳氢化合物和许多含碳化合物的检测。

14-30　B　鉴别易燃性是测定闪点。

14-31　D　细节问题，需注意。

14-32　C　当垃圾的高热值测出后，应扣除水蒸发和燃烧时加热物质所需要的热量，低热值在实际工作中意义更大。

14-33　A

14-34　B　急性毒性的初筛试验记录 48h 内动物死亡。

14-35　C　由噪声污染级公式 $L_{NP}=L_{eq}+K\sigma$ 可知选 C。

14-36　D　累积百分声级的概念，需记忆。

14-37　B　A 计权声级是模拟人耳对 55dB 以下低强度噪声的频率特性；B 计权声级是模拟 55～85dB 的中等强度噪声的频率特性；C 计权声级模拟高强度噪声的频率特性；D 计权声级是对噪声参量的模拟，专用于飞机噪声的测量。

14-38　A　$L_p=10\lg(10^{\frac{65}{10}}+10^{\frac{68}{10}}+10^{\frac{71}{10}})=73.4\text{dB}$

14-39　A　为表明夜间噪声对人的烦扰更大，计算夜间等效声级这一项时应加上 10dB 的计权。

14-40　B　利用近似公式可得：

$$L_{eq}\approx L_{50}+\frac{d^2}{60}$$

$$d=L_{10}-L_{90}=73-61=12\text{dB}$$

解得：$L_{eq}=70.4\text{dB}$

15 环境评价与环境规划

考题配置　　单选,8 题
分数配置　　每题 2 分,共 16 分

复习指导

要对与环境相关的概念,环境管理的相关制度、法规、程序等有所了解;评价的工作程序在逻辑上要按照评价工作等级确定、环境现状调查、工程分析、环境影响预测与评价、污染防治措施提出等来进行;环境影响预测与评价中,要紧扣环境要素如水、气、噪声、固体废物等展开。理清思路后便于理解、记忆和掌握。

15.1 环境与生态评价

考试大纲☞: 环境与环境系统　环境质量与环境价值　环境背景值　环境目标　环境容量　环境污染与生态破坏　环境质量指数

必备基础知识

15.1.1 环境与环境系统

1)环境

环境指人以外的事物的总和,包括自然因素和社会因素。《中华人民共和国环境保护法》所称环境,指影响人类生存和发展的各种天然的和经过人工改造的自然因素的总和,包括大气、水、海洋、土地、矿藏、森林、草原、野生动物、自然遗迹、人文遗迹、自然保护区、风景名胜区、城市和乡村等。

2)环境要素

环境要素也称作环境基质,是构成人类环境整体的各个独立的、性质不同的而又服从整体演化规律的基本物质组分。环境要素分为自然环境要素和社会环境要素。

3)环境的基本特性

(1)整体性与区域性

整体性是指环境的各个组成部分或要素构成一个完整的系统,也称系统性。区域性是指环境特性的区域差异,即不同区域的环境有不同的整体性。

(2)变动性与稳定性

变动性是指在自然和人类社会行为的共同作用下,环境的内部结构和外在状态始终处于不断变化之中。稳定性是指环境系统具有一定的自我调节功能的特性。

(3)资源性与价值性

环境的资源性是指环境为人类生存和发展提供必需的资源。环境价值源于环境的资源性。

4)环境系统

地球表面各种环境要素及其相互关系的总和称为环境系统。

典型例题解析

【例 15-1】 环境的基本特性不包括：

A. 整体性与区域性　　B. 变动性与稳定性

C. 资源性与价值性　　D. 自然性与社会性

解 考查环境的基本特性，需记忆。选 D。

15.1.2 环境质量与环境价值

1)环境质量

环境质量是环境系统客观存在的一种本质属性，并能用定性和定量的方法加以描述的环境系统所处的状态。环境质量包括环境结构和环境状态两部分。

2)环境价值

环境质量对人类的价值表现为：①人类健康生存的需要；②人类生活条件改善和提高的需要；③人类生产发展的需要；④维持自然生态系统良性循环的需要。

典型例题解析

【例 15-2】 (2014,2010)环境质量与环境价值的关系是：

A. 环境质量好的地方环境价值一定高

B. 环境质量等于环境价值

C. 环境质量好的地方环境价值不一定高

D. 环境质量的数值等于环境价值的数值

解 环境质量是环境系统客观存在的一种本质属性，可以用定性和定量的方法加以描述的环境系统所处状态。环境价值源于环境的资源性，对人类的价值表现为对人类生存、生产和发展的需要等。环境质量与环境价值不等价。选 C。

15.1.3 环境背景值

环境背景值亦称自然本底值，是指没有人为污染时，自然界各要素的有害物质浓度。环境背景值反映环境质量的原始状态。不同的地区有不同的背景值，该值对于开展区域环境质量评价，进行环境污染趋势预测预报，制定环境标准，合理布局工农业生产等，有着重要意义。

在对一个区域进行日常监测或以环境评价为目的进行系统监测调查时所获取的是该区域各个部分环境质量参数的现状实际值，这样取得的质量参数值称为现状基线值，也即作为该区域今后环境质量变化的参照系。在进行环境影响评价时，往往是将开发活动所增加的值叠加在基线上，再与相应的环境质量标准比较，评价该开发活动所产生的影响程度。

环境背景值和基线值在环境评价中具有重要的实际意义。一个区域的环境背景值和基线值的差别，反映该区域不同地方环境受污染和破坏程度的差异。环境背景值既可作为环境受污染的起始值，同时也可作为衡量污染程度的基准。

环境背景值和环境基线值是通过系统的监测和调查取得的。

典型例题解析

【例 15-3】 (2007)下列说法中不正确的是哪项?

A. 环境要素质量参数本底值的含义是指未受到人类活动影响的自然环境物质的组成量

B. 在进行环境影响评价时,往往是将开发活动所增加的值叠加到背景值上,再与相应的环境质量标准比较,评价该开发活动所产生的影响程度

C. 环境背景值既可作为环境受污染的起始值,同时也可作为衡量污染程度的基准

D. 环境背景值和环境基准值是通过系统的监测和调查取得的

解 在进行环境影响评价时,往往是将开发活动所增加的值叠加在基线上,再与相应的环境质量标准比较,评价该开发活动所产生的影响程度。选 B。

【例 15-4】 (2014)以下符合环境背景值定义的是:

A. 一个地区环境质量日常监测值

B. 一个地区环境质量历史监测值

C. 一个地区相对清洁区域环境质量监测值

D. 一个地区环境质量监测的平均值

解 环境背景值是指没有人为污染时,自然界各要素的有害物质浓度,反映环境质量的原始状态。对一个区域进行日常监测的环境质量参数值称为现状基线值。选 C。

15.1.4 环境目标

环境目标是依据环境方针制定,是环境组织管理部门为了改善、管理、保护环境而设定的,拟在一定期限内力求达到的环境质量水平。它必须与社会经济发展的目的相适应或相匹配。环境目标太高,环境保护投资多,超过经济负担能力,则环境目标无法实现;环境目标过低,不能满足人们对环境质量的要求,或造成严重的环境问题。

环境目标的确定原则:①选择恰当的环境保护目标要考虑规划区的环境特征、性质和功能;②选择环境目标要考虑经济效益、社会效益和环境效益的统一;③有利于环境质量的改善;④充分考虑人们生存发展的基本要求;⑤环境目标和经济发展目标要同步协调。

环境目标可分为总目标、单项目标和环境指标三个层次:①总目标是规划区域环境质量所要达到的要求和状况;②单项目标是根据环境因素、环境功能和环境特征所确定的环境目标;③环境指标是体现环境目标对单一因子的要求。

典型例题解析

【例 15-5】 关于环境目标,下列说法正确的是:

A. 环境目标越高越好

B. 环境目标可分为总目标、单项目标两个层次

C. 总目标是规划区域环境质量所要达到的要求和状况

D. 单项目标是体现环境目标对单一因子的要求

解 考查环境目标的相关知识点。选 C。

15.1.5 环境容量

环境容量是对一定地区(整体容量)或各环境要素,根据其自然净化能力,在特定的污染源布局和结构条件下,为达到环境目标值,所允许的污染物最大排放量。环境容量不是一个恒定值,因不同时间和空间而异。

典型例题解析

【例 15-6】 (2010)环境容量是指:

A. 环境能够容纳的人口数

B. 环境能够承载的经济发展能力

C. 不损害环境功能的条件下能够容纳的污染数量

D. 环境能够净化的污染数量

解 考查环境容量的定义,需记忆。选 C。

15.1.6 环境污染与生态破坏

1)环境污染

环境污染是指由于人类的生产、生活活动产生大量污染物排放环境,超过了环境的自净能力,引起环境质量下降以致不断恶化,从而危害人类及其他生物的正常生存和发展的现象。

2)生态破坏

生态破坏是指由于自然灾害或者人类对自然资源的不合理利用以及工农业发展带来的环境污染等原因引起的生态平衡的破坏。

典型例题解析

【例 15-7】 下列说法不正确的是:

A. 环境污染是大量污染物排放环境,超过了环境的自净能力,引起环境质量下降

B. 环境污染危害人类及其他生物的正常生存和发展

C. 生态破坏是由人类活动引起的

D. 生态破坏是生态系统的相对稳定受到破坏,使人类的生态环境质量下降

解 生态破坏是指由于自然灾害或者人类对自然资源的不合理利用以及工农业发展带来的环境污染等原因引起的生态平衡的破坏。不仅仅是由人类引起的,还有自然灾害。选 C。

15.1.7 环境质量指数

环境质量指数是一个有代表性的、综合性的数值,它表征着环境质量整体的优劣。具体有单因子指数评价、多因子指数评价和环境质量综合指数评价等方法,其中单因子指数分析评价是基础。环境质量现状评价通常采用单因子质量指数评价法,即

$$I_i = \frac{C_i}{C_{oi}} \tag{15-1}$$

式中：C_i——第 i 种污染物监测值（mg/m^3）；

C_{oi}——第 i 种污染物评价质量标准限值（mg/m^3）。

$I_i \leqslant 1$ 为清洁，$I_i > 1$ 为污染。对于超标，要分析超标原因。

环境质量分级：将指数值与环境质量状况联系起来，建立分级系统。一般按评价因子浓度超标倍数、超标因子个数、不同因子对环境影响的大小进行分级。一般的描述语言有：未污染、轻污染、中污染、重污染、严重污染；优、良、普通（轻度污染）、不佳（中度污染）、差（重度污染）。如表 15-1 所示。

环境指数法的一般分级原则

表 15-1

环境质量分级	污染描述	划分依据
一级	未污染	清洁区背景
二级	轻污染	1～2 个评价因子的 $I_i>1$，但<2；生物生长正常，人群健康无显著受损
三级	中污染	2～3 个评价因子的 $I_i>1$，但有 1 个$\leqslant 5$；生物生长受影响，敏感生物严重受损，人群健康明显受损
四级	重污染	3～4 个评价因子的 $I_i>1$，个别 $I_i \leqslant 20$；生物生长和人群健康受害严重，许多常见物种消失
五级	严重污染	（比四级污染更严重）

典型例题解析

【例 15-8】 关于环境质量指数，下列说法不正确的是：

A. 环境质量指数是一个有代表性的、综合性的数值

B. 环境质量指数表征着环境质量整体的优劣

C. 有单因子指数评价、多因子指数评价和环境质量综合指数评价等方法

D. 环境质量现状评价通常采用环境质量综合指数评价法

解 考查环境质量指数，环境质量现状评价通常采用单因子质量指数评价法。选 D。

经典练习

15-1 关于环境污染的定义，正确的是（　　）。

A. 排入环境的污染物使环境中该污染物的浓度发生变化

B. 排入环境的污染物破坏了环境功能

C. 排入环境的污染物超出了环境容量

D. 排入环境的污染物超出了环境的自净能力

15-2 下列关于环境系统的说法不正确的是（　　）。

A. 环境的整体性是环境系统最基本的特性

B. 环境系统所表现的功能是各环境要素功能的叠加

C. 环境系统变动是绝对的，稳定是相对的

D. 环境系统是环境资源的总和，这决定了环境系统的价值性

15-3 (2007)下列哪个值和基线值的差别能够反映区域内不同地方环境受污染和破坏程度的差异？(　　)

A. 环境本底值　　B. 环境标准值　　C. 环境背景值　　D. 现状监测值

15-4 下列关于环境系统的说法不正确的是(　　)。

A. 环境的整体性是环境系统最基本的特性

B. 环境系统所表现的功能是各环境要素功能的叠加

C. 环境系统变动是绝对的，稳定是相对的

D. 环境系统是环境资源的总和，这决定了环境系统的价值性

15-5 关于环境背景值，下列说法不正确的是(　　)。

A. 环境背景值是指没有人为污染时，自然界各要素的有害物质浓度

B. 环境背景值实际意义不大

C. 环境背景值反映环境质量的原始状态

D. 不同的地区有不同的背景值

15-6 (2017)下列关于环境本底值，说法不正确的是(　　)。

A. 环境本底值指没有人为污染时，自然界各要素的有害物质浓度

B. 环境本底值指环境要素在未受人类活动的影响下，其化学元素的自然含量以及环境中能量分布的自然值

C. 环境本底值只能通过数学推断的方法获得

D. 环境本底值反映了自然环境的原始状态

15-7 下列关于环境质量的说法正确的是(　　)。

A. 环境质量是指环境系统的内在结构和外部所表现的状态对人类及生物界的生存和繁衍的适宜性

B. 环境质量是因人对环境的具体要求而形成的评定环境的一种概念，因而环境质量是不能定量表达的

C. 环境质量是表述环境优劣的程度，只用于定量描述

D. 环境质量是表达总体环境的质量，与各环境要素无关

15-8 以下关于环境价值的说法正确的是(　　)。

A. 不同地方和不同历史时期的不同人群对于同一环境条件的价值判断是一致的

B. 环境价值通常用物理、化学或生物等参数表达或描述

C. 环境价值是反映人们对环境质量(素质)的期望程度、效用要求、重视或重要程度的观念

D. 环境价值和环境质量的意义是一样的

15-9 对一个区域进行日常监测或以环境评价为目的进行系统监测调查时所获取的该区域的质量参数值为(　　)。

A. 环境本底值　　B. 环境背景值　　C. 环境标准值　　D. 环境基线值

15.2 环境影响评价

考试大纲☞： 环境影响评价的程序和管理　环境影响识别和工程分析　环境影响预测与影响评价　环境影响报告书编制和审批原则

必备基础知识

(1)环境影响评价的分类

①按评价对象分,可分为规划环境影响评价和建设项目环境影响评价。

②按环境要素分,可分为大气环境影响评价、地表水环境影响评价、声环境影响评价、生态影响评价和固废环境影响评价。

③按时间顺序分,可分为环境现状评价、环境影响预测、环境影响后评价。

(2)环境影响评价的方法

主要有列表法、矩阵法、网格法、图形叠置法、指数法、环境影响预测模型、环境影响综合评价模型等。

15.2.1 环境影响评价的程序和管理

1)环境影响评价程序

环境影响评价程序是指按一定的顺序或步骤指导完成环境影响评价工作过程。其过程可分为管理程序和工作程序,前者主要用于指导环境影响评价的监督与管理,后者用于指导环境影响评价的工作内容和进程。

环境影响评价的根本目的是鼓励在规划和决策中考虑环境因素,最终达到更具环境相容性的人类活动,因此在进行环境影响评价时,必须遵循一些基本原则:①目的性原则;②整体性原则;③相关性原则;④主导性原则;⑤等衡性原则;⑥动态性原则;⑦随机性原则;⑧社会经济性原则;⑨公众参与原则。

2)环境影响评价的管理程序

管理程序是国家或地方政府的环保机构在环境影响评价过程中所遵循的程序。

(1)环境影响分类筛选

建设项目对环境可能造成重大影响的,应当编制环境影响报告书,对建设项目产生的污染和对环境的影响进行全面、详细的评价。

建设项目对环境可能造成轻度影响的,应当编制环境影响报告表,对建设项目产生的污染和对环境的影响进行分析或者专项评价。

建设项目对环境影响很小,不需要进行环境影响评价的,应当填报环境影响登记表。

(2)环境影响评价项目的监督管理

包括评价单位资格考核、人员培训和评价大纲的审查

(3)环境影响评价的质量管理

质量保证工作应贯穿于环境影响评价的全过程。

(4)环境影响评价报告书的审批

环境影响评价报告书的审查以技术审查为基础,审查方式是专家评审会还是其他形式,由负责审批的环境保护行政主管部门根据具体情况而定。

3)环境影响评价的工作程序

环境影响评价工作程序如图 15-1 所示。

环境影响评价工作大体分为三个阶段:

第一阶段为准备阶段,主要工作为研究有关文件,进行初步的工程分析和环境现状调查,筛选重点评价项目,确定各单项环境影响评价的工作等级,编制评价工作大纲;

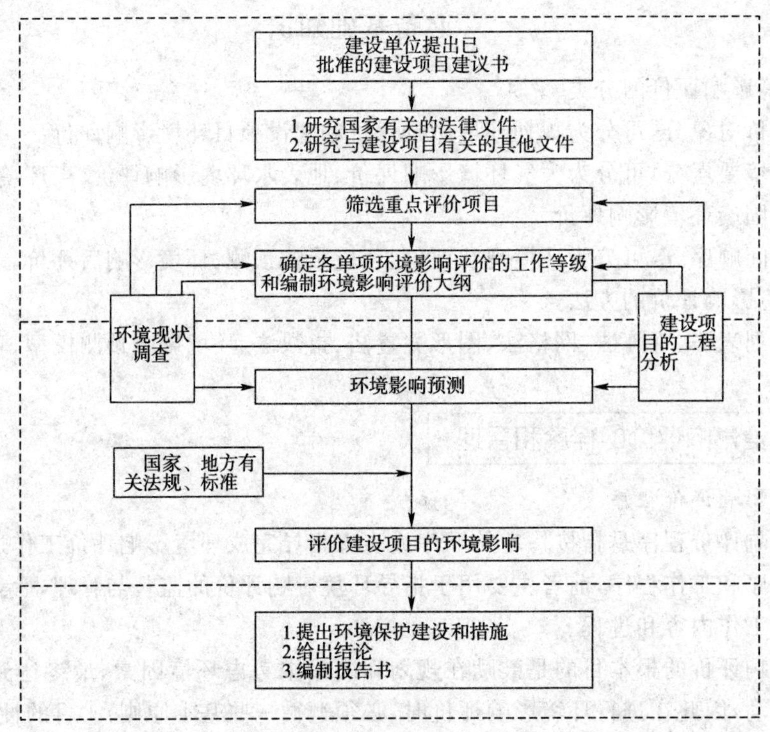

图 15-1 环境影响评价工作程序流程图

第二阶段为正式工作阶段,其主要工作为工程分析和环境现状调查,并进行环境影响预测和评价环境影响;

第三阶段为报告书编制阶段,其主要工作为汇总、分析第二阶段工作所得到的各种资料、数据,得出结论,完成环境影响报告书的编制。

典型例题解析

【例 15-9】 (2008)环境影响评价的工作程序可以分为三个主要阶段,即准备阶段、正式工作阶段和环境影响报告书编制阶段,对于不同阶段和时期的具体工作内容,下列说法错误的是:

A. 编制环境影响报告表的建设项目无须在准备阶段编制环境影响评价大纲

B. 在准备阶段,环境影响评价应按环境要素划分评价等级

C. 对三级评价,正式工作阶段只须采用定性描述,无须采用定量计算

D. 在环境影响评价工作的最后一个阶段应进行环境影响预测工作

解 环境影响预测应该是正式工作阶段的任务。选 D。

15.2.2 环境影响识别和工程分析

1)环境影响识别

环境影响识别就是要找出所有受影响(特别是不利影响)的环境因素,以使环境影响预测减少盲目性,环境影响综合分析增加可靠性,污染防治对策具有针对性。

环境影响识别的基本内容包括环境影响因子的识别和环境影响程度的识别。目前常用的环境影响识别方法是核查表法。

2)工程分析

工程分析是分析建设项目环境影响的因素,其主要任务是通过工程全部组成、一般特征和污染特征全面分析,从项目总体上纵观开发建设活动与环境全局的关系,同时从微观上为环境影响评价工作提供评价所需基础数据。

工程分析的原则:①体现政策性;②具有针对性;③应为各专题评价提供定量而准确的基础资料;④应从环保角度为项目选址、工程设计提出优化建议。

工程分析的对象:①工艺过程;②资源、能源的储运;③交通运输情况;④场地的开发利用;⑤对建设项目生产运行阶段的开车、停车、检修、一般性事故和泄漏等情况时污染物的不正常排放进行分析,找出这类排放的来源、发生的可能性及发生的频率等。

工程分析应以工艺过程为重点,并且不可忽略污染物的不正常排放。对资源、能源的储运、交通运输及场地开发利用是否进行分析及对其分析的深度,应根据工程、环境的特点及评价工作等级决定。工程分析的内容主要包括三方面内容:工程概况、工艺路线与生产方法及产污环节、污染源强分析与核算。

典型例题解析

【例 15-10】 (2007)在环境影响报告书的编制中,下列不属于工程分析主要内容的是:

A. 建设项目的名称、地点、建设性质及规模

B. 建设项目主要原料、燃料及其来源和储运情况

C. 废物的综合利用和处理、处置方案

D. 交通运输情况及产地的开发利用

解 考查工程分析。工程分析的具体内容:①主要原料、燃料及其来源和储运,物料平衡,水的用量与平衡,水的回用情况;②工艺过程(附工艺流程图);③废水、废气、废渣、放射性废物等的种类、排放量和排放方式,以及其中所含污染物种类、性质、排放浓度;产生的噪声、振动的特性及数值等;④废弃物的回收利用、综合利用和处理、处置方案;⑤交通运输情况及厂地的开发利用。A 选项属于建设项目概况的具体内容之一。选 A。

【例 15-11】 (2014)对于所有建设项目的环境影响评价,工程分析都必须包括的环境影响阶段是:

A. 项目准备阶段　　B. 建设工程阶段

C. 生产运行阶段　　D. 服役期满后阶段

解 工程分析的工作对象主要从以下几方面分析建设项目和环境情况:工艺过程、资源能源的储运、交通运输和场地的开发利用,最重要的是生产运行阶段。选 C。

15.2.3 环境影响预测与影响评价

1)定义

(1)环境影响预测

环境影响预测是在经过影响识别确定可能是重大的环境影响之后,预测各种活动对环境产生影响导致的环境质量或环境价值的变化量、空间变化范围、时间变化阶段等。

环境影响预测的原则:预测的范围、时段、内容及方法,应按相应评价工作等级、工程与环境的特性、当地的环境要求而定;应考虑预测范围内,规划的建设项目可能产生的环境影响。

(2)环境影响评价

环境影响评价是指对拟议中的建设项目、区域开发计划和国家政策实施后可能对环境产生的影响(后果)进行的系统性识别、预测和评估。环境影响评价分为:环境质量评价、环境影响预测与评价、环境影响后评价。其基本功能:判断功能、预测功能、选择功能和导向功能。

环境影响评价体现了我国"预防为主"的环境政策。

总量控制:指以控制一定时段内一定区域内排污单位排放污染物总量为核心的环境管理方法体系。它包含了三个方面的内容:一是排放污染物的总量;二是排放污染物总量的地域范围;三是排放污染物的时间跨度。通常有三种类型:目标总量控制、容量总量控制和行业总量控制。目前我国的总量控制基本上是目标总量控制。

2)大气环境影响预测与影响评价

(1)大气环境影响预测

①大气环境影响预测的目的:a. 了解建设项目建成以后对大气环境质量影响的程度和范围;b. 比较各种建设方案对大气环境质量的影响;c. 给出各类或各个污染源对任一点污染物浓度的贡献(污染分担率);d. 优化城市或区域的污染源布局以及对其实行总量控制;e. 从景观生态与人文生态的敏感对象上,预测和评估其可能发生的风险影响及出现的频率与风险程度,寻求最佳预防对策方案。

②大气环境影响预测的内容包括:a. 代表气象条件下的最大落地浓度及距源距离;b. 不利气象条件下的大气环境影响及浓度分布;c. 对保护目标或敏感点的影响;d. 对评价区域大气环境质量的变化及影响;e. 对国家实施总量控制的因子,提出总量控制建议指标;f. 进行无组织排放浓度影响预测,计算卫生防护距离。

一、二、三级均须预测小时平均和日平均的最大地面浓度和位置;不利气象条件下,评价区域内的浓度分布及其出现的频率;评价区域年长期平均浓度分布图。

一、二级评价除预测上述内容外,还应预测可能发生的非正常条件下的前述预测内容;一级评价项目还应预测施工期间的大气环境质量的影响情况。

③大气环境影响预测方法:主要有数学模型和模拟实验两种,三级评价项目采用正态模式进行预测,一、二级评价项目可采用正态模式(包括某些修正的正态模式)或平流扩散方程等数值模式预测,预测中应估计到地形的影响及气象平均场的时空变化规律,并尽可能估计污染物的迁移转化规律。

(2)大气环境影响评价

①大气环境影响评价一般包括:a. 建设项目概况及工程分析;b. 建设项目周围地区的环境概况;c. 边界层污染气象条件分析;d. 大气环境质量现状监测与评价;e. 大气环境影响预测与评价;f. 环境经济损益分析;g. 评价结论和对策。

②大气环境影响评价的基本任务:从保护环境的目的出发,通过调查、预测等手段,分析、判断建设项目在建设施工期和建成后生产期所排放的大气污染物对大气环境质量影响的程度和范围,为建设项目的厂址选择、污染源设置、大气污染防治措施制订以及其他有关的工程设计提供科学依据或指导性意见。

③大气环境影响评价的特点:a. 大气流场的基本特征与规律,各种季节期间气候、气象的特征、规律以及主要气象参数与结构变化,其对环境污染影响的效应;b. 自然净化能力比较大,可以采用高烟囱排放或尽可能将污染源设置在远离人口密集或环境敏感的地区;c. 调查或探测大气的运动规律,必将增加评价工作的难度和周期;d. 在最不利的气象条件下(如逆温层出现)

大气污染物排放总量的控制限度，可能发生的大气污染风险事件及其影响程度与概率；e.不确定性因素可能导致的大气污染混沌状态及其临界风险与敏感区，则可适当缩小评价区的范围。

3)地表水环境影响预测与影响评价

(1)地表水环境影响预测

①预测时期

地表水预测时期分丰水期、平水期和枯水期三个时期。一般说，枯水期河流自净能力为最小，平水期居中，丰水期自净能力最大；但个别水域因非点源污染严重可能使丰水期的稀释能力变小，水质不如枯、平水期。对一、二级评价项目应预测自净能力最小和一般的两个时期环境影响。三级评价或评价时间较短的二级评价可只预测自净能力最小时期的环境影响。

②预测方法的选择

预测建设项目对水环境的影响，应尽量利用成熟、简便并能满足评价精度和深度要求的方法。

a.定性分析法：有专业判断法和类比调查法两种。

专业判断法是根据专家经验推断建设项目对水环境的影响；类比调查法是参照现有相似工程对水体的影响，来推测拟建项目对水环境的影响。

b.定量预测法：指应用物理模型和数学模型预测。应用水质数学模型进行预测是最常用的。

水质预测数学模型有以下几种模式。

零维模式：可用于河流充分混合段的断面水质平均浓度预测、各级评价的pH值预测和小型湖泊(水库)平衡时的平均水质浓度预测。

$$C=\frac{C_P Q_P+C_h Q_h}{Q_h+Q_P}$$

式中：C_P——污染物排放浓度(mg/L)；

C_h——上游污染物浓度(mg/L)；

Q_P——废水排量(m^3/s)；

Q_h——河流流量(m^3/s)。

一维模式：可用于各级评价的水温预测、三级评价稳定排放矩形河流混合过程段或二级评价污染范围很小的河流断面平均浓度预测。

$$C=C_0 e^{-kt}=C_0 e^{\left(-k\cdot\frac{x}{86\,400\cdot\mu}\right)}$$

式中：C——预测断面污染物浓度；

k——消减系数；

t——流至下一断面的时间；

x——至下一断面距离；

μ——河流流速。

二维模式：可用于一级评价连续稳定排放矩形河流混合过程段或水深变化不大的湖泊(水库)，持久性和非持久性污染物浓度的预测；二级评价矩形河流，排放口下游3～5km范围内有重点保护目标(如集中取水点)，或混合段长$L>10$km，或污染负荷与河水容量比ISE>0.08时的水质预测。

$$C(x,y)=C_h+\frac{C_P Q_P}{H\sqrt{\pi m_y x u}}\left[e^{\frac{uy^2}{4m_y x}}+e^{\frac{u(2B-y)^2}{4m_y x}}\right]$$

$$m_y=(0.058H+0.065B)\sqrt{H_g I}$$

式中：H——水深(m)；

m_y——横向混合系数(m^2/s)；

x——纵向坐标(m)；

y——横向坐标(m)；

B——河宽(m)；

C_h——背景断面污染物的监测浓度(mg/L)。

数值模式：除适用于上述情况外，还可用于非矩形河流或水深变化较大的湖泊(水库)，其中稳态数值模式用于连续稳定排放，动态数值模式用于非连续稳定排放。

(2)地表水环境影响评价

水环境影响评价是在工程分析和影响预测基础上，以法规、标准为依据解释拟建项目引起水环境变化的重大性，同时辨识敏感对象对污染物排放的反应，对拟建项目的生产工艺、水污染防治与废水排放方案等提出意见，提出避免、消除和减少水体影响的措施和对策建议，最后提出评价结论。

地表水环境影响评价的方法

①一般水质因子：

$$S_{i,j}=\frac{C_{ij}}{C_{s,i}} \tag{15-2}$$

式中：$S_{i,j}$——标准指数；

C_{ij}——评价因子 i 的实测浓度值(mg/L)；

$C_{s,i}$——评价因子 i 的评价标准限值(mg/L)。

②特殊水质因子：分以下两种情况。

a. 溶解氧(Dissolved Oxygen，DO)。

$DO_j \geqslant DO_s$ 时

$$S_{DO,j}=\frac{|DO_f-DO_j|}{|DO_f-DO_s|} \tag{15-3}$$

$DO_j < DO_s$ 时

$$S_{DO,j}=10-9\times\frac{DO_j}{DO_s} \tag{15-4}$$

式中：$S_{DO,j}$——DO 的标准指数；

DO_f——某水温、气压条件下的饱和溶解氧浓度(mg/L)，计算公式为 $DO_f=\frac{468}{31.6+T}$，T 为水温；

DO_j——溶解氧实测值(mg/L)；

DO_s——溶解氧的评价标准限值(mg/L)。

b. 两端有限值，水质影响不同。

$pH_j \leqslant 7.0$ 时

$$S_{pH,j}=\frac{7.0-pH_j}{7.0-pH_{sd}} \tag{15-5}$$

$pH_j > 7.0$ 时

$$S_{pH,j}=\frac{pH_j-7.0}{pH_{su}-7.0} \tag{15-6}$$

式中：$S_{pH,j}$——pH 的标准指数；

pH_j——pH 实测值；

pH_{sd}——地面水质标准中规定的 pH 值下限；

pH_{su}——地面水质标准中规定的 pH 值上限。

当水质参数的标准指数大于 1 时，表明该水质参数超过了规定的水质标准，已经不能满足使用要求。

4）环境噪声影响预测与影响评价

（1）环境噪声影响预测

①预测工作的准备

a.工程分析和噪声现状调查

分析拟建项目的声源资料：确定声源的种类（包括设备型号）与数量及其声学性能参数、源的布局及其空间位置、各声源的噪声级（声压级、A 声级、A 声功率级、倍频带声功率级，以及有效感觉噪声级）与发声持续时间、声源的作用时间段。

获取声源资料的途径：声源种类与数量、各声源的发声持续时间及空间位置的获得：由设计单位提供或从工程设计书中获得；噪声源数据的获得，优先考虑采用类比测量法（即测定类似项目的对应数据作为依据），其次引用已有的数据，包括国外的资料。

评价等级为一级，必须采用类比测量法。

b.环境噪声现状监测

对于工矿企业的改扩建项目可监测现有车间和厂区的噪声现状；新建项目则只调查厂界及评价区的噪声水平。

c.环境噪声现状评价

环境噪声现状评价的主要内容有以下方面。

评价范围：现有噪声敏感区、保护目标的分布情况、噪声功能区的划分情况等。

环境噪声现状的调查和测量方法：测量仪器、参照或参考的测量方法、测量标准、测量时段、读数方法等。

评价内容：现有噪声源种类、数量及相应的噪声级、噪声特性、主要噪声源分析等。

评价范围内环境噪声现状：各功能区噪声级、超标状况及主要噪声源，边界噪声级、超标状况及主要噪声源。

其他：受噪声影响的人口分布。

d.预测范围和预测点布置

噪声预测范围：一般与所确定的噪声评价等级所规定的范围相同，也可稍大于评价范围。

预测点布置原则：

• 所有的环境噪声现状测量点都应作为预测点，以便进行对照。

• 为了便于绘制等声级线图，可以用网格法确定预测点。对线状声源，平行于线状声源走向的网格间距可大些（如 100～300m），垂直于线状声源走向的网格间距应小些（如 20～60m）；对点声源，网格一般为 20m×20m～100m×100m 范围。

• 评价范围内需要特别考虑的预测点，如一些敏感点。

②预测点噪声级计算和等声级图

a. 预测点噪声级的计算

第一，选择坐标系，确定出各噪声源位置和预测点位置的坐标；并根据预测点与声源 i 之间的距离把噪声源简化为点声源或线状声源。

第二，根据已获得的噪声源声级数据和声波从各声源到预测点 j 的传播条件，计算出噪声从各声源传播到预测点的声衰减量，算出各声源单独作用时在预测点 j 产生的 A 声级 L_{ij}。

第三，确定计算的时段 T，并确定各声源发声持续时间 t_i。

第四，计算预测点 j 在 T 时段内的等效连续声级，公式如下：

$$L_{eq}=10\lg\left(\frac{\sum_{i=1}^{n}t_i 10^{0.1L_{ij}}}{T}\right) \tag{15-7}$$

在噪声环境影响评价中，由于声源较多，预测点数量也大，故应运用计算机完成预测。现在国内外已有不少成熟、定型的预测模型软件可以应用。

b. 绘制等声级图

计算出各网格点上的噪声级后，采用数学方法（如双三次拟合法、按距离加权平均法、按距离加权最小二乘法）计算并绘制出等声级线。

等声级线的间隔不大于 5dB。对于 L_{eq}，最低可画到 35dB、最高可画到 75dB 的等声级线。

等声级图直观地表明了项目的噪声级分布，对分析功能区噪声超标状况提供了方便，同时为城市规划、城市环境噪声管理提供了依据。

(2)环境噪声影响评价

环境噪声影响评价就是解释和评估拟建项目造成的周围声环境预期变化的重大性，据此提出消减其影响的措施。

国内噪声影响评价的基本内容有六个方面。

①根据拟建项目多个方案的噪声预测结果和环境噪声标准，评述拟建项目各个方案在施工、运行阶段噪声的影响程度、影响范围和超标状况（以敏感区域或敏感点为主）。

②分析受噪声影响的人口分布。

③分析拟建项目的噪声源和引起超标的主要噪声源或主要原因。

④分析拟建项目的选址、设备位置和设备选型的合理性，分析拟建项目设计中已有的噪声防治对策的适应性和防治效果。

⑤为了使拟建项目的噪声达标，评价必须提出需要增加的、适用于该项目的噪声防治对策，并分析其经济、技术的可行性。

⑥提出针对该拟建项目的有关噪声污染管理、噪声监测和城市规划方面的建议。

环境噪声影响评价的一般步骤如下。

①开展现场勘察，了解环境法规和标准的规定，确定评价级别、评价范围和编制环境噪声评价工作大纲。

②开展工程分析，收集资料，现场监测，调查噪声的基线水平即噪声声源的数量、各声源噪声级与发声持续时间、声源空间位置等。

③预测噪声对敏感人群的影响，对影响的范围和重大性做出评价，削减影响的对策。

④编写环境噪声影响的专题报告。

各等级评价工作的基本要求如下。

①一级评价工作基本要求

a.环境噪声现状监测全部要求实测。

b.声环境预测要覆盖全部敏感目标,绘制工程运行期等声级线图并给出预测噪声级的误差范围。

c.给出项目建成后各噪声级范围内受影响的人口分布、噪声超标的范围和程度。

d.对工程项目噪声级变化应分阶段分析评价(如建设期和建成运行后的近、中、远期)。

e.对于项目建设可能引起的(非项目本身的)周边地域或时段声环境变化也应给予分析(如城市通往机场的道路噪声可能因机场的建设而增高)。

f.对建设项目设计中或环评中提出的不同选址方案、选线方案、建设方案等,进行同等级的定量评价分析。

g.针对建设项目工程特点和环境特征提出噪声防治对策,并进行经济与技术可行性分析,给出降噪效果。

②二级评价工作基本要求

a.声环境现状以实测为主,可有针对性适当利用当地已有的环境噪声监测资料。

b.声环境预测要覆盖所有敏感目标,绘制项目建设对城镇规划区影响的声等值线图。

c.分析项目建成后各噪声级范围内受影响的人口分布、噪声超标范围和程度。

d.按工程不同阶段分析评价声环境影响情况(对噪声级变化可能出现的几个阶段,选择噪声级最高的阶段进行详细预测,并适当分析其他阶段的噪声级)。

e.针对建设工程特点和环境特征提出噪声防治措施,并分析其降噪效果。

③三级评价工作基本要求

a.声环境现状调查可利用当地已有环境监测资料,并给予说明。

b.针对重要敏感点进行预测评价,对项目建成后噪声级分布进行分析,并给出受影响的范围和程度。

c.针对建设工程特点提出噪声防治措施,并进行降噪效果分析。

5)固体废物环境影响预测与影响评价

(1)固体废物

在生产、生活和其他活动中产生的丧失原有价值或者虽未丧失利用价值但被抛弃或者放弃的固态、半固态和置于容器中的气态的物品、物质以及法律、行政法规规定纳入固体废物管理的物品、物质。

(2)固体废弃物的分类

按废物来源,固体废弃物分为城市固体废物、工业固体废物和农业固体废物。

按污染特性,固体废弃物分为一般固体废弃物和危险废弃物,一般固体废弃物分为生活垃圾和工业固体废弃物。

(3)固体废弃物的特点

①固体废弃物数量巨大、种类繁多、成分复杂。

②它具有资源和废物的相对性。

③其危害具有潜在性、长期性和灾难性。

④它是处理过程的终态,污染环境的源头。

(4)固体废弃物的环境影响评价分两大类型

第一类指对一般工程项目产生的固体废物,由产生、收集、运输、处理到最终处置的环境影响评价。主要内容包括:①污染源调查;②污染防治措施的论证;③提出最终处置措施方案。

第二类指对处理、处置固体废物设施建设项目的环境影响评价。主要内容包括：①根据处理处置工艺特点，根据导则并执行相应的污染控制标准进行环境影响评价；②污染控制标准中的场(厂)址选择；③污染控制项目；④污染物排放限制等。

(5)固体废弃物控制的主要原则

固体废物处理是通过物理、化学、生物等不同方法，使固体废物转化为适于运输、储存、资源化利用以及最终处置的一种过程。

①减量化：清洁生产。

②资源化：综合利用。

③无害化：安全处置。

典型例题解析

【例 15-12】 (2009)地表水环境影响预测中，对河流的三级评价，只需预测下列哪项的环境影响？

A. 枯水期　　B. 冰封期　　C. 丰水期　　D. 平水期

解 考查知识点：地表水预测时期分丰水期、平水期和枯水期三个时期。一般来说，枯水期河流自净能力为最小，平水期居中，丰水期自净能力最大，但个别水域因非点源污染严重可能使丰水期的稀释能力变小，水质不如枯、平水期。对一、二级评价项目应预测自净能力最小和一般的两个时期环境影响。三级评价或评价时间较短的二级评价可只预测自净能力最小时期的环境影响。选 A。

15.2.4 环境影响报告书编制和审批原则

环境影响评价报告书是环境影响评价工作成果的集中体现，是环境影响评价承担单位向其委托单位——工程建设单位或其主管单位提交的工作文件。

编制环境影响报告书时应遵循的原则：①环境影响报告书应该全面、客观、公正，概括地反映环境影响评价的全部工作，评价内容较多的报告书，其重点评价项目另编分项报告书，主要的技术问题另编专题报告书；②文字应简洁、准确，图表要清晰，论点要明确。

建设项目环境影响报告书审批时应坚持的原则：①审查该项目是否符合国家产业政策；②审查该项目是否符合城市环境功能区划和城市总体发展规划，做到合理布局；③审查该项目的技术与装备政策是否符合清洁生产；④审查该项目是否做到了污染物达标排放；⑤审查该项目是否满足国家和地方规定的污染物总量控制指标；⑥审查该项目建成后是否能维持地区环境质量，是否符合功能区要求。

典型例题解析

【例 15-13】 (2007)下面关于环境影响报告书的总体要求不正确的是哪项？

A. 应全面、概括地反映环境影响评价的全部工作

B. 应尽量采用图表和照片

C. 应在报告书正文中尽量列出原始数据和全部计算过程

D. 评价内容较多的报告书，其重点评价项目应另编分析报告书

解 考查编制环境影响报告书时应遵循的原则，违背简洁的原则。选 C。

经典练习

15-10　运用数学模型预测河流水质时，充分混合段可采用(　　)预测断面平均水质。

A. 一维模式　　B. 二维模式　　C. 三维模式　　D. 零维模式

15-11　对地表水进行评价时，要求最详细的是(　　)评价。

A. 一级　　B. 二级　　C. 三级　　D. 四级

15-12　(　　)体现了我国"预防为主"的环境政策。

A. 排污收费制度　　B. 限期治理制度

C. 环境影响评价制度　　D. 城市环境综合整治定量考核制度

15-13　对于工矿企业的新建项目，要求(　　)。

A. 只监测车间和厂区的噪声现状

B. 只调查厂界及评价区的噪声水平

C. 既监测车间和厂区的噪声现状，又调查厂界及评价区的噪声水平

D. 依据实际情况选择性调查

15-14　固体废弃物控制的主要原则是(　　)。

A. 减量化、资源化、无害化　　B. 减量化、资源化、严格化

C. 减量化、严格化、无害化　　D. 资源化、无害化、严格化

15-15　(　　)不是环境影响评价的目的。

A. 保障和促进国家可持续发展战略的实施

B. 预防因建设项目实施对环境造成的不良影响

C. 提高建设项目的工程质量

D. 促进经济、社会和环境的协调发展

15-16　环境影响评价的基本功能是(　　)。

A. 判断功能、识别功能、选择功能和导向功能

B. 判断功能、识别功能、分析功能和导向功能

C. 判断功能、预测功能、分析功能和导向功能

D. 判断功能、预测功能、选择功能和导向功能

15-17　(2017)下列关于环境影响评价的工作程序三阶段的具体工作内容，说法错误的是(　　)。

A. 在准备阶段，环境影响评价应按环境要素划分评价等级

B. 在环境影响评价的第三阶段，进行环境影响预测和评价环境影响

C. 在正式工作阶段，要为工程分析和环境现状作调查

D. 环境影响报告书的编制完成是在报告书编制阶段进行的

15-18　(2017)在环境影响报告书的编制中，下列哪一个不属于工程分析的原则？(　　)

A. 体现政策性

B. 具有针对性

C. 应为各专题评价提供定量而准确的基础资料

D. 应从企业利益角度为项目选址、工程设计提出优化建议

15-19　关于总量控制，下列说法不正确的是(　　)。

A. 总量控制是指以控制一定时段内一定区域内排污单位排放污染物总量为核心

的环境管理方法体系

B. 总量控制包含了三个方面的内容：一是排放污染物的总量；二是排放污染物总量的地域范围；三是排放污染物的时间跨度

C. 目前我国的总量控制基本上是容量总量控制

D. 总量控制通常有三种类型：目标总量控制、容量总量控制和行业总量控制

15-20 关于环境预测，下列说法不正确的是（　　）。

A. 环境预测需要依据调查或监测的历史资料

B. 环境预测运用现代科学方法和手段给出未来的环境状况和发展趋势

C. 环境预测的内容不包括环境资源破坏和环境污染造成的经济损失预测

D. 环境预测是为提出防止环境进一步恶化和改善环境的对策提供依据

15-21 下列关于噪声预测的说法，不正确的是（　　）。

A. 噪声源数据的获得，优先考虑引用已有的数据，包括国外的资料，其次采用类比测量法

B. 噪声预测范围一般与所确定的噪声评价等级所规定的范围相同，也可稍大于评价范围

C. 等声级线的间隔不大于 5dB

D. 等声级图直观地表明了项目的噪声级分布，对分析功能区噪声超标状况提供了方便，同时为城市规划、城市环境噪声管理提供了依据

15-22 下列说法不正确的是（　　）。

A. 对一、二级评价项目应预测自净能力最小和一般的两个时期环境影响。三级评价或评价时间较短的二级评价可只预测自净能力最小时期的环境影响

B. 不确定性因素可能导致的大气污染混沌状态及其临界风险与敏感区，则可适当增大评价区的范围

C. 水质预测模型：稳态数值模式用于连续稳定排放，动态数值模式用于非连续稳定排放

D. 环境噪声影响评价就是解释和评估拟建项目造成的周围声环境预期变化的重大性，据此提出消减其影响的措施

15-23 下列选项中，（　　）并不是固体废物具有的一般特点。

A. 资源和废物的相对性　　B. 处理过程的终态，污染环境的源头

C. 危害具有潜在性、长期性和灾难性　　D. 固体废物扩散性大、呆滞性小

15-24 对于某公路建设项目，一般其两侧（　　）m 满足一级评价要求。

A. 100　　B. 200

C. 300　　D. 400

15.3 环境与生态规划

考试大纲☞：环境规划原则和规划方法　环境规划目标和指标体系　环境功能区划　环境预测内容、预测方法　环境规划制定的程序　我国环境管理的三大政策及八项制度

必备基础知识

15.3.1 环境规划原则和规划方法

环境规划是应用各种科学技术信息，在预测发展对环境的影响及环境质量变化趋势的基础上，为了达到预期的环境目标，进行综合分析做出的带有指令性的最佳方案，是环境决策在时间、空间上的具体安排。

1)环境规划的基本原则

环境规划的基本原则是以生态理论和经济发展规律为指导，正确处理资源开发利用、建设活动与环境保护之间的关系，以经济、社会和环境协调发展的战略思想为依据，明确制订环境目标、方案和措施，实施环境效益与社会效益、经济效益统一的工作原则。

2)环境规划方法

最优化方法是环境系统分析常用的环境规划技术，也是环境规划普遍采用的方法。环境的系统分析方法就是有目的、有步骤的搜索、分析和决策过程，即为了给决策者提供决策信息和资料，规划人员使用现代的科学方法、手段和工具对环境目标、环境功能、费用和效益等进行调研、分析，处理有关数据资料，据此建立系统模型或若干个替代方案，并进行优化、模拟、分析和评价，从而选出一个或几个最佳方案，供决策者选择，用来对环境系统进行最佳控制。

为了及时做出科学的环境规划，常用的环境规划决策方法有：①线性规划；②动态规划；③投入产出分析法；④多目标规划；⑤整数规划。

典型例题解析

【例 15-14】 (2010)环境规划应遵循的原则之一是：

A. 经济建设、城乡建设和环境建设同步原则

B. 环境建设优先原则

C. 经济发展优先原则

D. 城市建设优先原则

解 考查环境规划的基本原则。选 A。

【例 15-15】 (2014)以下哪种方法不适合规划方案选择？

A. 线性规划法　　B. 费用效益分析法

C. 多目标决策分析法　　D. 聚类分析法

解 常用的环境规划决策方法有：线性规划、动态规划、投入产出分析法、多目标规划、整数规划。选 D。

15.3.2 环境规划目标和指标体系

1)环境规划目标

环境规划目标是指在一定条件下，决策者对环境质量所想要达到(或期望达到)的环境状况或标准。

环境规划目标，按内容划分时，主要包括环境质量目标、环境污染控制目标、环境建设目标、环境管理目标；按规划空间范围划分时，分为区域、流域环境目标等。

2)环境规划指标体系

环境规划指标包含两方面的含义:一是表示规划指标的内涵和所属范围的部分,即规划指标的名称;二是表示规划指标数量和质量特征的数值,即经过调查登记、汇总整理而得到的数据。

建立环境规划指标体系的原则:整体性原则、科学性原则、规范性原则、可行性原则和适应性原则。

区域性环境指标体系分为指令性规划指标、指导性规划指标和相关性规划指标三大类。

典型例题解析

【例 15-16】 下列哪项不是建立环境规划指标体系的原则:

A. 整体性原则、科学性原则　　B. 规范性原则、可行性原则

C. 适应性原则　　D. 资源化、无害化和减量化原则

解 建立环境规划指标体系的原则:整体性原则、科学性原则、规范性原则、可行性原则和适应性原则。选 D。

15.3.3 环境功能区划

环境功能区划是从整体空间观点出发,根据自然环境特点和经济社会发展状况,把规划区分为不同功能的环境单元,以便具体研究各环境单元的环境承载力及环境质量的现状与发展变化趋势,提出不同功能环境单元的环境目标和环境管理对策。

我国现行环境功能区划有城市环境功能区、空气环境功能区、城市声学环境功能区和地表水环境功能区等。

典型例题解析

【例 15-17】 (2014)以下哪条不属于环境规划中的环境功能区划的目的?

A. 为了合理布局　　B. 为确定具体的环境目标

C. 便于目标的管理和执行　　D. 便于城市行政分区

解 环境功能区划的目的:一是为了合理布局,二是为了确定具体的环境目标,三是为了便于目标的管理和执行。选 D。

15.3.4 环境预测内容、预测方法

环境预测是依据调查或监测的历史资料,运用现代科学方法和手段给出未来的环境状况和发展趋势,为提出防止环境进一步恶化和改善环境的对策提供依据。

环境预测的内容包括:①社会经济发展和经济发展预测;②污染产生与排放量预测;③环境质量预测;④生态环境预测;⑤环境资源破坏和环境污染造成的经济损失预测。

环境预测的方法有统计推断法、模式法、类比分析法、专家系统法和物理模拟法五类方法。

典型例题解析

【例 15-18】 (2009)下列关于环境规划预测内容的说法,错误的是:

A. 预测区域内人们的道德、思想等各种社会意识的发展变化

B. 预测区域内各种资源的开采量、储备量以及开发利用效益

C. 预测各类污染物在大气、水体、土壤等环境要素中的总量、浓度以及分布变化，可不考虑新污染源的种类和数量

D. 预测规划期内环境保护总投资、投资比例、投资重点、投资期限和投资效益等

解 环境预测的内容包括：①社会经济发展和经济发展预测；②污染产生与排放量预测；③环境质量预测；④生态环境预测；⑤环境资源破坏和环境污染造成的经济损失预测。选 A。

15.3.5 环境规划制定的程序

环境规划编制的基本程序主要包括：编制环境规划的工作计划、环境现状调查和评价、环境预测分析、确定环境规划目标、进行环境规划方案的设计、环境规划方案的申报与审批、环境规划方案的实施。

环境规划制定程序为：①对象调查；②目标导向预测；③制订方案；④系统分析，优先决策。

15.3.6 我国环境管理的三大政策及八项制度

1）我国环境管理的三大政策

我国环境管理的三大基本政策是预防为主、谁污染谁治理和强化环境管理。

①预防为主政策的思想是：把消除污染、保护环境的措施实施在经济开发和建设过程之前或之中，从根本上消除环境问题产生的根源，减轻事后污染治理和生态保护所要付出的沉重代价。

②谁污染谁治理的政策思想是：治理污染、保护环境是生产者不可推卸的责任和义务，由污染产生的损害以及治理污染所需要的费用，应该由污染者承担和补偿，从而使外部不经济性内化到企业的生产中去。

③强化环境管理是三大基本政策的核心，最具有中国特色，其主要内容是加强环境立法和执法、建立健全的环境管理机构和环境管理制度。

2）我国环境管理的八项制度

我国环境管理的八项制度主要包括“老三项”制度和“新五项”制度。“老三项”即环境影响评价制度、“三同时”制度和排污收费制度。“新五项”制度是城市环境综合整治定量考核制度、环境保护目标责任制、排污申报登记与排污许可证制度、污染集中控制制度、污染限期治理制度。

（1）“老三项”制度

环境影响评价制度是调整环境影响评价过程中所发生社会关系的一系列法律规范的总和，它是环境影响评价的原则、程序、内容、权利、义务以及管理措施的法定化。

“三同时”制度是中国特有的环境管理政策，是指建设项目中的环境保护设施必须与主体工程同时设计、同时施工、同时投产使用的制度。

排污收费制度是对污水、废气、固体废物、噪声等各类污染物和污染因子，收取一定排污费用的制度。

（2）“新五项”制度

城市环境综合整治定量考核制度是指通过实行定量考核，对城市政府在推行城市环境综合整治过程中的活动予以管理和调整的一项环境监督管理制度。

环境保护目标责任制是一种具体落实地方各级人民政府和有污染的单位对环境质量负责的行政管理制度。

排污申报登记与排污许可证制度：排污申报登记制度规定，凡是排放污染物的单位，须按规定向环境保护行政主管部门申报登记所拥有的污染物排放设施，污染物处理设施和正常作业条件下排放污染物的种类、数量和浓度；排污许可制度以改善环境质量为目标，以污染物总量控制为基础，规定排污单位许可排放什么污染物、许可污染物排放量、许可污染物排放去向等的制度。

污染集中控制制度：污染集中控制是指在一个特定的范围内，为保护环境所建立的集中治理设施和采用的管理措施。

污染限期治理制度：污染限期治理是以污染源调查、评价为基础，以环境保护规划为依据，突出重点，分期分批地对污染危害严重、群众反映强烈的污染物、污染源、污染区域采取的限定治理时间、治理内容及治理效果的强制性措施。

排污申报登记与排污许可证制度、污染集中控制制度都属于行政管理制度。

典型例题解析

【例 15-19】 (2014)我国环境管理的“三大政策”不包括：

A. 预防为主，防治结合　　B. 环境可持续发展

C. 强化环境管理　　D. 谁污染谁治理

解　我国环境保护三大政策：预防为主，谁污染谁治理，强化环境管理。选 B。

【例 15-20】 (2017)我国环境管理的八项制度主要包括“老三项”制度和“新五项”制度，下列哪一项不属于“新五项”制度？

A. 环境保护目标责任制　　B. 污染集中控制制度

C. 污染限期治理制度　　D. 排污收费制度

解　“老三项”制度包括环境影响评价制度、“三同时”制度、排污收费制度；“新五项”制度包括城市环境综合整治定量考核制度、环境保护目标责任制、排污申报登记与排污许可证制度、污染集中控制制度和污染限期治理制度。选 D。

经典练习

15-25　(　　)是环境规划普遍采用的方法。

A. 最优化方法　B. 统计推断法　C. 专家系统法　D. 类比分析法

15-26　区域性环境指标体系分为(　　)。

A. 相关性规划指标、强制性规划指标、统一性规划指标

B. 强制性规划指标、指导性规划指标、相关性规划指标

C. 统一性规划指标、指令性规划指标、指导性规划指标

D. 指令性规划指标、指导性规划指标、相关性规划指标

15-27　(　　)不是我国环境管理三大政策。

A. 预防为主　　B. 谁污染谁治理

C. 排污申报登记　　D. 强化环境管理

15-28 我国环境管理的三大政策中,最具中国特色的环境政策是(　　)。

A. 强化环境管理　　B. 预防为主　　C. 谁污染谁治理　　D. 排污申报登记

15-29 关于环境规划指标包含的含义,下列说法不正确的是(　　)。

A. 环境规划指标包含环境规划指标体系

B. 环境规划指标包含规划指标的名称

C. 环境规划指标包含经过调查登记、汇总整理而得到的数据

D. 环境规划指标包含表示规划指标数量和质量特征的数值

15-30 (2017)按规划内容划分时,以下哪一项不属于环境规划目标?(　　)

A. 环境质量目标　　B. 环境建设目标

C. 环境污染控制目标　　D. 区域环境目标

15-31 (　　)是中国特有的环境管理政策。

A. "三同时"制度　　B. 环境影响评价制度

C. 排污收费制度　　D. 环境保护目标责任制

参考答案及提示

15-1 D 概念题,需记忆。

15-2 B 考查环境系统的相关内容。

15-3 C 一个区域的环境背景值和基线值的差别反映该区域不同地方环境受污染和破坏程度的差异。

15-4 B 考查环境系统的概念。

15-5 B 环境背景值对于开展区域环境质量评价,进行环境污染趋势预测预报,制定环境标准,工农业生产合理布局等,有着重要意义。

15-6 C 选项 A 为环境本底值(又称环境背景值)的定义,其他选项均正确。

15-7 A 考查环境质量的概念,需记忆。

15-8 C 考查环境质量的概念,需记忆。

15-9 D 考查环境基线值的概念。

15-10 D 零维模式:可用于河流充分混合段的断面水质平均浓度预测、各级评价的 pH 值预测和小型湖泊(水库)平衡时的平均水质浓度预测。

15-11 A 基础知识,需记忆。

15-12 C 环境影响评价体现了我国"预防为主"的环境政策。

15-13 B 对于工矿企业的改扩建项目可监测现有车间和厂区的噪声现状;新建项目则只调查厂界及评价区的噪声水平。

15-14 A 固体废弃物控制的主要原则:减量化、资源化、无害化。

15-15 C 环境影响评价的根本目的是鼓励在规划和决算中考虑环境因素,最终达到更具环境相容性的人类活动。

15-16 D 环境影响评价的基本功能:判断功能、预测功能、选择功能和导向功能。

15-17 B 在第二阶段,正式工作阶段时,其主要工作为工程分析和环境现状调查,并进行环境影响预测和评价环境影响。

15-18 D 选项 D 中,应从环保角度考虑为项目选址、工程设计提出优化建议,企业利益应该放在环保角度后面。

15-19　C　总量控制:指以控制一定时段内一定区域内排污单位排放污染物总量为核心的环境管理方法体系。它包含了三个方面的内容:一是排放污染物的总量;二是排放污染物总量的地域范围;三是排放污染物的时间跨度。通常有三种类型:目标总量控制、容量总量控制和行业总量控制。目前我国的总量控制基本上是目标总量控制。

15-20　C　考查环境预测。

15-21　A　噪声源数据的获得,优先考虑采用类比测量法(即测定类似项目的对应数据作为依据),其次引用已有的数据,包括国外的资料。

15-22　B　不确定性因素可能导致的大气污染混沌状态及其临界风险与敏感区,则可适当缩小评价区的范围。

15-23　D　固体废弃物的特点:数量巨大、种类繁多、成分复杂;资源和废物的相对性;危害具有潜在性、长期性和灾难性;处理过程的终态,污染环境的源头。

15-24　B　基础知识,需记忆。

15-25　A　最优化方法是环境系统分析常用的环境规划技术,也是环境规划普遍采用的方法。

15-26　D　区域性环境指标体系分为指令性规划指标、指导性规划指标和相关性规划指标三大类。

15-27　C　我国环境管理三大政策:预防为主、谁污染谁治理和强化环境管理。

15-28　A　强化环境管理是三大基本政策的核心,最具有中国特色,主要内容是加强环境立法和执法、建立健全的环境管理机构和环境管理制度。

15-29　A　环境规划指标包含两方面的含义:一是表示规划指标的内涵和所属范围的部分,即规划指标的名称;二是表示规划指标数量和质量特征的数值,即经过调查登记、汇总整理而得到的数据。

15-30　D　环境规划目标按规划内容划分时,主要包括环境质量目标、环境污染控制目标、环境建设目标、环境管理目标。

环境规划目标按规划空间范围划分时,根据规划空间范围的不同,分为区域、流域环境目标等。

15-31　A　“三同时”制度是中国特有的环境管理政策,是指建设项目中的环境保护设施必须与主体工程同时设计、同时施工、同时投产使用制度。

16 污染防治技术

考题配置　　单选,22 题

分数配置　　每题 2 分,共 44 分

复习指导

本章是重点章节,考题 22 个,分数比例最高,涉及的内容也最多、最广泛,包含了水污染防治技术、大气污染防治技术、固体废弃物的处理处置技术和物理污染防治技术,涵盖了几乎全部的环境工程专业内容,要求考生对专业知识有全面系统的理解和掌握。

16.1 水污染防治技术

考试大纲☞: 水质指标　水体与水体自净　水环境容量　物理化学处理方法　生物化学处理方法　水处理厂污泥处理方法　废水的深度处理方法

必备基础知识

16.1.1 水质指标

1)水质

水质指水和其中所含的杂质共同表现出来的物理学、化学和生物学的总和特征。

2)水质指标

水质指标指水中杂质的种类、成分和数量,是判断水质的具体衡量标准。

水质指标项目繁多,总共有数百种,一般分为物理性的、化学性的和生物学的三大类,具体见表 16-1。

水质指标　　表 16-1

类　别	指标内容
物理性水质指标	水温、色度、臭味、固体含量、泡沫等,固体物质按存在形态的不同可分为悬浮的、胶体的和溶解的三种
化学性水质指标	①无机物指标,如 pH、碱度、植物营养素(N、P)、重金属离子、无机盐等; ②有机物指标,如总需氧量(TOD)、溶解氧(DO)、化学需氧量(COD)、生化需氧量(BOD)、总有机碳量(TOC)等
生物学水质指标	总大肠菌群数、病毒、细菌总数等

典型例题解析

【例 16-1】 (2007) 关于污水水质指标类型的正确描述是：

A. 物理性指标、化学性指标

B. 物理性指标、化学性指标、生物学指标

C. 水温、色度、有机物

D. 水温、COD、BOD、SS

解 选 B。

16.1.2 水体与水体自净

1)水体与水污染

①水体：被水覆盖的自然综合体。水体不仅包括水，而且包括水中的悬浮物、底泥和水中生物等。

②水的自净能力：水体在一定程度下自身调节和降低污染的能力。

③水污染：当进入水体的外来杂质含量超过了水体自净能力时就会使水质恶化，对人类环境和水的利用产生不良影响。《中华人民共和国水污染防治法》中对水污染的定义为：水体因某种物质的介入，而导致其化学、物理、生物或者放射性等方面特性的改变，从而影响水的有效利用，危害人体健康或者破坏生态环境、造成水质恶化的现象。

水的污染根据污染成因的不同，分为点源污染和面源污染；根据污染杂质性质的不同，又可分为化学性污染、物理性污染和生物性污染。

2)水体自净的基本过程

水体自净：排入到水体中的污染物参与水中物质的循环过程，经过一系列的物理、化学和生物学变化，污染物质被分离或分解，水体基本上恢复到原来的状态。

(1)水体自净过程受很多因素影响，按机理分为三类：

①物理净化作用：水体中的污染物通过稀释、混合、沉淀与挥发，使浓度降低，但总量不减。

②化学净化作用：污染物通过氧化还原、酸碱反应、分解合成、吸附凝聚等过程使存在形态发生变化，浓度降低，但总量不减。

③生物化学净化作用(主要原因)：污染物通过水生生物特别是微生物的生命活动，使其存在形态发生变化，有机物无机化、有害物无害化，从而使污染物的浓度降低、总量减少。

(2)从水体污染的角度看，水体自净包括两个过程：

①废水在水体中的稀释和扩散：稀释实际上只是将废水中的污染物质扩散到水体中，从而降低这些物质的相对浓度；

图 16-1

②水体的生化自净：废水进入水体后，除得到稀释外，其中的有机物还会在水中微生物的作用下进行氧化分解，逐渐变成无机物质。

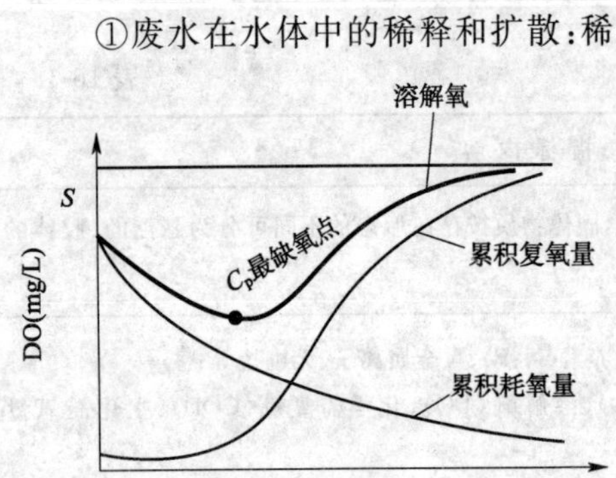

如图 16-1 所示，当废水排入河流后，排入口附近的溶解氧逐渐减少，原因是有机物的增多使河流的耗氧速率大于复氧速率，随着有机物的氧化分解，河流的耗氧速率逐渐降低，直至在河流排污口下游某点，河流的耗氧率与复氧率相同，此时溶解氧的含量最

低，随后溶解氧浓度慢慢回升，该点即被称为最缺氧点。

典型例题解析

【例 16-2】 (2008) 某河流接纳某生活污水的排放，污水排入河流后在水体物理、化学和生物化学的自净作用下，污染物浓度得到降低。下列描述中错误的是：

A. 污水排放口形式影响河流对污染物的自净速度

B. 河流水流速度影响水中有机物的生物化学净化速率

C. 排入的污水量越多，河流通过自净恢复到原有状态所需时间越长

D. 生活污水排入河流以后，污水中的悬浮物快速沉淀到河底，这是使河流中污染物总量降低的重要过程

解 水体对废水的稀释、扩散以及生物化学降解作用是水体自净的主要过程。选 D。

【例 16-3】 (2014)有机污染物的水体自净过程中氧垂曲线上最缺氧点发生在：

A. 有机污染物浓度最高的地点

B. 亏氧量最小的地点

C. 耗氧速率和复氧速率相等的地点

D. 水体刚好恢复清洁状态的地点

解 如图 16-2 所示，a 为有机物分解的耗氧曲线，b 为水体复氧曲线，c 为氧垂曲线，C_p 为最缺氧点，可知其位于耗氧速率和复氧速率相等的地点。选 C。

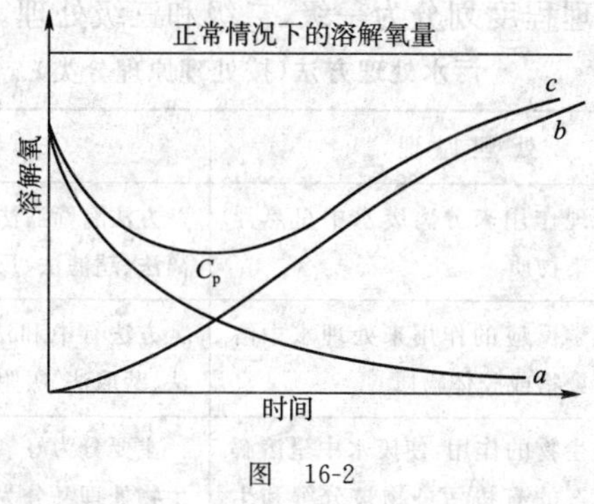

图 16-2

16.1.3 水环境容量

水环境容量：在满足水环境质量标准的前提下，水体所能接纳的最大允许污染物负荷量，又称水体纳污能力。

水环境容量主要取决于三个要素：水资源量、水环境功能区划和排污方式。

水环境容量的大小与下列因素有关：

①水体特征，如水文参数、背景参数、自净参数及工程因素等。

②污染物特征，如污染物的扩散性、持久性、生物降解性等。一般污染物的物理化学性质越稳定，环境容量越小。所以耗氧有机物的水环境容量最大，难降解有机物的水环境容量很小。

③水质目标，水的功能和用途要求不同，允许存在于水体的污染物量也不同。

典型例题解析

【例 16-4】 (2008) 在以下措施中,对提高水环境容量没有帮助的措施是:

A. 采用曝气设备对水体进行人工充氧

B. 降低水体功能对水质目标的要求

C. 将污水多点、分散排入水体

D. 提高污水的处理程度

解 水环境容量主要取决于三个要素:水资源量、水环境功能区划和排污方式。选 D。

16.1.4 水处理的基本方法

1)给水处理的基本方法

当以地面水作为饮用水水源时,处理工艺常包括混凝、沉淀、过滤和消毒;当以地下水作为饮用水水源时,一般只需消毒处理即可满足水质要求。

各种不同的工业用户对水质有特殊要求,因此还要根据不同的情况对水质进行软化、除盐、冷却、控制结垢与腐蚀等处理。

地面水处理流程:源水→混凝→沉淀→过滤→消毒→饮用水

2)污水处理的基本方法

①污水处理技术按原理分为物理处理法、化学处理法和生物处理法,具体见表 16-2。

②污水处理技术按处理程度划分为一级、二级和三级处理。

污水处理方法(按处理原理分类) 表 16-2

污水处理方法	处理原理	具体方法
物理处理法	利用物理作用来分离废水中呈悬浮状态的污染物质	方法有筛滤法、沉淀法、气浮法、蒸发浓缩法、离心分离法、超滤法、反渗透法等
化学处理法	利用化学反应的作用来处理水中溶解性的污染物或胶体物质	方法有中和法、氧化还原法、混凝法、电解法、吹脱法、萃取法、吸附法、离子交换法、电渗析法等
生物处理法	利用微生物的作用,使废水中呈溶解和胶体状态的有机污染物被分解和生物利用	主要分为好氧生物处理和厌氧生物处理两类。好氧生物处理又分为活性污泥法、生物膜法、生物氧化塘、湿地及土壤处理等

一级处理:也称预处理。只是去除污水中呈悬浮状态的固体污染物质。物理法大部分用于一级处理。

二级处理:去除水中呈溶解和胶体状态的有机污染物。生物法是常见的二级处理方法,经济有效,因此常被称为生物处理或生物化学处理。一般废水经二级处理可达到排放要求。

三级处理:也称为高级处理或深度处理。当出水水质要求较高时,为了进一步去除废水中的营养物质,生物难降解有机物和溶解盐,就要在二级处理后,再进行三级处理。

废水处理的原则:

①废水减排;

②废水利用;

③有价物质回收;

④废水末端处理。

污水处理典型流程如图 16-3 所示。

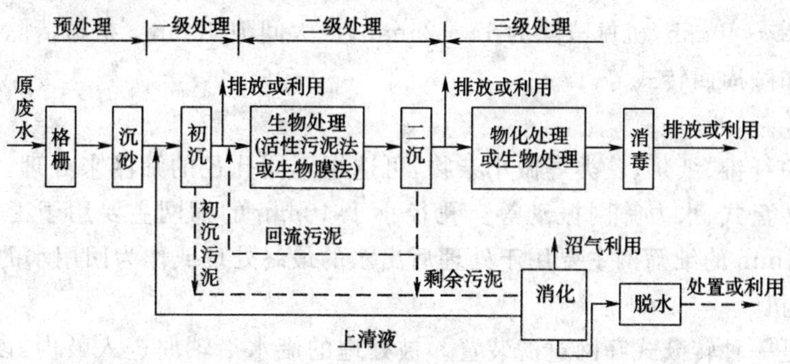

图 16-3　污水处理典型流程

16.1.5 物理化学处理方法

1)筛滤截留法

筛滤的目的是去除废水中粗大的悬浮物和杂物，以保护后续处理设施并防止管道堵塞。通常设置在处理厂各处理构筑物之前。主要设备有格栅、筛网和微滤机等。

(1)格栅

格栅由一组平行的金属栅条或筛网制成，安装在污水渠道、泵房集水井的进口处或污水处理厂的端部，用以截留较大的悬浮物或漂浮物。沉砂池或沉淀池前的格栅，栅隙一般为 15～30mm，最大不超过 40mm。格栅前渠道内的水流速度一般为 0.4～0.9m/s，过栅流速一般为 0.6～1.0m/s，格栅倾角一般为 45°～70°(机械格栅一般为 60°～70°，特殊类型可达 90°)。栅前水渠设计成渐扩，防止阻水回流。通过格栅的水头损失一般采用 0.08～0.15m。格栅的设计见图 16-4。

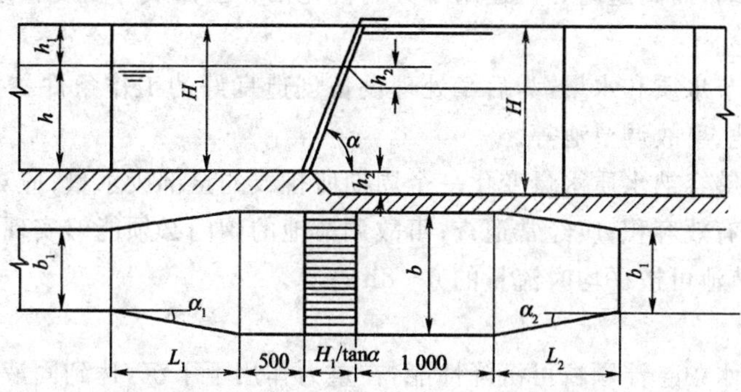

图 16-4　格栅设计示意图(尺寸单位：mm)

典型例题解析

【例 16-5】 (2010)污水处理系统中设置格栅的主要目的是：

A. 拦截污水中较大颗粒尺寸的悬浮物和漂浮物

B. 拦截污水中的无机颗粒

C. 拦截污水中的有机颗粒

D. 提高污水与空气的接触面积，让有害气体挥发

解　参考格栅的概念。选 A。

污水处理清渣方式分为人工清渣和机械清渣两种。同时，格栅栅条间隙应符合下列要求：人工清除为 25～40mm，机械清除为 16～25mm，最大间隙 40mm。机械清除格栅有履带式、钢丝绳牵引式和圆周回转式等。

(2)筛网

对于水中纤维、纸浆、藻类等微小杂物，可选用不同孔径的筛网来处理。筛网装置有转鼓式、旋转式、转盘式、水力筛网振动等。孔径小于 10mm 的筛网主要用于工业废水的预处理，孔径小于 0.1mm 的细筛网主要用于处理后出水的最终处理或作为回用水的处理。

(3)微滤机

微滤机是一种转鼓式筛网过滤装置。被处理的废水沿轴向进入鼓内，以径向辐射状经筛网流出，水中杂质(细小的悬浮物、纤维、纸浆等)即被截留于鼓筒上滤网内面。当截留在滤网上的杂质被转鼓带到上部时，被压力冲洗水反冲到排渣槽内流出。运行时，转鼓 2/5 的直径部分露出水面，转数为 1～4r/min，滤网过滤速度可采用 30～120m/h，冲洗水压力为 0.5～1.5kg/cm^2，冲洗水量为生产水量的 0.5%～1.0%，用于水库水处理时，除藻效率达 40%～70%，除浮游生物效率达 97%～100%。微滤机占地面积小，生产能力大(250～36 000m^3/d)，操作管理方便，已成功地应用于给水及废水处理。

2)离心分离法

物体高速旋转时，产生离心力场。利用离心力分离废水中密度与水不同的悬浮物的处理方法，就是离心分离法。

按照离心力的产生方式，分为两类：①水力旋流器，其特点是器体固定不动，而由沿切向高速进入胎内的物料产生离心力，包括压力式水力旋流器和重力式水力旋流器两种；②离心机，其特点是由高速旋转的转鼓带动物料产生离心力，常速离心机多用于分离纤维类悬浮物和污泥脱水等液固分离，而高速离心机适用于分离乳化油和蛋白质等密度较小的细微悬浮物。

3)均质调节

调节池可调节水质和水量，为后续处理设备创造良好的工作条件。按功能可分为水量调节池、水质调节池、事故调节池等。

调节池应能够容纳水质水量变化一个周期所排放的全部废水量；应对沉淀物有所处理，以免减少调节池的有效容积；应经常巡查；事故调节池的阀门必须能够实现自动控制。当无流量变化资料时，调节池可按平均时流量的 6～8h 计算。

4)沉淀

沉淀是利用水中悬浮颗粒可沉降性能，在重力作用下下沉，达到固液分离的一种过程。不仅降低了废水中污染物的浓度，同时对保证整个废水处理系统的正常运行也起到了重要作用。几乎是所有水处理过程不可缺少的基本单元之一。

根据废水中可沉降物质颗粒的大小、凝聚性能的强弱及其浓度的高低，按观察到的现象可把沉淀分为四种类型：①自由沉淀，离散颗粒、沉速不变(沉砂池、初沉池前期)；②絮凝沉淀，絮凝性颗粒、沉速增加(初沉池后期、二沉池前期、给水混凝沉淀)；③拥挤沉淀，颗粒浓度大，相互间发生干扰、分层(高浊水、二沉池、污泥浓缩池)；④压缩沉淀，颗粒间相互挤压，下层颗粒间的水在上层颗粒的重力下挤出，污泥得到浓缩。

(1)沉砂池

用于去除水中比重较大的无机颗粒杂质，一般设于泵站、倒虹管前，以减轻无机颗粒对水泵、管道的磨损，也可设于初沉池前，以减轻沉淀池负荷及改善污泥处理构筑物的处理条件。

沉砂池的工作是以重力沉降为基础的，即在沉降过程中颗粒杂质的尺寸、形状和比重不随时间而变化。自由沉降的沉砂池，其澄清流量与沉深无关，仅与池表面积和颗粒沉降速度相关。

$$Q=\frac{h}{t}A=uA \tag{16-1}$$

式中：Q——澄清流量(m^3/s)；

h——颗粒在 t 时间内沉降的距离(m)；

t——沉降时间(s)；

A——与沉降方向垂直的矩形容器截面积(m^2)；

u——颗粒沉降速度(m/s)。

颗粒在静水中沉降速度可用 Stokes 公式表示：

$$u=\frac{g(\rho_s-\rho)d^2}{18\mu} \tag{16-2}$$

式中：u——颗粒的沉降末速度(m/s)；

ρ_s，ρ——分别表示颗粒及水的密度(kg/m^3)；

g——重力加速度(m/s^2)；

μ——水的黏度(Pa·s)；

d——颗粒的粒径(m)。

常用的沉砂池有平流式沉砂池、曝气沉砂池、竖流式沉砂池等。

①平流沉砂池。平流沉砂池由入流渠、出流渠、闸板、水流部分及沉砂斗组成。具有截留无机颗粒效果较好、工作稳定、构造简单、排沉砂较方便等优点。去除的砂粒相对密度为 2.65、粒径为 0.2mm 以上。

a. 当废水以自流方式进入时，应取最大小时流量；当用泵送入时，应取工作水泵的最大组合流量。

b. 分格数：分格数一般不小于 2，并按并联方式运行。

c. 流速：应控制在最大流速 0.3m/s 和最小流速 0.15m/s 之间。

d. 停留时间：流量最大时，废水在池内的停留时间不小于 30s，一般为 30～60s。

e. 结构尺寸：有效水深一般为 0.25～1.0m，不大于 1.2m；超高不小于 0.3m；每格宽不小于 0.6m。

f. 沉砂量：依水质不同而异，对城市污水可按每 10 万 m^3 废水产生 $3m^3$ 沉砂考虑。

g. 储砂斗：容积一般按 2 日以内的沉砂量设计，斗壁倾角不小于 55°；池底以 0.01～0.02 的坡度倾向砂斗。

②曝气沉砂池。普通沉砂池的最大缺点是在其截留的沉砂中夹杂有一些有机物，对被少量有机物包裹的砂粒截留效果也不高。使用曝气沉砂池能够在一定程度上克服上述缺点。曝气沉砂池集曝气和除砂于一身，不但可使沉砂中的有机物降低至 5% 以下，而且还有预曝气、除臭、除油等多种功能。

③竖流式沉砂池。竖流式沉砂池是一个圆形池，污水由中心管进入池内后自下而上流动，砂粒借重力沉于池底。

(2)沉淀池

沉淀池按工艺布置的不同，可分为初沉池和二沉池。初沉池是一级污水厂的主体构筑物，或作为二级污水厂的预处理构筑物，设在生物处理构筑物之前，处理对象是 SS 以及部分 BOD_5；二沉池设在生物处理构筑物之后，用于沉淀、去除活性污泥或腐殖污泥。

沉淀池由四个功能区组成：流入区、沉降区、流出区、污泥区。

沉淀池主要有四种类型：平流式、竖流式、辐流式、斜板(管)式。

①平流式沉淀池。平流式沉淀池的废水从池一端流入，沿水平方向在池内流动，从另一端溢出，池的形状呈长方形，在进口处的底部设储泥斗。平流式沉淀池见图 16-5。

②竖流式沉淀池。废水从池中央下部进入，由下向上流动。为了池内水流分布均匀，池径不宜太大，一般采用 4～7m，不大于 10m。沉淀区呈柱形，污泥斗呈截头倒锥形。圆形竖流式沉淀池见图 16-6。

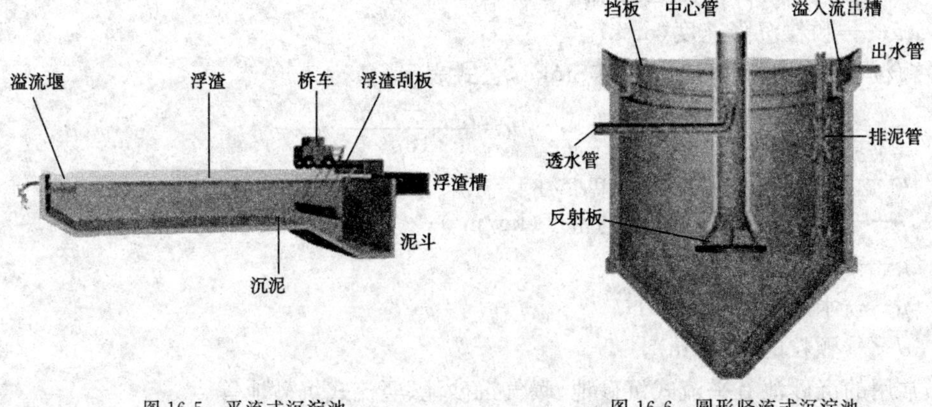

图 16-5　平流式沉淀池　　图 16-6　圆形竖流式沉淀池

③辐流式沉淀池。一般的辐流式沉淀池，废水是从中心进入而在池四周出流，进口处流速很大，呈紊流状态，这时原废水中悬浮物质浓度亦高，紊流状态阻碍了它的下沉，影响沉淀池的分离效果。

而向心辐流式沉淀池与此恰恰相反，原废水从池周流入，澄清水则从池中心流出。也可以采取池周进水池周出水的方式。辐流式沉淀池直径一般为 20～30m 以上，最大可达 100m，池深 2.5～5m，适用于大型引水处理厂。

④斜板(管)沉淀池。浅池理论：通过降低沉淀池的深度可以提高沉淀池的效率。如果把沉淀池分成 n 层，理论上在不改变流量和处理效率的条件下，沉淀池的体积可以缩小为原来的 $1/n$；在不改变沉淀池体积的条件下，可以把处理量提高到原来的 n 倍。

根据水流与泥流的相对方向，可将斜板(管)沉淀池划分为异向流、同向流、侧向流三种，最常用的为异向流斜(管)板沉淀池。

所以，工程上把水平隔层改为倾斜成一定角度的斜面，这就是斜板沉淀池，如果板间再加隔板则称为斜管沉淀池。

5)除油

除油方法宜采用重力分离法去除浮油和重油，采用气浮法、电解法、混凝沉淀法去除乳化油。

采用自然上浮法去除废水中浮油的方法称为隔油，使用的构筑物称为隔油池。隔油池常见类型有平流式隔油池、斜板式隔油池。

6)气浮

(1)原理

气浮是一种有效的固-液和液-液分离方法，常用于对那些颗粒密度接近或小于水的细小颗粒的分离。它通过某种方法产生大量的微气泡，使微小气泡与在水中悬浮的颗粒黏附，形成水-气-颗粒三相混合体系，颗粒黏附上气泡后，密度小于水即上浮水面，从水中分离出去，形成浮渣。

(2)气浮分类

气浮按产生微气泡方式可分为溶气气浮法、散气气浮法、电解气浮法。其中，溶气气浮法应用最广。根据气泡在水中析出时所处压力的不同，溶气气浮又可分为加压溶气气浮和溶气真空气浮两种类型。

(3)气浮设备

常用的汽浮设备有加压溶气气浮、叶轮气浮、曝气气浮和射流气浮。

(4)应用

在水处理中，气浮法应用于石油、化工及机械制造业中的含油污水的油水分离，工业废水处理，污水中有用物质的回收，取代二次沉淀池，特别是用于易于产生活性污泥膨胀的情况，以及剩余活性污泥的浓缩。不适合处理高浊浓度的原水。

7)过滤

(1)过滤机理

滤池分离悬浮颗粒涉及多种因素和过程，一般分三类：①迁移机理，悬浮颗粒脱离流线而与滤料接触的过程；②附着机理，由上述迁移过程而与滤料接触的悬浮颗粒，附着在滤料表面上不再脱离，就是附着过程；③脱落机理，反冲洗过程。

过滤过程：废水由上到下通过一定厚度的由一定粒度的粒状介质组成的床层，由于粒状介质之间存在大小不同的孔隙，废水中的悬浮物被这些孔隙截留而除去。

反冲洗过程：到一定程度时过滤不能进行，需要进行反冲洗。反冲洗是通过上升水流的作用使滤料呈悬浮状态，滤料间的孔隙变大，污染物随水流带走，反冲洗完成后再进行过滤。所以过滤过程是间断进行的。

滤池主要构造有滤料层、承托层、配水系统和冲洗系统。

(2)滤池分类

目前常用的滤池类型很多，按滤料的种类分，有单层滤池、双层滤池和多层滤池；按作用水头分，有重力式滤池和压力滤池；按进、出水及反冲洗水的供给与排除方式分，有普通快滤池、虹吸滤池和无阀滤池。

8)中和法

中和法是利用碱性药剂或酸性药剂将废水从酸性或碱性调整到中性附近的一类处理方法。

酸性、碱性废水的中和处理主要有以下几种方法：

(1)酸性、碱性废水的相互中和法

中和处理酸、碱性废水，首先考虑以废治废的原则，优先选择酸性废水与碱性废水相互中和法处理。

(2)药剂中和法

酸性废水通常选用石灰、石灰石作为中和剂，碱性废水一般采用盐酸、硫酸和硝酸等中和剂。

(3)过滤中和法

过滤中和法仅用于酸性废水的处理，它是利用碱性滤料形成的滤床来处理酸性废水，当酸性废水流过滤料时，发生中和反应，使废水中和。

主要的滤料有石灰石、大理石、白云石等矿物。中和滤池分为普通中和滤池、升流式膨胀中和滤池和滚筒式中和滤池三种。

9)化学沉淀法

向废水中投加某些化学药剂,使之与废水中的某些溶解物质发生化学反应,生成难溶的沉淀物的方法称为化学沉淀法。工业废水中常见危害性大的重金属(如 Hg、Zn、Cd、Pb、Cu 等离子)和某些非金属(如 As、F 等)都可以采用化学沉淀法去除。

根据使用沉淀剂不同,化学沉淀法可分为以下几种方法。

①氢氧化物沉淀法:水中金属离子很容易与碱反应生成各种氢氧化物,其中包括氢氧化物沉淀及各种羟基络合物。常用的沉淀剂有石灰、碳酸钠、苛性钠、石灰石、白云石等。

②硫化物沉淀法:金属硫化物的溶解度一般比其氢氧化物的溶解度小得多,因此,采用硫化物沉淀法可以比较完全地去除水中的重金属离子。硫化物沉淀法经常作为氢氧化物沉淀法的补充法。常用的沉淀剂有 H_2S、Na_2S、K_2S、$(NH_4)_2S$、NaHS 等,其中前三种沉淀剂使用较多。

$$MS = M^{2+} + S^{2-} \tag{16-3}$$

$$[M^{2-}] = K_{MS}/[S^{2-}] \tag{16-4}$$

③碳酸盐沉淀法:投加难溶碳酸盐(如 $CaCO_3$)、投加可溶性碳酸盐(如 Na_2CO_3)、投加石灰(可去除水中的碳酸盐硬度)。

④其他沉淀法:钡盐沉淀法、卤化物沉淀法、磷酸盐沉淀法。

10)氧化还原法

废水中的溶解性物质可以通过化学氧化还原反应转化成无害的物质,或者转化成容易从水中分离排除的形态(气体、固体)从而达到处理的目的,称为氧化还原处理法。

(1)高级氧化

①臭氧氧化法:

a. 氧化无机物:臭氧能将水中的二价铁、锰氧化成三价铁及高价锰,使溶解性的铁、锰变成固态物质,以便通过沉淀和过滤除去。

b. 氧化有机物:臭氧能够氧化许多有机物,如蛋白质、氨基酸、有机胺、链型不饱和化合物、芳香族、木质素、腐殖质等。目前在水处理中,采用 COD_{Cr} 和 BOD_5 作为测定这些有机物的指标,臭氧在氧化这些有机物的过程中,将生成一系列中间产物,这些中间产物的 COD_{Cr} 和 BOD_5 值有的比原反应物更高。

c. 消毒:臭氧杀菌效果好、速度快,而且对消灭病毒也很有效。臭氧消毒的效果主要取决于接触设备出口处的剩余量和接触时间,其受 pH 值、水温及水中氨量的影响较小。但其也有一定的选择性,如绿霉菌、青霉菌之类对臭氧具有抗药性,需较长时间才能杀死它们。

②过氧化氢氧化法:

a. Fenton 试剂:Fenton 试剂是亚铁离子和过氧化氢的组合,该试剂作为强氧化剂的应用已有一百多年的历史,在精细化工、医药化工、医药卫生、环境污染治理等方面得到广泛的应用。

b. 过氧化氢单独氧化:特点有产品稳定,储存时每年活性氧的损失低于 1%;安全,没有腐蚀性,能较容易地处理液体;与水完全混溶,避免了溶解度的限制或排出泵产生气栓;无二次污染,能满足环保排放要求;氧化选择性高,特别是在适当条件下选择性更高。

③二氧化氯氧化法:有强氧化性,对 THM、酚类化合物等能起到破坏作用,同时可氧化水

中的铁离子和锰离子，使之形成沉淀而得到去除。

$$2ClO_2 + 5Mn^{2+} + 6H_2O \rightarrow 5MnO_2 \downarrow + 12H^+ + 2Cl^- \tag{16-5}$$

$$ClO_2 + 5Fe(HCO_2)_2 + 13H_2O \rightarrow 5Fe(OH)_3 \downarrow + 10CO_2 \uparrow + 21H^+ + Cl^- \tag{16-6}$$

④湿式氧化法：湿式氧化法（Wet Air Oxidation，简称 WAO）是在高温、高压下，利用氧化剂将废水中的有机物氧化成二氧化碳和水，从而达到去除污染物的目的。与常规方法相比，具有适用范围广、处理效率高、极少有二次污染、氧化速率快、可回收能量及有用物料等特点。

⑤光化学氧化法：所谓光化学反应，就是在光的作用下进行的化学反应。光化学反应需要分子吸收特定波长的电磁辐射，受激产生分子激发态，之后才会发生化学变化到一个稳定的状态，或者变成引发热反应的中间化学产物。利用光化学反应治理污染，包括无催化剂和有催化剂参与的光化学氧化。

⑥超临界水氧化技术：超临界水氧化的主要原理是利用超临界水作为介质来氧化分解有机物。在超临界水氧化过程中，由于超临界水对于有机物和氧气都是极好的溶剂，因此有机物的氧化可以在富氧的均一相中进行，反应不会因相间转移而受限制。

由于超临界水具有溶解非极性有机化合物（包括多氯联苯等）的能力，在足够高的压力下，它与有机物和氧或空气完全互溶，因此这些化合物可以在超临界水中均相氧化，并通过降低压力或冷却选择性地从溶液中分离产物。

(2)高锰酸钾及其复合盐的氧化

高锰酸钾是常用的强氧化剂。高锰酸钾作为氧化剂时会出现各种不同的情况，它在不同的介质中出现不同的产物：在酸性介质中还原产物为 Mn^{2+}，呈淡粉色；在中性介质中还原产物为 MnO_2，呈棕黑色沉淀；在碱性介质中还原产物为 MnO_4^{2-}，呈绿色。这是由于在不同介质中，MnO_4^{2-} 都具有一定氧化性，都可与较强的还原剂作用。

高锰酸钾处理能有效地去除污水中的多种有机污染物，降低水的致突变性。此外，还能显著地控制氯化消毒副产物。

(3)其他氧化方法

①催化氧化：催化氧化过程主要有常温常压下的催化氧化和高温高压下的湿式催化氧化、光催化氧化等。通过催化途径产生氧化能力极强的 OH·羟基自由基。

②电化学处理技术：电化学水处理技术是使污染物在电极上直接发生电化学反应或利用电极表面产生的强氧化性活性物种使污染物发生氧化还原转变，后者被称为间接电化学转化。

③超声技术：超声辐射的降解途径主要是在空化效应作用下，有机物通过高温分解或自由基反应两种历程进行。超声空化是指液体中的微小气核在超声波的作用下被激活，它表现在泡核的振荡、生长、收缩、崩溃等一系列动力学过程。

11)电解

(1)原理

电解槽内装有极板，一般用普通钢板制成。极板取适当间距，以保证电能消耗较少而又便于安装、运行和维修。通电后，在外电场作用下，阳极失去电子发生氧化反应，阴极获得电子发生还原反应。废水流经电解槽，作为电解液，在阳极和阴极分别发生氧化和还原反应，有害物质被去除。

(2)应用

电解法主要用于处理含铬废水和含氰废水。此外，还用于去除废水中的重金属离子、油以及悬浮物；也可以凝聚吸附废水中呈胶体状态或溶解状态的染料分子，而氧化还原作用可破坏生色基团,取得脱色效果。采用电解法处理含酚、含镉、含硫、含有机磷等废水以及食品工业废水的试验研究工作也在进行。

12)混凝

混凝是水处理的一个重要方法,用以处理水中细小的悬浮物和胶体污染物质,还可用于除油和脱色。混凝可用于各种工业废水的预处理、中间处理或最终处理及城市污水的三级处理和污泥处理。

(1)混凝机理

目前,一般认为混凝剂对水中胶体粒子的混凝作用有四种。

①压缩双电层:随着电解质加入,与反离子同电荷离子增多,产生压缩双电层作用,使ξ电位降低,从而胶体颗粒失去稳定性,产生凝聚作用。

②吸附电中和:这种现象在水处理中出现的较多,指胶核表面直接吸附带异号电荷的聚合离子、高分子物质、胶粒等,来降低ξ电位。其特点是:当药剂投加量过多时,ξ电位可反号。

③吸附架桥:吸附架桥作用是指高分子物质与胶粒,以及胶粒与胶粒之间的架桥,形成"胶粒-高分子-胶粒"的絮凝体。

④网捕卷扫:是指金属氢氧化物在形成过程中对胶粒的网捕与卷扫。

(2)混凝剂与助凝剂

无机盐类混凝剂:铁盐、铝盐等。

有机高分子类混凝剂:聚丙烯酰胺(PAM)等。

助凝剂:pH 调整剂、絮体结构改良剂、氧化剂等。

(3)混凝设备

①投药方法:干投法和湿投法。

②混合设备:常用的混合设备分水泵混合、机械混合、管式混合三种。

③反应设备:隔板絮凝池、折板絮凝池、机械絮凝池、穿孔旋流絮凝池。往复式隔板絮凝池见图 16-7。

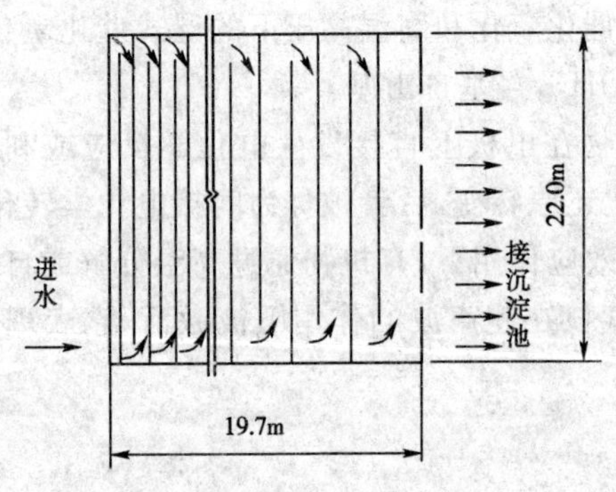

图 16-7　往复式隔板絮凝池

13)吸附

(1)原理

利用多孔性固体吸附废水中的一种或几种溶质,达到废水净化的目的或回收有用溶质的过程。具有吸附能力的多孔性固体物质称为吸附剂,废水中被吸附的物质称为吸附质。水处理中常用的吸附剂有活性炭、磺化煤、活化煤、沸石、硅藻土、焦炭等。

(2)吸附分类

根据吸附剂表面吸附力的不同分为物理吸附和化学吸附。前者是通过分子间作用力产生吸附,后者是由化学键产生吸附。

(3)吸附的影响因素

影响吸附的因素有吸附剂的性质、吸附质的性质、废水的 pH、温度、共存物的影响和接触时间。

(4)吸附剂再生

吸附剂再生是在吸附剂本身结构不发生或很少发生变化的情况下,用某种方法把吸附质从吸附剂微孔中去除，恢复其吸附能力，以达到重复使用目的。

方法：加热再生、药剂再生、化学氧化法、生物再生法。

(5)操作与设备

在废水处理中，吸附操作分为静态和动态两种。动态吸附是在废水流动条件下进行的，常用吸附设备有固定床、移动床、流化床等。降流式固定床型吸附塔如图 16-8 所示。

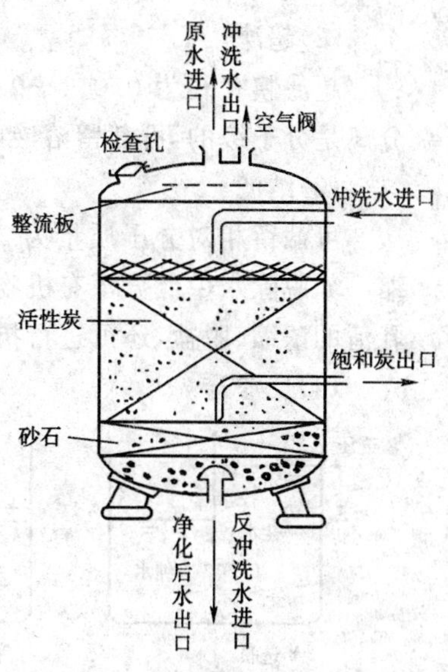

图 16-8 降流式固定床型吸附塔构造示意图

(6)应用

吸附法主要应用于重金属废水、含油废水的处理。

14)离子交换

(1)原理

离子交换法是利用离子交换剂来分离废水中有害物质的方法，离子交换剂上可交换的离子(阳离子和阴离子)和水溶液中的同符号离子进行交换反应，而不溶性固体骨架在这一交换过程中不发生任何化学变化。它可以改变所处理液体的离子成分，但不改变交换前后废水中的总电荷数。

离子交换是可逆反应，其反应式可表示为：

$$RH + M^{+} \rightleftharpoons RM + H^{+} \tag{16-7}$$

交换树脂　交换离子　饱和树脂

其反应平衡常数：

$$K = \frac{[RM][H^{+}]}{[RH][M^{+}]}$$

实质：是一种特殊的吸附过程，是可逆性化学吸附。

去除对象：溶解性离子水处理中软化和除盐的主要方法之一，还可去除或回收重金属离子。

(2)操作过程

包括四个阶段：交换→反冲洗→再生→清洗。

(3)离子交换类型和设备组成

离子交换类型，按操作方式可分为：固定床、移动床、流动床三种。

离子交换设备由预处理设备(石英砂过滤等)、离子交换器和再生附属设备(再生液配制)。

(4)应用

离子交换法在水处理中主要应用方面是水质软化与除盐，亦可广泛应用于含重金属废水的处理与金属回收方面。

15)膜分离法

膜分离法是利用特殊的薄膜对液体中的成分进行选择性分离的技术。常用的有微滤、超滤、纳滤、反渗透、电渗析等。

(1)微滤

微滤膜孔径大致为 0.1～10μm，其原理属于筛分作用，可视为用孔径较小的膜作为介质进行过滤的过程。主要应用于：制药过程的除菌过滤，电子工业集成电路生产用水、气、试剂的过滤和超纯水生产的终端过程，食品生产以及生物制品生产中悬浮物的分离等领域。

(2)超滤

超滤膜孔径为0.001～0.1μm,可将大分子、细微粒子与溶液分离。与微滤相比,超滤的分离是分子级的,可截留溶液中溶解的大分子溶质,透过小分子溶质,分离机理也为筛分作用。

(3)纳滤

可截留相对分子质量为200～1 000的颗粒,更适合于水的净化、软化以及一些物质的浓缩。如脱除水中低分子有机物、农药、色素和易结垢的硫酸盐、碳酸盐、氟、硼、砷等有害物质,乳清的浓缩、脱盐,还可进行抗生素、多肽等的回收和浓缩。

(4)反渗透

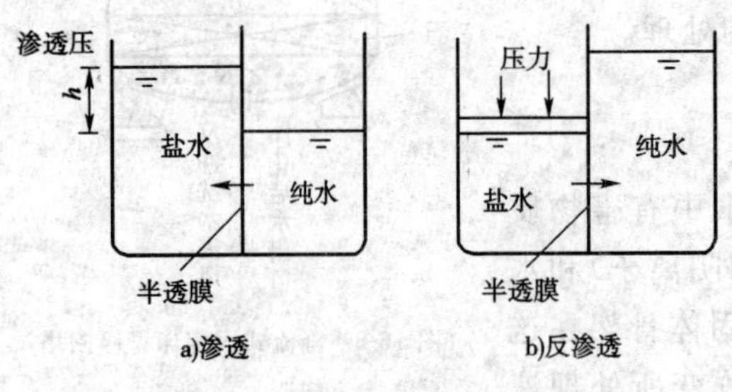

图16-9　渗透和反渗透的原理

反渗透是用一种半透膜将纯水(溶剂)与盐溶液隔开,渗透与反渗透的原理如图16-9所示。

溶剂分子会从溶剂侧经半透膜渗透到溶液侧,这种现象称为渗透。由于溶质分子不能通过半透膜向溶剂侧渗透,故溶液侧的压强上升。渗透一直进行到溶液侧的压强高到足以使溶剂分子不再渗透为止,此时即达平衡。平衡时,膜两侧的压差称为渗透压。如果溶液侧的压强大于渗透压,则溶剂分子将从溶液侧向溶剂侧渗透,这一过程称为反渗透。

目前,反渗透过程主要应用于脱盐和浓缩两个方面。

(5)电渗析

电渗析是在直流电场作用下,以电位差为推动力,利用离子交换膜的选择透过性,把电解质从溶液中分离出来,从而实现溶液的淡化、浓缩、精制或纯化的目的。

①电渗析制取淡水的基本过程:利用离子交换膜的选择透过性,即阳膜理论上只允许阳离子通过,阴膜理论上只允许阴离子通过,在外加直流电场作用下,阴、阳离子分别往阳极和阴极移动,它们最终相会于离子交换膜,如果膜的固定电荷与离子的电荷相反,则离子可以通过,如果它们的电荷是相同的,则离子被排斥,从而可以制得淡水。电渗析运行时可能发生的过程见图16-10。

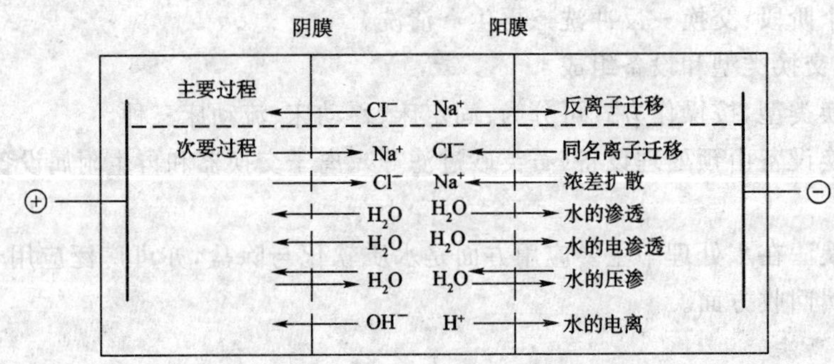

图16-10　电渗析运行时可能发生的过程

②电渗析法脱盐的基本原理:把阳离子交换膜和阴离子交换膜交替排列于正负两个电极之间,并用特制的隔板将其隔开,组成脱盐(淡化)和浓缩两个系统。当向隔室通入盐水后,在直流电场作用下,阳离子向阴极迁移,阴离子向阳极迁移,但由于离子交换膜的选择透过性,而使淡室中的盐水淡化,浓室中盐水被浓缩,实现脱盐目的。

电渗析在水处理方面的应用:苦咸水及海水淡化、海水浓缩制盐、纯水的制备、工业废水的处理(如电镀废水、造纸工业废水、重金属废水)等。

(6)萃取

萃取是将与水不互溶且密度小于水的特定有机溶剂与水接触,使原溶于水的某种组分转移至有机相的过程。常用于处理含高浓度重金属离子或高浓度有机工业废水的处理。

常用的萃取设备分为间歇型与连续型两种。

①间歇型:两相混合槽、澄清槽。

②连续型:连续逆流混合澄清器、脉冲筛板塔、转盘萃取塔。

(7)吹脱与汽提

吹脱即让废水与空气充分接触,使水中气体或易挥发组分向空气中扩散。

吹脱设备有鼓风曝气池、填料塔等。

汽提即使热空气与废水接触,使废水升温至沸点,以去除废水中挥发性溶解污染物。

汽提设备即汽提塔,有板式塔与填料塔两种。

(8)蒸发与结晶

蒸发与结晶用于废水中有用成分的回收。

常见蒸发器有列管式、薄膜式与螺旋拷板式等。

典型例题解析

【例 16-6】 (2007)阴离子有机高分子絮凝剂对水中胶体颗粒的主要作用机理为:

A. 压缩双电层　　B. 吸附电中和

C. 吸附架桥　　D. 网捕卷扫

解 阳离子型有机高分子絮凝剂即具有电性中和又具有吸附架桥作用,阴离子型有机高分子絮凝剂具有吸附架桥作用。选 C。

【例 16-7】 (2014)关于污水处理厂使用的沉淀池,下列哪种说法是错误的?

A. 一般情况下初沉池的表面负荷率比二沉池高

B. 规范规定二沉池的出水堰口负荷比初沉池的大

C. 如都采用静压排泥,则初沉池需要的排泥静压比二沉池大

D. 初沉池的排泥含水率一般要低于二沉池的剩余污泥含水率

解 初沉池沉淀污泥密度比二沉池的大,前者排泥含水率一般低于后者,排泥静压、表面负荷、出水堰口负荷一般比后者大。选 B。

16.1.6 生物化学处理方法

1)废水生化处理

①生化法的处理对象:废水中呈胶体状和溶解状态的有机物,废水中呈溶解状态的营养元素 N 和 P。

②微生物的代谢过程(图 16-11)。

③生物处理法分类(图 16-12)。

2)好氧生物处理法

好氧生物处理是在有分子氧存在的条件下,利用好氧微生物(包括兼性微生物)降解有机物,使其稳定、无害化的处理方法。好氧生物处理的目的:去除污水中的有机污染物,防止水体

亏氧;去除污水中胶体物及悬浮固体,防止其在水中沉淀,淤塞河道;减少病原微生物进入水体。

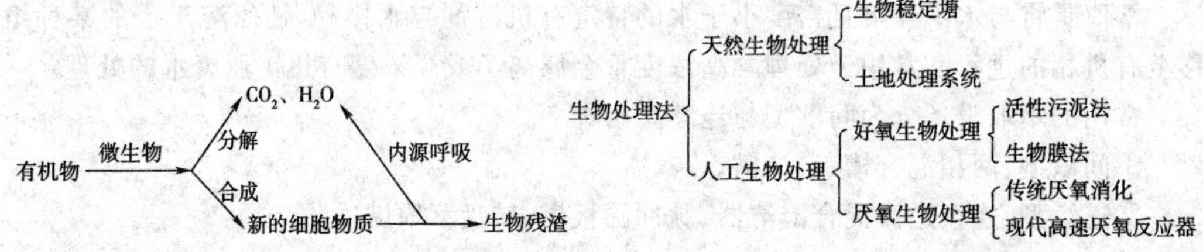

图 16-11　微生物代谢过程简图　　　图 16-12　生物处理法分类

污水二级处理工艺就是为了实现 BOD 和 TSS 的去除。目前常见处理有机污染物、胶体及悬浮物的好氧生物处理工艺有悬浮生长处理工艺(常称活性污泥法)和附着生长处理工艺(常称生物膜法)两类。

(1)活性污泥法

①原理

活性污泥法是以活性污泥为主体的污水生物处理技术。向生活污水注入空气进行曝气,每天保留沉淀物,更换新鲜污水。这样持续一段时间后,在污水中即将形成一种呈黄褐色的絮凝体。这种絮凝体主要是由大量繁殖的微生物群体所构成,它易于沉淀与水分离,并使污水得到净化、澄清。这种絮凝体就是称为"活性污泥"的生物污泥。图 16-13 为活性污泥法处理系统的基本流程。

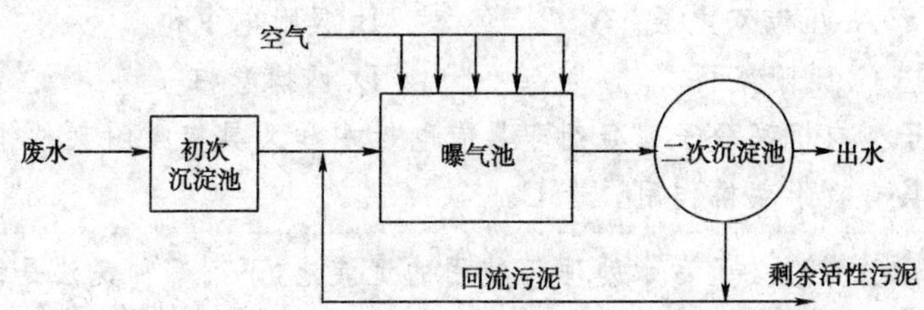

图 16-13　活性污泥法处理系统的基本流程

经初沉池或水解酸化装置处理后的污水从一端进入曝气池,与此同时,从二沉池连续回流的活性污泥,作为接种污泥,也与此同步进入曝气池。此外,从空压机站送来的压缩空气,通过干管和支管的管道系统和铺设在曝气池底部的空气扩散装置,以细小气泡的形式进入污水中,其作用除向污水充氧外,还使曝气池内的污水、活性污泥处于剧烈搅动的状态。活性污泥与污水相互混合、充分接触,使活性污泥反应得以正常进行。活性污泥反应的结果为,污水中的有机污染物得到降解、去除,污水得以净化,由于微生物的繁衍增殖,活性污泥本身也得到增长。

一般将这整个净化反应过程分为三个阶段:吸附阶段、氧化阶段、絮凝体形成与凝聚沉淀阶段。

a.吸附阶段:在活性污泥系统内,在污水开始与活性污泥接触后的较短时间(10～30min)内,由于活性污泥具有很大的表面积从而具有很强的吸附能力,因此在这很短的时间内,就能够去除废水中大量呈悬浮和胶体状态的有机污染物,使污水的 BOD_5 值(或 COD 值)大幅度下降。

b.氧化阶段:有氧条件下,微生物将吸附阶段吸附的有机物一部分氧化分解,一部分合成新细胞。

c.絮凝体形成与凝聚沉淀阶段:氧化阶段下形成的菌体有机絮凝成为絮凝体,在重力作用下沉降并与水分离。

②影响活性污泥增长的因素

a. DO：活性污泥混合液中 DO 应控制在 2mg/L 左右。

b. 营养物质：一般活性污泥的 BOD_5 负荷在 0.3kg/(kg·d)，高负荷活性污泥的 BOD_5 负荷可高达 2kg/(kg·d)。除有机物外，还应控制 BOD_5 ∶N∶P=100∶5∶1。

③活性污泥的评价指标

混合液悬浮固体浓度(MLSS)：又称混合液污泥浓度，表示的是在曝气池单位容积混合液内所含有的活性污泥固体物的总重量，即

$$\text{MLSS}=M_a+M_e+M_i+M_{ii} \tag{16-8}$$

式中：M_a——具有代谢功能的微生物群体；

M_e——微生物内源代谢、自身氧化的残留物；

M_i——由原污水挟入的难为细菌降解的惰性有机物质；

M_{ii}——由污水挟入的无机物质。

混合液挥发性悬浮固体浓度(MLVSS)：表示混合液活性污泥中有机性固体物质部分的浓度，即

$$\text{MLVSS}=M_a+M_e+M_i \tag{16-9}$$

在条件一定时，MLVSS/MLSS 是较稳定的，对城市污水，一般在 0.75～0.85。

污泥沉降比(SV)：是指将曝气池中的混合液在量筒中静置 30min，其沉淀污泥与原混合液的体积比，一般以%表示。能相对地反映污泥数量以及污泥的凝聚、沉降性能，可用以控制排泥量和及时发现早期的污泥膨胀。正常数值一般为 20%～30%。

污泥体积指数(SVI)：曝气池出口处混合液经 30min 静沉后，1g 干污泥所形成的污泥体积，即

$$\text{SVI}=\frac{\text{SV(mL/L)}}{\text{MLSS(g/L)}} \tag{16-10}$$

SVI 能更准确地评价污泥的凝聚性能和沉降性能，其值过低，说明泥粒小、密实，无机成分多；其值过高，说明其沉降性能不好，将要或已经发生膨胀现象。城市污水的 SVI 一般为 50～150mL/g。

污泥龄：又称生物固体平均停留时间，即曝气池内活性污泥总量(VX)与每日排放污泥量(ΔX)之比，即

$$\theta_C=\frac{VX}{\Delta X}(\text{d}) \tag{16-11}$$

曝气池中有机污染物与活性污泥微生物比值的指标：

$$\begin{cases} N_S\text{——BOD-污泥负荷} \\ N_V\text{——BOD-容积负荷} \end{cases} \tag{16-12}$$

$$N_S=\frac{F}{N}=\frac{QS_a}{VX}[\text{kgBOD}_5/(\text{kgMLSS}\cdot\text{d})] \tag{16-13}$$

式中：S_a——原污水中有机污染物(BOD)的浓度(mg/L)。

④活性污泥系统的主要运行方式

传统活性污泥法(传统推流法)。主要优点有：a. 处理效果好，BOD_5 的去除率可达 90%～95%；b. 对废水的处理程度比较灵活，可根据要求进行调节。主要问题：a. 为了避免池首端形成厌氧状态，不宜采用过高的有机负荷，因而池容较大，占地面积较大；b. 在池末端可能出现供氧速率高于需氧速率的现象，会浪费动力费用；c. 对冲击负荷的适应性较弱。传统活性污泥

法系统如图 16-14 所示。

完全混合活性污泥法。主要特点：a. 可以方便地通过对 F/M 的调节，使反应器内的有机物降解反应控制在最佳状态；b. 污水一进入曝气池，就立即被大量混合液所稀释，所以对冲击负荷有一定的抵抗能力；c. 适合于处理较高浓度的有机工业废水。主要问题：a. 微生物对有机物的降解动力低，易产生污泥膨胀；b. 处理水水质较差。主要结构形式：a. 合建式（曝气沉淀池）；b. 分建式。

阶段曝气活性污泥法（分段进水活性污泥法或多点进水活性污泥法）。主要特点：a. 废水沿池长分段注入曝气池，有机物负荷分布较均衡，改善了供氧速率与需氧速率间的矛盾，有利于降低能耗；b. 废水分段注入，提高了曝气池对冲击负荷的适应能力；c. 混合液中的活性污泥浓度沿池长逐步降低，出流混合液的污泥浓度较低，减轻二次沉淀池的负荷，有利于提高二次沉淀池固、液分离效果。阶段曝气活性污泥法系统如图 16-15 所示。

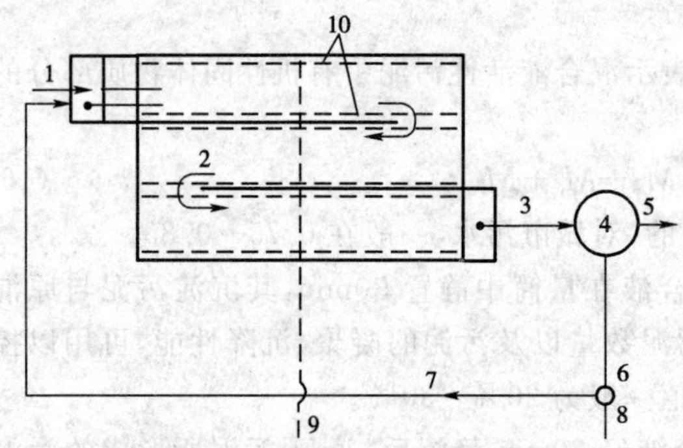

图 16-14　传统活性污泥法系统

1-经预处理后的污水；2-活性污泥反应器（曝气池）；3-从曝气池流出的混合液；4-二次沉淀池；5-处理后污水；6-污泥泵站；7-回流污泥系统；8-剩余污泥；9-来自空压机站的空气；10-曝气系统与空气扩散装置

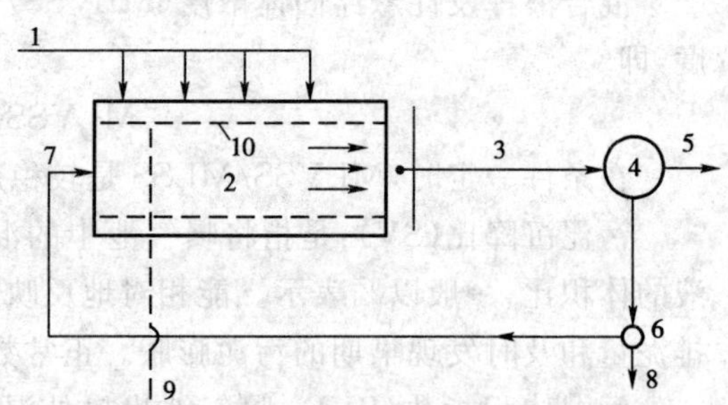

图 16-15　阶段曝气活性污泥法系统

1-经预处理后的污水；2-活性污泥反应器（曝气池）；3-从曝气池流出的混合液；4-二次沉淀池；5-处理后污水；6-污泥泵站；7-回流污泥系统；8-剩余污泥；9-来自空压机站的空气；10-曝气系统与空气扩散装置

吸附再生活性污泥法（生物吸附法或接触稳定法）。主要特点：将活性污泥法对有机污染物降解的两个过程——吸附、代谢稳定，分别在各自的反应器内进行。主要优点：a. 废水与活性污泥在吸附池的接触时间较短，吸附池容积较小，再生池接纳的仅是浓度较高的回流污泥，因此再生池的容积也是小的，吸附池与再生池容积之和仍低于传统法曝气池的容积，建筑费用较低；b. 具有一定的承受冲击负荷的能力，当吸附池的活性污泥遭到破坏时，可由再生池的污泥予以补充。主要缺点：对废水的处理效果低于传统法，对溶解性有机物含量较高的废水，处理效果更差。吸附—再生活性污泥法系统如图 16-16 所示。

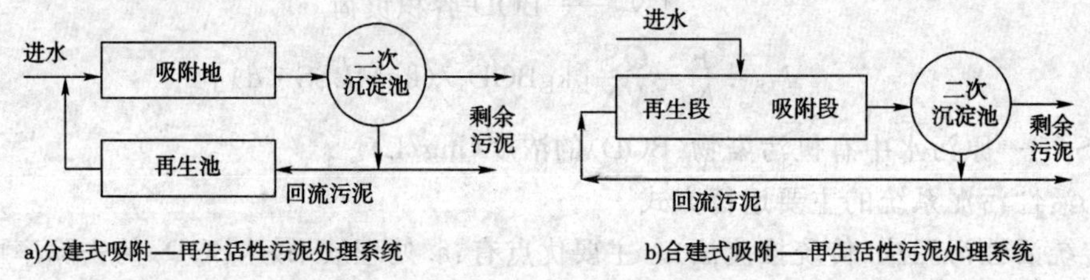

图 16-16　吸附—再生活性污泥法系统

延时曝气活性污泥法（完全氧化活性污泥法）。主要特点：a. 有机负荷率非常低，污泥持续处于内源代谢状态，剩余污泥少且稳定，无须再进行处理；b. 处理出水水质稳定性较好，对废水冲击负荷有较强的适应性；c. 在某些情况下，可以不设初次沉淀池。主要缺点：a. 池容大、曝气时间长，建设费用和运行费用都较高，而且占地大；b. 一般适用于处理水质要求高的小型城镇污水和工业污水，水量一般在 1 000m^3/d 以下。

高负荷活性污泥法（短时曝气法或不完全曝气活性污泥法）。主要特点：有机负荷率高，曝气时间短，对废水的处理效果较低；在系统和曝气池的构造等方面与传统法相同。

纯氧曝气活性污泥法。主要优点：a. 纯氧中氧的分压比空气约高 5 倍，纯氧曝气可大大提高氧的转移效率，氧的转移率可提高到 80%～90%，而一般的鼓风曝气仅为 10%左右；b. 可使曝气池内活性污泥浓度高达 4 000～7 000mg/L，能够大大提高曝气池的容积负荷；c. 剩余污泥产量少，SVI 值也低，一般无污泥膨胀之虑。纯氧曝气池构造如图 16-17 所示。

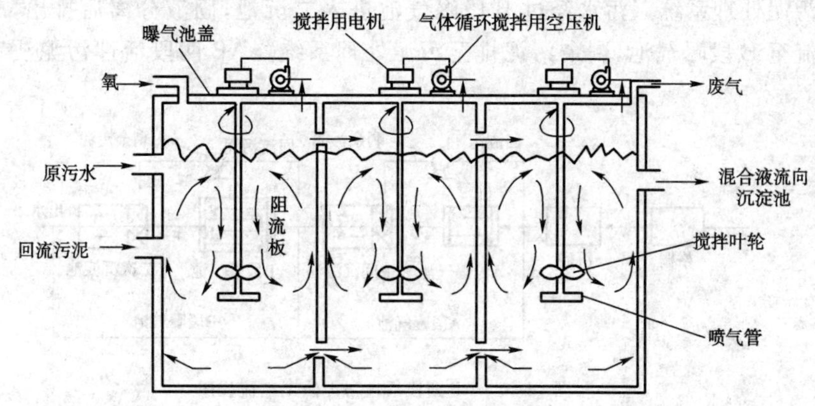

图 16-17　纯氧曝气池构造图

浅层低压曝气法（Inka 曝气法）。理论基础：只有在气泡形成和破碎的瞬间，氧的转移率最高，因此没有必要延长气泡在水中的上升距离；其曝气装置一般安装在水下 0.8～0.9m 处，因此可以采用风压在 1m 以下的低压风机，动力效率较高，可达 1.80～2.60kgO_2/(kW·h)；其氧转移率较低，一般只有 2.5%；池中设有导流板，可使混合液呈循环流动状态。浅层曝气池见图 16-18。

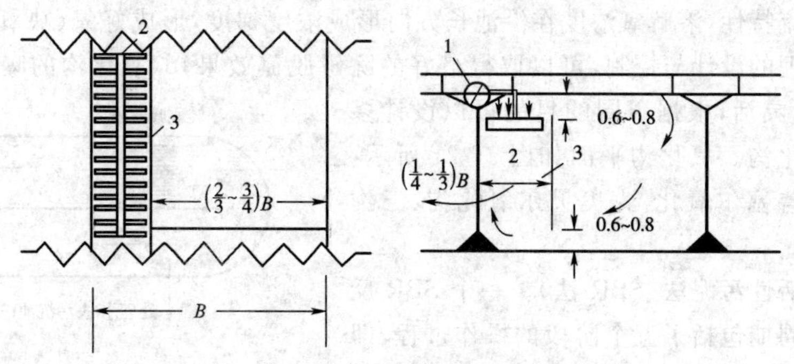

图 16-18　浅层曝气池

1-空气管；2-曝气栅；3-导流板

深水曝气活性污泥法。主要特点：a. 曝气池水深在 7～8m 以上；b. 由于水压较大，氧的转移率可以提高，相应也能加快有机物的降解速率；c. 占地面积较小。一般有两种形式：a. 深水中层曝气法（空气扩散装置设在深 4m 左右处）；b. 深水深层曝气法（空气扩散装置仍设于池底部）。

深井曝气活性污泥法（超深水曝气法）。工艺流程：平面一般呈圆形，直径介于 1～6m 之

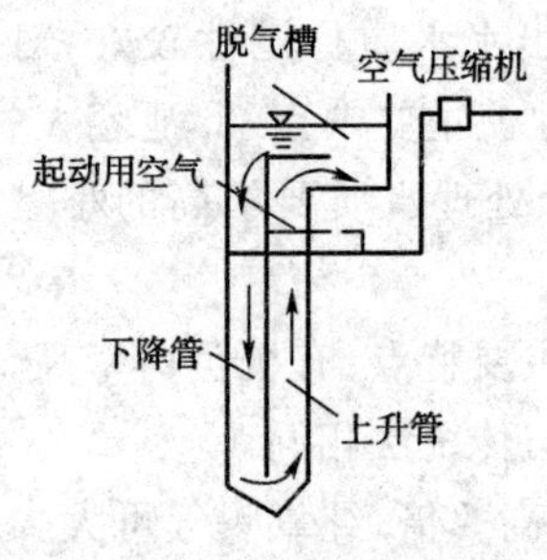

图 16-19 深井曝气装置

间，深度一般为 50～150m。主要特点：a. 氧转移率高，约为常规法的 10 倍以上；b. 动力效率高，占地少，易于维护运行；c. 耐冲击负荷，产泥量少；d. 一般可以不建初次沉淀池；e. 受地质条件的限制。深井曝气装置如图 16-19 所示。

AB 两段活性污泥法。AB 两段活性污泥法是将活性污泥系统分为两个阶段，即 A 段和 B 段。它的工作原理是充分利用微生物种群的特性，为其创造适宜的环境而分为两个阶段，使不同的生物种群得到良性增殖，通过生化作用来处理污水。污水进入污水处理厂，经格栅和沉砂池去除粗大漂浮物和砂子、杂粒之后全进入 A 段曝气池。污水经 A 段曝气池后的中间沉淀池，泥水分离后，再进入 B 段曝气池。沉淀污泥部分回流至 A 段曝气池，剩余污泥排至污泥处理系统。污水经过 B 段曝气池进入二沉池，固液分离后排出，二沉池沉淀污泥部分回流至 B 段曝气池，剩余污泥排至污泥处理系统。AB 两段活性污泥法工艺流程如图 16-20 所示。

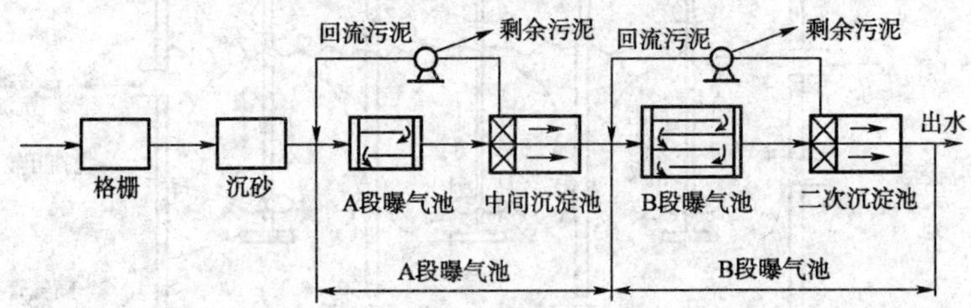

图 16-20 AB 两段活性污泥法工艺流程图

氧化沟。曝气池呈封闭的沟渠形，污水与活性污泥的混合液在其中进行不断的循环流动，因此又称为“环形曝气池”、“无终端的曝气系统”。特点：a. 简化了预处理。氧化沟水力停留时间和污泥龄比一般生物处理法长，悬浮有机物可与溶解性有机物同时得到较彻底的去除，排出的剩余污泥已得到高度稳定，因此氧化沟可以不设初次沉淀池，污泥也不需要进行厌氧消化；b. 占地面积少。因在流程中省略了初次沉淀池、污泥消化池，有时还可省略二次沉淀池和污泥回流装置，使污水处理厂总占地面积不仅没有增大，相反还可缩小；c. 从溶解氧的分布看，氧化沟具有推流特性，溶解氧浓度在沿池长方向形成浓度梯度，形成好氧、缺氧和厌氧条件。通过对系统合理的设计与控制，可以取得最好的除磷脱氮效果；d. 氧化沟的曝气设备和构造形式多样，运行灵活，根据不同的目的可以设计多种形式的氧化沟。氧化沟平面如图 16-21 所示。其形式有卡鲁塞尔氧化沟、奥贝尔氧化沟、三沟式氧化沟。

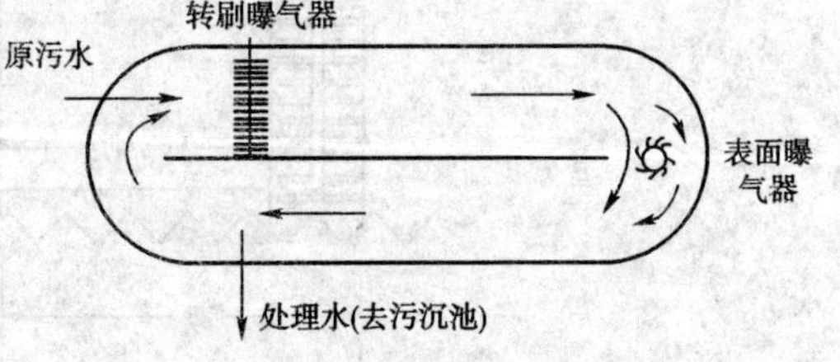

图 16-21 氧化沟平面图

序批式活性污泥法（SBR 法）。一个 SBR 反应器的运行周期包括了五个阶段的操作过程，即进水期、反应期、沉淀期、排水排泥期、闲置期。主要特点：a. 工艺简单、造价低；b. 时间上具有理想推流式反应器的特性；c. 运行方式灵活，脱氮除磷效果好；d. 污泥沉降性能好；e. 对进水水质水量的波动具有良好的适应性。SBR 运行操作 5 个工序如图 16-22 所示。

⑤活性污泥处理系统的工艺设计

工艺设计内容：a. 工艺流程选择；b. 曝气池容积的计算、曝气池工艺尺寸设计；c. 需氧量、供气量的计算及曝气系统设计；d. 回流污泥量(RQ)、剩余污泥排放量(QW)与回流污泥系统的设计；e. 二沉池的设计计算。

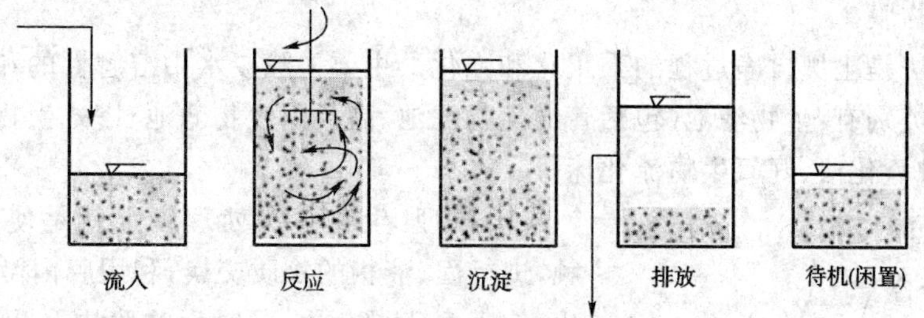

图 16-22 SBR 运行操作 5 个工序示意图

曝气池(区)容积计算：

$$N_S=\frac{QS_a}{VX}[\text{kgBOD}/(\text{kgMLSS}\cdot\text{d})] \tag{16-14}$$

$$V=\frac{QS_a}{N_S X}(\text{m}^3) \tag{16-15}$$

曝气系统与空气扩散装置的计算与设计如下。

a. 需氧量计算：

$$R=O_2=a'QS_r+b'VX_V \tag{16-16}$$

式中：a'——活性污泥微生物对有机污染物氧化过程的需氧率(kg)；

S_r——经活性污泥微生物代谢活动被降解的有机污染物量，以 BOD 值计；

b'——活性污泥微生物通过内源代谢的自身氧化过程的需氧率(kg)；

X_V——单位曝气池容积内的挥发性悬浮固体(MLSS)量(kg/m^3)。

b. 供气量(G_S)计算：

$$G_S=\frac{R_0}{0.3E_A}\times100(\text{m}^3/\text{h}) \tag{16-17}$$

c. 污泥龄计算

$$Q_c=\frac{VX}{Q_w X_u+Q_e X_e}$$

式中：Q_w——剩余污泥流量(m^3/d)；

Q_e——出水流量(m^3/d)；

X_u——回流污泥浓度(g/L)；

X_e——出水 SS 浓度(g/L)。

d. 鼓风曝气系统的计算与设计：

根据空气量查附录求管径：空气量为直线上的一点选择管径使之在流速范围内(一般干管 10～15m/s，支管 3～5m/s)。

e. 鼓风机选择：根据供气量和风压选择鼓风机。

风压＝扩散装置水头损失＋扩散装置的出口压力＋管道水头损失(沿程和局部)＋鼓风机进出管道水头损失＋安全值

二沉池的设计：主要设计内容包括池型的选择、沉淀池(澄清区)面积、有效水深的计算、污泥区容积的计算、污泥排放量的计算等。

(2)生物膜法

又称固定膜法，是与活性污泥法并列的一类废水好氧生物处理技术。其实质是使细菌等好氧微生物和原生动物、后生动物附着在滤料或某些载体上生长繁育，并在其上形成膜状生物污泥——生物膜。

生物膜法是土壤自净过程的人工化和强化。主要去除废水中溶解性的和胶体状的有机污染物。主要类别有：生物滤池（包括普通生物滤池、高负荷生物滤池、塔式生物滤池等）、生物转盘、生物接触氧化法、好氧生物流化床等。

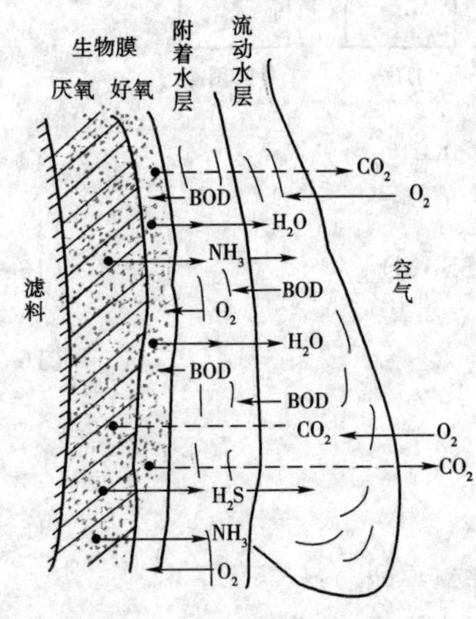

图 16-23　生物膜构造及物质传递示意图

①原理：生物膜法处理废水就是使废水与生物膜接触，进行固、液相的物质交换，利用膜内微生物将有机物氧化，使废水获得净化，同时生物膜内微生物也不断生长与繁殖。生物膜在载体上的生长过程为，当有机废水或由活性污泥悬浮液培养而成的接种液流过载体时，水中的悬浮物及微生物吸附于固相表面上，其中的微生物利用有机底物而生长繁殖，逐渐在载体表面形成一层黏液状的生物膜。这层生物膜具有生物化学活性，又进一步吸附、分解废水中悬浮、胶体和溶解状态的污染物。

生物膜中物质传递过程如图 16-23 所示。由于生物膜的吸附作用，在膜的表面存入一个很薄的水层（附着水层）。废水流过生物膜时，有机物经附着水层向膜内扩散。膜内微生物在氧的参加下对有机物进行分解和机体新陈代谢。代谢产物沿底物扩散相反的方向，从生物膜传递返回水相和空气中。

②生物滤池。生物滤池一般由钢筋混凝土或砖石砌筑而成，池平面有矩形、圆形或多边形，其中以圆形居多，主要组成部分是滤料、池壁、排水系统和布水系统（图 16-24）。

生物滤池可根据设备形式不同分为普通生物滤池和塔式生物滤池。也可根据承受废水负荷大小分为低负荷生物滤池（普通生物滤池）和高负荷生物滤池。

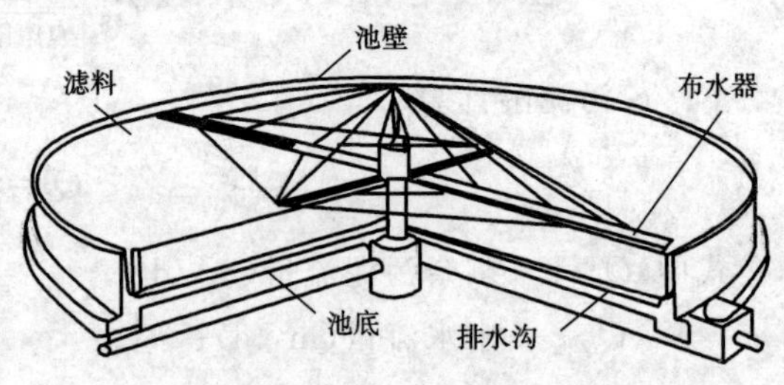

图 16-24　生物滤池的构造

a. 低负荷生物滤池承受的废水负荷低，占地面积大，水流冲刷能力小，容易引起滤层堵塞，影响滤池通风，有些滤池还出现池面积水，生长灰蝇。但是，这种滤池的处理效率高，出水常常已进入硝化阶段，出水夹带的固体物量小，无机化程度高，沉降性好。低负荷生物滤池一般适用于污水量小于 1 000m^3/d 的小型污水处理厂。目前，这类滤池极少采用。

b. 高负荷生物滤池的构造基本上与低负荷生物滤池相同，但所采用的滤料粒径和厚度都较大。由于负荷较高，水力冲刷能力强，滤料表面积累的生物膜量不大，不易形成堵塞，工作过程中老化生物膜连续排出，无机化程度较低。这种滤池由于负荷大，处理程度较低，池内不出现硝化。由于它占地面积较小，卫生条件较好，比较适宜于浓度和流量变化较大的废水处理。

高负荷生物滤池的进水 BOD_5 浓度需控制在 200mg/L 以下，否则应用处理出水回流稀释，且其处理出水效果不如低负荷生物滤池，出水 BOD_5 浓度在 30mg/L 以上。

当要求废水的处理程度较高时，可采用二级滤池串联流程。二级滤池串联时，出水浓度较低，处理效率可达90%以上。但是，二级滤池串联流程中，第一级滤池接触的废水浓度高，生物膜生长较快，而第二级滤池情况刚好相反，因此，往往第一级滤池生物膜过剩时，第二级滤池还未充分发挥作用。为了克服这种现象，可将两个滤池定期交替工作。

c.塔式生物滤池是一种塔式结构的生物滤池。滤料采用孔隙率大的轻质塑料滤料，滤层厚度大，从而提高了抽风能力和废水处理能力。塔式生物滤池进水负荷特别大，水力负荷可达80～200$m^3/(m^3 \cdot d)$，BOD_5负荷可达2000～3000$g/(m^2 \cdot d)$。自动冲刷能力强，只要滤料填装合理，不会出现滤层堵塞现象。塔式生物滤池进水BOD_5浓度应控制在500mg/L以下，否则应以处理出水回流稀释。

塔式生物滤池的滤层厚，水力停留时间长，分解的有机物数量大，单位滤池面积处理能力高，占地面积小，管理方便，工作稳定性好，投资和运转费用低，还可采用密封塔结构，避免废水中挥发性物质形成二次污染，卫生条件好。但是，塔式生物滤池出水浓度较高，外观不清澈，常有游离细菌，所以，塔式生物滤池适宜于二级处理串联系统中作为第一级处理的设备，也可以在废水处理程度要求不高时使用。

③生物转盘。生物转盘的净水机理和生物滤池相同，但其构造却完全不一样。生物转盘是由固定在一根轴上的许多间距很小的圆盘或多角形盘片组成。盘片可以是平板，也可以是点波波纹板等形式，也有用平板和波纹板组合，因为点波波纹板盘片的表面积比平板大一倍。盘片有接近一半的面积浸没在半圆形、矩形或梯形的氧化槽内。在电机带动下，盘片组在水槽内缓慢转动，废水在槽内流过，水流方向与转轴垂直，槽底设有排泥管或放空管，以控制槽内废水中悬浮物浓度。

盘片作为生物膜的载体，当生物膜处于浸没状态时，废水有机物被生物膜吸附，而当它处于水面以上时，大气的氧向生物膜传递，生物膜内所吸附的有机物氧化分解，生物膜恢复活性。这样，生物转盘每转动一圈即完成一个吸附-氧化的周期。由于转盘旋转及水滴挟带氧气，所以氧化槽也被充氧，起一定的氧化作用。增厚的生物膜在盘面转动时形成的剪切力作用下，从盘面剥落下来，悬浮在氧化槽的液相中，并随废水流入二次沉淀池进行分离。二次沉淀池排出的上清液即为处理后的废水，沉泥作为剩余污泥排入污泥处理系统。其工艺流程见图16-25。

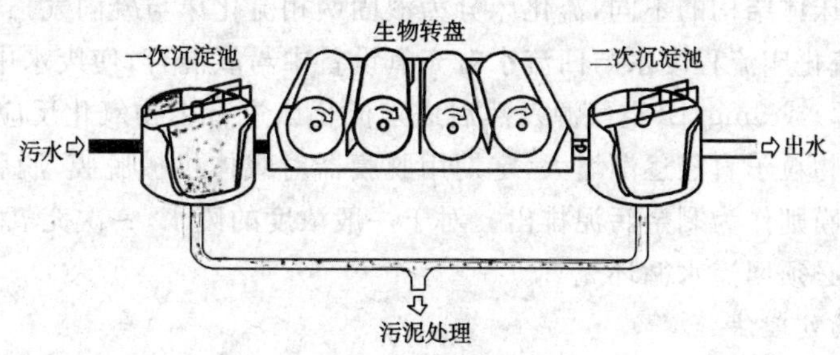

图16-25　生物转盘工艺流程

生物转盘在实际应用上有各种构造形式，最常见的是多级转盘串联，以延长处理时间、提高处理效果。但级数一般不超过四级，级数过多，处理效率提高不大。根据圆盘数量及平面位置，可以采用单轴多级或多轴多级形式。

④生物接触氧化法。生物接触氧化的早期形式为淹没式好气滤池，即在曝气池中填充块状填料，经曝气的废水流经填料层，使填料颗粒表面长满生物膜，废水和生物膜相接触，在生物膜的作用下，废水得到净化。接触氧化池内用鼓风或机械方法充氧，填料大多为蜂窝型硬性填料或纤维型软性填料，构造示意见图16-26。

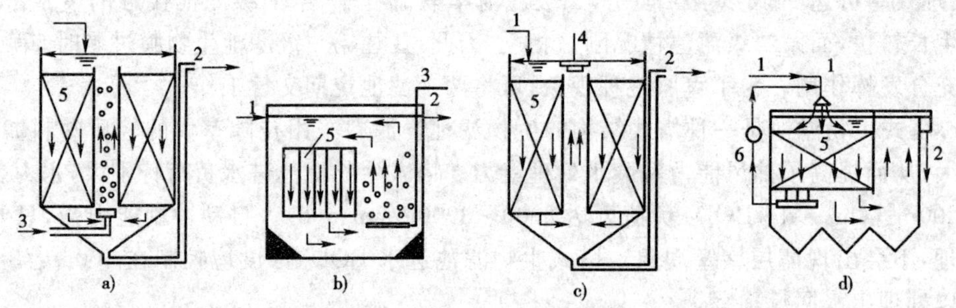

图 16-26　几种形式的接触氧化池

1-进水管；2-出水管；3-进气管；4-叶轮；5-填料；6-泵

生物接触氧化池的形式很多。从水流状态分为分流式(池内循环式)和直流式。分流式普遍用于国外，废水充氧和同生物膜接触是在不同的间格内进行的，废水充氧后在池内进行单向或双向循环。这种形式能使废水在池内反复充氧，废水同生物膜接触时间长，但是耗气量较大，穿过填料层的速度较小，冲刷力弱，易于造成填料层堵塞，尤其在处理高浓度废水时，这件情况更值得重视。直流式接触氧化池(又称全面曝气接触式接触氧化池)是直接从填料底部充氧的，填料内的水力冲刷依靠水流速度和气泡在池内碰撞、破碎形成的冲击力，只要水流及空气分布均匀，填料不易堵塞。这种形式的接触氧化池耗氧量小，充氧效率高，同时，在上升气流的作用下，液体出现强烈的搅拌，促进氧的溶解和生物膜的更新，也可以防止填料堵塞。目前国内大多采用直流式。生物接触氧化池的进水 BOD_5 浓度应维持在 100～300mg/L，水力停留时间一般为 2～4h，池内 DO 浓度控制在 2.5～3.5m/L，曝气量应按气水比(15～20)∶1 设计，每格生物接触氧化池的面积应在 $25m^2$ 以下。

⑤生物流化床。生物流化床是使废水通过流化的颗粒床，流化的颗粒表面生长有生物膜，废水在流化床内同分散十分均匀的生物膜相接触而获得净化。

生物流化床内载有生物膜的流化介质能均匀分布在全床，同上升水流接触条件好。因此，它兼有活性污泥法均匀接触条件所形成的高效率和生物膜法能承受负荷变动冲击的优点。根据供氧、脱膜与床体结构的不同，流化床分为液固两相流化床与凝固气三相流化床两种工艺。

液固两相流化床流程废水与回流水在充氧设备中与氧混合，使废水中的溶解氧达到 32～40mg/L(氧气源)或 9mg/L(空气源)，然后进入流化床进行生物氧化反应，再由床顶排出。随着床的操作，生物粒子直径逐渐增大，定期用脱膜器对载体机械脱膜，脱膜后的载体返回流化床，脱除的生物膜则作为剩余污泥排出。对于一般浓度的废水，一次充氧不足以保证生物处理所需要的氧量，必须回流水循环充氧。

3)厌氧生物处理法

厌氧生物处理又称厌氧消化、厌氧发酵。实际上，是指在厌氧条件下由多种(厌氧或兼性)微生物的共同作用下，使有机物分解并产生 CH_4 和 CO_2 的过程。

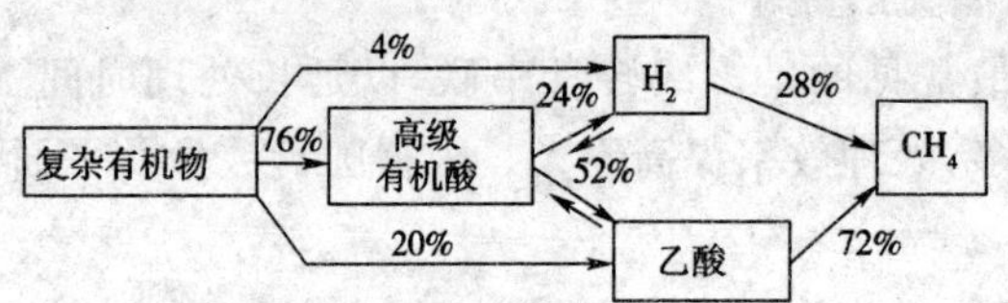

图 16-27　厌氧消化三阶段理论

厌氧消化三阶段理论如图 16-27 所示。

第一阶段为水解发酵阶段。在该阶段，复杂的有机物在厌氧菌胞外酶的作用下，首先被分解成简单的有机物。如纤维素经水解转化为简单的糖类；蛋白质转化为简单的氨基酸；脂肪转化为脂肪酸和甘油等。继而这些简单的有机物在产酸菌的作用下经过厌氧发酵和氧化转化成乙酸、丙酸、丁酸等脂肪酸和醇类等。参与这个阶段的水解发酵菌主要是厌氧菌和兼性厌氧菌。

第二阶段为产氢产乙酸阶段。在该阶段,产氢产乙酸菌把乙酸、甲酸、甲醇以外的第一阶段产生的中间产物,如丙酸、丁酸等脂肪酸以及醇类等转化为乙酸和氢,并有 CO_2 产生。

第三阶段为产甲烷阶段。通过两组生理上不同的产甲烷菌的作用,一组把氢和二氧化碳转化成甲烷,另一组是对乙酸脱羧产生甲烷。

影响厌氧生物处理的主要因素如下。

a. 温度:厌氧消化根据细菌对温度的适应范围分为低温(5～15℃)消化、中温(30～35℃)消化、高温(50～55℃)消化三类。

b. 酸碱度:应保持消化系统内的 pH 为 6～8,碱度维持在 2000～3000mg/L。

c. 负荷:中温消化的污泥投配率以 6%～8%最佳。

投配率与产气量关系如下:

$$q=32.2P^{0.5}$$

式中:q——产生量(m^3/m^3);

P——污泥投配率(%)。

d. C/N:一般消化系统的 C/N 应为(10～20):1。

e. 有毒物质:主要的有毒物质为重金属及某些阴离子。

(1)厌氧接触法

对于悬浮物较高的有机废水,可以采用厌氧接触法,它实际上是厌氧活性污泥法,消化池后设沉淀池。

在混合接触池中,要进行适当搅拌以使污泥保持悬浮状态。搅拌可以用机械方法,也可以用泵循环池水。工艺流程如图 16-28 所示。

厌氧接触法的主要特征是,在消化池后设沉淀池,将沉淀污泥回流至消化池,使污泥停留时间与水力停留时间分开,厌氧反应器内能维持较高的污泥浓度,同时可大大降低水力停留时间。

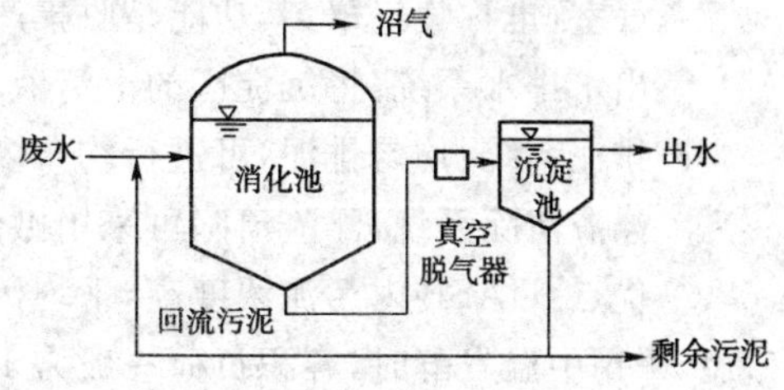

图 16-28　厌氧接触法工艺流程

厌氧接触法存在的问题是,从厌氧反应器排出的混合液中的污泥由于附着大量气泡,在沉淀池中易于上浮到水面而被出水带走;进入沉淀池的污泥仍有产甲烷菌在活动,产生沼气,使已沉下的污泥上翻,固液分离效果不佳。

(2)厌氧生物滤池

厌氧生物滤池又称厌氧固定膜反应器(SFF),是 20 世纪 60 年代末开发的新型高效厌氧处理装置。滤池多呈圆柱形,池内装放填料,池底和池顶密封。

厌氧微生物附着于填料的表面生长,当废水通过填料层时,在填料表面的厌氧生物膜的吸附、微生物的代谢作用和滤料的截留作用下,废水中的有机物被降解,并产生沼气,沼气从池顶部排出。

根据进水的方向将厌氧固定膜反应器分为升流式(图 16-29)、降流式和平流式三种;根据填料填充的程度分为全充填型和部分充填型。填料可采用拳状石质滤料,如碎石、卵石等,也可使用陶粒、塑料等填料。

特点:微生物的停留时间长,可超过 100d,不易流失,耐冲击负荷;反应器内各种不同类群的微生物自然分层固定,易使各类微生物得到最佳的环境,保持其高的活性;厌氧固定膜反应器特别适用于处理低浓度的溶解性有机废水。

缺点:厌氧微生物总量沿池高度分布很不均匀,进水部位容易发生堵塞现象。

(3)升流式厌氧污泥床(UASB)

废水由池底进入反应器,通过反应区气液分离后,混合液进入沉淀区进行固液分离,反应器内微生物以自身聚集生长,为颗粒污泥状态存在,因而能达到高生物量和高效高负荷,污泥床反应器内没有填料,不设搅拌,上升的水流和产生的沼气可满足搅拌要求。

UASB 的构造见图 16-30。

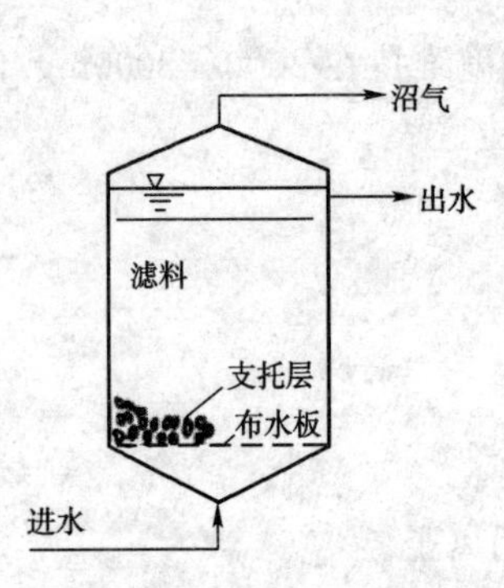

图 16-29　升流式厌氧生物滤池

16-30　升流式厌氧污泥床(UASB)构造

进水配水系统:将进水均匀分配到反应器整个横断面,起到水力搅拌的作用。

反应区:UASB 的核心,包括颗粒污泥区和悬浮污泥区。

三相分离器:由沉淀区、回流缝和气封组成,其功能是将沼气、污泥、废水等三相进行分离。

气室:也称集气罩,其功能是收集产生的沼气。

出水排水系统:将沉淀区的上清液均匀地加以收集,并将其排出反应器。

排泥系统:均匀排泥,可进行均布多点排泥,可选择每 $10m^2$ 设一个排泥点。

浮渣清除系统:浮渣清除可采用撇渣机或刮渣机清除,或采用人工清渣。

优点:UASB 内污泥浓度高,平均污泥浓度为 20～40gVSS/L;有机负荷高,水力停留时间短,采用中温发酵时,容积负荷一般为 $10kgCOD/(m^3 \cdot d)$左右;无混合搅拌设备,靠发酵过程中产生的沼气的上升运动,使污泥床上部的污泥处于悬浮状态,对下部的污泥层也有一定程度的搅动;污泥床不填载体,节省造价以及避免因填料发生堵塞问题;UASB 内设三相分离器,通常不设沉淀池,被沉淀区分离出来的污泥重新回到污泥床反应区内,通常可以不设污泥回流设备。

缺点:进水中悬浮物需要适当控制,不宜过高,一般控制在 100mg/L 以下;污泥床内有短流现象,影响处理能力;对水质和负荷突然变化较敏感,耐冲击力稍差。

(4)厌氧膨胀床和厌氧流化床

厌氧流化床是一种填有比表面积很大的惰性载体颗粒的反应器,它的一部分出水回流,与进水混合后,进入池内向上流动,使载体颗粒在整个反应器内均匀分布。

根据颗粒膨胀程度可分为膨胀床和流化床。膨胀床运行流速控制在略高于初始流化速度,相应的膨胀率为 5%～20%。流化床一般按 20%～70%的膨胀率运行,这样颗粒不致流失并且生物膜与废水又充分接触。厌氧膨胀床见图 16-31。

特点：细颗粒的载体为微生物的附着生长提供了较大的比表面积，使床内的微生物浓度很高（一般可达 30gVSS/L）；具有较高的有机容积负荷[$10\sim40$kgCOD/(m^3 · d)]，水力停留时间较短；具有较好的耐冲击负荷的能力，运行较稳定；载体处于膨胀或流化状态，可防止载体堵塞；床内生物固体停留时间较长，运行稳定，剩余污泥量较少；既可应用于高浓度有机废水的处理，也应用于低浓度城市废水的处理。

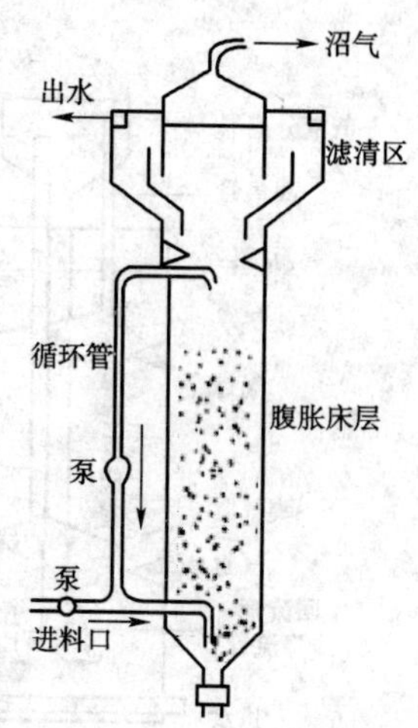

图 16-31 厌氧膨胀床反应器示意图

主要缺点：载体的流化耗能较大；系统的设计运行要求高。

(5)厌氧生物转盘

厌氧生物转盘和好氧法生物转盘相似，不同之处在于盘片大部分或全部浸没在处理水中。为保证厌氧条件和收集沼气，整个生物转盘设在密闭的容器内。

厌氧生物转盘法的特点：微生物浓度高，有机负荷高，水力停留时间短；废水沿水平方向流动，反应槽高度小，节省了提升高度；一般不需回流；不会发生堵塞，可处理含较高悬浮固体的有机废水；多采用多级串联，厌氧微生物在各级中分级，处理效果更好；运行管理方便；但盘片的造价较高。

(6)厌氧折流板反应器

该工艺使用一系列垂直放置的折流板使废水在反应器内沿折流板上下流动，但整个反应器内的水流则以较慢的速度做水平推流，由于污水在折流板的作用下，呈上下锯齿形绕流，水流所流经的总长度加大了，加上大小不等的折流板的阻挡及污泥自身沉降作用，生物固体被有效地截留在反应器内。

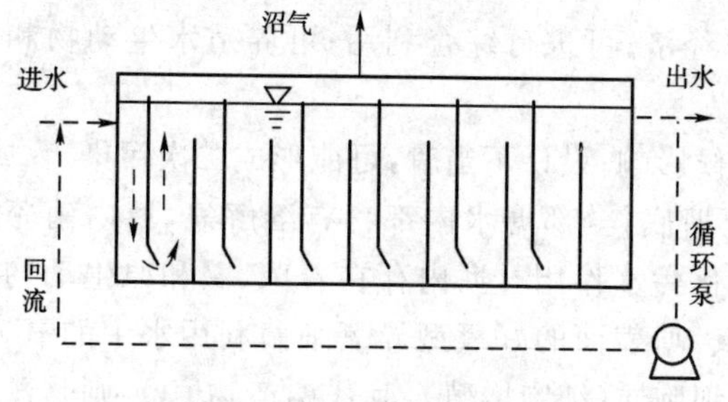

图 16-32 厌氧折流板反应器工艺流程

厌氧折流极反应器的特点：与厌氧生物转盘相比，可省去转动装置；与 UASB 相比，可不设三相分离器而截流污泥；反应器启动运行时间较短，运行较稳定；不需设置混合搅拌装置；不存在污泥堵塞问题。

厌氧折流板反应器工艺流程如图 16-32 所示。

(7)两相厌氧法

两相厌氧法问世于 20 世纪 70 年代后期，基本设想是将有机物酸化和气化过程分别设在两个独立的反应器中进行。其反应流程图如图 16-33 所示。

两相厌氧法的特点：有机负荷比单相工艺明显提高；产甲烷相中的产甲烷菌活性得到提高，产气量增加；运行更加稳定，承受冲击负荷的能力较强；当废水中含有 SO_4^{2-} 等抑制物质时，其对产甲烷菌的影响由于相的分离而减弱；对于复杂有机物（如纤维素等），可以提高其水解反应速率，因而提高了其厌氧消化的效果。

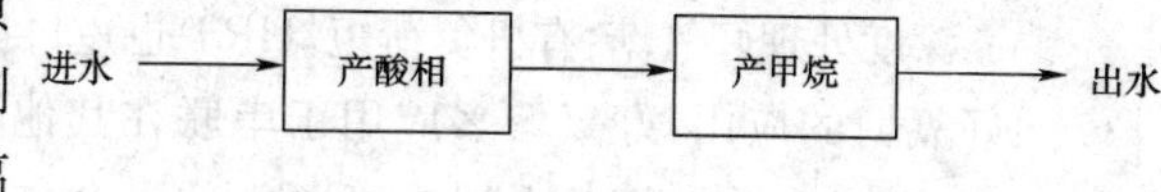

图 16-33 两相厌氧法反应流程图

(8)厌氧内循环反应器(IC)

IC 即内循环厌氧反应器，相当于两个 UASB 串联使用，主要由混合区、颗粒污泥膨化区、深处理区、内循环系统、出水区五部分组成，核心部分由布水器、下三相分离器、上三相分离器、

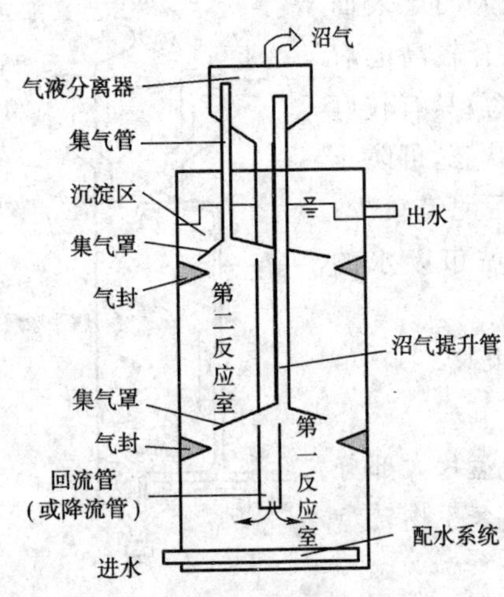

图 16-34　厌氧内循环反应器原理

提升管、泥水回流管、气液分离器、罐体及溢流系统组成。

基本原理如图 16-34 所示:两层三相分离器人为地将整个反应区分为上、下两个区域,下部为高负荷区域,上部为深处理区。废水在进入 IC 反应器底部时,与从下三相气液分离器回流的水混合,混合水在通过反应器下部的颗粒污泥层时,将废水中大部分的有机物分解,产生大量的沼气。通过下三相分离器的废水由于沼气的提升作用被提升到上部的气水分离装置,将沼气和废水分离,沼气通过管道排出,分离后的废水再回流到罐的底部,与进水混合,经过下三相分离器的废水继续进入上部的深处理区,进一步降解废水中的有机物。最后,废水通过上三相分离器进入分离区,将颗粒污泥、水、沼气进行分离,污泥则回流到反应器内以保持生物量,沼气由上部管道排出,处理后的水经溢流系统排出。

4)天然条件下的生物处理

(1)稳定塘

稳定塘又称氧化塘或生物塘,是一种利用天然净化能力的生物处理工艺。多用于小型污水处理,可用作一级处理、二级处理,也可用作三级处理。

根据塘中微生物反应的类型,稳定塘分为好氧塘、兼性塘、厌氧塘、曝气塘、深度处理塘、综合生物塘等。

稳定塘的优点:基建投资低;运行管理简单经济;可进行综合利用;可养殖水生动物和植物,组成多级食物链的复合生态系统。

稳定塘的缺点:占地面积大;处理效果受气候影响;设计不当时,可能形成二次污染。

①好氧塘:好氧塘的深度较浅,阳光能透至塘底,全部塘水内都含有溶解氧,塘内菌藻共生,溶解氧主要是由藻类供给,好氧微生物起净化污水作用。塘内存在着菌、藻和原生动物的共生系统。塘内的藻类进行光合作用,释放出氧,塘表面的好氧型异氧细菌利用水中的氧,通过好氧代谢氧化分解有机污染物并合成本身的细胞质(细胞增殖),其代谢产物 CO_2 则是藻类光合作用的碳源。

好氧塘的分类:普通好氧塘、高负荷好氧塘和深度处理好氧塘。

a. 高负荷好氧塘:有机负荷较高,HRT 较短;出水中藻类含量高;运行技术较复杂,只适用于气候温暖且阳光充足的地区;处理废水的同时又产生藻类。

b. 普通好氧塘:有机负荷低,HRT 长;以处理废水为主要目的。

c. 深度处理好氧塘:有机负荷短,HRT 也短;目的是串联在二级处理系统之后,进行深度处理。

好氧塘的应用:好氧塘多应用于串联在其他稳定塘后作进一步处理,不用于单独处理。

②兼性塘:兼性塘的上层由于藻类的光合作用和大气复氧作用而含有较多溶解氧,为好氧区;中层溶解氧则逐渐减少,为过渡区或兼性区;塘水的下层则为厌氧层;塘的最底层则为厌氧污泥层。图 16-35 为兼性塘中的基本生物反应示意图。

好氧区对有机污染物的净化机理与好氧塘相同。

兼性区的塘水溶解氧较低。异氧型兼性细菌,既能利用水中的溶解氧氧化分解有机污染物,也能在无分子氧条件下,以 NO_3^-、CO_3^{2-} 作为电子受体进行无氧代谢。

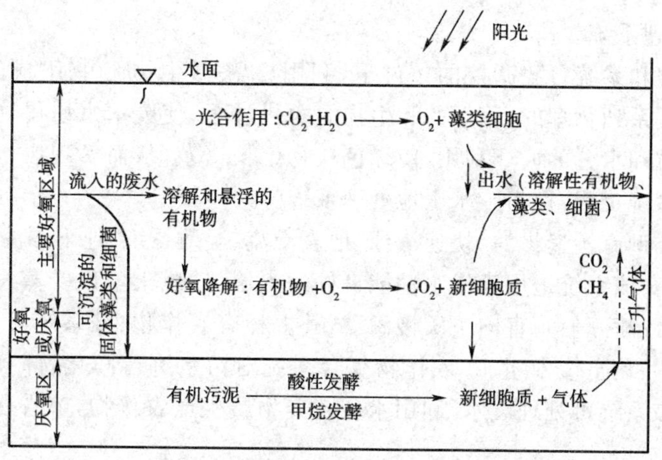

图 16-35　兼性塘中的基本生物反应示意图

厌氧区无溶解氧。污泥层中的有机质由厌氧微生物对其进行厌氧分解,其厌氧分解包括酸发酵和甲烷发酵两个过程。发酵过程中未被甲烷化的中间产物进入塘的上、中层,由好氧菌和兼性菌继续进行降解。而 CO_2、NH_3 等代谢产物进入好氧层,部分逸出水面,部分参与藻类的光合作用。

兼性塘不仅可去除一般的有机污染物,还可以有效地去除磷、氮等营养物质和某些难降解的有机污染物。

③厌氧塘:厌氧塘对有机污染物的降解,与所有的厌氧生物处理设备相同,是由两类厌氧菌通过产酸发酵和甲烷发酵两阶段来完成的。即先由兼性厌氧产酸菌将复杂的有机物水解,转化为简单的有机物(如有机酸、醇、醛等),再由绝对厌氧菌(甲烷菌)将有机酸转化为甲烷和二氧化碳等。

由于甲烷菌的世代时间长,增殖速度慢,且对溶解氧和 pH 敏感,因此厌氧塘的设计和运行,必须以甲烷发酵阶段的要求作为控制条件,控制有机污染物的投配率,以保持产酸菌和甲烷菌之间的动态平衡。

应控制塘内的有机酸浓度在 3 000mg/L 以下,pH 为 6.5～7.5,进水的 BOD_5∶N∶P＝200∶5∶1,硫酸盐浓度应小于 500mg/L,以使厌氧塘能正常运行。

④曝气塘:曝气塘是在塘面上安装有人工曝气设备的稳定塘。曝气塘分两种类型:完全混合曝气塘和部分混合曝气塘。

完全混合曝气塘中,曝气装置的强度应能使塘内的全部固体呈悬浮状态,并使塘水有足够的溶解氧供微生物分解有机污染物。

部分混合曝气塘不要求保持全部固体呈悬浮状态,部分固体沉淀并进行厌氧消化。其塘内曝气机布置较完全混合曝气塘稀疏。

曝气塘工作示意见图 16-36。

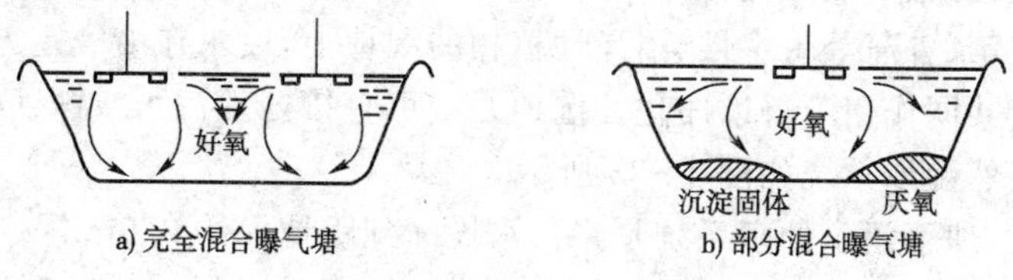

图 16-36　曝气塘工作示意图

(2)土地处理系统

在人工调控和系统自我调控的条件下，利用土壤-微生物-植物组成的生态系统对废水中的污染物进行一系列物理的、化学的和生物的净化过程，使废水水质得到净化和改善；并通过系统内营养物质和水分的循环利用，使绿色植物生长繁殖，从而实现废水的资源化、无害化和稳定化的生态系统工程，称为废水土地处理系统。

基本工艺类型有慢速渗滤、快速渗滤、地表漫流、湿地系统、地下渗滤系统。

①慢速渗滤：该系统适用于渗水性能良好的土壤、砂质土壤以及蒸发量小、气候湿润的地区；废水经石灌或喷灌后垂直向下缓慢渗滤，其上种有农作物；该系统可充分利用废水中的水分及营养成分，并藉土壤-微生物-农作物复合系统对污水进行净化，部分污水被蒸发和渗滤；使用寿命长。该系统可处理废水，利用水和营养物质生产农作物，节省优质清洁水，特别是干旱地区。

②快速渗滤：快速渗滤土地处理系统是一种高效、低耗、经济的污水处理与再生方法。适用于渗透性能良好的土壤，如砂土、砾石性砂土、砂质砂土等。污水灌至快速滤渗田表面后很快下渗进入地下，并最终进入地下水层。灌水与休灌反复循环进行，使滤田表面土壤处于厌氧—好氧交替运行状态，依靠土壤微生物将被土壤截留的溶解性和悬浮有机物进行分解，使污水得以净化。

快速渗滤法的主要目的是补给地下水和废水再生回用。进入快速渗滤系统的污水应进行适当预处理，以保证有较大的渗滤速率和硝化速率。

快速渗滤系统见图 16-37。

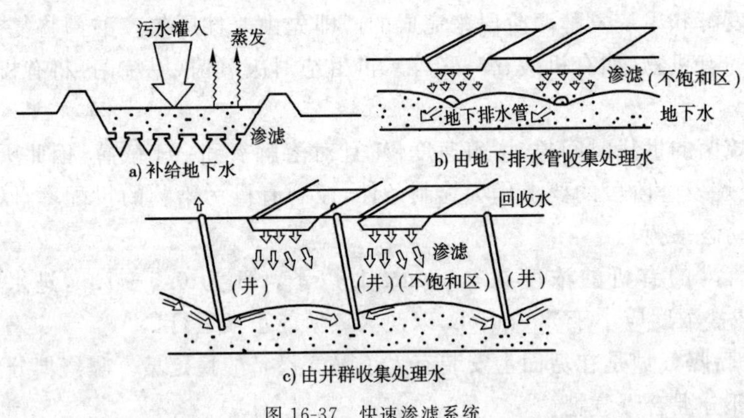

图 16-37 快速渗滤系统

③地表漫流：地表漫流系统适用于渗透性的黏土或亚黏土，地面的最佳坡度为 2%～8%。废水以喷灌法或漫灌法有控制地在地面上均匀地漫流，流向设在坡脚的集水渠，在流动过程中少量废水被植物摄取、蒸发和渗入地下。地面上种牧草或其他作物供微生物栖息并防止土壤流失，尾水收集后可回用或排放水体。采用何种方法灌溉取决于土壤性质、作物类型、气象和地形。

④湿地系统：湿地处理系统是一种利用低洼湿地和沼泽地处理污水的方法。污水有控制地投配到种有芦苇、香蒲等耐水性、沼泽性植物的湿地上，废水在沿一定方向流动过程中，在耐水性植物和土壤共同作用下得以净化。湿地系统可直接处理污水或深度处理。污水进入系统前需预处理。天然湿地系统如图 16-38 所示。

⑤地下渗滤：地下污水处理系统是将污水投配到距地面约 0.5m 深、有良好渗透性的底层中，藉毛管浸润和土壤渗透作用，使污水向四周扩散，通过过滤、沉淀、吸附和生物降解作用等过程使污水得到净化。

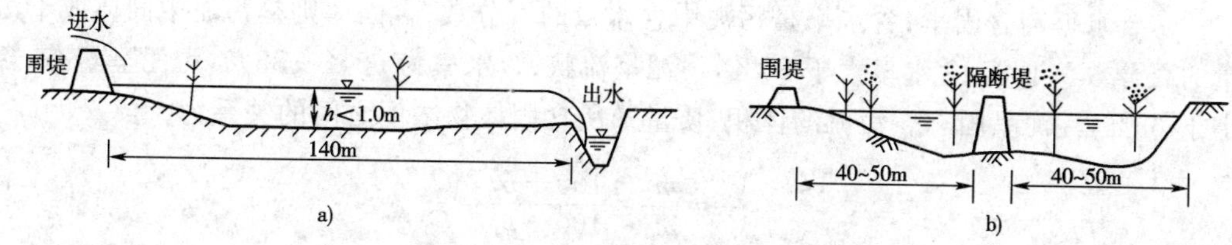

图 16-38 天然湿地系统纵剖面示意图

地下渗滤系统适用于无法接入城市排水管网的小水量污水处理。污水进入处理系统前需经化粪池或酸化池预处理。

典型例题解析

【例 16-8】 (2007)为保证好氧生物膜工艺在处理废水时能够稳定运行,以下说法不正确的是:

A. 应减缓生物膜的老化进程

B. 应控制厌氧层的厚度,避免其过度生长

C. 使整个反应器中的生物膜集中脱落

D. 加快好氧生物膜的更新

解 为使生物膜工艺稳定运行,比较理想的情况是:减缓生物膜的老化进程,不使厌氧层过分增长,加快好氧膜的更新,并且尽量使生物膜不集中脱落。选 C。

【例 16-9】 (2008)已知某污水 20℃时的 BOD_5 为 200mg/L,此时的耗氧速率关系式为 $\lg(L_1/L_a)=-k_1t$,速率常数 $k_1=0.10d^{-1}$,耗氧速率常数与温度(T)的关系满足:$k_{1(T)}=k_{1(20)}(1.047)^{T-20}$;第一阶段生化需氧量($L_a$)与温度($T$)的关系为:$L_{a(T)}=k_{a(20)}(0.02T+0.6)$,试计算该污水 25℃时的 BOD_5 浓度:

A. 249.7mg/L B. 220.0mg/L C. 227.0mg/L D. 200.0mg/L

解 本题较简单,直接代入公式计算即可。$L_{a(T)}=k_{a(20)}(0.02T+0.6)=200\times(0.02\times25+0.6)=220$mg/L。选 B。

16.1.7 水处理厂污泥处理方法

1)概述

(1)污泥的来源

栅渣:格栅或滤网,呈垃圾状,量少,易处理和处置;

浮渣:上浮渣和气浮池,可能多含油脂等,量少;

沉砂池沉渣:沉砂池,比重较大的无机颗粒,量少;

初沉污泥:初沉池,以无机物为主,数量较大,易腐化发臭,可能含有虫卵和病变菌,是污泥处理的主要对象;

二沉污泥:二沉池,剩余的活性污泥,有机物质,含水率高,易腐化发臭,难脱水,是污泥处理的主要对象;

水源水在被净化的过程中也会产生各种污泥。

化学污泥:经化学处理后,除含有原废水中的悬浮物外,还含有化学药剂所产生的沉淀物,易于脱水与压实。

(2)表征污泥性质的主要指标

①含水率与含固率：含水率是污泥中含水量的百分数；含固率则是污泥中固体或干污泥含量的百分数。通常：含水率大于85%，污泥呈流状；含水率为65%～85%，污泥呈塑态；含水率小于65%，污泥呈固态。污泥的体积、质量及所含固体物浓度之间的关系为：

$$\frac{V_1}{V_2}=\frac{m_1}{m_2}=\frac{100-p_2}{100-p_1}=\frac{C_2}{C_1} \tag{16-18}$$

式中：V_1,m_1,C_1——污泥含水率为 w_1 时的污泥体积、质量与固体物浓度；

V_2,m_2,C_2——污泥含水率为 w_2 时的污泥体积、质量与固体物浓度。

②挥发性固体VSS：通常用于表示污泥中的有机物的量，有机物含量越高，污泥的稳定性就更差。

③有毒有害物质：污泥含有一定量的N(4%)、P(2.5%)和K(0.5%)，有一定肥效。但污泥含有病菌、病毒、寄生虫卵等，在施用之前应有必要的处理。

④脱水性能：污泥的脱水性能与污泥性质、调理方法及条件等有关，还与脱水机械种类有关。在污泥脱水前进行强处理，改变污泥粒子的物化性质，破坏其胶体结构，减少其与水的亲和力，从而改善脱水性能，这一过程称为污泥的调理或调质。常用污泥过滤比阻抗值(r)和污泥毛细管吸水时间(CST)两项指标来评价污泥的脱水性能。

(3)污泥中的水分及其影响

污泥中的水分：游离水、毛细水、内部水和附着水。

①游离水（又称间隙水）：存在于污泥颗粒间隙中的水，约占污泥水分的70%，一般可借助重力或离心力分离；

②毛细水：存在于污泥颗粒间的毛细管中，约占20%，需要更大的外力分离；

③内部水：存在于污泥颗粒内部（包括细胞内的水）；

④附着水：黏附于颗粒或细胞表面的水。

污泥处理方法的选择常取决于污泥的含水率和最终处理的方式。

2)污泥处理与处置方法

污泥处理与处置基本流程如图16-39所示。

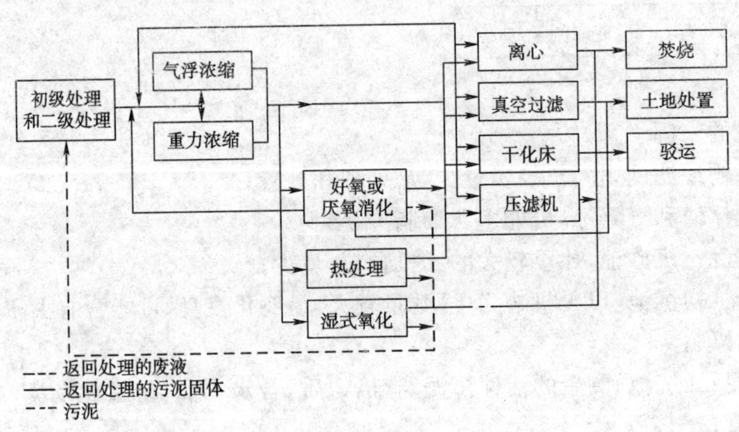

图16-39　污泥处理与处置的基本流程

3)污泥浓缩

(1)浓缩的目的

它是降低污泥含水率，减容，降低后处理费用的有效方法。

浓缩的对象是70%的游离水，主要浓缩方法有重力浓缩法、气浮浓缩法和离心浓缩法。在选择方法时，还应考虑污泥的来源、性质以及最终的处置方法等。

(2)重力浓缩法

重力浓缩构筑物称重力浓缩池。根据运行方式不同，可分为连续式重力浓缩池、间歇式重力浓缩池两种。

(3)气浮浓缩法

在一定温度下，空气在液体中的溶解度与空气受到的压力成正比。当压力恢复到常压后，所溶空气即变成微细气泡从液体中释放出。大量微细气泡附着在污泥颗粒的周围，可使颗粒比重减少而被强制上浮，达到浓缩的目的。因此气浮法比较适用于污泥颗粒比重接近于1的活性污泥。气浮浓缩法有加压溶气气浮法与真空气浮法两种，浓缩后污泥的含水率可降到94%～96%。

(4)离心浓缩法

利用固、液有密度的不同，在高速旋转的离心机中具有不同的离心力而使二者分离；可连续工作，HRT仅为3min，出泥含固率可达4%以上。

(5)其他浓缩法

除上述浓缩法之外，还有微滤机浓缩法、超滤浓缩法、生物气浮浓缩法、振动筛浓缩法等。

4)污泥的调理

(1)无机调理

适用于真空过滤和板框压滤。最有效、最便宜的是铁盐：$FeCl_3 \cdot 6H_2O$，$Fe_2(SO_4) \cdot 4H_2O$，$FeSO_4 \cdot 7H_2O$，聚合硫酸铁(PFS)；铝盐：$Al_2(SO_4)_2 \cdot 18H_2O$，$AlCl_3$，$Al(OH)_2 \cdot Cl$，聚合氯化铝(PAC)；铁盐常和石灰联用：在pH>12时，可提供$Ca(OH)_2$絮凝体。

(2)有机调理

阳粒子型聚丙烯酰胺等。

5)污泥的脱水与干化

目的是除去污泥中的大量水分，缩小其体积，减轻其重量；经过脱水、干化处理，污泥含水率从90%下降到60%～80%，其体积为原来的1/10～1/5。

自然干化多采用干化床，机械脱水多采用板框压滤机、带式压滤机、离心脱水机等。

6)污泥的消化稳定

污泥稳定的目的主要是降低污泥中的有机物。包括厌氧消化和好氧消化。

污泥的厌氧消化：污泥中的有机物一般采用厌氧消化法，即在无氧条件下，由兼性菌及专性厌氧菌降解有机物，最终产物是二氧化碳和甲烷，使污泥得到稳定。

污泥的好氧消化：当污泥量不大时可采用好氧消化，即在不投加底物的条件下，对污泥进行较长时间的曝气，使污泥中的微生物处于内源呼吸阶段进行自身氧化。因此微生物机体的可生物降解部分可被氧化去除，消化程度高，剩余消化污泥量少。

7)污泥的干燥与焚化

污泥的干燥是将脱水污泥通过处理，使污泥中的毛细水、吸附水和内部水得到大部分去除的方法，可以使污泥含水率从60%～80%降低至10%～30%；污泥焚化是将干燥的污泥中的吸附水和内部水以及有机物全部去除，使含水率降至零，污泥变成灰尘。两者都是非常可靠而有效的污泥处理方法，但其设备投资和运行费用都很昂贵。

8)污泥的利用与最终处置

污泥的利用与最终处置如图 16-40 所示。

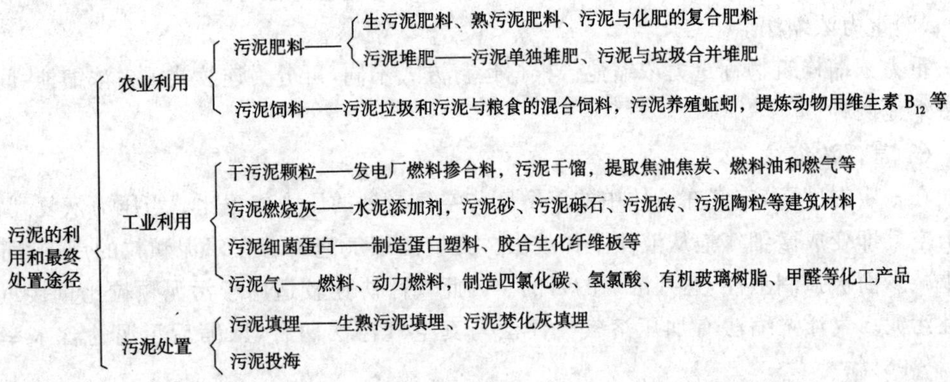

图 16-40 我国城市污泥利用和最终处置的可能途径

典型例题解析

【例 16-10】 (2007)污泥进行机械脱水之前要进行预处理，其主要目的是改善和提高污泥的脱水性能，下列方法中哪种是最常用的污泥预处理方法：

A. 化学调理法　　B. 热处理法

C. 冷冻法　　D. 淘洗法

解 上述四个选项均为预处理的方法，其中 A 最常用，B 适用于初沉污泥、消化污泥、活性污泥、腐殖污泥及它们的混合污泥，D 适用于消化污泥的预处理。选 A。

【例 16-11】 (2014)污泥处理过程中脱水的目的是：

A. 降低污泥比阻　　B. 增加毛细吸水时间(CST)

C. 减少污泥体积　　D. 降低污泥有机物含量以稳定污泥

解 污泥脱水是为了减少污泥体积，便于运输、储存和处置。选 C。

16.1.8 废水深度处理方法

1)污水深度处理的目标

①去除水中残存的悬浮物(包括活性污泥颗粒)，脱色、除臭，使水得到进一步澄清；

②进一步降低 BOD_5、COD_{Cr}、TOC 等指标，使水进一步稳定；

③脱氮、除磷，消除能导致水体富营养化的因素；

④消毒除菌，去除水中有毒有害物质。

2)生物脱氮技术

(1)生物脱氮原理

①氨化反应(以氨基酸为例)：

$$RCHNH_2COOH + O_2 \rightarrow RCOOH + CO_2 + NH_3 \tag{16-19}$$

②硝化反应：第一步由亚硝酸菌将氨氮(NH_4^+ 和 NH_3)转化成亚硝酸盐(NO_2-N)；第二步再由硝酸菌将亚硝酸盐氧化成硝酸盐(NO_3-N)。具体反应如下：

$$NH^{4+} + \frac{3}{2}O_2 \rightarrow NO_2^- + H_2O + 2H^+ \tag{16-20}$$

$$NO_2^- + \frac{1}{2}O_2 \rightarrow NO_3^- \tag{16-21}$$

影响生物硝化的因素有温度、溶解氧、pH、有毒物质和 C/N 比。

③反硝化作用(脱氮反应):生物反硝化是指污水中的硝态氮 NO_3^--N 和亚硝态氮 NO_2^--N,在无氧或低氧条件下被反硝化细菌还原成氮气的过程。具体反应如下:

$$NO_2^- + 3H \rightarrow \frac{1}{2}N_2 + H_2O + OH^- \tag{16-22}$$

$$NO_3^- + 5H \rightarrow \frac{1}{2}N_2 + 2H_2O + OH^- \tag{16-23}$$

反硝化过程中 NO_2^- 和 NO_3^- 的转化是通过反硝化细菌的同化作用和异化作用完成的。同化作用是 NO_2^- 和 NO_3^- 被还原成 NH_3-N,用于新细胞的合成。异化作用是 NO_2^- 和 NO_3^- 被还原成 N_2。具体生化反应过程见图 16-41。

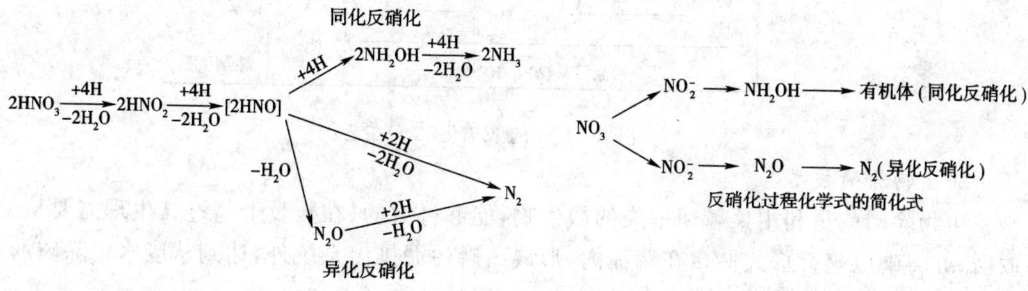

图 16-41 反硝化反应示意图

(2)生物脱氮工艺

①传统三级脱氮工艺(图 16-42):

"一级"曝气池:去除 COD、BOD,BOD<15~20mg/L;有机氮转化为 NH_3、NH^{4+};

"二级"硝化曝气池:NH_3、NH^{4+} 生成 NO_3-N,碱度下降;

"三级"反硝化池:厌氧、好氧交替运行。

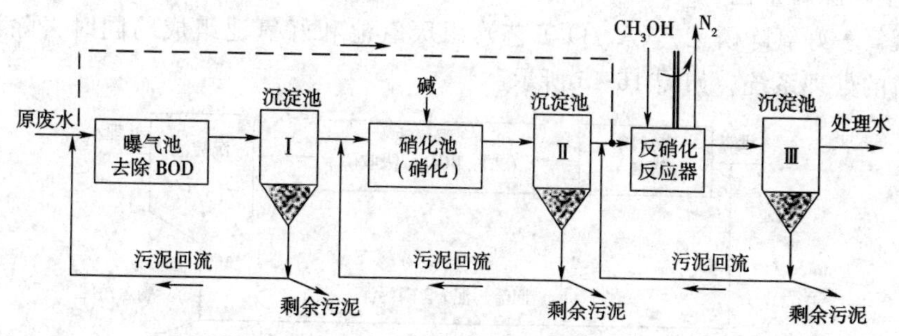

图 16-42 传统三级脱氮工艺

特点:去除效果好,各种菌类环境条件好,设备多,造价高,能耗大。

②二级后置脱氮工艺(倒置反硝化),如图 16-43 所示。

③前置反硝化(缺氧—好氧 A/O 工艺):该工艺不需设中沉池和投加碳源,在反硝化段反硝化后回收部分碱度,同时降解部分有机物,对好氧段有利,减少供氧量,并有利于难降解有机物降解。

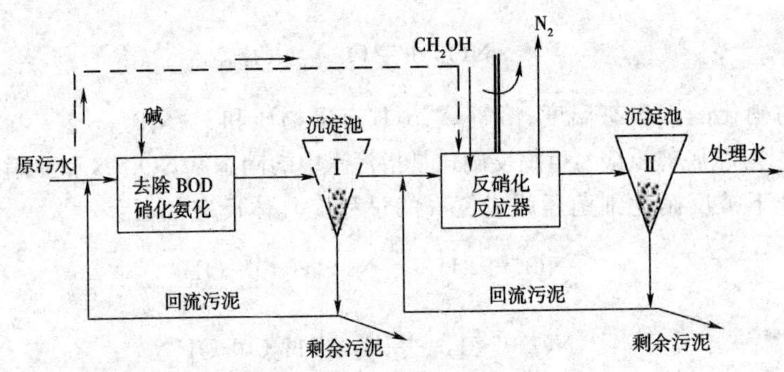

图 16-43　二级后置脱氮工艺(反硝化后置)

前置反硝化(缺氧—好氧 A/O 工艺)如图 16-44 所示。

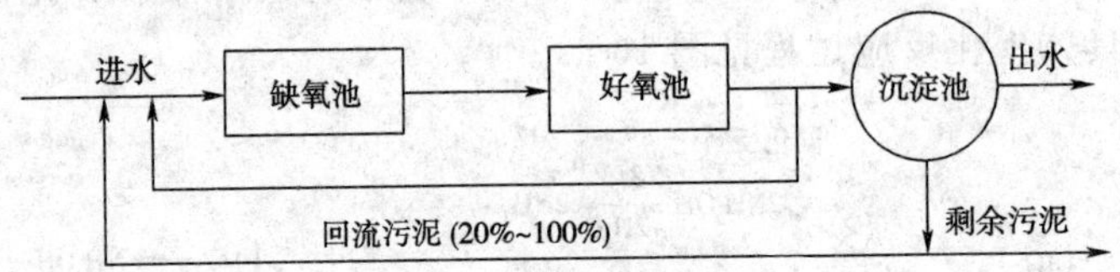

图 16-44　前置反硝化(A/O 工艺)

3)生物除磷技术

生物除磷就是利用聚磷菌一类的微生物,能够过量的、在数量上超过其生理需要从外部摄取磷,并将磷以聚合形式储藏在菌体内,形成高磷污泥排出系统外,达到从废水中除磷的效果。

(1)生物除磷原理

①聚磷菌对磷的过量摄取:在好氧条件下,聚磷菌进行有氧呼吸,不断分解其细胞内储存的有机物,其释放的能量为 ADP 获得并结合正磷酸生成 ATP,而利用的 H_3PO_4 基本上是通过主动运输从外部环境摄入细胞内的,除用于合成 ATP 外,其余被用于合成聚磷酸盐,从而出现磷过量摄取的现象。

②聚磷菌释磷:在厌氧条件下,聚磷菌体内的 ATP 进行水解,放出 H_3PO_4 和能量,生成 ADP。

(2)生物除磷工艺

①厌氧—好氧除磷工艺(A_n/O 工艺):由厌氧池和好氧池组成的同时去除污水中有机污染物及磷的处理系统。如图 16-45 所示。

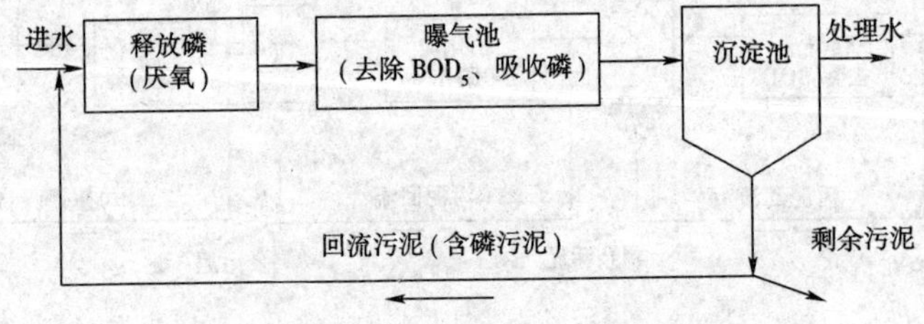

图 16-45　An/O 工艺

②Phostrip 除磷工艺:废水经曝气好氧池,去除 BOD_5 和 COD,并在好氧状态下过量地摄取磷。在二沉池中,含磷污泥与水分离,回流污泥一部分回流至缺氧池,另一部分回流至厌氧除磷池,而高磷剩余污泥被排出系统。在厌氧除磷池中,回流污泥在好氧状态时过量摄取的磷在此得到充分释放,释放磷的回流污泥回流到缺氧池。而除磷池流出的富磷上清液进入混凝

沉淀池，投石灰形成 $Ca_3(PO_4)_2$ 沉淀，通过排放含磷污泥去除磷。

Phostrip 除磷工艺如图 16-46 所示。

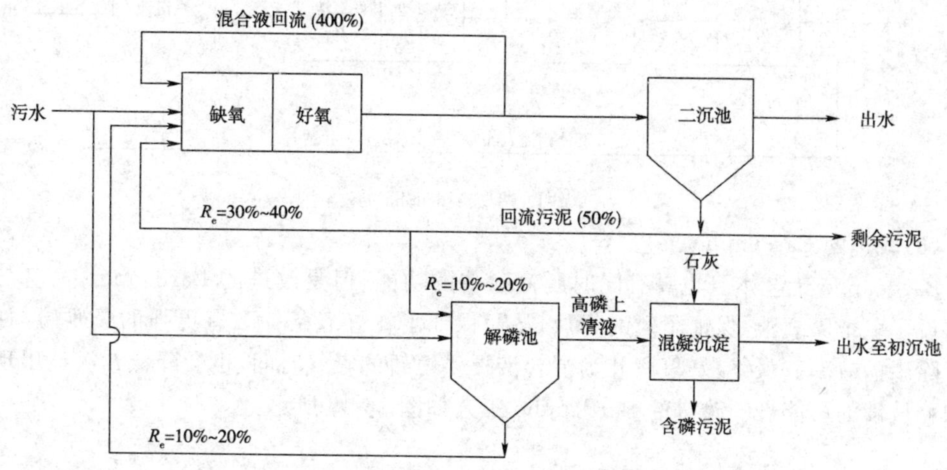

图 16-46　Phostrip 除磷工艺流程图

4)同步脱氮除磷技术

(1)A^2/O 工艺

在首段厌氧池进行磷的释放使污水中 P 的浓度升高，溶解性有机物被细胞吸收而使污水中 BOD 浓度下降，另外 NH_3-N 因细胞合成而被去除一部分，使污水中 NH_3-N 浓度下降，但 NH_3-N 浓度没有变化。

在缺氧池中，反硝化菌利用污水中的有机物作碳源，将回流混合液中带入的大量 NO_3^--N 和 NO_2^--N 还原为 N_2 释放至空气，因此 BOD_5 浓度继续下降，NO_3^--N 浓度大幅度下降，但磷的变化很小。

在好氧池中，有机物被微生物生化降解，其浓度继续下降；有机氮被氨化继而被硝化，使 NH_4-N 浓度显著下降，NO_3^--N 浓度显著增加；而磷随着聚磷菌的过量摄取也以较快的速率下降。

A^2/O 工艺流程如图 16-47 所示。

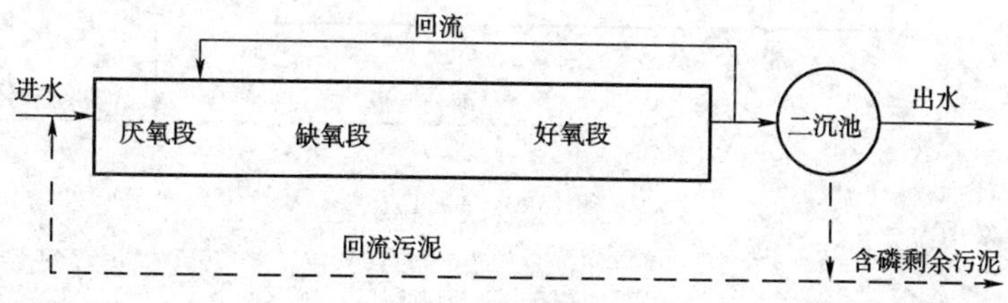

图 16-47　A^2/O 工艺流程图

(2)Bardenpho 工艺

Bardenpho 工艺是在 A_n/O 基础上又增设了一个缺氧段Ⅱ和好氧段Ⅱ，所以该工艺又称四段强化脱氮工艺。增设的缺氧段Ⅱ能对从好氧段Ⅰ流入的混合液中的 NO_3^--N 在反硝化菌作用下进行反硝化脱氮，该工艺的脱氮率高达 90%～95%；而增设的好氧段Ⅱ能提高出流混合液中的 DO 浓度，防止在沉淀池内因缺氧产生反硝化，干扰污泥的沉降，从而改善了沉淀池内污泥的沉降性能。Bardenpho 工艺如图 16-48 所示。

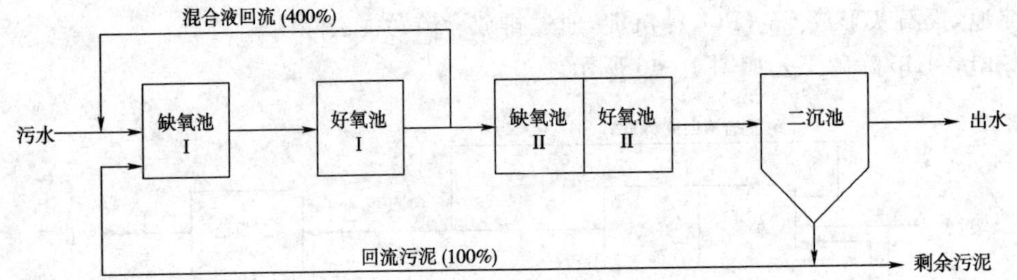

图 16-48　Bardenpho 工艺

(3)改进的 Bardenpho 工艺

Bardenpho 工艺本身也具有同时脱氮除磷的功能，但是改进的 Bardenpho 工艺在缺氧池前增设了一个厌氧池，保证了磷的释放，从而保证了在好氧条件下有更强的吸收磷的能力，提高了除磷的效率。最终，好氧段Ⅱ为混合液提供短暂的曝气时间，也会降低二沉池出现厌氧状态和释放磷的可能性。改进的 Bardenpho 工艺如图 16-49 所示。

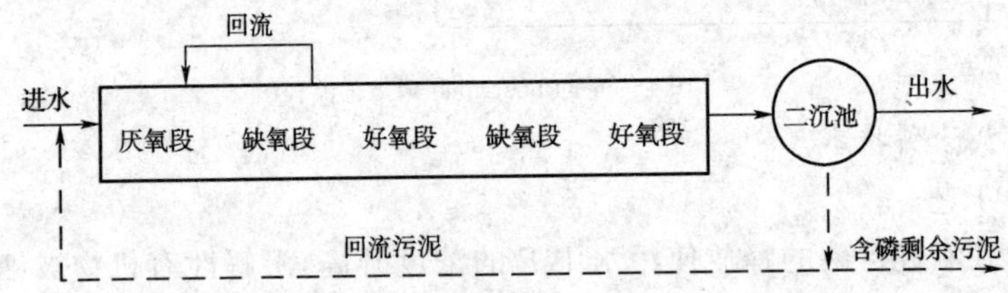

图 16-49　改进的 Bardenpho 工艺

(4)UCT 工艺

UCT 工艺与 A^2/O 工艺不同之处在于，沉淀池污泥回流到缺氧池而不是厌氧池，这样可以防止由于硝酸盐氮进入厌氧池，破坏厌氧池的厌氧状态而影响系统的除磷率。增加了从缺氧池到厌氧池的混合液回流，由缺氧池向厌氧池回流的混合液中含有较多的溶解性 BOD，而硝酸盐很少，为厌氧段内所进行的有机物水解反应提供了最优的条件。UCT 工艺如图 16-50 所示。

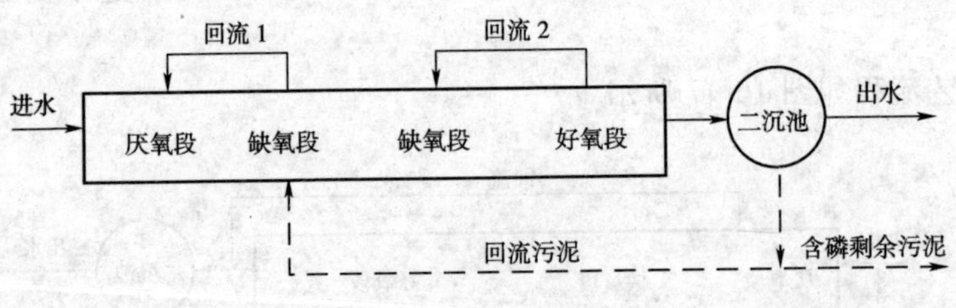

图 16-50　UCT 工艺

典型例题解析

【例 16-12】 (2007)以下关于生物脱氮的基本原理的叙述，不正确的是：

A. 生物脱氮就是在好氧条件下利用微生物将废水中的氨氮直接氧化成氮气的过程

B. 生物脱氮过程一般包括将废水中的氨氮转化为亚硝酸盐或硝酸盐的硝化过程，以及使废水中的硝态氮转化为氮气的反硝化过程

C. 完成硝化过程的微生物属于好氧自养型微生物

D. 完成反硝化过程的微生物属于兼性异养型微生物

解 正确说法见选项B。选A。

【例16-13】 (2014)A/A/O生物脱氮除磷处理系统中，关于好氧池曝气的主要作用，下列哪点说明是错误的：

A. 保证足够的溶解氧防止反硝化反应的发生

B. 保证足够的溶解氧便于好氧自养硝化菌的生存以进行氨氮硝化

C. 保证好氧环境，便于在厌氧环境中释放磷的聚磷菌在好氧环境中充分吸磷

D. 起到对反应混合液充分混合搅拌的作用

解 足够的溶解氧是为了维持好氧环境，便于硝化菌的硝化反应以及好氧吸磷，同时，曝气对混合液起到搅拌作用。选A。

【例16-14】 (2014)关于厌氧—好氧生物除磷工艺，下列哪点说明是错误的：

A. 好氧池可采用较高污泥负荷，以控制硝化反应的进行

B. 如采用悬浮污泥生长方式，该工艺需要污泥回流，但不需要混合液回流

C. 进水可生物降解的有机碳源越充足，除磷效果越好

D. 该工艺需要较长的污泥龄，以便聚磷菌有足够长的时间来摄取磷

解 混合液回流是为了去除总氮，若仅为了除磷，不需要混合液回流。生物除磷是通过排泥达到目的，要提高除磷效果须加大排泥量，缩短污泥龄。选D。

【例16-15】 (2014)缺氧—好氧生物脱氮工艺与厌氧—好氧生物除磷工艺相比较，下列哪点说明是错误的：

A. 前者污泥龄比后者长

B. 如采用悬浮生长活性污泥，前者需要混合液回流，而后者仅需要污泥回流

C. 前者水力停留时间比后者长

D. 前者只能脱氮，没有任何除磷作用，而后者只能除磷，没有任何脱氮作用

解 生物脱氮工艺需要硝化菌成优势菌种，硝化菌繁殖周期长，聚磷菌繁殖周期短，因此前者污泥龄较长。不管是缺氧—好氧生物工艺还是厌氧—好氧生物工艺，均有一定的脱氮除磷功能，只是侧重点不同。选D。

【例16-16】 (2014)污水生物处理是在适宜的环境条件下，依靠微生物的呼吸和代谢来降解污水中的污染物质，关于微生物的营养，下列哪点说明是错误的：

A. 微生物的营养必须含有细胞组成的各种原料

B. 微生物的营养必须含有能够产生细胞生命活动能量的物质

C. 因为污水的组成复杂，所以各种污水中都含有微生物需要的营养物质

D. 微生物的营养元素必须满足一定的比例要求

解 不是各种污水中都含有微生物需要的营养物质，如工业废水，有时需要添加一些营养元素。选C。

经典练习

16-1 (2010)污水中的有机污染物浓度可用COD和BOD来表示，如果以COD_B表示有

机污染物中可以生物降解的浓度，BOD_L 表示全部生化需氧量，则有(　　)。

A. 因为 COD_B 和 BOD_L 都表示有机污染物的生化降解部分，故有 $COD_B = BOD_L$

B. 因为即使进入内源呼吸阶段，微生物降解有机物时也只能利用 COD_B 的一部分，故 $COD_B > BOD_L$

C. 因为 COD_B 是部分的化学需氧量，而 BOD_L 为全部的生化需氧量，故 $COD_B < BOD_L$

D. 因为一个是化学需氧量，一个是生化需氧量，故不好确定

16-2　(2012)关于污水中的固体物质成分，下列说明正确的是(　　)。

A. 胶体物质可以通过絮凝沉淀去除

B. 溶解性固体中没有挥发性组分

C. 悬浮固体都可以通过沉淀去除

D. 总固体包括溶解性固体、胶体、悬浮固体和挥发性固体

16-3　(2017)已知测得某废水中总氮为 60mg/L，有机氮为 16mg/L，凯氏氮为 42mg/L，则氨氮为(　　)。

A. 26mg/L　　B. 24mg/L　　C. 46mg/L　　D. 28mg/L

16-4　(2017)河流的自净作用是指河水中的污染物质在向下流动中浓度自然降低的现象，其自净作用中的物理净化指(　　)。

A. 污染物质由于稀释、扩散、沉淀、挥发等作用，而使污染物质浓度降低的过程

B. 污染物质因为氧化还原、分解等作用，而使污染物质浓度降低的过程

C. 污染物质通过水生生物特别是微生物的生命活动，使污染物质浓度降低的过程

D. 污染物质由于稀释、沉淀、氧化还原、微生物分解等作用，使污染物浓度降低的过程

16-5　(2010)河流的自净作用是指河水中的污染物质在向下流流动中浓度自然降低的现象，水体自净作用中的生物净化是指(　　)。

A. 污染物质因为稀释、沉淀、氧化还原、生物降解等作用，使污染物质浓度降低的过程

B. 污染物质因为水中的生物活动，特别是微生物的氧化分解使污染物质浓度降低的过程

C. 污染物质因为氧化、还原、分解等作用，而使污染物质浓度降低的过程

D. 污染物质由于稀释、扩散、沉淀或挥发等作用，而使污染物质浓度降低的过程

16-6　(2012)关于湖泊、水库等封闭水体的多污染源环境容量的计算，下列说明错误的是(　　)。

A. 以湖库的最枯月平均水位和容量来计算

B. 以湖库的主要功能水质作为评价的标准，并确定需要控制的污染物质

C. 以湖库水质标准和水体模型计算主要污染物的允许排放量

D. 计算所得的水环境容量如果大于实际排放量，则需削减排污量，并进行削减总量计算

16-7　(2008)下列关于水混凝处理的描述中错误的是(　　)。

A. 水中颗粒常带正电而相互排斥，投加无机混凝剂可使电荷中和，从而产生凝聚

B. 混凝剂投加后，应先快速搅拌使其与污水迅速混合并使胶体脱离，然后再慢速

搅拌使细小矾花逐步长大

C. 混凝剂投加量不仅与悬浮物浓度有关，而且受色度、有机物、pH 等的影响，需要通过混凝实验，确定合适的投加量

D. 污水中的颗粒大小在 10μm 程度时通过自然沉淀可去除，但颗粒大小在 1μm 以下时如果不先进行混凝，沉淀分离十分困难

16-8 (2017)某城市污水处理厂的最大设计流量 $Q_{max}=1\ 250m^3/h$，其沉淀池采用辐流式沉淀池，表面水力负荷 $q_0=2.0m^3/(m^2 \cdot h)$，则该沉淀池的直径为(　　)。

A. 28.2m　　B. 26.2m　　C. 28.8m　　D. 26.8m

16-9 (2008)关于氯和臭氧的氧化，以下描述正确的是(　　)。

A. 氯的氧化能力比臭氧强

B. 氯在水中的存在形态包括 Cl_2、HClO、ClO

C. 氯在 pH>9.5 时，主要以 HClO 形式存在

D. 利用臭氧氧化时，水中 Cl^- 含量会增加

16-10 (2010)厌氧消化是常用的污泥处理方法，很多因素影响污泥厌氧消化过程，关于污泥厌氧消化的影响因素，下列哪点说明是错误的？(　　)

A. 甲烷化阶段适宜的 pH 在 6.8～7.2

B. 高温消化相对于中温消化，消化速度加快，产气量提高

C. 厌氧消化微生物对基质同样有一定的营养要求，适宜的 C∶N 为(10～20)∶1

D. 消化池搅拌越强烈，混合效果越好，传质效率越高

16-11 (2010)曝气池混合液 SVI 指(　　)。

A. 曝气池混合液悬浮污泥浓度

B. 曝气池混合液在 1 000mL 量筒内静止沉淀 30min 后，活性污泥所占体积

C. 曝气池混合液静止沉淀 30min 后，每单位重量干污泥形成湿污泥的体积

D. 曝气池混合液挥发性物质所占污泥量的比例

16-12 (2012)好氧生物处理是常用的污水处理方法，为了保证好氧反应构筑物内有足够的溶解氧，通常需要充氧，下列哪点不会影响曝气时氧转移速率？(　　)

A. 曝气池的平面布置

B. 好氧反应构筑物内的混合液温度

C. 污水的性质，如含盐量等

D. 大气压及氧分压

16-13 (2012)好氧生物稳定塘的池深一般仅为 0.5m 左右，这主要是因为(　　)。

A. 因好氧塘出水要求较高，以便于观察处理效果

B. 防止兼性菌和厌氧菌生长

C. 便于阳光穿透塘体利于藻类生长和大气复氧，以使全部塘体均处于有溶解氧状态

D. 根据浅池理论，便于污水中固体颗粒沉淀

16-14 (2012)某污水处理厂二沉池剩余污泥体积 $200m^3/d$，其含水率为 99%，浓缩至含水率为 96%时，体积为(　　)。

A. $50m^3$　　B. $40m^3$　　C. $100m^3$　　D. $20m^3$

16-15 (2017)二沉池是活性污泥系统的重要组成部分，其主要作用是(　　)。

A. 去除悬浮物质

B. 去除部分 BOD_5

C. 进行泥水分离,进行污泥浓缩,回流活性污泥

D. 去除无机颗粒杂质

16-16 (2008)下列关于废水生物除磷的说法中错误的是(　　)。

A. 废水的生物除磷过程是利用聚磷菌从废水中过量摄取磷,并以聚合磷酸盐储存在体内,形成高含磷污泥,通过排放剩余污泥将高含磷污泥排出系统,达到除磷目的

B. 聚磷菌只有在厌氧环境中充分释磷,才能在后续的好氧环境中实现过量摄磷

C. 普通聚磷菌只有在好氧条件下才能过量摄取废水中的磷,而反硝化除磷菌则可以在有硝态氮存在的条件下,实现对废水中磷的过量摄取

D. 生物除磷系统中聚磷菌的数量对于除磷效果至关重要,因此,一般生物除磷系统的污泥龄越长,其清除效果就越好

16-17 水体自净过程受很多因素影响,按机理分为三类,最主要的作用是(　　)。

A. 物理净化作用　　B. 化学净化作用

C. 生物化学净化作用　　D. 迁移扩散作用

16-18 气浮是一种有效的固-液和液-液分离方法,常用于对(　　)细小颗粒的分离。

A. 颗粒密度大于水　　B. 颗粒密度接近或小于水

C. 尺寸不规则的颗粒　　D. 直径较大颗粒

16-19 混合液悬浮固体浓度(MLSS)表示的是(　　)。

A. 曝气池单位容积混合液内所含有的活性污泥固体物的总重量

B. 混合液活性污泥中有机性固体物质部分的浓度

C. 曝气池中的混合液在量筒中静置 30min,其沉淀污泥与原混合液的体积比

D. 曝气池出口处混合液经 30min 静沉后,1g 干污泥所形成的污泥体积

16-20 下列不是氧化沟特点的是(　　)。

A. 简化了预处理,可以不设初次沉淀池,污泥也不需要进行厌氧消化

B. 氧化沟的流态属于完全混合

C. 通过对系统合理的设计与控制,可以取得较好的除磷脱氮效果

D. 曝气设备和构造形式的多样化,运行灵活

16-21 下列不属于生物膜法的是(　　)。

A. 生物转盘　　B. 生物流化床　　C. 生物接触氧化　　D. 曝气池

16-22 人工湿地对污染物质的净化机理非常复杂,它不仅可以去除有机污染物,同时具有一定的去除氮磷能力,关于人工湿地脱氮机理,下列哪点说明是错误的?(　　)

A. 部分氮因为湿地植物的吸收及其收割而去除

B. 基质存在大量的微生物,可实现氨氮的硝化和反硝化

C. 因为湿地没有缺氧环境和外碳源补充,所以湿地中没有反硝化作用

D. 氨在湿地基质中存在物理吸附而去除

16-23 污泥中的水分不包括(　　)。

A. 游离水　　B. 毛细水　　C. 内部水　　D. 外部水

16-24 厌氧处理与好氧处理相比,不具备的优点是(　　)。

A. 可以回收沼气　　B. 反应体积更小

C. 应用的规模更广泛　　　　　　　D. 无须后续阶段处理

16-25　砂子在沉砂池的沉淀接近(　　)。

A. 自由沉淀　　B. 絮凝沉淀　　C. 拥挤沉淀　　D. 压缩沉淀

16-26　常用的膜分离法有微滤、超滤、纳滤、反渗透、电渗析等，其中膜孔径为 0.001～0.1μm 的为(　　)。

A. 微滤膜　　B. 超滤膜　　C. 反渗透膜　　D. 纳滤膜

16-27　关于阶段曝气活性污泥法的工艺流程，下列不是其主要特点的是(　　)。

A. 废水沿池长分段注入曝气池，有机物负荷分布较均衡

B. 废水分段注入，提高了曝气池对冲击负荷的适应能力

C. 混合液中的活性污泥浓度沿池长逐步降低

D. 能耗较大，出流混合液的污泥浓度较高

16-28　(2017)关于完全混合活性污泥法的工艺特点，下列说法错误的是(　　)。

A. 该工艺对冲击负荷有较强的适应能力，适用于浓度较高的工业废水

B. 污水在曝气池内分布均匀，各部分的水质基本一致

C. 处理出水水质较差

D. 不容易发生污泥膨胀

16-29　BOD_5/COD 值大于(　　)的污水，适于采用生化法处理。

A. 0.1　　B. 0.3　　C. 0.5　　D. 0.6

16-30　UASB 的特点不包括(　　)。

A. 污泥浓度高，平均污泥浓度为 20～40gVSS/L

B. 有机负荷高，水力停留时间短

C. 可处理高 SS 污水

D. UASB 内设三相分离器，通常不设沉淀池

16-31　下列废水适合用单一活性污泥法处理的是(　　)。

A. 镀铬废水　　B. 食品生产废水　　C. 有机氯废水　　D. 合成氨生产废水

16-32　应用最广泛的污泥机械脱水设施是(　　)。

A. 干化场　　B. 过滤机　　C. 离心机　　D. 干燥炉

16-33　A^2/O 工艺中，第一个 A 及其作用、第二个 A 及其作用各为(　　)。

A. 厌氧段，释磷；缺氧段，脱氮　　B. 缺氧段，释磷；厌氧段，脱氮

C. 厌氧段，脱氮；缺氧段，释磷　　D. 缺氧段，脱氮；厌氧段，释磷

16-34　(2017)下列生物处理工艺中，哪一个处理工艺除磷效果最好？(　　)

A. SBR　　B. A^2/O

C. Phostrip　　D. Bardenpho

16-35　(2017)SBR 工艺又称序批式活性污泥处理系统，是一种间歇式活性污泥处理系统，其操作工艺分为 5 个工艺，下列哪个工艺为本工艺最重要的工序？(　　)

A. 反应工序　　B. 沉淀工序　　C. 出水工序　　D. 待机工序

16-36　(2017)利用二沉池出水用于回灌补充地下水时，必须要对出水进行(　　)。

A. 消毒　　B. 砂滤　　C. 沉淀　　D. 深度处理

16-37　利用污水回灌补充地下水时，必须要进行(　　)。

A. 预处理　　B. 二级处理　　C. 三级处理　　D. 以上均不正确

16.2 大气污染防治技术

考试大纲☞：气象要素、大气结构和组成　大气污染物的种类和来源　大气污染物浓度的估算方法　烟气抬升高度与烟囱高度计算　燃烧与大气污染　颗粒污染物防治方法　气态污染物防治方法

必备基础知识

16.2.1 气象要素、大气结构和组成

1)气象要素

在一个区域或一个城市里，从污染源排向大气的污染物的量即使没有很大变化，但对周围环境造成的污染效应却有很大的不同，有时会对人和动植物造成严重危害，有时却很轻，这主要是由于在不同的气象条件下大气具有不同的扩散稀释能力所造成的。影响大气扩散能力的主要因素有两个：一为气象的动力因子，二为气象的热力因子。

(1)气象的动力因子

主要是指风和湍流，风和湍流对污染物在大气中的扩散和稀释起着决定性的作用。

①风：空气水平方向的流动。风在不同时刻有着相应的风向和风速，它不仅对污染物起着输送的作用，而且还起着扩散和稀释的作用。一般来说，风都是以风玫瑰图表示。

②湍流：除在水平方向运动外，空气还会有上、下、左、右方向的运动形式。近地层的大气湍流有两种形式，分别为机械湍流与热力湍流。

③局地风

局地风是指在某种地貌气候环境下形成的局部空气环流，对大气的污染扩散影响很大。

局地风分为海陆风、山谷风及城市热岛效应。

(2)气象的热力因子

温度层结、绝热递减率、大气稳定度。

①温度层结：温度随高度的分布情况，它影响了大气中垂直方向的流动情况。

温度层结类型：温度随高度的增加而降低(一般情况是这种规律)；温度随高度的升高而升高；温度不随高度的升高而改变。在逆温条件下大气处于稳定状态，湍流被抑制，污染物不易扩散。

形成逆温层的原因主要有：a.辐射逆温；b.下沉逆温；c.湍流逆温；d.锋面逆温。

②气温的干绝热递减率：气块在绝热过程中，垂直方向上每升降单位距离时的温度变化值(通常取100m)，单位为℃/100m。干绝热递减率 $\gamma_d = 0.98\text{K}/100\text{m}$。

③大气稳定度：表示空气是否安于原来的层次，是否易于发生垂直运动。

大气稳定度分为以下三类：

a.如果气块受力离开原来的位置后仍加速前进，这时大气是不稳定的；

b.如果气块受力离开原来的位置后逐渐减速，并有返回原来高度的趋势，这时大气是稳定的；

c.如果气块受力离开原来的位置就在那里，既不加速也不减速，这时大气是中性的。

判别大气是否稳定，取决于气温垂直递减率 γ 与干绝热递减率 γ_d：$\gamma-\gamma_d>0$，不稳定；$\gamma-\gamma_d<0$，稳定；$\gamma-\gamma_d=0$，中性。

烟流形与大气稳定度的关系：

波浪形——不稳；

锥形——中性或弱稳；

扇形(平展形)——逆稳；

爬升形(屋脊形)——下稳，上不稳；

漫烟形(熏烟形)——上逆、下不稳。

如图 16-51 所示。

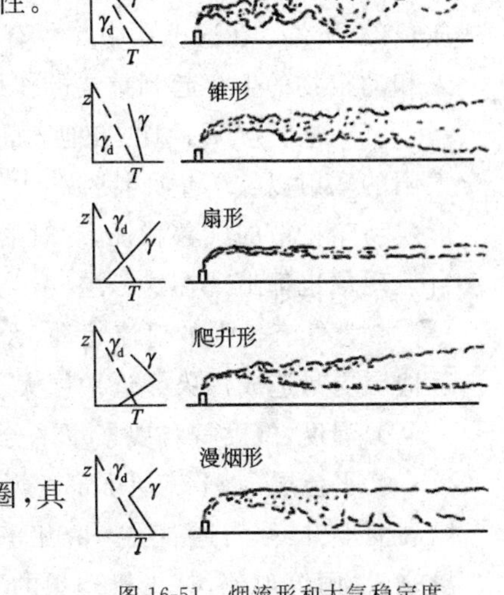

图 16-51 烟流形和大气稳定度

2)大气结构和组成

(1)大气圈

在地球引力作用下随地球而旋转的大气层叫做大气圈，其厚度为地球表面 1000～1400km 的范围。

(2)大气结构

在均质层中，根据气体的温度沿地球表面垂直方向的变化，将大气层分为对流层、平流层、中间层、电离层(暖层)、散逸层。如图 16-52 所示。

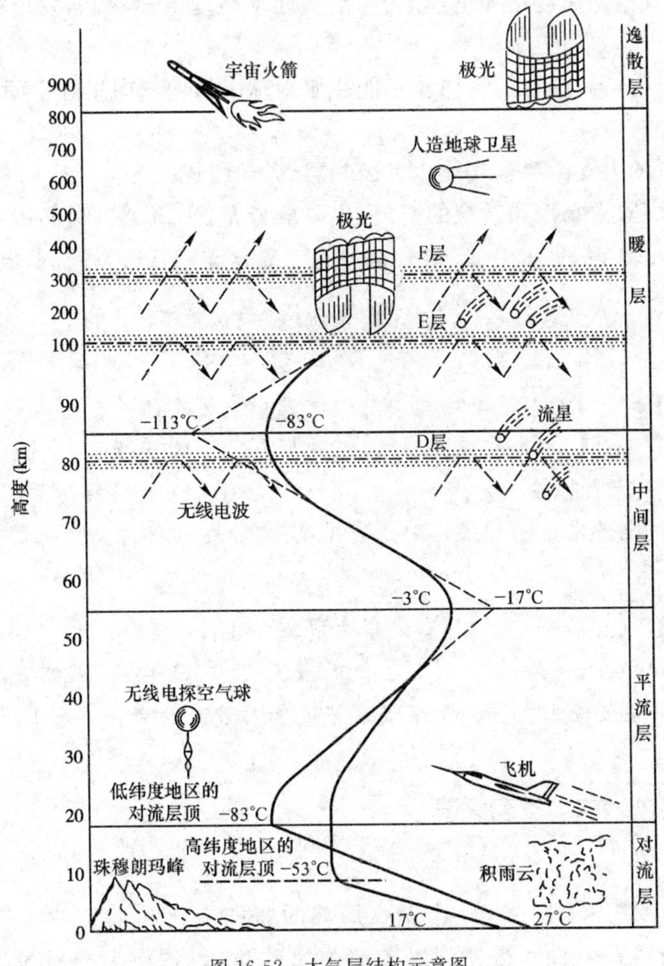

图 16-52 大气层结构示意图

①对流层：

a. 对流层厚度相对于整个大气圈厚度而言很薄，按最厚处计，占总厚度的 6%～9%，占总质量的 75%。在这一层中除了有纯净的干空气以外，还含有一定量的水蒸气，适度的温度对人和动植物的生存起到重要的作用。

b. 一般情况下，温度自地表面向高空递减，每上升 100m 降低 0.65℃。在对流层中，由于太阳的辐射以及下垫面特性和大气环流的影响，使得在该层中出现极其复杂的自然现象，有时形成易于扩散的气象特征，有时形成对生态系统有危害的逆温气象条件，雨、雪、霜、雾、雷电等自然现象也都出现在这一层。

c. 大气有较强的对流运动，大气污染也主要发生在这一层，特别是在靠近地面 1～2km 的近地层更易造成污染。近地层大气污染物的扩散能力主要取决于当时的气象条件。

d. 温度、湿度等各要素水平分布不均匀。

②平流层：a. 平流层下部气温几乎不随高度而变化，称为同温层；平流层上部气温随高度增高而上升，称为逆温层。b. 几乎不存在水蒸气和尘埃，一般处于平流运动。c. 大气很干燥，没有云、雨等现象，是飞机理想的飞行区域。d. 在高约 15～35km 处有臭氧层，其分布有季节性变动。

③中间层：气温随高度增加迅速降低，有强烈的垂直对流运动。

④电离层：气温随高度增加迅速上升，空气处于高度电离状态，发电报就是靠电离层反射回来。

⑤散逸层：气体温度很低，气体粒子能克服地球引力而逸向星际空间。

(3)大气组成

自然状态下的大气由混合气体、水汽和悬浮微粒组成。

干洁空气：即除去水汽和微粒的空气，主要成分是氮、氧、氩，它们占空气总容积的百分数分别为 78.08%、20.95%、0.93%，次要成分有二氧化碳、氖、氦、氪、氙、氢、臭氧等。

典型例题解析

【例 16-17】 (2010)对污染物在大气中扩散影响较小的气象因素是：

A. 风　　B. 云况

C. 能见度　　D. 大气稳定度

解 大气污染最常见的后果之一是能见度降低，是大气污染产生的后果，而不是影响因素。选 C。

【例 16-18】 (2014)大气中的臭氧层主要集中在：

A. 对流层　　B. 平流层　　C. 中间层　　D. 暖层

解 臭氧层主要集中在平流层中臭氧浓度相对较高的部分。选 B。

16.2.2 大气污染物的种类和来源

1)大气污染

国家标准组织(ISO)定义：自然界中局部的职能变化和人类的生产、生活活动改变大气圈中某些原有成分并向大气中排放有毒有害物质，以致使大气质量恶化，影响原来有利的生态平衡体系，严重威胁着人体健康和正常工农业生产，造成对建筑物和设备财产等的损坏。

大气污染通常是指由于人类活动和自然过程引起某种物质进入大气中，呈现出足够的浓度，达到足够的时间，并因此而危害人体的舒适、健康和福利或危害环境的现象。

2)大气污染物种类

按污染物存在的形态可分为两大类：气溶胶状态（颗粒态）的污染物、气体状态的污染物。

我国环境空气质量标准中，将颗粒态污染物按颗粒大小分为：①总悬浮颗粒物（TSP），指悬浮在空气中的空气动力学直径不大于 100μm 的颗粒物；②可吸入颗粒物（PM10），指悬浮在空气中的空气动力学直径不大于 10μm 的颗粒物。

主要气态污染物：含硫化合物（以 SO_2 为主）、含氮化合物（以 NO 和 NO_2 为主）、碳氧化合物（CO 和 CO_2）、有机化合物及卤素化合物等。

从污染源直接排入大气的物质称为一次污染物，一次污染物自身或与大气中某成分发生反应的生成物为二次污染物，常见气态污染物的种类见表 16-3。

常见气态污染物的种类　　表 16-3

污染物	一次污染物	二次污染物
含硫化合物	SO_2、H_2S	SO_3、H_2SO_4、$MnSO_4$
碳氧化合物	CO、CO_2	—
含氮化合物	NO、NH_3	NO_2、HNO_3、MNO_3
有机化合物	C_mH_n	醛、酮、过氧乙酰基硝酸酯
卤素化合物	HF、HCl	—

3)大气污染物的来源

按污染物来源分为自然源、人为源。

人为源按空间分布分为点源、面源、线源。

人为源按社会活动功能分为生活污染源、生产（工业）污染源、交通污染源，统计分类为燃料燃烧、生产和交通运输；前两种为固定源，后一种为移动源。

典型例题解析

【例 16-19】 (2008)下列氮氧化物对环境影响的说法最正确的是哪一项：

A. 光化学烟雾和酸雨

B. 光化学烟雾、酸雨和臭氧层破坏

C. 光化学烟雾、酸雨和全球气候

D. 光化学烟雾、酸雨、臭氧层破坏和全球气候

解　氮氧化物的危害如下：①形成光化学烟雾；②易与动物血液中血色素结合；③破坏臭氧层；④可生成毒性更大的硝酸或硝酸盐气溶胶，形成酸雨；⑤与 CO_2、CH_4 等温室气体共同影响全球气候。选 D。

【例 16-20】 (2014)以下所列大气污染物组成中哪一项包含的全都是一次大气污染物：

A. SO_2、NO、臭氧、CO

B. H_2S、NO、氟氯烃、HCl

C. SO_2、CO、HF、硫酸盐颗粒

D. 酸雨、CO、HF、CO_2

解 一次污染物是指直接从污染源排放的污染物质，如二氧化硫、二氧化氮、一氧化碳、一氧化氮、硫化氢、多环芳烃等。二次污染物是指由一次污染物在大气中互相作用经化学反应形成的新的大气污染物，其毒性比一次污染物更强，如硫酸、硫酸盐气溶胶、硝酸、硝酸盐气溶胶、臭氧、光化学氧化剂、HO 等。选 B。

16.2.3 大气污染物浓度的估算方法

1)高斯扩散模式基本形式

(1)坐标系

右手坐标系(食指——x 轴、中指——y 轴、拇指——z 轴)；原点为无界点源或地面源的排放点，或者高架源排放点在地面上的投影点；x 为主风向，y 为横风向，z 为垂直向。

(2)高斯扩散的四点假设

①污染物浓度在 y、z 风向上的分布为正态分布；

②全部高度风速均匀稳定；

③源强是连续均匀稳定的；

④扩散中污染物是守恒的(不考虑转化)。

(3)无界空间连续点源扩散模式

$$c(x,y,z)=\frac{q}{2\pi\bar{u}\sigma_y\sigma_z}\exp\left[-\left(\frac{y^2}{2\sigma_y^2}+\frac{z^2}{2\sigma_z^2}\right)\right] \tag{16-24}$$

式中：$\bar{u}$——平均风速(m/s)；

q——源强(g/s)；

σ_y——侧向扩散参数，污染物在 y 方向分布的标准偏差(m)；

σ_z——竖向扩散参数，污染物在 z 方向分布的标准偏差(m)。

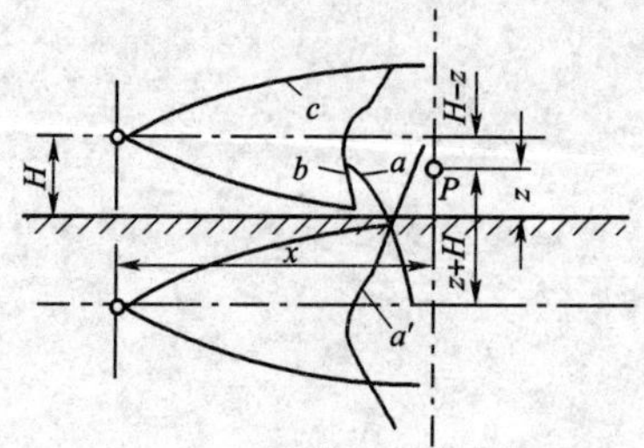

图 16-53 高架连续点源扩散模式

2)高架连续点源扩散模式(也即有界情况的高斯模式)

按全反射原理，像源法：把 P 点污染物浓度看成两部分作用之和，一部分是实源作用，另一部分是虚源作用。

高架连续点源扩散模式见图 16-53。相当于位置在$(0,0,H)$的实源和位置在$(0,0,-H)$的像源，当不存在地面时在 P 点产生的浓度之和。

(1)高架连续点源正态分布下地面浓度扩散模式

$$\begin{aligned}C&=C_1+C_2\\&=\frac{Q}{2\pi\bar{u}\sigma_y\sigma_z}\exp\left(-\frac{y^2}{2\sigma_y^2}\right)\left\{\exp\left[-\frac{(z-H)^2}{2\sigma_z^2}\right]+\exp\left[-\frac{(z+H)^2}{2\sigma_z^2}\right]\right\}\end{aligned} \tag{16-25}$$

$z=0$ 时即得地面浓度模式：

$$C(x,y,0,H)=\frac{Q}{\pi\bar{u}\sigma_y\sigma_z}\exp\left(-\frac{y^2}{2\sigma_y^2}\right)\exp\left(-\frac{H^2}{2\sigma_z^2}\right) \tag{16-26}$$

(2)高架连续点源正态分布下地面轴线浓度模式

$$C(x,0,0,H)=\frac{Q}{\pi\bar{u}\sigma_y\sigma_z}\exp\left(-\frac{H^2}{2\sigma_z^2}\right) \tag{16-27}$$

(3)高架连续点源正态分布下地面最大浓度模式及位置

由
$$\frac{\mathrm{d}c}{\mathrm{d}\sigma_z}=\frac{\mathrm{d}}{\mathrm{d}\sigma_z}\left[\frac{Q}{\pi\bar{u}\sigma_y\sigma_z}\exp\left(-\frac{H^2}{2\sigma_z^2}\right)\right]=0 \tag{16-28}$$

得
$$C_{\max}=\frac{2Q}{\pi\bar{u}H^2e}\left(\frac{\sigma_z}{\sigma_y}\right) \tag{16-29}$$

且最大浓度出现于满足下列关系的下风处：

$$\sigma_z=\frac{H^2}{2} \tag{16-30}$$

$$\sigma_z\bigg|_{X=XC_{\max}}=\frac{H}{\sqrt{2}} \tag{16-31}$$

则风速不变时可导出：

$$C_{\max}=\frac{Q}{\pi e\bar{u}H^2} \tag{16-32}$$

3)地面连续点源扩散模式

令 $H=0$ 的地面连续点源扩散模式：

$$C=\frac{Q}{\pi\bar{u}\sigma_y\sigma_z}\exp\left(-\frac{y^2}{2\sigma_y^2}\right)\exp\left(-\frac{z^2}{2\sigma_z^2}\right)=\frac{Q}{\pi\bar{u}\sigma_y\sigma_z}\exp\left(-\frac{y^2}{2\sigma_y^2}-\frac{z^2}{2\sigma_z^2}\right) \tag{16-33}$$

可见地面源所造成的浓度为无界情况下浓度的 2 倍。

4)特殊气象条件下的扩散模式

(1)有上部逆温层的扩散模式

扩散只能在地面和逆温间进行，称之为“封闭型扩散”。污染源浓度可看成是实源和无穷多个虚源作用之和。

$$C_{(x,y,z,H)}=\frac{Q}{2\pi\bar{u}\sigma_y\sigma_z}\exp\left(-\frac{y^2}{2\sigma_y^2}\right)\sum_{n=-\infty}^{+\infty}\left\{\exp\left[-\frac{(z-H+2nD)^2}{2\sigma_z^2}\right]+\exp\left[\frac{(z+H+2nD)^2}{2\sigma_z^2}\right]\right\} \tag{16-34}$$

式中：D——逆温层底高度，即混合层高度(m)；

n——烟流在两界间的反射次数，一般 $n=3$ 或 4 已包括主要反射。

实际计算中往往要进行简化，设 x_{D} 为烟羽边缘刚好达逆温底层时离烟源的水平距离：

当 $x\leqslant x_{\mathrm{D}}$ 时，按原扩散模式(一般高斯模式)计算；

当 $x\geqslant 2x_{\mathrm{D}}$ 时，水平方向仍呈正态分布，z 方向浓度渐趋均匀：

$$C_{(x,y,0,H)}=\frac{Q}{\sqrt{2\pi}\bar{u}L\sigma_y}\exp\left(-\frac{y^2}{2\sigma_y^2}\right) \tag{16-35}$$

当 $x_{\mathrm{D}}<x<2x_{\mathrm{D}}$ 时，情况复杂，此时可取 $x=x_{\mathrm{D}}$ 和 $x=2x_{\mathrm{D}}$ 时两点浓度的内差值(采用双对数坐标系)。

(2)熏烟扩散模式

①逆温层消失到烟囱的有效高度处，即 $h_{\mathrm{f}}=H$ 时：

$$\rho_F(x,y,0,H)=\frac{Q}{2\sqrt{2\pi}\bar{u}h_f\sigma_{yf}}\cdot\exp\left(-\frac{y^2}{2\sigma_{yf}^2}\right) \tag{16-36}$$

式中：h_f——逆温层消失高度；

σ_{yf}——熏烟条件下 y 向扩散参数。

$$\sigma_{yf}=\frac{2.15\sigma_y+H\cdot\tan15°}{2.15}=\sigma_y+\frac{H}{8} \tag{16-37}$$

②逆温层消失到烟流上边缘，即 $h_f=H+2\sigma_z$。

$$\rho_F(x,y,0,H)=\frac{q}{\sqrt{2\pi}\bar{u}h_f\sigma_{yf}}\cdot\exp\left(-\frac{y^2}{2\sigma_{yf}^2}\right) \tag{16-38}$$

③逆温消失到 $H+2\sigma_z$ 以上时，熏烟过程将不复存在。

典型例题解析

【例 16-21】 (2007)某污染源排放 SO_2 的量为 80g/s，有效源高为 60m，烟囱出口处风速为 6m/s。在当时的气象条件下，正下风方向 500m 处的 $\sigma_y=35.3$m，$\sigma_z=18.1$m，该处的地面浓度是多少：

A. 27.300μg/m³　B. 13.700μg/m³　C. 0.112μg/m³　D. 6.650μg/m³

解　根据高斯公式，地面浓度为

$$C=\frac{Q}{2\pi\bar{u}\sigma_y\sigma_z}\exp\left(-\frac{y^2}{2\sigma_y^2}\right)\left\{\exp\left[-\frac{(z-H)^2}{2\sigma_z^2}\right]+\exp\left[-\frac{(z+H)^2}{2\sigma_z^2}\right]\right\}$$

$$=\frac{80}{2\times3.14\times6\times35.3\times18.1}\exp\left(-\frac{0}{2\times35.3^2}\right)\left\{\exp\left[-\frac{(0-60)^2}{2\times18.1^2}\right]+\exp\left[-\frac{(0+60)^2}{2\times18.1^2}\right]\right\}$$

$$=27.3\mu g/m^3$$

选 A。

16.2.4 烟气抬升高度与烟囱高度计算

1)烟气抬升高度

热烟气从烟囱出口排出后，可以升到很高的高度，这相当于增加了烟囱的几何高度，因此，烟囱的有效高度 H 应为烟囱的几何高度 H_s 与烟气抬升高度 ΔH 之和，即 $H=H_s+\Delta H$。

烟气从烟囱排出，有风时，大致有四个阶段：喷出阶段、浮升阶段、瓦解阶段和变平阶段。

烟云抬升的原因有两个：一是烟囱出口处的烟流具有一初始动量(使它们继续垂直上升)；二是因烟流温度高于环境温度产生的静浮力。

确定烟气抬升高度的公式很多，常用的有霍兰德公式、布里格斯公式及中国《环境影响评价技术导则　大气环境》(HJ 2.2—2008)推荐的计算方法。

(1)霍兰德(Holland)公式

$$\Delta H=\frac{u_sD}{\bar{u}}\left(1.5+2.7\frac{T_s-T_a}{T_s}D\right)=(1.5u_sD+9.79\times10^{-6}Q_h)/\bar{u} \tag{16-39}$$

式中：u_s——烟气出口流速(m/s)；

D——烟囱出口处的内径(m)；

$\bar{u}$——烟囱出口处的平均风速(m/s)；

Q_h——烟囱的热排放率(kJ/s)；

T_s——烟气出口温度(K)；

T_a——环境大气平均温度(K),取当地近5年平均值。

适用条件:中性大气条件。对于非中性大气条件,进行修正;对于不稳定大气,增加(10%~20%)ΔH;对于稳定大气,减少(10%~20%)ΔH。

不适于:计算大型的热排放源或高于100m烟囱的抬升高度。

(2)布里格斯(Briggs)公式

适用于不稳定大气条件和中性大气条件的计算式。

当 $Q_h > 20\ 920\text{kJ/s}$ 时:

$$x < 10H_s \qquad \Delta H = 0.362 Q_h^{1/3} \cdot \frac{x^{2/3}}{\bar{u}} \tag{16-40}$$

$$x > 10H_s \qquad \Delta H = 1.55 Q_h^{1/3} \cdot \frac{x^{2/3}}{\bar{u}} \tag{16-41}$$

当 $Q_h < 20\ 920\text{kJ/s}$ 时($x^* = 0.33 Q_h^{2/5} \cdot x^{3/5} / \bar{u}^{6/5}$):

$$x < 3x^* \qquad \Delta H = 0.362 Q_h^{1/3} \cdot \frac{x^{1/3}}{\bar{u}} \tag{16-42}$$

$$x > 3x^* \qquad \Delta H = 0.33 Q_h^{3/5} \cdot \frac{x^{2/5}}{\bar{u}} \tag{16-43}$$

(3)康凯维(Concawe)公式

$$\Delta H = \frac{2.703 Q_h^{1/2}}{\bar{u}^{3/4}} \tag{16-44}$$

适用于 $Q_h < 8.374 \times 10^3\text{kJ/s}$,近于中性稳定度,中小型烟源的抬升高度计算。

(4)我国《制定地方大气污染物排放标准的技术方法》(GB/T 3840—1991)推荐的抬升公式

①当 $Q_h \geqslant 2\ 100\text{kJ/s}$ 且 $\Delta T \geqslant 35\text{K}$ 时

$$\Delta H = n_0 Q_h^{n_1} \frac{H_s^{n_2}}{\bar{u}} \tag{16-45}$$

其中,$Q_h = 0.35 P_a Q_v \Delta T / T_s$,$n_0$ 指烟气热状况及地表状况系数,n_1 指烟气热释放率指数,n_2 指烟筒高度指数。

$$\text{当 } Z_2 \leqslant 200\text{m 时},\bar{u} = u_1 \left(\frac{Z_2}{Z_1}\right)^m;\text{当 } Z_2 > 200\text{m 时},\bar{u} = u_1 \left(\frac{200}{Z_1}\right)^m$$

式中:u_1——附近气象台(站)高度5年平均风速(m/s);

Z_1——附近气象台(站)高度(m);

Z_2——烟囱出口处高度(m)。

②当 $1\ 700\text{kJ/s} < Q_h < 2\ 100\text{kJ/s}$ 时

$$\Delta H = \Delta H_1 + (\Delta H_2 - \Delta H_1)\left(\frac{Q_h - 1\ 700}{400}\right) \tag{16-46}$$

其中,$\Delta H_1 = 2 \times \frac{1.5 u_s D + 0.01 Q_h}{\bar{u}} - 0.048 \frac{Q_h - 1\ 700}{\bar{u}}$,$\Delta H_2$ 由布里吉斯公式求得。

③当 $Q_h \leqslant 1\ 700\text{kJ/s}$ 或者 $\Delta T < 35\text{K}$ 时

$$\Delta H = 2 \times \frac{1.5 u_s D + 0.01 Q_h}{\bar{u}} \tag{16-47}$$

④凡地面以上10m高处 $\bar{u} \leqslant 1.5\text{m/s}$ 的地区

$$\Delta H = 5.5 Q_h^{1/4} \times \left(\frac{\mathrm{d}T_a}{\mathrm{d}Z} + 0.009\ 8\right)^{-3/8} \tag{16-48}$$

(5)高架连续点源地面最大浓度计算式

$$C_{\max}=\frac{2Q}{\pi\bar{u}H^2e}\cdot\frac{\sigma_z}{\sigma_y} \tag{16-49}$$

2)烟囱高度的计算

烟囱不单是排气装置,也是控制空气污染、保护环境的重要设备。烟囱高度、出口直径、喷出速度等工艺参数应满足减少对地面污染的需要。增加烟囱高度可以减轻污染源对局部地区的污染,但超过一定高度后再增加高度,对地面浓度的影响甚微,而烟囱的造价却随高度增加而急剧增大。所以并不是烟囱愈高愈好。

设计烟囱高度的基本原则是:既要保证排放物造成的地面最大浓度或地面绝对最大浓度不超过国家大气质量标准,又应做到投资最省。

(1)烟囱高度的计算

烟囱高度的计算分为精确计算法和简化计算法。

烟囱高度一般按锥型扩散正态分布模式导出的简化公式计算,根据对地面浓度要求不同,有两种计算方法:①保证地面最大浓度不超过允许浓度的计算方法;②保证地面绝对最大浓度不超过允许浓度的计算方法。

①按地面最大浓度计算:

$$C_{\max}=\frac{2q}{\pi\bar{u}H^2e}\cdot\frac{\sigma_z}{\sigma_y}\quad\left(\frac{\sigma_z}{\sigma_y}\text{在 0.5～1.0 之间取值}\right)$$

$$H_s=\sqrt{\frac{2q\sigma_z}{\pi e\bar{u}(C_0-C_b)\sigma_y}}-\Delta H$$

$$C_{\max}=C_0-C_b \tag{16-50}$$

其中,C_0 为标准浓度,C_b 为本底浓度。

②按地面绝对最大浓度计算:

$$\Delta H=\frac{B}{\bar{u}}\quad\left(\text{代入 } H=H_s+\frac{B}{\bar{u}}\right)$$

$$\frac{dC_{\max}}{d\bar{u}}=0,\text{得}\bar{u}_c=\frac{B}{H_s}\quad\text{(危险风速)}$$

此时,$\Delta H=\frac{B}{\bar{u}_c}=H_s=\frac{H}{2}$,代入下式可得:

$$C_{\text{absm}}=\frac{q}{2\pi eH_sB}\cdot\frac{\sigma_z}{\sigma_y} \tag{16-51}$$

$$H_s=\sqrt{\frac{q}{2\pi e\bar{u}(C_0-C_b)}\cdot\frac{\sigma_z}{\sigma_y}} \tag{16-52}$$

(2)烟囱设计中的若干问题

①烟囱高度计算公式的校核:上述计算公式按锥形高斯模式导出,在逆温较强的地区,需要用封闭形或熏烟形模式校核。

②烟气抬升高度的选取:优先采用国家标准中的推荐公式(也有人认为一般选霍氏公式)。

③烟流下洗现象的防止:为避免烟流因受周围建筑物的影响而产生的烟流下洗现象,烟囱高度应为周围建筑物的 2 倍以上;为避免烟囱本身对烟流产生的下洗现象,烟囱出口气速不得低于该高度处平均风速的 1.5 倍,一般宜在 20～30m/s,烟温宜在 100℃以上。

典型例题解析

【例 16-22】 (2010)下列哪项条件会造成烟气抬升高度的减小：

A. 风速增加，排气速率增加，烟气温度增加

B. 风速减小，排气速率增加，烟气温度增加

C. 风速增加，排气速率减小，烟气温度减小

D. 风速减小，排气速率增加，烟气温度减小

解 根据霍兰德烟气抬升公式 $\Delta H=\frac{u_s D}{\bar{u}}(1.5+2.7\frac{T_s-T_a}{T_s}D)$ 可知，烟气抬升高度与排气速率和烟气温度成正比，与风速成反比，故正确答案为 C。

16.2.5 燃烧与大气污染

1)燃料

(1)煤

煤是一种复杂的物质聚集体。主要可燃成分是由 C、H 及少量 O_2、N_2、S 等一起构成的有机聚合物。按沉积年代的分类法分为褐煤、烟煤、无烟煤。

煤的组成分析主要包括工业分析、元素分析。

①工业分析，水分、灰分、挥发分、固定碳等；

②元素分析，用化学法测定，去除掉外部水分的主要组分，元素 C、H、S、N、O 等。

煤中硫的形态：硫化铁硫、有机硫、硫酸盐硫。

(2)石油

石油是液体燃料的主要来源。原油是天然存在的易流动液体，相对密度 0.78～1.00，主要含 C、H_2 及少量的 S、N_2、O_2。此外，含有微量金属(钒、镍)、砷、铅、氯等。

(3)天然气

一般组成有甲烷 85%，乙烷 10%，丙烷 3%。此外，还有 H_2O、CO_2、N_2、He、H_2S 等。

(4)燃料的成分

燃料的成分分析主要包括工业分析、元素分析。

①工业分析，水分、灰分、挥发分、固定碳等；

②元素分析，用化学法测定，去除掉外部水分的主要组分，元素 C、H、S、N、O 等。

(5)燃料的发热量

单位量燃料完全燃烧产生的热量。即反应物开始状态和反应物终了状态相同情况下(常温 298K，101 325Pa)的热量变化值，称为燃料的发热量，单位是 kJ/kg(固体)或 kJ/m^3(气体)。发热量有高位、低位之分。

在已知燃料中氢和水的含量时，

$$q_L=q_h-25(9w_h+w_w)$$

式中：q_L——低位发热量；

w_h——燃料中氢的质量百分数；

q_h——高位发热量；

w_w——燃料中水的质量百分数。

高位：包括燃料燃烧生成物中水蒸气的汽化潜热 Q_h。

低位：指燃料燃烧生成物中水蒸气仍以气态存在时，完全燃烧释放的热量。

2)燃料的燃烧

(1)燃烧

燃烧的定义：指可燃混合物的快速氧化过程，并伴有能量的释放，同时使燃料的组成元素转化成相应的氧化物。

燃烧的基本条件：燃料完全燃烧的条件是适量的空气、足够的温度、必要的燃烧时间、燃料与空气的充分混合。

空气条件：按燃烧不同阶段供给相适应的空气量。

温度条件：只有达到着火温度，才能与氧化合而燃烧。

着火温度：在氧存在下可燃质开始燃烧必须达到的最低温度。

时间条件：燃料在高温区的停留时间应超过燃料燃烧所需时间。

燃烧与空气的混合条件：燃料与空气中氧的充分混合是有效燃烧的基本条件。

在大气污染物排放量最低条件下实现有效燃烧的四个因素：空气与燃料之比、温度、时间、湍流度。通常把温度、时间和湍流度称为燃烧过程的“3T”。

(2)燃料燃烧的空气量

①理论空气量：单位量燃料按燃烧反应方程式完全燃烧所需的空气量称为理论空气量。建立燃烧化学方程式时，假定：

a.空气仅由 N_2 和 O_2 组成，气体体积比为 79/21＝3.76；

b.燃料中的硫被氧化成 SO_2；

c.计算理论空气量时忽略 NO_x 的生成量；

d.燃料的化学式为 $C_xH_yS_zO_w$，其中下标 x、y、z、w 分别代表 C、H、S、O 的原子数。

完全燃烧的化学反应方程式：

$$C_xH_yS_zO_w+\left(x+\frac{y}{4}+z-\frac{w}{2}\right)O_2+3.76\left(x+\frac{y}{4}+z-\frac{w}{2}\right)N_2 \rightarrow$$
$$xCO_2+\frac{y}{2}H_2O+zSO_2+3.76\left(x+\frac{y}{4}+z-\frac{w}{2}\right)N_2+Q$$

理论空气量：

$$V_a^0=22.4\times 4.76\left(x+\frac{y}{4}+z-\frac{w}{2}\right)/(12x+1.008y+32z+16w)$$
$$=106.6\left(x+\frac{y}{4}+z-\frac{w}{2}\right)/(12x+1.008y+32z+16w)\ \mathrm{m^3/kg} \tag{16-53}$$

②实际空气量。实际空气量 V_a 与理论空气量 V_a^0 之比为空气过剩系数 a。其中，$a=\frac{V_a}{V_a^0}$，通常 $a>1$。

③空燃比(AF)：单位质量燃料燃烧所需的空气质量，可由燃烧方程直接求得。

3)燃烧过程污染物排放量计算

(1)烟气量计算

①理论烟气量：在理论空气量下，燃料完全燃烧所生成的烟气体积，以 V_{fg}^0 表示。烟气成分主要是 CO_2、SO_2、N_2 和水蒸气。

干烟气：除水蒸气以外的成分称为干烟气；湿烟气：包括水蒸气在内的烟气。

$$V_{fg}^0=V_{干烟气}+V_{水蒸气} \tag{16-54}$$

$$V_{理水蒸气} = V_{燃料中氢燃烧后的水蒸气} + V_{燃料中所给} + V_{理论空气量带入} \tag{16-55}$$

②实际烟气量：

$$V_{fg} = V_{fg}^0 + (a-1)V_a^0 \tag{16-56}$$

③烟气体积和密度的校正。

燃烧产生的烟气其 T、P 总高于标态(273K、1atm)，故需换算成标态。大多数烟气可视为理气，故可应用理气方程。

设观测状态(T_S、P_S)下：烟气的体积为 V_S，密度为 ρ_S。

标态(T_N、P_N)下：烟气的体积为 V_N，密度为 ρ_N。

标态下体积：

$$V_N = V_S \cdot \frac{P_S}{P_N} \cdot \frac{T_N}{T_S} \tag{16-57}$$

标态下密度：

$$P_N = \rho_S \cdot \frac{P_N}{P_S} \cdot \frac{T_S}{T_N} \tag{16-58}$$

应指出，美国、日本和国际全球监测系统网的标准态是 298K、1atm，在做数据比较时应注意。

(2)污染物排放量计算

典型例题解析

【例 16-23】 已知某电厂烟气温度为 473K，压力为 96.93kPa，湿烟气量 Q=10 400m^3/min，含水汽 6.25%(体积)，奥萨特仪分析结果是：CO_2 占 10.7%，O_2 占 8.2%，不含 CO，污染物排放的质量流量为 22.7kg/min。求：(1)污染物排放的质量速率(以 t/d 表示)；(2)污染物在烟气中浓度；(3)烟气中空气过剩系数。校正至空气过剩系数 α=1.8 时污染物在烟气中的浓度。

解 (1)污染物排放的质量速率

$$22.7\,\frac{kg}{min} \times \frac{60min}{h} \times 24\,\frac{h}{d} \times \frac{t}{1\,000kg} = 32.7t/d$$

(2)测定条件下的干空气量

$$Q_d = 10\,400 \times (1-0.062\,5) = 9\,750m^3/min$$

测定状态下干烟气中污染物的浓度：

$$C = \frac{22.7}{9\,750} \times 10^6 = 2\,328.2mg/(m^3 \cdot N)$$

标态下的浓度：

$$C_N = C\left(\frac{P_N}{P} \times \frac{T}{T_N}\right) = 2\,328.2 \times \frac{101.33}{96.93} \times \frac{473}{273} = 4\,217.0mg/(m^3 \cdot N)$$

(3)空气过剩系数

$$\alpha = 1 + \frac{O_{2P}}{0.264N_{2P} - O_{2P}} = 1 + \frac{8.2}{0.264 \times 81.1 - 8.2} = 1.621$$

校正至 α=1.8 条件下的浓度：

$$C_{校} = C_{实}\frac{\alpha_{实}}{1.8}$$

$$C_{校} = 4\,217.0 \times \frac{1.621}{1.8} = 3\,797.6mg/m^3N$$

【例 16-24】 (2007)某种燃料在干空气条件下(假设空气仅由氮气和氧气组成,其体积比为3.78)燃烧,烟气分析结果(干烟气):CO_2 为10%,O_2 为4%,CO为1%。则燃烧过程的过剩空气系数是:

A. 1.22　　B. 1.18　　C. 1.15　　D. 1.04

解 氮气与氧气比为3.78,故空气中总氧量为 $1/3.78\ N_2=0.264N_2$,而烟气中氮气含量为 $1-(CO_2+O_2+CO)=1-(10\%+4\%+1\%)=85\%$。

燃烧过程中产生CO,则空气过剩系数为:

$$\alpha=1+\frac{O_{2P}-0.5CO_p}{0.264N_{2P}-(O_{2P}-0.5CO_p)}=1+\frac{4\%-0.5\times1\%}{0.264\times85\%-(4\%-0.5\times1\%)}=1.18$$

选B。

16.2.6 颗粒污染物防治方法

1)颗粒大小和密度

颗粒大小影响其在环境空气中的滞留时间、对环境和健康的影响、被捕集的难易程度;颗粒越小,活性越高,吸附性也越强。

(1)单颗颗粒大小的表达

由于颗粒形状极不规则,难以简单地用某一尺度表达,必须根据需要采用不同定义的粒径值表达。

在环境空气质量标准中单颗颗粒大小用空气动力学直径(单位密度下);计算颗粒运动时需要用斯托克斯径(真密度下)。颗粒粒度测定方法很多,不同方法所测得的粒径定义不同,而且不同定义的粒径值多数难以互相换算。

①斯托克斯径:与被研究的颗粒密度相同,且沉降速度相等的球体直径。

$$d_{st}=\left[\frac{18\mu v_s}{(\rho_p-\rho_g)g}\right]^{\frac{1}{2}} \tag{16-59}$$

式中:v_s——颗粒沉降速度(m/s);

ρ_p——气体密度(kg/m^3);

ρ_g——颗粒密度(kg/m^3);

μ——气体动力黏度(Pa·s);

g——重力加速度(m/s^2)。

②分割粒径(半分离粒径)d_{50}:即分级效率为50%的颗粒直径,也即除尘器能捕集该粒子群一半的直径。

③空气动力径 d_a:在静止的空气中颗粒的沉降速度与密度为 $1g/cm^3$ 的圆球的沉降速度相同时的圆球的直径。单位 $\mu m(g/cm^3)^{1/2}=\mu mA$ 代表。

④我国《环境空气质量标准》规定了总悬浮物(TSP)、可吸入颗粒物(PM_{10})的浓度限值。其粒径为空气动力学当量直径。

TSP——总悬浮颗粒物,空气动力学当量直径≤100μm的颗粒物;

PM_{10}——可吸入颗粒物,空气动力学当量直径≤10μm的颗粒物;

$PM_{2.5}$——空气动力学当量直径≤2.5μm的颗粒物。

(2)平均粒径

对于一个由大小和形状不相同的粒子组成的实际粒子群与一个由均一的球形粒子组成的

假想粒子群相比，若两者的粒径全长相同，则称此球形粒子的直径为实际粒子群的平均粒径。一般顺序：$d_1<d_s<d_v<d_2<d_3<d_4$。

各平均粒径的计算方法及意义见表 16-4。

各平均粒径的计算方法及意义 表 16-4

名 称	计算公式	意 义
长度平均径	$d_1=\sum nd/\sum n$	单一粒径的均值
面积长度平均径	$d_2=\sum nd^2/\sum nd$	总表面积与总长度的比值
体面积平均径	$d_3=\sum nd^3/\sum nd^2$	总体积与总表面积之比
质量平均径	$d_4=\sum nd^4/\sum nd^3$	质量=总质量，数目=总个数的粒子的粒径
表面积平均径	$d_s=\sqrt{\sum nd^2/\sum n}$	总表面积与总个数之比的平方根
体积平均径	$d_v=(\sum nd^3/\sum n)^{\frac{1}{3}}$	总体积与总个数之比的立方根
中位径	d_{50}	粒径分布累计值=50%的粒径
众径	$\mathrm{d_{om}}$	粒径分布中频率密度值最大的粒径

2）粒径分布

粒径分布是指某一粒子群中不同粒径的粒子所占的比例，亦称粒子的分散度。

①频数分布 ΔR：指粒径 d_p 至$(d_p+\Delta d_p)$之间的粒子质量占粒子群总质量的百分数。

$$\Delta R=\frac{\Delta m}{m_0}\times 100\% \tag{16-60}$$

$\sum\Delta R=100\%$，ΔR 与选取的粒径间隔的大小有关。

②频度分布 p：$\Delta d_p=1\mu\mathrm{m}$ 时粒子质量占粒子群的百分数或单位粒径间隔宽度时的频率分布百分数。即

$$p=\frac{\Delta R}{\Delta d_p}(\%/\mu\mathrm{m}) \tag{16-61}$$

其微分定义式：$p(d_p)=-\dfrac{\mathrm{d}R}{\mathrm{d}d_p}$

频度分布如图 16-54 所示。

③筛下累积频率分布 $F(\%)$：指小于某一粒径 d_p 的尘样质量占尘样总质量的百分数。如图 16-55 所示。

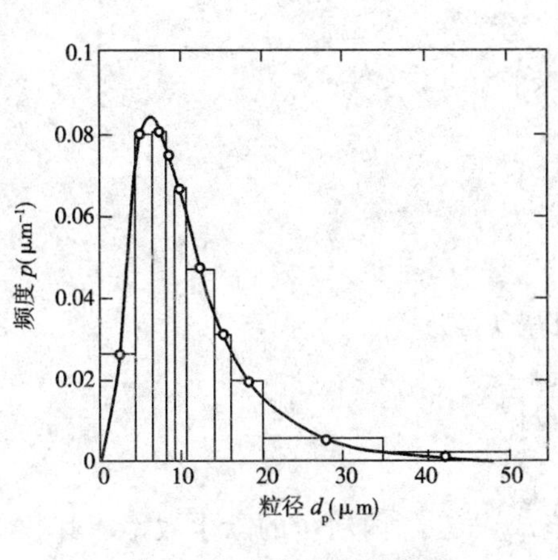

图 16-54 频度分布示意图

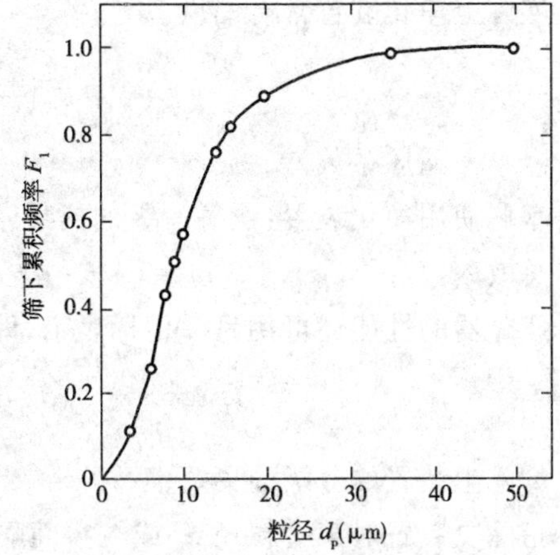

图 16-55 筛下累积频率分布

$$F_i=\frac{\sum^{n} n_i}{\sum^{N} n_i}\text{或}\ F_i=\sum^{n} f_i \tag{16-62}$$

④筛上累积频率分布 R(%):大于某一粒径 d_p 的尘样质量占尘样总质量的百分比。

常用的筛上累积频率分布 R 的表达式为罗率-拉姆勒分布式(R-R 分布式):

对于已知中位径 d_{50} 的尘样:

$$R_{(dp)}=\exp\left[-0.693\left(\frac{d_p}{d_{50}}\right)^n\right]$$

其中,n 为分布指数。

3)除尘装置的捕集效率

除尘装置的捕集效率代表装置捕集粉尘效果的重要指标。有以下几种表示:

①总捕集效率 η_T:指在同一时间内净化装置去除污染物的量与进入装置的污染物量之百分比。

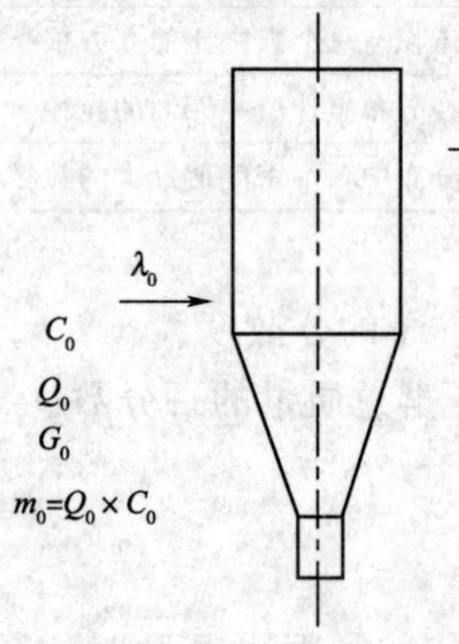

图 16-56 捕集效率的计算

捕集效率的计算如图 16-56 所示。图中入口 λ_0 有气体流量 Q_0(m^3/s)、污染物流量 G_0(g/s)、污染物浓度 C_0(g/m^3),出口相应的为 Q_e、G_e、C_e。

净化装置捕集的污染物流量 G_c(g/s),有 $G_0=G_e+G_c$。

$$\eta_T=\frac{G_c}{G_0}\times100\%=\left(1-\frac{G_e}{G_0}\right)\times100\% \tag{16-63}$$

因 $G=CQ$

所以 $$\eta_T=\left(1-\frac{Q_eC_e}{Q_0C_0}\right)\times100\% \tag{16-64}$$

又因 Q_0,Q_e 与状态有关

故常换算成标准状态(0℃,1.013×10^5Pa)下干气体流量表示,并加角标"N"。

$$\eta_T=\left(1-\frac{C_{eN}Q_{eN}}{C_{0N}Q_{0N}}\right)\times100\% \tag{16-65}$$

若装置不漏风,$Q_{0N}=Q_{eN}$

$$\eta_T=\left(1-\frac{C_{eN}}{C_{0N}}\right)\times100\% \tag{16-66}$$

实际上净化装置常有漏风

$$\eta_T=\left(1-\frac{C_{eN}}{C_{0N}}k\right)\times100\% \tag{16-67}$$

式中:k——漏风系数。

串联使用净化装置:设每一级的捕集效率为 η_1、η_2、…、η_n。

总效率: $$\eta_T=[1-(1-\eta_1)(1-\eta_2)(1-\eta_3)\cdots] \tag{16-68}$$

净化器的性能还可用另一指标表示,即通过率 P 为:

$$P=\frac{G_e}{G_0}\times100\%=\frac{C_{eN}Q_{eN}}{C_{0N}Q_{0N}}\times100\%=1-\eta_T \tag{16-69}$$

②除尘装置的分级捕集效率

指除尘装置对某一粒径 d_{pi} 或粒径间隔 d_{pi} 至 $d_{pi}+\Delta d_p$ 内粉尘的除尘效率。其数学表达式为:

$$\eta_d=\frac{\Delta G_c}{\Delta G_0}\times100\% \tag{16-70}$$

4)旋风除尘

旋风除尘器是利用旋转气流产生的离心力使尘粒从气流中分离的,用来分离粒径大于5~10μm以上的颗粒物。

特点:结构简单,占地面积小,投资低,操作维修方便,压力损失中等,动力消耗不大,可用于各种材料制造,能用于高温、高压及腐蚀性气体,并可回收干颗粒物,效率80%左右,捕集小于5μm颗粒的效率不高,一般作预除尘用。

(1)原理

旋风除尘器工作原理如图16-57所示。旋风除尘是利用旋转的含尘气流所产生的离心力,将颗粒污染物从气体中分离出来的过程。当含尘气流由进气管进入旋风除尘器时,气流由直线运动变为圆周运动。旋转气流的绝大部分沿器壁和圆筒体成螺旋向下,朝锥体流动,通常称此为外旋流。含尘气体在旋转过程中产生离心力,将密度大于气体的颗粒甩向器壁,颗粒一旦与器壁接触,便失去惯性力而靠入口速度的动量和向下的重力沿壁而下落,进入排灰管。旋转下降的外旋气流在到达锥体时,因圆锥形的收缩而向除尘器中心靠拢,其切向速度不断提高。当气流到达锥体下端某一位置时,便以同样的旋转方向在旋风除尘器中由下回旋而上,继续做螺旋运动。最终,净化气体经排气管排出器外,通常称此为内旋流。一部分未被捕集的颗粒也随之排出。

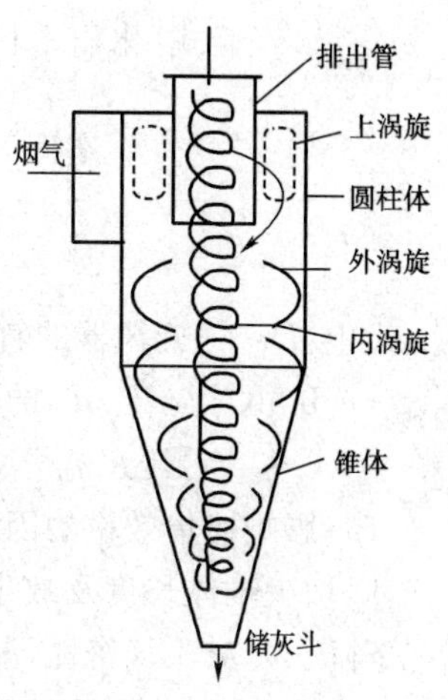

图16-57 旋风除尘器工作原理示意图

(2)旋风除尘器分离性能

①颗粒的分离直径:旋风除尘器的除尘效率与颗粒的直径有关,直径愈大,效率愈高。当d_p达到某一值时,其除尘效率可达100%,此时的颗粒直径为全分离直径d_{c100}(临界直径),同样,η为50%时的颗粒直径为半分离直径d_{c50}(切割直径)。分离直径越小,其除尘性能越好。

半分离直径的求法有以下两种方法。

a.拉波尔经验表达式:适用于切线、螺旋、蜗壳式入口旋风器。

$$d_{c50}=\left(\frac{g\mu HB^2}{\rho_p Q\theta}\right)^{\frac{1}{2}} \tag{16-71}$$

$$\theta=2\pi N=2\pi\cdot\frac{L_1+L_2/2}{H}=\frac{\pi}{H}(2L_1+L_2) \tag{16-72}$$

式中:H,B——气流入口的宽度与高度;

L_1,L_2——圆筒与圆锥的高度。

b.根据假想圆筒理论求d_{c50}:尘粒在旋风器中受到两个力的作用。

离心力f_t为:

$$f_t=m\frac{V_t^2}{r}=\left(\frac{\pi}{6}d^3\rho_p\right)\frac{V_\theta^2}{r_i}(\text{球形}) \tag{16-73}$$

向心力f_d(径向气流阻力)为:

$$f_d=3\pi\mu V_r d_p \quad (R_{ep}\leqslant 1\text{时}) \tag{16-74}$$

在交界面上尘粒有三种情况:$f_t>f_d$,移向外壁;$f_d>f_t$,移向内壁;$f_t=f_d$,进去50%,出来50%,即除尘效率为50%。

若$f_t=f_d$,则

$$d_{cp}=\left[\frac{18\mu V_r r_i}{\rho_p V_\theta^2}\right]^{\frac{1}{2}} \tag{16-75}$$

当处理气量为 Q(m^3/s)时,则 $Q=2\pi r_i L_i V_r$,代入上式得

$$d_{cp}=\left[\frac{9\mu Q}{\pi L_i \rho_p V_\theta^2}\right]^{\frac{1}{2}} \tag{16-76}$$

②捕集效率

a. 经验式(水田木村典夫):

$$\eta_d=1-\exp\left[-0.693\left(\frac{d_p}{d_{c50}}\right)^{\frac{1}{n+1}}\right] \tag{16-77}$$

$$n=1-(1-0.67D^{0.14})\left(\frac{T}{283}\right)^{0.33} \tag{16-78}$$

式中:D——旋风器的直径。

b. 由 η 与 d_p/d_{50} 的关系图查取。

c. $\eta_{总}=\sum\Delta R_i\eta_{di}$。

影响捕集效率的因素有:a. 入口风速,入口风速一般为 12～20m/s。b. 除尘器结构与尺寸,增大锥体长度及减小排气管直径都有利于提高 η。c. 颗粒粒径与密度。d. 温度,温升高,η 下降。e. 灰斗气密性,漏气量越小,η 越高。

(3)旋风除尘器的类型

按气体流动状况分:a. 切流返转式旋风除尘器,含尘气体由筒体沿侧面沿切线方向导入,常用的形式为直入式和螺壳式。b. 轴流式旋转除尘器,轴流直流式和轴流反旋式。

按结构形式分:圆筒体、长锥体、旁通式、扩散式。

5)电除尘器

电除尘是利用强电场使气体发生电离,气体中的粉尘荷电在电场力的作用下,使气体中的悬浮粒子分离出来的装置。

(1)原理

用电除尘的方法分离气体中的悬浮离子,需四个步骤:气体电离→粉尘荷电→粉尘沉积→清灰。

电除尘器是在两个曲率半径相差较大的金属阳极和阴极上,通过高压直流电,维持一个足以使气体电离的静电场,气体电离后所产生的阴离子和阳离子,吸附在通过电场的粉尘上,使粉尘获得电荷。电荷极性不同的粉尘在电场力的作用下,分别向不同极性的电极运动,沉积在电极上,从而达到粉尘和气体分离的目的。在电晕区和靠近电晕区很近的一部分荷电粉尘与电晕极的极性相反,沉积在电晕极上。因电晕区的范围小,所沉积的粉尘也少。电晕区外的粉尘,绝大部分带有与电晕极极性相同的电荷,沉积在收尘极板上。

粉尘的捕集与许多因素有关,如粉尘的比电阻、介电常数和密度,气体的流速、温度和湿度,电场的伏安特性,以及收尘极的表面状态等。

(2)电除尘器的分类

按结构不同可分为以下四类:

①按集尘电极形式可分为管式和板式电除尘器。

管式:极线沿着垂直的管状集尘电极的中心线悬挂,适用于气体量较小的情况,一般采用湿式清灰方式。

板式：在互相平行的板式收尘电极的中间悬挂垂直的极线。板式可采用湿式清灰方式，但绝大多数采用干式清灰方式。

②按气流流动方式分为立式和卧式电除尘器。

③按粉尘荷电区和分离区的空间布置不同分为单区和双区电除尘。

④按沉集粉尘的清灰方式可分为湿式和干式电除尘器。

电除尘器的捕集效率 η 通常按多依奇-安德森公式计算：

$$\eta=1-\exp\left(\frac{Ac}{Q}w_{p}\right)$$

式中：A_c——集尘板总面积(m^2)；

Q——气体流量(m^3/s)；

w_p——有效驱进速度(m/s)。

6)袋式除尘

(1)原理

袋式除尘器是利用棉毛、人造纤维等织物进行过滤的一种除尘装置，滤料本身的网孔较大，为 20～50μm，绒布为 5～10μm，却能除去粒径 1μm 以下的颗粒，除尘效率很高。新滤料除尘效率不高。其机理涉及筛滤、惯性碰撞、滞留、扩散、降电、重力沉降。

①筛滤作用：当粉尘粒径大于滤布孔隙或沉积在滤布上的尘粒间孔隙时，粉尘即被截留下来。由于新滤布孔隙远大于粉尘粒径，所以阻留作用很小，但当滤布表面积沉积大量粉尘后，阻留作用就显著增大。

②惯性碰撞：当含尘气流接近过滤纤维时，气流将绕过纤维，而尘粒由于惯性作用继续直线前进，撞击到纤维上即被捕集，这种惯性碰撞作用，随粉尘粒径及流速的增大而增强。

③扩散和静电作用：小于 1μm 的尘粒，在气流速度很低时，其除尘机理主要是扩散和静电作用。扩散：布朗运动引起，它随气速的降低、纤维和粉尘直径的减小而增强。电力：带电荷相反时。

④重力沉降：当缓慢运动的含尘气流进入除尘器内，粒径和密度大的尘粒可能因重力作用自然沉降下来。

(2)袋式除尘器性能

袋式除尘器性能主要涉及除尘效率、压力损失、过滤风速及滤袋寿命。

①除尘效率：指含尘气体通过袋式除尘器时新捕集下粉尘量占进入除尘器的粉尘量的百分数。

除尘效率的影响因素：除尘器的运行参数、粉尘性质、滤料的性质、清灰方式等。

②压力损失：重要的技术经济指标，与除尘器的结构、滤袋种类、粉尘性质和粉尘层特性、清灰方式、气体温度、湿度、黏度等因素有关。不仅决定着能量消耗，而且决定着除尘效率和清灰间隔时间等。

$$\Delta P=\Delta P_{c}+\Delta P_{f}+\Delta P_{d} \tag{16-79}$$

式中：ΔP_c——除尘器的设备压力损失；

ΔP_f——通过洁净滤料的压力损失；

ΔP_d——通过粉尘层的压力损失。

对于给定的滤料和操作条件，滤料的压力损失 ΔP_f 基本上是一个常数，通过袋式除尘器的压力损失主要由 ΔP_d 决定。

③过滤速度：指气体单位时间通过单位面积滤料的量(m/min)。

$$V_{F}=\frac{Q}{60S} \tag{16-80}$$

式中：Q——通过滤布的风量(m^3/h)；

S——滤布的面积(m^2)。

过滤速度是一个重要的技术经济指标。选用高的过滤速度，所需要的滤布面积小，除尘器体积、占地面积和一次投资等都会减小，但除尘器的压力损失却会加大。

④滤袋寿命：指破损滤袋占总滤袋的10%时所用的时间。滤袋寿命一般为2～3年。

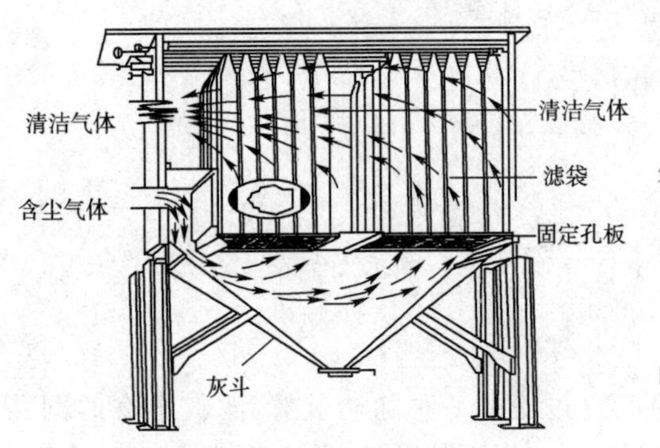

图16-58 典型机械振动式布袋除尘器

(3)袋式除尘器的分类

①按滤袋断面形状分为圆形、扁形、异形。

②按含尘气流通过滤袋的方向分为内滤式、外滤式。

③按进气口布置分为上进气、下进气。

④按除尘器内气体压力分为正压式、负压式。

⑤按清灰方式分为机械振动、脉冲喷吹、反吹风。机械振动式布袋除尘器见图16-58。

7)湿式除尘

使废气与液体(一般是水)密切接触，利用水滴和尘粒的惯性碰撞及其他作用捕集尘粒或使粒径增大的装置。可以有效地除去直径为0.1～20μm的液态或固态粒子，亦能脱除部分气态污染物。低能耗湿式除尘器的压力损失为0.2～1.5kPa，对10μm以上粉尘的净化效率可达90%～95%；高能耗湿式除尘器的压力损失为2.5～9.0kPa，净化效率可达99.5%以上。

(1)除尘机理

湿式除尘机理涉及各种机理中的一种或几种。主要是惯性碰撞，扩散效应、黏附、扩散漂移和热漂移，凝聚等作用。

①惯性碰撞。含尘气流在运动过程中同液滴相遇，在液滴前 x_d 处气流开始改变方向，绕过液滴运动，而惯性较大的尘粒有继续保持其原来直线运动的趋势。尘粒运动主要受两个力支配，即其本身的惯性力以及周围气体对它的阻力。尘粒从脱离流线到惯性运动结束时所移动的直线距离为粒子的停止距离 x_s、x_d 为原始距离，即气流改变方向时液滴距尘粒的距离。当 $x_s \geqslant x_d$ 时发生碰撞。

②扩散效应、黏附、扩散漂移和热漂移。若气流中含有饱和蒸汽，当其与较冷液滴接触时，饱和蒸汽会在较冷的液滴表面上凝结，形成一个向液滴运动的附加气流，这就是所谓的热漂移和扩散漂移，这种气流促使较小尘粒向液滴移动，并沉积在液滴表面而被捕集。

③凝聚作用。排烟中常含有水蒸气、气态有机物等。随着温度降低，这些凝结成分就会被吸附在粉尘表面，使尘粒彼此凝聚成较大的二次粒子，易于被液滴捕集。

(2)气液界面

用液体来洗涤和捕集气体中微粒，大体要在四种气—液交界面上进行，即气泡表面、液体喷射表面、液膜表面以及液滴表面。

①气泡表面。含尘气流通过多孔板上的液体时，气体在孔眼处形成气泡，并逐渐变大，随后上升通过液层。筛板可分为三个区域：最下层是鼓泡区，主要为液体；中间层是运动的气泡层，主要为气体，液体是以气泡膜的形式存在；上层是溅沫区，液体变成了不连续的溅沫。气流中的尘粒主要在气泡区被捕集。

②液体射流表面。画一个压力喷嘴形成的射流。喷出的射流经一定距离后破碎为直径分布范

围很广的液滴群。气体和液体发生强烈混合，常见的除尘器是引射式文丘里洗涤器，由于尘粒和液滴相对速度较小，故此装置的捕集效率不是很高，但由于液体喷射的抽吸作用，气体不需引风设备。

③液膜。液体依靠其流动性、润湿性在固体表面铺展开来，即形成液膜，如洗涤塔，内装填料，在填料表面形成液膜。

④液滴。靠机械力、惯性力以及摩擦力等使液体分散在大量气体中，从而形成液滴。

(3)除尘器的分类

根据净化机理可分为7类：重力喷雾洗涤器、旋风式洗涤器、自激喷雾洗涤器、板式洗涤器、填料床洗涤器、文丘里洗涤器、机械诱导喷雾洗涤器。如图16-59所示。

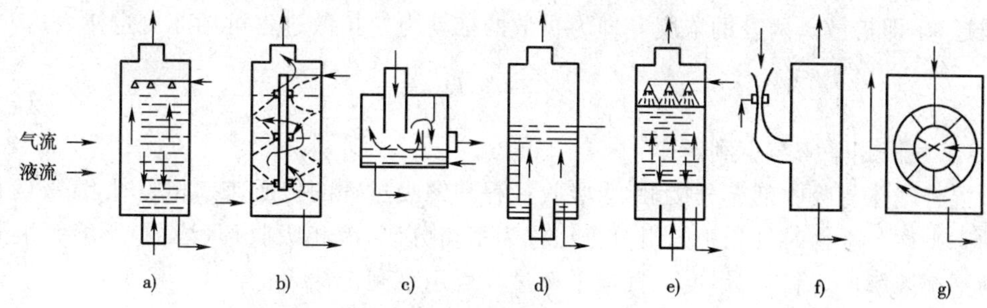

图16-59 常见的7种类型湿式除尘器工作示意图

典型例题解析

【例16-25】 (2007)某烟气中颗粒物的粒径符合对数正态分布且非单分散相，已经测得其通过电除尘器的总净化率为99%(以质量计)。如果改用粒数计算，则总净化率：

A. 不变　　B. 变大　　C. 变小　　D. 无法判断

解 粉尘的粒径分布符合对数正态分布，则其粒数分布、质量分布和表面积分布的几何标准差都相等，频度分布曲线形状相同，因此总净化率不变。选A。

【例16-26】 (2007)对于某锅炉烟气，除尘器A的全效率为80%，除尘器B的全效率为90%，如果将除尘器A放在前级，B在后级串联使用，总效率应为：

A. 85%　　B. 90%　　C. 99%　　D. 90%～98%之间

解 总效率 $\eta=1-(1-\eta_1)(1-\eta_2)=1-(1-80\%)\times(1-90\%)=98\%$，实际运行时低于此数值，故正确答案为D。

【例16-27】 (2014)PM_{10}是指：

A. 几何当量直径小于10μm的颗粒物

B. 斯托克斯直径小于10μm的颗粒物

C. 空气动力学直径小于10μm的颗粒物

D. 筛分直径小于10μm的颗粒物

解 PM_{10}是指空气动力学直径小于10μm的颗粒物，也称可吸入颗粒物。选C。

16.2.7 气态污染物防治方法

1)吸收

利用气体混合物中各组分在一定液体中溶解度的不同而分离气体混合物的操作，称为吸收。在空气污染控制工程中，这种方法已广泛应用于含SO_2、NO_x、HF、H_2S及其他气态污染物的废气净化上，成为控制气态污染物排放的重要技术之一。

(1)分类

物理吸收：主要是溶解，吸收过程中没有或仅有弱化学反应，吸收质在溶液中呈游离或弱结合状态，过程可逆，热效应不明显。

化学吸收：过程存在化学反应，一般有较强的热效应。如果发生的化学反应是不可逆的，则不能解吸。化学吸收过程的吸收速率和净化效率都明显高于物理吸收。

(2)扩散与菲克定律

在静止或滞流流体中，分子的无规则热运动会导致物质从浓度较高的区域向浓度较低的区域迁移，即扩散。两处的浓度差即为扩散的推动力。扩散过程可用菲克定律表达：

$$J_A = -D_{AB}\frac{dc_A}{dz} \tag{16-81}$$

(3)气液相平衡与亨利定律

混合气体与吸收剂充分接触，当吸收过程和解吸过程的传质速率相等时，气液两相就达到了动态平衡。平衡时气相中的组分分压称为平衡分压，液相吸收剂(溶剂)所溶解组分的浓度称为平衡溶解度，简称溶解度。气液平衡过程可用亨利定律表达：

$$P_i^* = E_i x_i \tag{16-82}$$

式中：P_i^*——溶液表面吸收质 i 的气相平衡分压(Pa)；

x_i——平衡状态下，吸收质 i 的液相摩尔分率；

E_i——亨利系数(Pa)。

$$E_i = \frac{\rho}{M_0 H_i} \tag{16-83}$$

式中：M_0——吸收剂的摩尔质量(kg/kmol)；

ρ——吸收剂密度(kg/m^3)；

H_i——吸收剂 i 的溶解度系数[$kmol/(m^3 \cdot Pa)$]。

亨利定律的另一种表达形式为：

$$C_i = H_i P_i^* \tag{16-84}$$

式中：C_i——液相吸收质的浓度($kmol/m^3$)。

此外，亨利定律还有其他的表达方式，在使用资料时一定要注意其量纲和表达式的一致。

(4)物理吸收

①气相分传质速率方程

$$N_A = k_y(y_A - y_{Ai}) \tag{16-85}$$

$$N_A = k_g(p_A - p_{Ai}) \tag{16-86}$$

式中：p_A，p_{Ai}——吸收质 A 在气相主体、相界面上的平衡分压(Pa)；

y_A，y_{Ai}——吸收质 A 在气相主体、相界面上的摩尔分率；

k_y——以 $y_A - y_{Ai}$ 为推动力的气相分吸收系数[$kmol/(m^2 \cdot s)$]；

k_g——以 $p_A - p_{Ai}$ 为推动力的气相分吸收系数[$kmol/(m^2 \cdot s \cdot Pa)$]。

$$k_g = \frac{D_{Ag}}{Z_g} \tag{16-87}$$

式中：D_{Ag}——吸收质 A 在气相中的扩散系数[$kmol/(m^2 \cdot s \cdot Pa)$]；

Z_g——气膜厚度(m)。

②液相分传质速率方程

$$N_A = k_x(x_{Ai} - x_A) \tag{16-88}$$

$$N_A = k_l(c_{Ai} - c_A) \tag{16-89}$$

式中：x_A，x_{Ai}——吸收质 A 在液相主体、相界面上的摩尔分率；

c_{Ai}，c_A——吸收质 A 在液相主体、相界面上的摩尔浓度（kmol/m^3）；

k_x——以 $x_A - x_{Ai}$ 为推动力的气相分吸收系数[kmol/(m^2·s)]；

k_l——以 $c_{Ai} - c_A$ 为推动力的气相分吸收系数（m/s）。

$$k_l = \frac{D_{Al}}{Z_l} \tag{16-90}$$

式中：D_{Al}——吸收质 A 在液相中的扩散系数（m^2/s）；

Z_l——液膜厚度（m）。

③总传质速率方程

气相总传质速率方程：

$$N_A = K_{Ag}(p_A - p_A^*) \tag{16-91}$$

$$N_A = K_y(y_A - y_A^*) \tag{16-92}$$

液相总传质速率方程：

$$N_A = K_x(x_A^* - x_A) \tag{16-93}$$

$$N_A = K_{Al}(c_A^* - c_A) \tag{16-94}$$

式中：K_{Ag}——以 $p_A - p_A^*$ 为推动力的气相总吸收系数[kmol/(m^2·s·Pa)]；

K_y——以 $y_A - y_A^*$ 为推动力的气相总吸收系数[kmol/(m^2·s)]；

y_A^*——与液相中吸收质浓度相平衡的气相虚拟浓度；

p_A^*——与液相中吸收质浓度相平衡的气相虚拟分压（Pa）；

K_{Al}——以 $c_A^* - c_A$ 为推动力的液相总吸收系数（m/s）；

K_x——以 $x_A^* - x_A$ 为推动力的液相总吸收系数[kmol/(m^2·s)]；

x_A^*——与气相中吸收质浓度相平衡的液相虚拟浓度；

c_A^*——与气相中吸收质浓度相平衡的液相中吸收质的摩尔浓度（kmol/m^3）。

吸收系数：吸收推动力表示方式不同，速率方程中吸收系数形式也不同。气、液相总吸收系数与气、液相分吸收系数的关系分别为：

$$\frac{1}{K_y} = \frac{1}{k_y} + \frac{m}{k_y} \tag{16-95}$$

$$\frac{1}{K_x} = \frac{1}{mk_x} + \frac{m}{k_x} \tag{16-96}$$

（5）化学平衡

吸收过程中，如果吸收质与吸收剂发生反应，则两者之间必然同时满足相平衡和化学平衡关系，根据化学平衡关系：

$$K = \frac{[M]^m[N]^n}{[A]^a[B]^b} \cdot \frac{[\gamma_M]^m[\gamma_N]^n}{[\gamma_A]^a[\gamma_B]^b} \tag{16-97}$$

式中：$[A]$，$[B]$，$[M]$，$[N]$——各组分的浓度；

a，b，m，n——各组分的化学计量数；

γ_A，γ_B，γ_M，γ_N——各组分的活度系数。

令
$$\frac{[\gamma_M]^m[\gamma_N]^n}{[\gamma_A]^a[\gamma_B]^b}=K_\gamma \tag{16-98}$$

$$K'=\frac{K}{K_\gamma} \tag{16-99}$$

则
$$P_A^*=\frac{1}{H_A}\left\{\frac{[M]^m[N]^n}{K'[B]^b}\right\}^{\frac{1}{a}} \tag{16-100}$$

由于存在化学反应,使液相中的一部分 A 组分转变为产物,导致 A 组分在液相的浓度较物理吸收低,从而降低了其气相分压,也就是说提高了吸收净化效果。

从热力学角度看,化学吸收提高了吸收容量。

(6)吸收速率

单位接触表面积的气液间化学吸收速率:

$$N=\beta k_l(c_{Ai}-c_{Al}) \tag{16-101}$$

式中:k_l——未发生化学反应时液相传质分系数,亦即物理吸收的液相吸收分系数(m/h);

β——由于化学反应使吸收速率增强的系数,简称增强系数;

c_{Ai}——气液界面未反应的溶质浓度(kmol/m^3);

c_{Al}——液相未反应的溶质浓度(kmol/m^3)。

(7)吸收设备

液体吸收过程是在塔器内进行的。为了强化吸收过程,降低设备的投资和运行费用,要求吸收设备满足以下基本要求:

①气液之间应有较大的接触面积和一定的接触时间;

②气液之间扰动强烈,吸收阻力低,吸收效率高,气流通过时的压力损失小,操作稳定;

③结构简单,制作维修方便,造价低廉;

④应具有相应的抗腐蚀和防堵塞能力。

所以,正确地选择吸收设备的形式是保证经济有效地分离或净化废气的关键。

目前,工业上常用的吸收设备的类型主要有表面吸收器、鼓泡式吸收器、喷洒吸收器三大类。如图 16-60 所示。

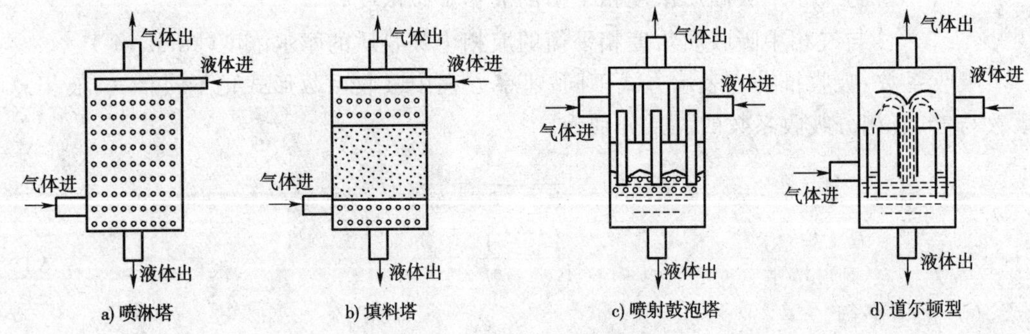

图 16-60　几种常见的吸收设备

2)吸附

吸附是常用的气态污染物净化方法,其特点是能处理很低浓度的废气,净化后的污染物浓度可降到很低的水平。吸附常用于净化有机和部分无机气态污染物,尤其是处理高毒害性废气的重要方法和室内空气净化的主要方法。

物理吸附:让废气与吸附剂接触,气态污染物由气相转入固相内表面,主要是范德华力起作用;吸附的逆过程是脱附。吸附剂饱和后,脱附再生,吸附剂循环使用,污染物可回收利用或进一步无害化处理。

化学吸附：废气与吸附剂接触，气态污染物由气相转入固相内表面，发生化学反应并释放较多的吸附热，化学键起作用。吸附过程不可逆，难脱附，脱附析出的已不是原物质。化学吸附效果更好，吸附质被吸附得更加牢固。所以，对高毒性污染物，可采用化学吸附。

(1)吸附平衡

气固两相长时间接触，在一定的温度下吸附与脱附达到动态平衡，吸附量与吸附质平衡分压之间的关系曲线被称为等温吸附线，如图 16-61 所示。

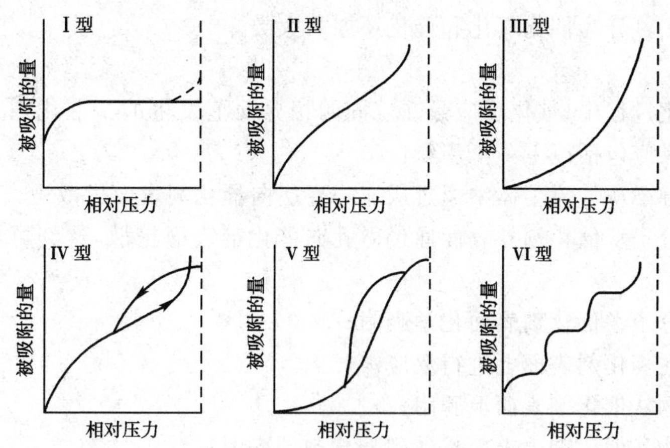

图 16-61　6 种类型等温吸附线

I 型-80K 下 N_2 在活性炭上的吸附；Ⅱ型-78K 下 N_2 在硅胶上的吸附；Ⅲ型-351K 下溴在硅胶上的吸附；Ⅳ型-323K 下苯在 FeO 上的吸附；V 型-373K 下水蒸气在活性炭上的吸附；VI 型-惰性气体分子分阶段多层吸附

(2)吸附剂

对吸附剂的基本要求：内表面积大；具有选择性吸附作用；高机械强度、化学和热稳定性；吸附容量大；良好的再生性能；来源广泛，价格低廉。

吸附剂的种类很多，如活性炭、活性氧化铝、多种分子筛等。

常见的吸附剂再生方法有：①加热解吸再生；②降压或真空解吸；③置换再生法。

最常用的吸附剂是活性炭。活性炭因其形状、原料和制备工艺不同，性能各异。常用活性炭有颗粒状、粉状、纤维状等。近年来出现了多种定形制品，如将活性炭粉加入聚氨酯中制成含活性炭泡沫塑料，或与纤维材料一同制成织物、非织造布等。纤维活性炭由于孔结构以中小孔为主，孔道形状简单。所以，吸附和脱附性能均较颗粒状活性炭更好，而且便于加工成形，应用更为方便，近年来发展较快。

吸附剂常用水蒸气脱附，大型装置可采用变压、变温或两者联合操作。

(3)吸附器

吸附器形式有固定床、移动床、流化床等。

固定床简单、可靠，在气体净化中用得最多。吸附过程由吸附-再生(包括脱附、干燥和冷却)循环构成，固定床不能连续操作，必须至少有两套装置交替运作。

移动床即使固体吸附剂与气流连续逆流运动、互相接触完成吸附。移动床处理气量大，吸附剂循环使用，但耗能大。

回转床吸附器是移动床的一种，可连续操作，近年来应用逐渐增多。

流化床适合处理连续排放且气量大的污染源，但吸附剂磨损严重，且需后接除尘设备。

空气净化器由于需要除去的污染物量很少，吸附器有效作用时间很长，不必频繁再生；用纤维活性炭按需要叠置成单元吸附组件，装卸方便，可定期更换，集中处理，吸附装置大为简化。

3)气体催化

催化转化法是利用催化剂的催化作用，使废气中的污染物转化成无害物，甚至是有用的副产品；或者转化成更容易从气流中分离出去而被去除的物质。前一种催化转化操作直接完成了对污染物的净化过程，而后者则需要附加或吸附等其他操作工序，才能实现全部的净化过程。催化转化法可分为催化氧化和催化还原两大类。

(1)原理

在多相催化过程中，催化反应是在气固两相界面上发生的。催化剂通常有多孔的疏松结构。多项催化反应包括以下7个步骤：

①反应物分子从气流主体中通过层流边界层向催化剂表面扩散；

②反应物分子从催化剂外表面通过微孔向催化剂表面扩散，达到可进行吸附(或反应)的活性中心；

③反应物分子在催化剂表面化学吸附；

④吸附物在催化剂表面上进行反应；

⑤反应产物从催化剂表面上脱附；

⑥反应产物从催化剂内表面扩散到催化剂外表面；

⑦反应产物从催化剂外表面向气流主体扩散。

(2)催化剂

加速化学反应，而本身的化学组成在反应前后保持不变。组成：活性组分＋助催化剂＋载体。

催化剂的性能：①催化活性：催化剂只有在一定的温度(活性温度)范围内具有活性，温度太低，活性不明显，温度太高，催化剂会受到损坏；②选择性：一种催化剂往往只对一种化学反应起作用，当化学反应在热力学上有几个反应方向时，一种催化剂在一定条件下只对一个反应方向起加速作用；③稳定性：稳定性包括三个方面，即热稳定性、机械稳定性及抗毒稳定性。

(3)催化反应器

气态污染物的净化过程用的催化反应器一般是气-固相催化反应器。气-固相催化反应器与吸附净化装置类似，一般有固定床和流化床两种。目前，气态污染物的净化主要采用固定床反应器，一般是中小型，且多为间歇式操作；而大型设备多为连续的流化床反应器。

①固定床催化反应器。固定床催化反应器结构简单，体积小，催化剂用量少，且在反应器内磨损少，气体与催化剂接触紧密，催化转化效率高，气体在反应器内的停留时间容易控制，操作管理方便。但缺点是催化剂层的温度不均匀，当床层较厚时或气体穿过速度较高时，动力消耗大，不能采用细粒催化剂，以免被气流带走，催化剂更换或再生不方便。

根据换热要求和方式的不同，固定床催化反应器可分为绝热式和换热式两种。绝热式又分为单段式、多段式、列管式及径向反应器。

②流化床催化反应器。原理与流化床吸附器相类似，形式有多种。流化床反应器的优点是能够采用较细的催化剂，因而提高了催化剂表面与废气接触的概率，相应地提高了反应的转化率。流化床内催化剂床层的温度分布比较均匀。由于操作过程中催化剂在激烈运动中相互碰撞，因此，主要缺点是催化剂易磨损和破碎，但催化剂的再生与更换比较方便。

4)生物净化

废气的生物处理即利用微生物的生命活动把气态污染物转化为少害或无害的物质。

生物处理无须再生过程和其他高级处理,处理设备简单,费用低,但生物处理不能回收污染物质,只适应于污染物浓度很低的有机废气的净化。

常用的生物处理装置有生物吸收装置及生物过滤装置,后者常用于有臭味气体的处理。

典型例题解析

【例 16-28】 (2008)吸收法包括物理吸收和化学吸收,以下有关吸收的论述正确的是:

A. 常压和低压下用水吸收 HCl 气体,可以应用亨利定律

B. 吸收分类的原理是根据气态污染物质与吸收剂中活性组分的选择性反应能力的不同

C. 湿式烟气脱硫同时进行物理吸收和化学吸收,且主要是物理吸收

D. 亨利系数随压力的变化较小,但随温度的变化较大

解 实验表明:只有当气体在液体中的溶解度不很高时亨利定律才是正确的,而 HCl 属于易溶气体,不适用于亨利定律,故 A 错误。吸收法净化气态污染物就是利用混合气体中各组分在吸收剂中的溶解度不同,或与吸收剂中的组分发生选择性化学反应,从而将有害组分从气流中分离出来,B 选项说法不完整。湿式烟气脱硫过程中发生有化学反应,主要是化学吸收,故 C 错误。一般,温度升高,亨利系数增大,压力对亨利系数的影响可以忽略,故 D 正确。

经典练习

16-38 (2010)以下关于逆温和大气污染的关系,不正确的选项是(　　)。

A. 在晴朗的夜间到清晨,较易形成辐射逆温,污染物不易扩散

B. 逆温层是强稳定的大气层,污染物不易扩散

C. 空气污染事件多发生在有逆温层和静风的条件下

D. 电厂烟囱等高架点源因污染物排放量大,逆温时一定会造成严重的大气污染

16-39 (2010)以下空气污染问题不属于全球大气污染问题的是(　　)。

A. 光化学烟雾　　B. 酸雨　　C. 臭氧层破坏　　D. 温室效应

16-40 (2008)对于组成为 $C_xH_yS_zO_w$ 的燃料,若燃料中的固定态硫可完全燃烧。燃烧主要氧化成为二氧化硫。假设空气中仅有氮气和氧气组成,其体积比为 3.78∶1。试计算其完全燃烧 1mol 所产生的理论烟气量是(　　)。

A. $x+y/2+z$ mol

B. $4.78(x+y/4+z-w/2)$mol

C. $x+y/2+4.78(x+y/4-w/2)$mol

D. $x+y/2+z+3.78(x+y/4+z-w/2)$mol

16-41 (2008)将两个型号相同的除尘器串联运行,以下观点正确的是(　　)。

A. 第一级除尘效率高,第二级除尘效率低,但两台除尘器的分级效率相同

B. 第一级除尘效率高,第二级除尘效率低,但两台除尘器的分级效率不同

C. 第一级除尘效率和分级效率比第二级都高

D. 第二级除尘效率低,但分级效率高

16-42 (2012)除尘器的分割粒径是指(　　)。

A. 该除尘器对该粒径颗粒物的去除率为 90%

B. 该除尘器对该粒径颗粒物的去除率为 80％

C. 该除尘器对该粒径颗粒物的去除率为 75％

D. 该除尘器对该粒径颗粒物的去除率为 50％

16-43 (2017)TSP 是指(　　)。

A. 几何当量直径小于 100μm 的颗粒物

B. 斯托克斯直径小于 100μm 的颗粒物

C. 空气当量直径小于 100μm 的颗粒物

D. 筛分直径小于 100μm 的颗粒物

16-44 (2012)一除尘系统由旋风除尘器和布袋除尘器组成，已知旋风除尘器的净化效率为 85％，布袋除尘器的净化效率为 99％，则该系统的透过率为(　　)。

A. 15％　　B. 1％　　C. 99.85％　　D. 0.15％

16-45 (2012)下面有关除尘器分离作用的叙述错误的是(　　)。

A. 重力沉降室依靠重力作用进行

B. 旋风除尘器依靠惯性力作用进行

C. 电除尘器依靠库仑力来进行

D. 布袋除尘器主要依靠滤料网孔的筛滤作用来进行

16-46 袋式除尘器是利用袋式纤维织物将气体中的粉尘阻留在滤袋上，其桶集机理不包括下列哪个作用？(　　)

A. 筛滤作用　　B. 惯性碰撞　　C. 扩散与静电作用　　D. 粒子荷电

16-47 (2017)粉尘比电阻是影响电除尘器性能的主要因素之一，下列关于粉尘比电阻说法错误的是(　　)。

A. 粉尘比电阻过高或过低都会使电除尘器的除尘效率明显降低

B. 遇到高比电阻粉尘，可以采用喷雾增湿法，降低比电阻

C. 低比电阻粉尘通常具有较好的导电能力

D. 高比电阻粉尘是指在 $10^4 \sim 5\times10^{10}\ \Omega\cdot cm$ 的粉尘

16-48 (2007)喷雾干燥法烟气脱硫工艺属于下列哪一种(　　)。

A. 湿法—回收工艺　　B. 湿法—抛弃工艺

C. 干法工艺　　D. 半干法工艺

16-49 下列物质不属于大气污染物的是(　　)。

A. SO_2　　B. NO_x　　C. CO_2　　D. 颗粒物

16-50 近几年我国汽车拥有量快速增加，汽车尾气对大气污染程度日益严重，评估汽车尾气的扩散模式属于(　　)。

A. 点源扩散模式　　B. 连续点源扩散模式

C. 线源扩散模式　　D. 体源扩散模式

16-51 下列不是高斯模式基本假设的是(　　)。

A. 烟羽的扩散在水平和垂直方向都是正态分布

B. 在扩散的整个空间，风速是均匀的、稳定的

C. 污染源排放是连续的、均匀的

D. 在扩散过程中污染物质的质量是不守恒的

16-52 电除尘器中的除尘过程大致可分为四个阶段：气体电离、(　　)、粉尘沉降和清灰。

A. 电晕放电　B. 气体电解　C. 粉尘荷电　D. 荷电粒子迁移

16-53　当气体溶解度很大时，吸收过程为(　　)。

A. 气膜控制　B. 液膜控制　C. 共同控制　D. 不能确定

16-54　物质在湍流流体中的传递，主要是由于流体中质点的运动而引起的，称为(　　)。

A. 分子扩散　B. 动力扩散　C. 布朗扩散　D. 涡流扩散

16-55　对于颗粒物的主要性质，下列说法正确的是(　　)。

A. 颗粒物的空隙越大，堆积密度越大

B. 颗粒物的颗粒越大，比表面积越小

C. 颗粒物的饱和荷电量随着含水量的增加而减少

D. 颗粒物通过气孔连续落到水平面上，堆积成圆锥体，其母线与地面的夹角即为堆积角

16-56　人类活动排放的污染物绝大多数聚集以及大气污染主要发生在(　　)。

A. 对流层　B. 平流层　C. 中间层　D. 热层

16-57　高斯扩散模式只适用于气态污染物及粒径小于(　　)的颗粒物。

A. 1μm　B. 10μm　C. 100μm　D. 0.1μm

16-58　下列不属于机械式除尘器的是(　　)。

A. 重力沉降室　B. 布袋除尘器　C. 惯性除尘器　D. 旋风除尘器

16-59　袋式除尘器中对捕集粉尘起主要作用的是(　　)。

A. 滤袋　B. 笼　C. 花板　D. 粉尘初层

16-60　治理酸雾一般采用(　　)。

A. 除雾器　B. 水吸收　C. 活性氧化锰吸收　D. 活性炭吸附

16-61　对于总量控制区内的排气筒有一些特殊的要求，NO_x 排放率超过 9kg/h 的排气筒高度必须超过(　　)。

A. 15m　B. 20m　C. 30m　D. 50m

16-62　不属于高斯扩散四点假设的是(　　)。

A. 污染物浓度在 x、z 风向上分布为正态分布

B. 全部高度风速均匀稳定

C. 源强是连续均匀稳定的

D. 扩散中污染物是守恒的

16.3　固体废物处理处置技术

考试大纲☞： 固体废物产生　管理　固体废物对环境的危害　固体废物预处理技术　固体废物生物处理固体废物热处理　固体废物的最终处置　固体废物资源化与综合利用

必备基础知识

16.3.1　固体废物产生与管理

1)固体废物的定义、来源与分类

(1)固体废物的定义

《中华人民共和国固体废物污染环境防治法》中明确提出：固体废物，是指在生产、生活和其他活动中产生的丧失原有利用价值或者虽未丧失利用价值但被抛弃或者放弃的固态、半固态和置于容器中的气态的物品、物质以及法律、行政法规规定纳入固体废物管理的物品、物质。

从广义上讲，根据物质的形态划分，废物包括固态、液态和气态废弃物质。在液态和气态废弃物中，大部分为废弃的污染物质混掺在水和空气中，直接或经处理后排入水体或大气。以上这些废弃物被习惯地称为废水和废气，而纳入水环境或大气环境管理体系进行管理。其中不能排入水体的液态废物和不能排入大气的置于容器中的气态废物，由于多具有较大的危害性，在我国被归入固体废物管理体系。

从时间方面讲，它仅仅相对于目前的科学技术和经济条件。随着科学技术的飞速发展，矿物资源的日渐枯竭，生物资源滞后于人类需求，昨天的废物势必又将成为明天的资源。从空间角度看，废物仅仅相对于某一过程或某一方面没有使用价值，而并非在一切过程或一切方面都没有使用价值。某一过程的废物，往往是另一过程的原料。

(2)固态废物的来源与分类

固体废物主要来源于人类的生产和消费活动，人们在开发资源和制造产品的过程中，必然产生废物；任何产品经过使用和消耗后，最终将变成废物。物质和能源消耗量越多，废物产生量就越大。进入经济体系中的物质，仅有10%～15%以建筑物、工厂、装置、器具等形式积累起来，其余都变成了废物。

固体废物分类的方法有多种，按其组成可分为有机废物和无机废物；按其形态可分为固态的废物、半固态废物和液态(气态)废物；按其污染特性可分为危险废物和一般废物等。根据《中华人民共和国固体废物污染环境防治法》分为城市生活垃圾、工业固体废物和危险废物。

①城市生活垃圾：又称为城市固体废物，它是指在城市居民日常生活中或为城市日常生活提供服务的活动中产生的固体废物，其主要成分包括厨余物、废纸、废塑料、废织物、废金属、废玻璃陶瓷碎片、砖瓦渣土、粪便，以及废家具、废旧电器、庭园废物等。城市生活垃圾主要产自城市居民家庭、城市商业、餐饮业、旅馆业、旅游业、服务业、市政环卫业、交通运输业、文教卫生业和行政事业单位、工业企业单位以及水处理污泥等。它的主要特点是成分复杂，有机物含量高。影响城市生活垃圾成分的主要因素有居民生活水平、生活习惯、季节和气候等。

②工业固体废物：指在工业、交通等生产过程中产生的固体废物。工业固体废物主要包括以下几类。

a.冶金工业固体废物：主要包括各种金属冶炼或加工过程中所产生的各种废渣，如高炉炼铁产生的高炉渣，平炉转炉电炉炼钢产生的钢渣，铜镍铅锌等有色金属冶炼过程产生的有色金属渣、铁合金渣及提炼氧化铝时产生的赤泥等。

b.能源工业固体废物：主要包括燃煤电厂产生的粉煤灰、炉渣、烟道灰，采煤及洗煤过程中产生的煤矸石等。

c.石油化学工业固体废物：主要包括石油及加工工业产生的油泥、焦油页岩渣、废催化剂、废有机溶剂等，化学工业生产过程中产生的硫铁矿渣、酸渣碱渣、盐泥、釜底泥、精(蒸)馏残渣以及医药和农药生产过程中产生的医药废物、废药品、废农药等。

d.矿业固体废物：主要包括采矿废石和尾矿。废石是指各种金属、非金属矿山开采过程中从主矿上剥离下来的各种围岩，尾矿是指在选矿过程中提取精矿以后剩下的尾渣。

e.轻工业固体废物：主要包括食品工业、造纸印刷工业、纺织印染工业、皮革工业等工业加工过程中产生的污泥、动物残物、废酸、废碱以及其他废物。

f.其他工业固体废物:主要包括机加工过程产生的金属碎屑、电镀污泥、建筑废料以及其他工业加工过程产生的废渣等。

③危险废物:是指列入国家危险废物名录或是根据国家规定的危险废物鉴别标准和鉴别方法认定具有危险特性的废物。危险废物的定义:危险废物是固体废物,由于不适当的处理、储存、运输、处置或其他管理方面,它能引起或明显地影响各种疾病和死亡,或对人体健康或环境造成显著的威胁。

固体废物的分类,除以上三者之外,还有来自农业生产、畜禽饲养、农副产品加工以及农村居民生活所产生的废物,如农作物秸秆、人畜禽排泄物等。这些废物多产于城市郊区以外,一般多就地加以综合利用,或作沤肥处理,或作燃料焚化。在我国的《固体废物污染环境防治法》中,对此未单独列项作出规定。

2)固体废物的管理

(1)"三化"原则和"全过程"管理原则

2005 年 4 月 1 日实施的《中华人民共和国固体废物污染环境防治法》(2016 年修订版),确立了废物污染防治的"三化"原则和"全过程"管理原则。

①固体废物污染防治的"三化"原则:在 20 世纪 80 年代中期提出了"减量化"、"无害化"、"资源化"作为控制固体废物污染的技术政策。由于技术经济原因,我国固体废物处理利用的发展趋势必然是从"无害化"走向"资源化","资源化"是以"无害化"为前提的,"无害化"和"减量化"应以"资源化"为条件。

减量化:指通过实施适当的技术,一方面减少固体废物的排出量,一方面减少固体废物容量。通过适当的手段减少和减小固体废物的数量和体积。

无害化:通过采用适当的工程技术对废物进行处理,使其对环境不产生污染,不致对人体健康产生影响。

资源化:从固体废物中回收有用的物质和能源,加快物质循环,创造经济价值的技术和方法。它包括物质回收,物质转换和能量转换。应遵循的原则是:技术上可行,经济效益好,就地利用产品,不产生二次污染,符合国家相应产品的质量标准。

②固体废物污染防治的"全过程"管理原则:根据 3R 原则,可将固体废物从生产到处置的全过程分为五个连续或不连续的环节进行控制。

第一阶段:各种产业活动中的清洁生产,即通过改变原材料、改进生产工艺和更换产品等来减少或避免固体废物的产生;

第二阶段:对生产过程中产生的固体废物,尽量进行系统内的回收利用;

第三阶段:对已产生的固体废物,进行系统外的回收利用;

第四阶段:无害化、稳定化处理;

第五阶段:固体废物的最终处置。

(2)固体废物管理制度

①分类管理:固体废物具有量多面广、成分复杂的特点,需对城市生活垃圾、工业固体废物和危险废物分别管理;

②工业固体废物申报登记制度;

③固体废物污染环境影响评价制度及其防治实施的"三同时"制度;

④排污收费制度;

⑤限期治理制度;

⑥进口废物审批制度；

⑦危险废物行政代执行制度；

⑧危险废物经营许可证制度；

⑨危险废物转移报告单制度。

(3)我国的固体废物管理标准

我国的固体废物管理国家标准基本由国家环保部和建设部在各自的管理范围内制定。建设部主要制定有关垃圾清扫、运输、处理处置的标准。国家环保部制定有关污染控制、环境保护、分类、检测方面的标准。

①分类标准：主要包括《国家危险废物名录》、《危险废物的鉴别标准》、《城市垃圾产生源分类及垃圾排放》以及《进口废物环境保护控制标准(试行)》等。

②方法标准：主要包括固体废物样品采样、处理及分析方法的标准，如《固体废物浸出毒性测定方法》、《固体废物检测技术规范》、《生活垃圾分拣技术规范》等。

③污染控制标准：污染控制标准是固体废物管理标准中最重要的标准，是环境影响评价制度、"三同时"制度、限期治理和排污收费等一系列管理制度的基础。它可分为废物处置控制标准和设施控制标准两类。

④综合利用标准：为推进固体废物的"资源化"，并避免在废物"资源化"过程中产生二次污染，国家环保部将制定一系列有关固体废物综合利用的规范和标准。

典型例题解析

【例 16-29】 (2010)生活垃圾焚烧厂日处理能力达到什么水平时，宜设置3条以上生产线：

A. 大于300t/d　　B. 大于600t/d　　C. 大于900t/d　　D. 大于1200t/d

解　记忆题。选D。建设规模分类与生产线数量见表16-5。

建设规模分类与生产线数量　　表16-5

类　型	额定日处理能力(t/d)	生产线数量(条)
Ⅰ类	1 200以上	3～4
Ⅱ类	600～1 200	2～4
Ⅲ类	150～600	2～3
Ⅳ类	50～150	1～2

16.3.2 固体废物对环境的危害

1)污染大气

固体废物对大气的污染表现为三个方面：①废物的细粒被风吹起，增加了大气中的粉尘含量，加重了大气的尘污染；②生产过程中由于除尘效率低，使大量粉尘直接从排气筒排放到大气环境中，污染大气；③堆放的固体废物中的有害成分由于挥发及化学反应等，产生有毒气体，导致大气的污染。④采用焚烧法处理某些固体废物时产生的有毒有害气体及微粒。

2)污染水体

固体废物对水体的污染表现为两个方面：①大量固体废物排放到江河湖海会造成淤积，从而阻塞河道、侵蚀农田、危害水利工程，有毒有害固体废物进入水体，会使一定的水域成为生物死区；②与水接触，废物中的有毒有害成分必然被浸滤出来，从而使水体发生酸性、碱性、富营养化、矿化、悬浮物增加，甚至毒化等变化，危害生物和人体健康。

3)污染土壤

固体废物露天堆存，不但占用大量土地，而且其含有的有毒有害成分也会渗入到土壤之中，使土壤碱化、酸化、毒化，破坏土壤中微生物的生存条件，影响动植物生长发育。许多有毒有害成分还会经过动植物进入人的食物链，危害人体健康。

4)影响环境卫生，广泛传染疾病

固体废物在城市大量堆放且又处理不当，不仅影响市容，而且污染城市的环境。垃圾粪便长期弃往郊外，不做无害化处理，简单地作为堆肥使用，会使土壤碱度提高，土质受到破坏，还会使重金属在土壤中富集。被植物吸收进入食物链，还能传播大量的病原体，引起疾病。城市下水道的污泥中含有几百种病菌和病毒，会给人类造成长期威胁。

16.3.3 固体废物预处理技术

预处理是以机械处理为主，涉及废物中某些组分的简易分离与浓集的废物处理方法。预处理的目的是方便废物后续的资源化、减量化和无害化处理与处置操作。预处理技术主要有压实、破碎、分选和脱水等。

1)固体废物的压实

通过外力加压于松散的固体废物，以缩小其体积，使固体废物变得密实的操作简称为压实，又称为压缩。如若采用高压压实，除减少空隙外，在分子之间可能产生晶格的破坏使物质变性。

经过压实处理，一方面可增加密度，减少固体废物体积，以便于装卸和运输，确保运输安全与卫生，降低运输成本；另一方面可制取高密度惰性块料，便于储存、填埋或作为建筑材料使用。一般生活垃圾经压实后，体积减小 60%～70%。

(1)压实原理

大多数固体废物是由不同颗粒及颗粒间的空隙组成的集合体。自然堆放时，表观体积是废物颗粒有效体积与孔隙占有的体积之和，即

$$V_m = V_s + V_v \tag{16-102}$$

式中：V_m——固体废物的表观体积；

V_s——固体颗粒体积(包括水分)；

V_v——孔隙体积。

这里质量密度就是固体废物的干密度，用 ρ_d 表示：

$$\rho_d = \frac{m_s}{V_m} = \frac{m_m - m_w}{V_m} \tag{16-103}$$

式中：m_s——固体废物颗粒质量；

m_m——固体废物总质量，包括水分质量；

m_w——固体废物中水分质量。

固体废物经过压实处理后体积减小的程度叫压缩比，可用公式表示：

$$R = \frac{V_i}{V_j} \tag{16-104}$$

式中：R——固体废物体积压缩比；

V_i——废物压缩前的原始体积；

V_j——废物压缩后的最终体积。

一般固体废物压实后的压缩比为 3～5，若破碎后再压实其压缩比可达 5～10 倍。

压实的实质可看作是消耗一定的压力能，提高废物容重的过程。当固废受到外界压力时，各颗粒间相互挤压，变形或破碎，从而达到重新组合的效果。

(2)压实设备

压实设备由压实单元及容器单元组成。

①固定式压实器：凡用人工或机械方法(液压方式为主)把废物送进压实机械中进行压实的设备称为固定式压实器。如各种家用小型压实器、废物收集车上配备的压实器及中转站配置的专用压实机。固定式压实器一般设在废物转运站等地。

常见的固定式压实器有水平式压实器、三向垂直压实器、回转式压实器、城市垃圾压实器。水平式压实器见图16-62。

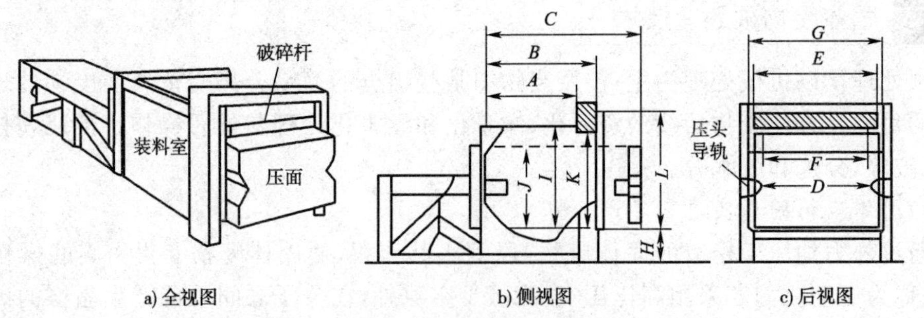

图16-62　水平式压实器

A-有效顶部开口长度；B-装料室长度；C-压头行程；D-压头导轨长度；E-装料室宽度；F-有效顶部开口宽度；G-出料口宽度；H-压面高度；I-装料室高度；J-压头高度；K-破碎杆高度；L-出料口高度

②移动式压实器：带有行驶轮或可在轨道上行驶的压实器称为移动式压实器。

按压实过程工作原理不同，可分为碾(滚)压、夯实、振动三种，相应的分为三大类。固体废物压实处理主要采用碾(滚)压方式。

2)固体废物的破碎

破碎指在外力作用下破坏固体废物质点间的内聚力使大块的固体废物分裂为小块的过程。目的是减小固体废物的颗粒尺寸，降低空隙率，增加废物密度，有利于后续处理与资源化利用。

(1)固体废物破碎的基础理论

①机械强度：指固废抗破碎的阻力，通常用静载下测定的抗压强度为标准来衡量(抗压＞抗剪＞抗弯＞抗拉)。一般，抗压强度大于250MPa，为坚硬固废；抗压强度在40～250MPa之间，为中硬固废；抗压强度小于40MPa，为软固废。粒度越小，机械强度越高。

②硬度：指固废抵抗外力机械侵入的能力。

③有些固废在常温下呈现较高的韧性和塑性，难以破碎，需要特殊的破碎方法。

(2)破碎方法

①干式破碎

机械破碎：利用破碎工具对固废施力而将其破碎的方法。破碎作用分为挤压、劈碎、剪切、磨剥、冲击破碎等。

非机械破碎：利用电能、热能等对固废进行破碎的新方法。如低温、热力、减压及超声波破碎等。

②湿式破碎：利用特制的破碎机将投入机内的含纸垃圾和大量水流一起剧烈搅拌并破碎

成为浆液的过程。

③半湿式破碎：破碎和分选同时进行。利用不同物质在一定均匀湿度下其强度、脆性（耐冲击性、耐压缩性、耐剪切力）不同而破碎成不同粒度。

（3）破碎设备

处理固体废物的破碎机通常有颚式、锤式、剪切式、冲击式、辊式破碎机和粉磨机、球磨机。

①颚式破碎机：挤压形破碎机械，适于坚硬和中硬废物，常用于处理高韧性、高硬度、高腐蚀性固体废物。主要部件：固定颚板、可动颚板、连动于传动轴的偏心转动轮。两块颚板构成破碎腔。根据可动颚板分简单摆动、复杂摆动颚式破碎机。图 16-63 为简单摆动颚式破碎机。

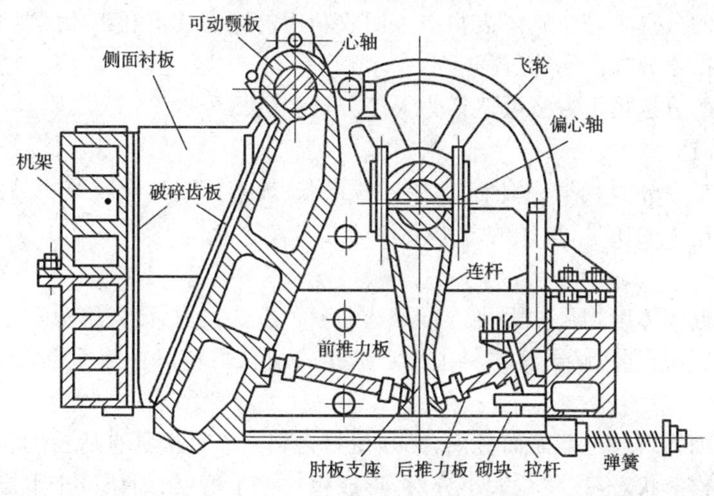

图 16-63　简单摆动颚式破碎机

②锤式破碎机：按转子数目可分为两类：单转子锤式破碎机（可逆式和不可逆式）、双转子锤式破碎机。按破碎轴安装方式分为卧轴和立轴两种。图 16-64 为不可逆式单转子锤式破碎机。锤式破碎机用于破碎中等硬度且弱腐蚀性的固体废物。

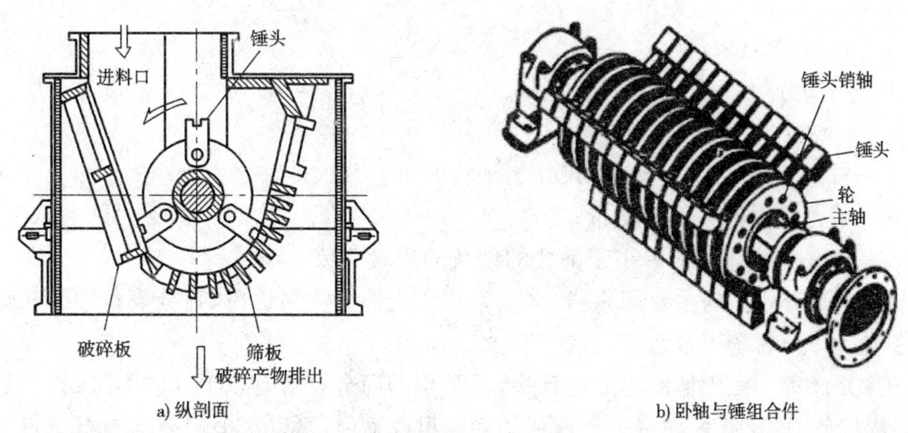

图 16-64　不可逆式单转子锤式破碎机示意图

③冲击式破碎机：利用冲击作用进行破碎。给入破碎机空间的物料块，被绕中心轴高速旋转的转子猛烈冲击后，受到第一次破碎，然后从转子获得能量高速飞向机壁，受到第二次破碎。在冲击过程中弹回的物料再次被转子击碎，难于破碎的物料被转子和固定板挟持而剪断。破

碎产品由下部排出。冲击式破碎机常用于破碎中等硬度、软质、脆性、韧性及纤维状固体废物。

④剪切式破碎机:通过固定刀和可动刀之间的啮合作用,将固体废物切开或割裂成适宜的形状和尺寸,特别适合破碎低二氧化硅含量的松散物料。类型:Von roll 型往复剪切式破碎机、Linclemann 型剪切式破碎机、旋转剪切式破碎机。

⑤辊式破碎机:又称对辊破碎机,主要靠剪切和挤压作用破碎废物。结构简单、紧凑、轻便、工作可靠、价格低廉、能耗低、产品过度粉碎程度小等优点,广泛用于处理脆性物料和含泥黏性物料,作为中、细碎之用。

⑥粉磨机:常用的粉磨机主要有球磨机和自磨机。常用于矿业废物及工业废物的预处理。

3)分选

固体废物的分选就是将固体废物中可回收利用的废物或不利于后续处理工艺要求的废物组分采用适当技术分离出来的过程。

固体废物的分选技术方法可概括为人工分选和机械分选。

(1)人工分选

人工分选是在分类收集基础上,主要回收纸张、玻璃、塑料、橡胶等物品的过程。人工分选的废物不能有过大的质量、过大的含水量和对人体有危害。

(2)筛分

筛分是根据固体废物尺寸大小进行分选的一种方法,包括湿式筛分和干式筛分两类。

①原理:筛分是利用筛子将物料中小于筛孔的细粒物料留在筛面上,完成粗、细粒物料分离的过程。

为了使粗细物料通过筛面而分离,必须使物料和筛面直接具有适当的相对运动,使筛面上的物料层处于松散状态,按颗粒大小分层,形成粗粒位于上层、细粒位于下层的规则排列,细粒到达筛面并透过筛孔。同时,物料和筛面的相对运动还可使堵在筛孔上的颗粒脱离筛孔,以利于细粒透过筛孔。

②筛分效率:指实际得到的筛下产品质量与入筛废物中所含小于筛孔尺寸的细粒物料质量之比,用百分数表示,即

$$E=\frac{m_1\beta}{m\alpha}\times 100\% \tag{16-105}$$

式中:E——筛分效率;

m_1——筛下产品质量;

β——筛下产品中小于筛孔尺寸的细粒的质量分数;

m——入筛固体废物的质量;

α——入筛固体物料中小于筛孔的细粒的质量分数。

③影响筛分效率的主要因素:筛分效率主要受筛分物料性质、筛分设备性能和筛分操作条件的影响。筛分效率通常低于 85%~95%。

④筛分设备。在固体废物的处理中,最常用的筛分设备有以下几种类型:

a.固定筛:固定筛由许多平行排列的筛条组成筛面,可以水平安装或倾斜安装。在固体废物处理中被广泛应用。固定筛又可分为格筛和棒条筛两种。

b.滚筒筛:滚筒筛为一种缓慢旋转(一般转速控制在 10~15r/min)的圆柱形筛分面,筛筒轴线倾角为 3°~5°。筛面可用各种构造材料制成编织筛网,最常用的是冲击筛板。滚筒筛的筛分效率在 60%左右。

c. 振动筛:振动筛的特点是振动方向与筛面垂直或近似垂直,振动速度在 600～3 600r/min,振幅为 0.5～1.5mm。振动筛的倾角一般控制在 8° ～ 40°之间。振动筛可用于粗、中、细粒的筛分,也可用于脱水筛分和脱泥筛分。振动筛主要有惯性振动筛和共振筛。振动筛的筛分效率在 90%以上。

(3)重力分选

重力分选是根据固体废物中不同物质颗粒间的密度差异,在运动介质中利用重力、介质动力和机械力的作用,使颗粒群产生松散分层和迁移分离,从而得到不同密度产品的分选过程。按介质的不同,重力分选分为风力分选、跳汰分选、重介质分选、摇床分选和惯性分选等。

各种重力分选过程具有共同工艺条件:固体废物中颗粒间必须存在密度差异;分选过程都是在运动介质中进行;在重力、介质动力及机械力综合作用下,使颗粒群松散并按密度分层;分好层的物料在运动介质推动下相互迁移,彼此分离,获得不同密度的最终产品。

①重介质分选:主要适用于几种固体的密度差别较小及难以用淘汰等其他分离技术分选的场合。通常将密度大于水的介质成为重介质,包括重液和重悬浮液两种流体。

②跳汰分选:是在垂直脉冲介质中颗粒群反复交替地膨胀收缩,按密度分选固体废物的一种方法。跳汰分选的一个脉冲循环中包括两个过程:床面先是浮起,然后被压紧。在浮起状态,轻颗粒加速较快,运动到床面物上面;在压紧状态,重颗粒比轻颗粒加速快,钻入床面物的下层中。物料分层后,密度大的重颗粒群集中在底层,小而重的颗粒会透筛成为筛下重产物,密度小的轻物料群进入上层,被水平向水流带到机外成为轻产物。

③风力分选:以空气为分选介质,将轻物料从较重物料中分离出来的一种方法。风选实质上包含两个分离过程:分离出具有低密度、空气阻力大的轻质部分和具有高密度、空气阻力小的重质部分;进一步将轻质颗粒从气流中分离出来。

④摇床分选:使固体废物颗粒群在倾斜床面的不对称往复运动和薄层斜面水流的综合作用下,按密度差异在床面上呈扇形分布而进行分选的一种方法。

⑤惯性分选:用高速传送带、旋流器或气流等在水平方向抛射粒子,利用由于密度、粒度不同而形成的惯性差异,以及粒子沿抛物线运动轨迹不同的性质,从而实现分离的方法。

(4)磁力分选

利用固体废物中各种物质的磁性差异,在不均匀磁场中进行分选的一种方法。所有经过分选装置的颗粒,都受到磁场力、重力、流动阻力、摩擦力、静电力和惯性力等机械力的作用。若磁性颗粒受力满足以下条件:$F_{磁} > \sum F_{机}$(其中 $F_{磁}$ 为作用于磁性颗粒的吸引力,$\sum F_{机}$ 为与磁性引力方向相反的各机械力的合力),则该颗粒就会沿磁场强度增加的方向移动直至被吸附在滚筒或带式收集器上,随着传输带运动而被排出;非磁性颗粒所受到的机械力占优势。对于粗粒,重力、摩擦力起主要作用;对于细粒,静电力和流体阻力则比较明显。在这些作用下,细粒仍留在废物中被排出,这样各组分就实现了分选。

磁选机中使用的磁铁,有用通电方式磁化或极化铁材料形成的电磁和利用永磁材料形成磁区的永磁两类。磁铁的布置多种多样,常见的几种设备有磁力滚筒、永磁圆筒式磁选机、悬吊磁铁器等。

(5)电力分选

电力分选是利用固体废物中各种组分在高压电场中电性的差异而实现分选的一种方法。电选实际上是分离半导体和非半导体固体废物的过程。

4)脱水

凡含水率超过 90%的固体废物，必须先脱水减容，以便于包装、运输与资源化利用。常用的方法有浓缩脱水(主要脱出间隙水)、机械过滤脱水(主要脱出毛细结合水和表面吸附水)、泥浆自然干化脱水(利用自然蒸发和底部滤料、土壤进行过滤脱水)。

(1)浓缩脱水

①重力脱水：依据固体颗粒与溶液间存在的密度差，借重力作用脱水，脱水后含水率一般在 50%。

主要设备有：a.间隙式浓缩池。间断浓缩，上清液虹吸排出，仅用于小型处理厂的污泥脱水。b.连续式浓缩池。结构类似于辐射式沉淀池，一般为直径 5～20m 的圆形或矩形钢筋混凝土构筑物，可分为带刮泥机和搅动栅、不带刮泥机、带刮泥机多层浓缩池三种。

图 16-65 为带刮泥机与搅动栅连续式浓缩池。

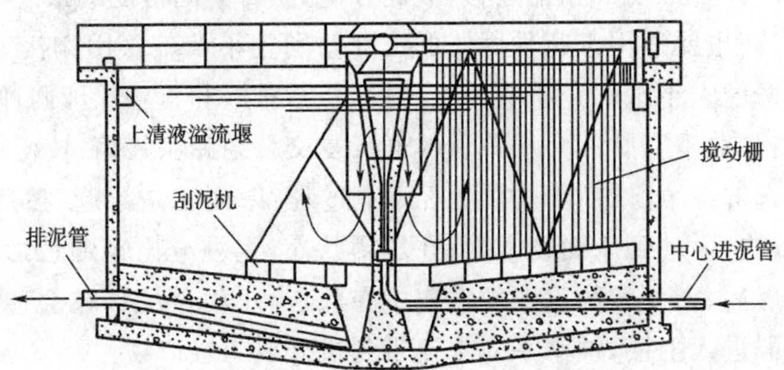

图 16-65　带刮泥机与搅动栅连续式浓缩池结构示意图

②气浮浓缩：依靠大量小气泡附着在污泥颗粒上，形成污泥颗粒-气泡结合体，进而产生浮力把颗粒带到水表面，用刮泥机刮出的过程。

特点：浓缩速度快，处理时间一般为重力浓缩的 1/3 左右；占地较少；生成的污泥较干燥，表面刮泥较方便。但基建和操作费用较高，管理较复杂。费用较重力浓缩高 2～3 倍。

常用的是部分澄清水加压溶气气浮法，流程见图 16-66。

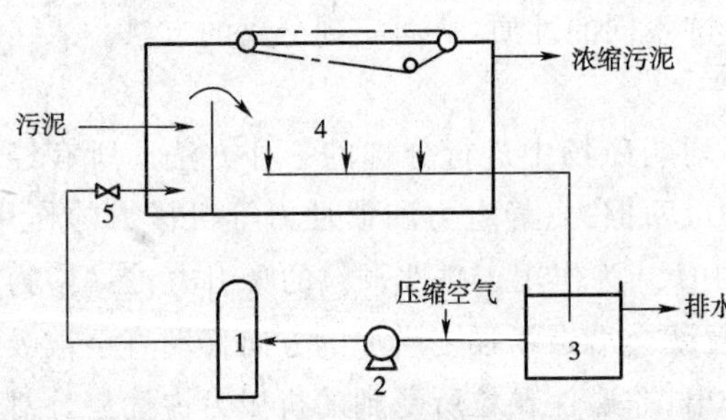

图 16-66　污泥气浮浓缩流程

1-溶气罐；2-加压泵；3-处理后水池；4-气浮浓缩池；5-减压阀

③离心浓缩：利用污泥中的固体颗粒与水的密度及惯性的差异，在高速旋转的离心机中，固体颗粒和水分别受到大小不同的离心力而被分离的过程。

特点：占地面积小、造价低，但运行与机械维修费用较高。

(2)机械过滤脱水

利用具有许多毛细孔的物质作为过滤介质，以过滤介质两侧产生压差作为过滤的推动力，使固体废物中的溶液强制通过过滤介质成为滤液，固体颗粒被截留成为滤饼的固液分离操作。

①过滤介质：过滤介质就是具有足够的机械强度和尽可能小的流动阻力的滤饼的支撑物。常用的有织物介质、粒状介质、多孔固体介质三类，其选用原则是既满足生产要求，又经济实用。

②过滤设备：

a.真空抽滤脱水机：在负压下操作的脱水过程。常用的真空过滤机为转鼓式，它由空心转筒、分配头、污泥储槽、真空系统和压缩空气系统组成，应用最为广泛。

b. 压滤机：板与框相间排列而成，在滤板两侧覆有滤布，用压紧装置把板与框压紧，在板与框之间构成压滤室。在板与框的上端中间相同部位开有小孔，压紧后成为一条通道，加压到 0.2～0.4MPa 的污泥，由该通道进入压滤室，滤板的表面刻有沟槽，下端钻有供滤液排除的孔道，滤液在压力下通过滤布沿沟槽与孔道排出压滤机，从而使污泥脱水。

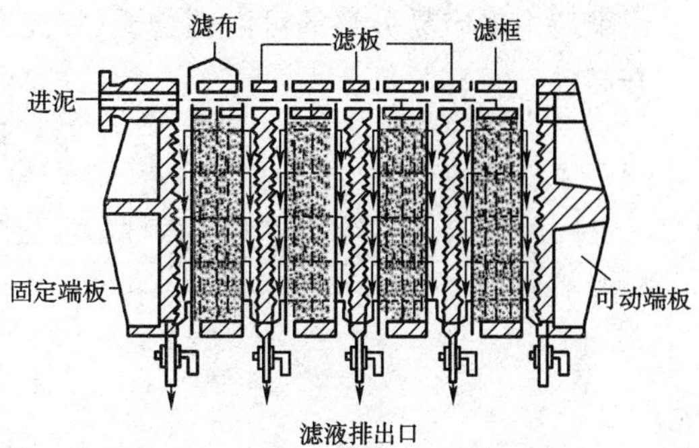

图 16-67　板框压滤机的结构示意图

板框压滤机的结构如图 16-67 所示。

c. 离心脱水机：能连续生产，可自动化控制，占地面积小，卫生条件好；污泥预处理要求高，电消耗较大，机械部件易磨损，分离液不清，滤饼含水率较高（达 80%～85%）。不适于含砂量高的污泥脱水。

d. 造粒脱水机：通过加入高分子混凝剂而使泥渣直接形成含水较低的致密泥丸。由圆筒和圆锥组成，设备水平放置，分为造粒段、脱水段和压密段。优点是设备简单，电耗低，管理方便，处理量大。缺点是钢材消耗量大，混凝剂消耗量较高，污泥泥丸紧密性较差。适于含油污泥的脱水。

典型例题解析

【例 16-30】 （2007）一分选设备处理废物能力 100t/h，废物中玻璃含量 8%。筛下物重 10t/h，其中玻璃 7.2t/h，求玻璃回收率、回收玻璃纯度和综合效率：

A. 90%、72%、87%　　B. 90%、99%、72%

C. 72%、99%、87%　　D. 72%、90%、72%

解　玻璃的回收率：7.2/(100×8%)=90%；回收玻璃纯度：7.2/10=72%。选 A。

16.3.4 固体废物生物处理

采用生物处理技术，利用微生物（细菌、放线菌、真菌）和动物（蚯蚓等）分解废物中的有机质，回收能源和资源，实现有机废物的资源化、减量化和无害化，既变废为宝又解决环境污染。

1）固体废物的好氧堆肥处理

堆肥化：在人工控制的环境下，依靠自然界中广泛分布的细菌、放线菌、真菌等微生物人为地促进可生物降解的有机物向稳定的腐殖质转化的微生物学过程。

（1）好氧堆肥的基本原理

好氧堆肥是好氧微生物在与空气充分接触的条件下，使堆肥原料中的有机物发生一系列放热分解反应，最终使有机物转化为简单而稳定的腐殖质的过程。在堆肥的过程中，微生物通过同化作用和异化作用，把一部分有机物氧化成简单的无机物，并释放出能量，把另一部分有机物转化合成新的细胞物质，供微生物生长繁殖。图 16-68 即为好氧堆肥基本过程。

（2）好氧堆肥化过程

好氧堆肥化从废物堆积到腐熟的微生物生化过程比较复杂，可分为如图 16-69 所示的几个阶段。

①潜伏阶段（也称驯化阶段）：指堆肥化开始时微生物适应新环境的过程，即驯化过程。

②中温阶段（也称产热阶段）：在此阶段，嗜温性细菌、酵母菌和放线菌等嗜温性微生物利

用堆肥中最容易分解的可溶性物质（如淀粉、糖类等）迅速增殖，并释放能量，使堆肥温度不断升高。

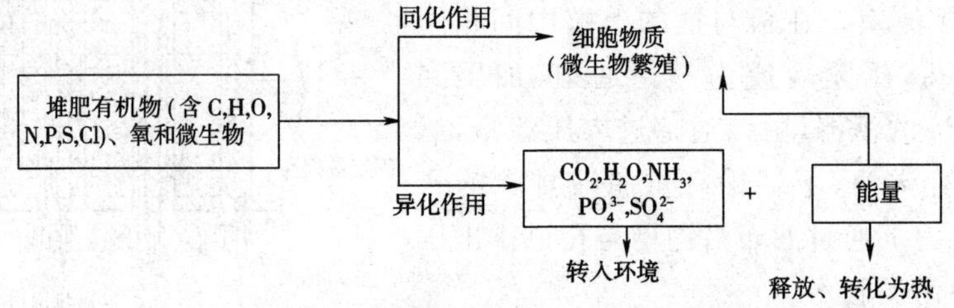

图 16-68　好氧堆肥基本原理示意图

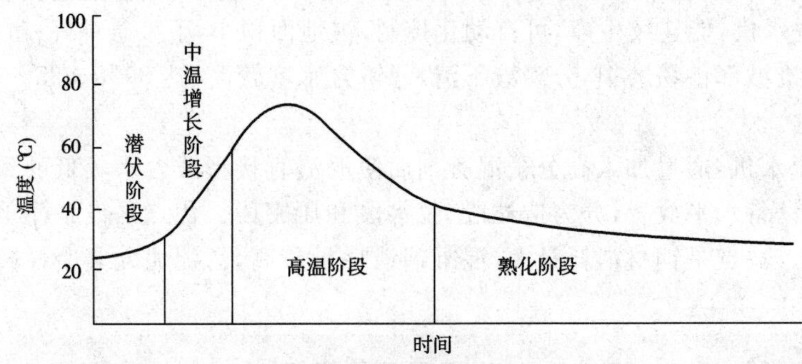

图 16-69　好氧堆肥化过程示意图

③高温阶段：在此阶段，嗜热微生物逐渐代替了嗜温性微生物的活动，堆肥中残留和新形成的可溶性有机物质继续分解转化，复杂的有机化合物如半纤维素、纤维素和蛋白质等开始被强烈分解。通常，在50℃左右进行活动的主要是嗜热性真菌和放线菌；温度上升到60℃时，真菌几乎完全停止活动，仅有嗜热性放线菌与细菌活动；温度升高到70℃以上时，对大多数嗜热性微生物已不适宜，微生物大量死亡或进入休眠状态。

④熟化阶段：当高温持续一段时间后，易分解的有机物已大部分分解，只剩下部分较难分解的有机物和新形成的腐殖质，此时微生物活性下降，发热量减少，温度下降。在此阶段，嗜温性微生物又占优势，对残留的较难分解的有机物作进一步分解，腐殖质不断增多且稳定化。

(3)好氧堆肥的影响因素

①供氧量：通风作用可供氧，调节堆层温度和水分含量。

②含水率：水分作用可溶解有机物，参与微生物新陈代谢；调节温度。适宜含水率为50%～60%。

③温度和有机物含量：温度应在50～65℃之间，高温有利于杀菌。有机物含量影响堆肥温度与通风供氧要求，适宜有机物含量为20%～80%。

④颗粒度：影响供风通氧；堆肥前需进行破碎、分选等去除不可堆肥化物质，使物料粒度均匀化。

⑤C/N和N/P比：碳为生物发酵提供动力和能源，氮主要用于合成微生物体，也是反应速率的控制因素；一般要求C/N为(26～35)∶1，C/P为(75～150)∶1。

(4)好氧堆肥工艺

好氧堆肥工艺流程如图16-70所示。

①前处理：包括破碎、分选、筛分、混合及养分、水分的调节等。

②主发酵（一次发酵，4～12d）：在露天或发酵装置内进行，通过翻堆或强制通风供氧。堆

肥过程中温度升高到开始降低的阶段称为主发酵期。

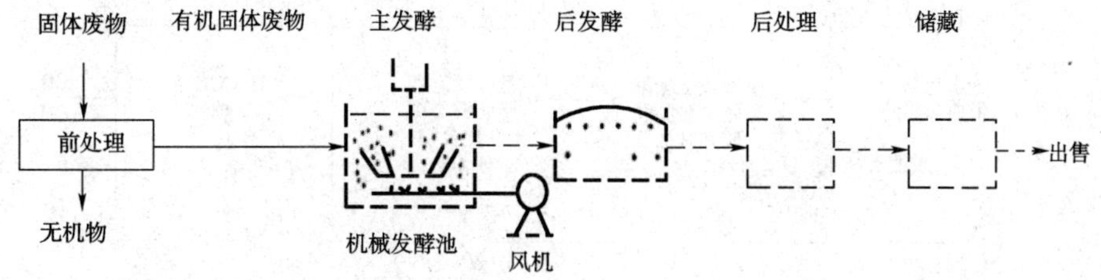

图 16-70　好氧堆肥工艺流程

③后发酵(二次发酵,20～30d):将主发酵工序尚未分解的有机物进一步分解,得到腐熟的堆肥制品。通常采用条堆或静态堆肥的方式。

④后处理:去除杂质,或按需要加入 N、P 和 K 等添加剂。

⑤脱臭:化学除臭剂、碱水或水溶液过滤、生物除臭法、吸附法。

⑥储存。

(5)堆肥腐熟度评价

①腐熟度:指堆肥中有机质的稳定程度。

②评价指标:

物理指标——气味、粒度、色度、温度,腐熟成品温度较低,呈茶褐色或黑色,没有恶臭;

化学指标——pH、有机质变化指标(COD、BOD_5、VS)、碳氮比、氮化合物(总氮、NH_4-N、NO_3-N、NO_2-N),腐殖酸;

生物指标——耗氧速率、微生物数量及种群。

③测试方法:

淀粉测试法和耗氧速率测试法。

2)固体废物的厌氧消化处理

厌氧消化(甲烷发酵):指厌氧条件下,厌氧微生物使有机物转化为 CO_2、CH_4 的过程。特点:厌氧消化过程可控、生产过程全封闭;能源化效果好;运行成本低;产物可再利用;但处理效率低,设备体积大,产生恶臭。

(1)厌氧消化原理

三段理论:厌氧发酵一般可以分为三个阶段,即水解阶段、产酸阶段和产甲烷阶段,每一阶段各有其独特的微生物类群起作用。水解阶段起作用的细菌称为发酵细菌,包括纤维素分解菌、蛋白质水解菌;产酸阶段起作用的细菌是醋酸分解菌;产甲烷阶段起作用的细菌是产甲烷细菌。有机物分解三阶段过程如图 16-71 所示。

两段理论:分为酸性发酵阶段和碱性发酵阶段,相应起作用的微生物分为产酸细菌和产甲烷细菌。有机物厌氧发酵的两段理论见图 16-72。

(2)厌氧消化的影响因素

①厌氧条件:用氧化还原电位(Eh)表示,Eh<-330mV。

②原料配比:C/N 比为(20～30)∶1;磷(以磷酸盐计)为有机物量的 1/1000。

③温度:中温发酵(35～38℃)和高温发酵(50～65℃),高温有利于杀菌。

④pH 值:6.5～7.5。

⑤添加物和抑制物:添加少量磷矿粉、钢渣、炉灰等,有利于厌氧发酵。抑制物指一些金属离子、杀菌剂和人工合成的化合物。

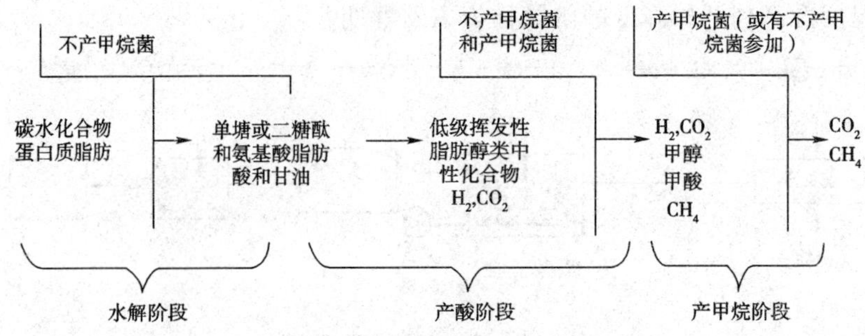

图 16-71 有机物的厌氧发酵过程(三段理论)

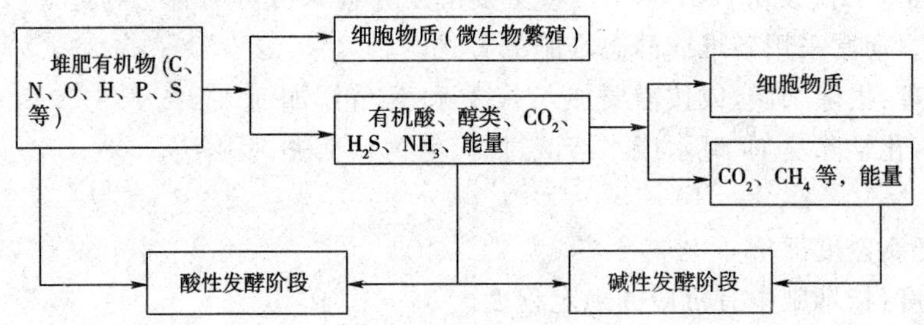

图 16-72 有机物厌氧发酵的两段理论

⑥接种物:提高消化液中微生物的种类和数量。

⑦搅拌:物料、温度分布均匀;增加微生物与物料的接触,防止局部酸积累。

(3)厌氧发酵的理论产气量

①产甲烷量:

$$E=0.37A+0.49B+1.04C$$

式中:E——每克发酵原料的理论产甲烷量(L);

A——每克发酵原料中碳水化合物质量(g);

B——每克发酵原料中蛋白质质量(g);

C——每克发酵原料中酯类质量(g)。

②产 CO_2 量

$$D=0.37A+0.49B+0.36C$$

式中:D——每克发酵原料的理论产 CO_2 量(L);

A、B、C 含义同前。

(4)厌氧消化工艺

①按消化温度划分为高温消化工艺和自然消化工艺两种。

高温消化工艺(47~55℃):a.高温消化菌培养,菌种取自污水池污泥;b.高温维持,池内布设盘管,通入蒸汽加热料浆;c.原料投入与排出:连续投入新料与排出消化液、搅拌。

自然消化工艺:自然温度厌氧消化是指在自然温度影响下消化温度发生变化的厌氧消化,工艺流程见图 16-73。

②根据投料运转方式划分为连续消化、半连续消化、两步消化等。

连续消化工艺:该工艺是从投料启动后,经过一段时间的消化产气,随时连续定量的添加消化原料和排出旧料,其消化时间能够长期连续运行。此消化工艺易于控制,能保持稳定的有机物消化速率和产气率,但该工艺要求较低的原料固形物浓度。

半连续消化工艺:启动时投入较多原料,当产气量下降时,定期和不定期的添加新料和排出旧料,维持稳定的产气率。

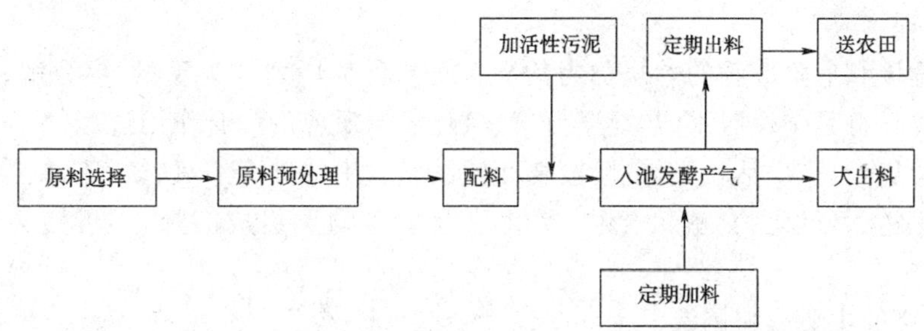

图 16-73　自然温度半批量投料沼气消化工艺流程

两步消化工艺:a. 第一反应器功能为水解、液化固态有机物,缓冲和稀释负荷冲击与有害物质,截留难降解的固态物质;b. 第二反应器功能为保持厌氧条件和 pH,消化、降解前一阶段产物,产生消化气,截留悬浮固体,改善出料性质。

(5)厌氧消化装置

①水压式沼气池:多用于我国农村,多采用地下埋设。优点:池顶有活动盖板,便于检修,结构简单,造价低,施工方便。缺点:气压不稳定,池温、原料利用率、产气率低。

②长方形或方形甲烷消化池:主要特点是气体储藏室与消化室相通,消化室的上方设一储水库来调节气体储藏室的压力。若室内气压很高时,就可将消化室内经消化的废液通过进料间的通水穴压入储水库内;相反,若气体储藏室内压力不足时,储水库内的水由于自重流入消化室,这样通过水量调节气体储藏室的空间,使气压相对稳定。搅拌器的搅拌可加速消化。产生的气体通过导气喇叭口输送到外面导气管。

图 16-74 为长方形消化池。

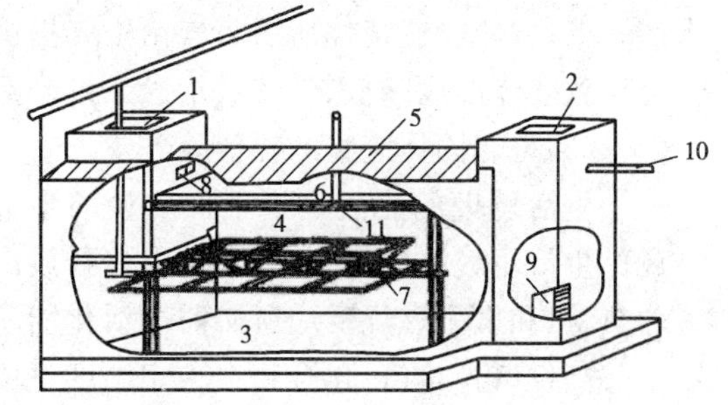

图 16-74　为长方形消化池结构示意图

1-进料口;2-出料口;3-发酵室;4-气体储藏室;5-木板盖;6-储水库;7-搅拌器;8-通水穴;9-出料门洞;10-粪水溢水管;11-导气喇叭口

③红泥塑料沼气池:用红泥塑料用作池盖或池体材料,该工艺多采用批量进料方式。红泥塑料沼气池有半塑式、两模全塑式、带式全塑式和干湿交替式等。

典型例题解析

【例 16-31】 (2007)大多数国家对城市生活垃圾堆肥在农业土地上的施用量和长期使用的时间都有限制,其最主要的原因是:

A. 堆肥造成土壤重金属含量增加和有机质含量降低

B. 施用堆肥可能造成土壤重金属累积,并可能通过作物吸收进入食物链

C. 堆肥中的杂质将造成土壤结构的破坏

D. 堆肥中未降解有机物的进一步分解将影响作物生长

解　概念题,记忆。选 B。

16.3.5 固体废物热处理

热处理是利用热物理方法改变固体废物状态的过程,包括高温下的焚烧、热解(裂解)、焙烧、烧成、煅烧、烧结等。

1)焚烧处理

(1)原理

生活垃圾和危险废物的燃烧称为焚烧。通常将焚烧划分为干燥、热分解、燃烧三个阶段。焚烧过程实际上是干燥脱水、热化学分解、氧化还原反应的综合作用过程。

经过焚烧处理，生活垃圾、危险废物和辅助燃料中的碳、氢、氧、氮、硫、氯等元素，分别转化成由碳氧化物、氮氧化物、硫氧化物、氯化物及水等物质组成的烟，不可燃物质、灰分等成为炉渣。

(2)焚烧的主要影响因素

①固体废物性质：可燃分和有毒有害物质的种类及其含量、水分含量等。

热值：低位热值不大于 3 350kJ/kg 时，需添加辅助燃料。

固体废物尺寸：尺寸越小，所需加热和燃烧时间越短，固体物质燃烧时间与物料粒度的 1～2 次方成正比。

②焚烧温度：焚烧温度越高，所需停留时间越短，焚烧速率越快，焚烧效率越高。

③停留时间：固体废物在焚烧炉内停留时间和烟气在焚烧炉内停留时间。停留时间越长，焚烧越彻底，焚烧效果越好。要求垃圾停留时间达到 1.5～2h 以上，烟气停留时间达到 2s。

④搅动：促进空气与废物充分混合，以达到完全燃烧。

⑤过剩空气：焚烧所需氧气由空气提供，通过提供足够空气保证完全反应。供给过剩空气会导致焚烧温度降低、烟气量增大。过剩空气是理论空气量的 1.7～2.5 倍。

(3)可燃固体废物的热值

生活垃圾的热值是指单位质量的生活垃圾燃烧释放出来的热量，以 kJ/kg(或 kcal/kg)计。生活垃圾维持燃烧，要求其燃烧释放出来的热量足以提供加热垃圾到达燃烧温度所需要的热量，和发生燃烧反应所必需的活化能。

高位(粗)热值：化合物在一定温度下反应到达最终产物并返回起始温度的焓的变化，此时水为液态，可用氧弹量热计进行测量。

低位(净)热值：与高位热值的意义相同，只是水为气态，为焚烧实际过程中利用的热值。

(4)焚烧设备

一个固体废物焚烧厂包括诸多系统(设备)，主要有废物储存及进料系统、焚烧系统、废热回收系统、灰渣收集与处理系统、烟气处理系统等。这些系统各自独立，又相互关联成为统一主体。根据废物状态，可分为固体废物焚烧炉、液体废物焚烧炉、气体废物焚烧炉；根据废物来源，可分为城市垃圾焚烧炉、一般工业废物焚烧炉、危险废物焚烧炉。常用的焚烧炉有多膛焚烧炉、回转窑焚烧炉及流化床焚烧炉。

(5)焚烧过程污染物的控制

焚烧处理虽是一种无害化、资源化程度较高的技术，但在处理过程中却产生了许多污染物质，包括焚烧烟气、灰渣、洗涤废水等。这些物质对环境都有不同程度的危害，必须加以适当的处理，将污染物的含量降至安全标准以下，以免造成二次污染。

①二噁英的控制办法：控制焚烧厂产生的二噁英，应从控制来源、减少炉内形成、避免炉外低温区再合成及去除四方面来着手。

a.通过废物分类收集或预分拣分离，避免含氯成分高的物质(如 PVC 塑料等)和重金属进入垃圾中。

b.焚烧炉燃烧室应保持足够的燃烧温度(不低于 850℃)及气体停留时间(不少于 2s)，确保废气中具有适当的氧含量(最好在6%～12%之间)。

c.应缩短烟气在处理和排放过程中处于300～500℃温度域的时间。

d.烟气末端净化采用活性炭喷射吸附法去除。

②灰渣的处理与利用:焚烧灰渣是城市垃圾焚烧过程中一种必然的副产物,根据垃圾组成及焚烧工艺的不同,灰渣的产生量一般为垃圾焚烧前总重量的5%～30%。为防止重金属再溶出,重金属飞灰须经过稳定化处理,降低其浸出毒性,方能最终处置。一般采用固化或化学稳定化处理。

a.水泥固化:一般采用波特兰(普通硅酸盐)水泥,但对于重金属含量特别高的飞灰,应使用超快硬水泥等特殊的水泥。

b.药剂稳定化:加入含氮和含硫的有机螯合剂,与重金属反应生成不溶性重金属化合物,使其沉积下来,多与水泥固化混合使用。

c.熔融固化(玻璃化):高温熔融反应,使重金属固结在生成的玻璃体中。

2)固体废物的热分解

固体废物的热分解是指晶体状的固体废物在较高温度下脱除其中的吸附水及结合水或同时脱除其他易挥发物质的过程,包括热分解脱水、氧化分解脱除挥发组分、分解熔融及熔融。

热分解的特点:①热分解吸热;②可在缺氧及无氧条件下进行;③产物为可燃低分子化合物、H_2、CH_4、CO、甲醇、丙酮、乙醛、焦油、焦炭等;④热分解可产生燃料油及燃料气。

(1)热分解脱水

是指在热状态下使废物分子内部的结合水分解排出的过程,排出结合水后的废物资源化利用档次可得到提高。

(2)氧化分解脱除挥发组分

一些固体废物,如碳酸盐、硫酸盐、氧化物等在高温煅烧时易发生分解,脱除其中的易挥发组分,这些固体废物常可采用煅烧的方法提高性能,使其得到更有效的利用。

(3)分解熔融

一些硅酸盐矿物,如尾矿,在高温下热解,易转变成新的结晶矿物,同时产生具有补充组分的液相。对固体废物生产陶瓷、耐火材料、玻璃、铸石等高温材料具有重要作用。

(4)熔融

将固体废物在熔点条件下转变为液相高温流体的工艺过程,有单一成分的熔融和复合成分的熔融。

3)固体废物的热处理设备

固体废物的热处理设备主要有回转窑、竖窑、隧道窑和倒焰窑。

(1)回转窑

由进料端的集尘室、转动很慢的窑体以及出料端的窑头小车、热烟室和冷却筒等组成。

(2)竖窑

窑体呈筒状,物料经提升机械从窑顶加入,煅烧后从窑底排出。废物在竖窑内分别经过预热带、加热带、煅烧带和冷却带。窑体形状对废物在窑内的运动和气流在窑内的分布有重要影响。保证窑内废物均匀下降和顺行,并使气流均匀地沿截面分布,是对竖窑窑体形状的基本要求。

常见的竖窑形式有筒形、哑铃形、煅烧带内径收缩的圆筒形和矩形截面形四种。

(3)隧道窑

最常见的连续式煅烧设备，主体为一条类似隧道的长形通道，通道两侧用耐火材料及保温材料砌成窑墙，上面是由耐火材料及保温材料砌筑的窑顶，内部是由沿窑内轨道移动的窑车构成的工作室，窑底部及窑两侧下部为热风烟道。

(4)倒焰窑

倒焰窑工作时燃料在燃烧室内燃烧。燃烧热气在具有一定高度的挡火墙的引导下上升到窑顶，再从窑顶流下来加热制品。加热后的废气由吸火孔进入支烟道，再经主烟道由烟囱排出。采用气流由上而下地“倒焰”方式，有利于窑横断面上温度均匀。

典型例题解析

【例 16-32】 (2007)废物焚烧过程中，实际燃烧使用的空气量通常用理论空气量的倍数 m 来表示，称为空气比或过剩空气系数。如果测定烟气中过剩氧含量为 6%，试求此时焚烧系统的过剩空气系数 m(假设烟气中 CO 的含量为 0，氮气的含量为 79%)：

A. 1.00　　B. 0.79　　C. 1.40　　D. 1.60

解 由于燃烧过程中不产生 CO，则空气过剩系数计算式：

$$m=1+\frac{O_{2P}}{0.264N_{2P}-O_{2P}}=1+\frac{4\%}{0.264\times79\%-6\%}=1.404$$

选 C。

【例 16-33】 (2014)某动力煤完全燃烧时的理论空气量为 8.5Nm³/kg，现在加煤速率 10.3t/h 的情况下，实际鼓入炉膛空气量为 1923Nm³/min，则该燃烧过程的空气过剩系数是：

A. 0.318　　B. 0.241　　C. 1.318　　D. 1.241

解 $$空气过剩系数=\frac{燃烧实际空气量}{燃烧理论空气量}=\frac{1923}{8.5\times10.3\times1000/60}=1.318$$

选 C。

【例 16-34】 (2014)下列哪种焚烧烟气处理手段对二噁英控制无效：

A. 降温　　B. 除酸　　C. 微孔袋滤　　D. 活性炭吸附

解 低温热脱氯工艺，碱性物质吸附，活性炭吸附，都是对二噁英有效控制的手段。选 C。

16.3.6 固体废物的最终处置

固体废物最终处置是固体废物污染控制的末端环节，是解决固体废物的归宿问题。一些固体废物经过处理和利用，总还会有部分残渣存在，而且很难再利用，这些残渣可能又富集了大量有毒有害成分；还有些固体废物，目前尚无法利用，它们都将长期地保留在环境中，是一种潜在的污染源。为了控制其对环境的污染，必须进行最终处置，使之最大限度地与生物圈隔离。

固体废物处置方法有：海洋处置和陆地处置。海洋处置包括深海投弃和海上焚烧；陆地处置包括土地耕作、永久储存或储留地储存、土地填埋、深井灌注和深地层处置等。

1)海洋处置

海洋处置技术包括海洋倾倒和远洋焚烧两种。

(1)海洋倾倒

海洋倾倒是利用海洋的巨大环境容量，将废物直接倾入海水中。根据有关法规，选择适宜的处置区域，结合区域的特点、水质标准、废物种类与倾倒方式，进行可行性分析，最后做出设计方案。

(2)远洋焚烧

远洋焚烧是利用焚烧船将固体废物运至远洋处置区进行船上焚烧作业。这种技术适于燃性废物，如含氯有机废物等。远洋焚烧船的焚烧器结构因焚烧对象而异，需要专门设计。废物焚烧后产生的废气通过气体净化装置与冷凝器，凝液排入海中，气体排入大气，余渣倾入海洋。

2)土地耕作处置

土地耕作处置是基于土壤的离子交换、吸附、微生物生物降解以及渗滤水浸取、降解产物的挥发等综合作用机制。因此，这种处置方法对废物的质与量均有一定的限制，通常处置含有较丰富且易于生物降解的有机质、含盐较低、不含有毒害性物质的固体废物。这类废物在土壤中经上述各种作用后，大部分有机质被分解。一部分与土壤底质结合，改善土壤结构，增长肥效，另一部分挥发于大气中。未被分解的部分则永久存留于土壤中。这种处置方法可用于经加工、处理后的城市垃圾与污水处理厂的污泥，以及石油化工企业中产生的某些固体废物。

3)深井灌注处置

深井灌注是将固体废物液体化，用强制性措施注入与饮用地下水层隔绝的可渗性岩层内。这种方法适用于各种相态的废物处置，但必须使废物液化，形成真溶液或乳浊液。

4)填埋

它是从传统的堆放和填埋处置发展起来的一项最终处置技术。因其工艺简单、成本较低、适于处置多种类型的废物，目前已成为处置固体废物的一种主要方法。

土地填埋处置种类很多，采用的名称也不尽相同。按填埋地形特征，可分为山间填埋、平地填埋、废矿坑填埋；按填埋场的状态，可分为厌氧填埋、好氧填埋、准好氧填埋；按法律可分为卫生填埋和安全填埋等。

随填埋种类的不同其填埋场构造和性能也有所不同。一般来说，填埋构造主要包括废弃物坝、雨水集排水系统(含浸出液体集排水系统和浸出液处理系统)、释放气处理系统、入场管理设施、入场道路、环境监测系统、飞散防止设施、防灾设施、管理办公室、隔离设施等。

卫生土地填埋适于处置一般固体废物。用卫生填埋来处置城市垃圾，不仅操作简单，施工方便，费用低廉，还可同时回收甲烷气体，目前在国内外被广泛采用。在进行卫生填埋场地选择、设计、建造、操作和封场过程中，应着重考虑防止浸出液的渗漏、控制降解气体的释出、臭味和病原菌的消除、场地的开发利用等几个主要问题。

(1)场地选择

一般要考虑容量、地形、土壤、水文、气候、交通、距离与风向、土地征用和废物开发利用等诸多问题。

一般来讲，填埋场容量应满足5～20年的使用期。填埋地形应便于施工，避开洼地，地面泄水能力强，容易取得覆盖土壤，土壤易压实，防渗能力强；地下水位应尽量低，距最下层填埋物至少1.5m；应避开高寒区，蒸发大于降水区最好；交通方便，具有能在各种气候下运输的全天候公路，运输距离适宜，运输及操作设备噪音不至影响附近居民的工作和休息；填埋场地应位于城市下风向，避免气味、灰尘对城市居民造成影响，最好选在荒芜的廉价地区。

(2)填埋场气体的控制

当固体废物进入填埋场后，由于微生物的生化降解作用会产生好氧与厌氧分解。填埋初期，由于废物中空气较多，垃圾中有机物开始进行好氧分解，产生二氧化碳、水、氨气，这一阶段可持续数天；但当填埋区氧被耗尽时，垃圾中有机物转入厌氧分解，产生甲烷、二氧化碳、氨气、水以及硫化氢等。因此，应对这些废气进行控制或收集利用，以避免二次污染。

在填埋气体控制方面，早期国外一般将填埋气体作为一种有害气体进行管理和处置。进入20世纪70年代后开始将之作为一种有价值尚待开发的再生资源，并对填埋气体的产生、迁移规律进行了定性、定量研究。目前已开发填埋气体回收利用的技术设备，部分国家已发展到商业应用阶段，成功地将填埋气体用于工业、民用燃料及发电。

(3)浸出液的控制

填埋场浸出液一般源于降雨、地表径流、地下水涌出、废物本身水分。渗出液成分较复杂，其COD高达4万～5万mg/L，氨氮达700～800mg/L。

浸出液属高浓度有机废水，若不加以控制必然对环境造成严重危害。常用的措施是设置防渗衬里，即在底部和侧面设置渗透系数小的黏土或沥青、橡胶、塑料隔层，并设置收集系统，把浸出液收集起来。

然而自20世纪70年代以来，填埋处理主要遇到两大问题：一是填埋场容量有限，旧的填埋场封闭以后，新的填埋场的选择非常困难，填埋处理在世界各国都出现地荒；二是填埋设施难以受当地居民欢迎，新场址的选择往往遭到反对，因此现在世界各国填埋的主要潮流是尽量设法延长填埋场的寿命。填埋场由原始废物的直接填埋转向在填埋处理前先进行预处理，例如先经过焚烧，对焚烧残渣再进行填埋，这样可使填埋容积减少80%左右。

典型例题解析

【例16-35】 (2008)在垃圾填埋的酸化阶段，渗滤液的主要特征为：

A. COD和有机酸浓度较低，但逐渐升高

B. COD和有机酸浓度都很高

C. COD和有机酸浓度降低，pH值介于6.5～7.5之间

D. COD很低，有机酸浓度很高

解 在酸化阶段，垃圾降解中主要作用的微生物是兼性和专性厌氧细菌，填埋气的主要成分是CO_2、COD、VFA，金属离子浓度继续上升至中期达到最大值，此后逐渐下降，pH继续下降到达最低值后逐渐上升。选B。

16.3.7 固体废物资源化与综合利用

根据固体废物的来源不同，固体废物可以分为工矿业固体废物、生活垃圾等，在这些固体废物中，量最大的为采矿过程中产生的矿业固体废物及工业生产过程中产生的部门固体废物。

1)固体废物的沼气利用

沼气是有机物在厌氧条件下经厌氧细菌的分解作用产生的以甲烷为主的可燃性气体。

利用固体废物的厌氧发酵生产沼气的方法有两种。一种方法是有机固体废物的卫生填埋，自然发酵产生沼气。如城市垃圾的卫生填埋，有机物分解过程中产生的气体含甲烷45%～60%，含二氧化碳35%～50%，还有少量的碳氢化合物和少量硫化氢，可把这部分气体收集、净化、回收利用。另一种方法是农业废物沼气化。由于这种方法简便易行，便于推广，因此在

我国发展较快。农业废物沼气化是处理垃圾、粪便、农业废物的有效途径。

(1)垃圾沼气燃烧供热、发电

就地利用沼气燃烧供热或发电是沼气应用最广的办法。沼气的净化也可以采用较低水平的处理,其方法为将填埋气经过一系列冷却器、分离器和过滤器使气体净化,得到的沼气甲烷浓度达40%以上,然后再送至锅炉燃烧。这种方法得到的沼气是低热值燃料,如果增加吸附净化法,还可得到高热值沼气燃料。主要用于为填埋场和附近居民供热,还可用于为发电厂锅炉和工业窑炉做燃料,如制砖窑。

(2)垃圾沼气作民用燃料

垃圾沼气作民用燃料,必须将甲烷的浓度提高到98%以上,不仅要除去其中的二氧化碳,还要除去其中的其他有害的有机挥发物。这种净化方法处理成本最高,直接影响其经济效益,因此作为城市民用燃料其可行性有待继续寻求技术、经济的评估。

(3)垃圾沼气作汽车燃料

垃圾沼气净化处理后作汽车燃料,其尾气排放污染大大减轻,具有显著的环境效益;且成本不高,经济效益显著。

2)固体废物的建材利用

利用工业固体废物生产建筑材料是解决建材资源短缺的一条有效途径,这对保护环境和加速经济建设具有十分重要的意义。利用工业固体废物生产建材的优点是:①原材料省;②耗能低;③综合利用产品的品种多,可满足多方面的需要;④综合利用的产品数量大,可满足市场的部分需要;⑤环境效益高,可最大限度地减少需处置的固体废物数量,在生产过程中,一般不产生二次污染。

工业废渣作建筑材料是综合利用工业废渣数量最大、种类最多、历史较久的领域。其中,利用较多的有高炉渣、钢渣、粉煤灰、煤矸石和其他废渣等。生产品种包括水泥、骨料、砖、玻璃、铸石、石棉和陶瓷等。

(1)高炉渣

高炉渣中主要的化学成分是二氧化硅、三氧化二铝、氧化钙、氧化镁、氧化锰、氧化铁和硫等。在高炉渣中,氧化钙(CaO)、二氧化硅(SiO_2)、三氧化二铝(Al_2O_3)占90%以上。

在利用高炉渣之前,需要进行加工处理。其用途不同,加工处理的方法也不同。我国通常是把高炉渣加工成水淬渣、矿渣碎石、膨胀矿渣和膨胀矿渣珠等形式加以利用。

①水淬渣的用途:可用于生产矿渣水泥、生产矿渣砖、湿碾矿渣混凝土。

②矿渣碎石的用途:可在地基工程、道路工程、铁路道砟上应用。

③膨胀矿渣及膨珠的用途:可用作混凝土轻骨料、防火隔热材料、轻混凝土制品及结构等。

④高炉渣的其他用途:用于生产矿渣棉、微晶玻璃。

(2)钢渣

钢渣是炼钢过程中产生的固体废物。炼钢的基本原理和炼铁相反,是以氧化的方法除去生铁中过多的碳素和杂质,氧和杂质作用生成的氧化物就是钢渣。钢渣是由钙、铁、硅、镁、铝、锰、钛等氧化物所组成,有时还含有钒和钛等氧化物,其中钙、铁、硅氧化物占绝大部分。

钢渣在建材工业方面的利用非常广泛:生产水泥、生产钢渣砖、钢渣代替碎石作骨料和路材。

(3)粉煤灰

燃烧煤的发电厂每年排出大量由煤的灰分形成的各种煤灰渣——粉煤灰、炉渣。从煤燃烧后的烟气中收捕下来的细灰称为粉煤灰,由炉底排出的部分废渣称为炉渣。电厂煤粉锅炉中排出的粉煤灰占整个煤灰渣量的绝大部分。

粉煤灰是灰色或灰白色的粉状物，含水量大的粉煤灰呈灰黑色。它是一种具有较大内表面积的多孔结构，多半呈玻璃状。其主要物理性质如下：粉煤灰密度一般为 2～2.3g/cm^3，松散干容积密度为 550～950kg/cm^3，孔隙率一般为 60%～70%，细度一般为 4 900 孔/cm^3，筛余量 30%～20%，比表面积为 3 000cm^2/g 以上。

粉煤灰的化学成分与黏土质相似，其中以二氧化硅及三氧化二铝的含量占大多数，其余为少量三氧化二铁、氧化钙、氧化镁、氧化钠、氧化钾及三氧化硫等。

粉煤灰在建材方面的利用：

①生产粉煤灰砖：粉煤灰砖是以粉煤灰为原料，掺入一定比例的骨料、石灰、石膏配料，加水搅拌，压制成型，经过养护或焙烧而成。根据砖的配料及工艺，粉煤灰砖分蒸养粉煤灰砖、烧结粉煤灰砖、碳化粉煤灰砖和泡沫粉煤灰砖等。

②生产粉煤灰水泥：由硅酸盐水泥熟料和粉煤灰、加入适量石膏磨细制成的水硬胶凝材料，称为粉煤灰硅酸盐水泥，简称粉煤灰水泥。

粉煤灰水泥生产工艺和技术装备与生产普通硅酸盐水泥大体一样，无特殊工艺技术要求。但要注意配料方案的调整，严格控制各种原料的掺入量，以保证出磨生料化学成分符合要求。水泥中粉煤灰的掺入量按质量百分比计为 20%～40%，也允许掺入不超过混合材粒化高炉渣，此时混合材料可达 50%，但粉煤灰质量不得少于 20%或超过 40%。粉煤灰的掺入量，通常与水泥熟料的质量、粉煤灰活性和要求生产的水泥强度等级等因素有关。

粉煤灰在农业方面的应用：

①粉煤灰的改土与增产作用

a. 粉煤灰的孔度与土壤性能的关系：作物生长的土壤需有一定的孔度，而适合植物根部正常呼吸作用的土壤孔度下限量是 12%～15%，低于此值，将导致作物减产。粉煤灰中的硅酸盐矿物和炭粒具有多孔性，是土壤本身的硅酸盐类矿物所不具备的。此外，粉煤灰粒子之间的孔度，一般也大于黏结了的土壤的孔度。

b. 施灰对土壤机械组成的影响：黏质土壤掺入粉煤灰，可变得疏松，黏粒减少，砂粒增加。盐碱土掺入粉煤灰，除变得疏松外，还可起到抑碱作用。

c. 粉煤灰对土层温度的影响：粉煤灰所具有的灰黑色利于其吸收热量，施入土壤，一般可使上层温度提高 1～2℃。

d. 粉煤灰的增产作用：一些试验和生产实践表明，不同土壤合理施用符合农用标准的粉煤灰都有增产作用。不过，砂质土壤施灰，增产不明显，生荒地施灰增产明显，黏土地施灰增产最明显。作物品种不同，增产效果不同：蔬菜增产效果最好，粮食作物增产比较好，其他经济作物也有增产作用，但不是十分稳定。

②粉煤灰肥料

粉煤灰硅钾肥、粉煤灰硅钙钾肥、粉煤灰磁化肥以及粉煤灰磷肥。

(4)煤矸石

煤矸石的主要化学成分是二氧化硅、三氧化二铝、三氧化二铁、氧化钙、氧化镁、三氧化硫等，此外还含有铀、钍等放射性元素和其他一些稀有元素。

煤矸石是一种低热值能源和建材资源，可以用来代替燃料及生产建材产品。利用煤矸石可以生产砖、瓦、水泥、轻集料，也可以用来生产空心砌块和预制构件，还可以用于填坑造地及作路基材料。

煤矸石在建材方面的应用有生产煤矸石砖、水泥、空心气块以及生产轻骨料。

3)固体废物的化工利用

(1)硫铁矿烧渣的氯化焙烧与有色金属的回收

硫铁矿烧渣是生产硫酸时焙烧硫铁矿产生的废渣。其组成主要是三氧化二铁和四氧化三铁，金属的硫酸盐、硅酸盐和氧化物。其成分随硫铁矿的组分和焙烧工艺而变。其中含有的有色金属有铜、铅、锌、金、银等。可以用氯化焙烧法回收有色金属，同时提高矿渣含铁品位，直接作为炼铁的原料。

氯化焙烧是利用硫铁矿烧渣与氯化剂在一定温度下加热焙烧，使有用金属转变为气相或凝固相的金属氯化物而与其他组分分离。根据反应温度不同可分为中温氯化焙烧与高温氯化焙烧。

①中温氯化焙烧，是指烧渣与氯化剂在500～600℃的温度下焙烧，使金属氯化物留在固相中用水或酸浸取，可溶性物质与渣分离，再从溶液中回收金属，故该法又称氯化溶出法。

②高温氯化焙烧，是将烧渣与氯化剂造粒，然后在1 000～1 200℃下反应，使金属氯化物变成气体挥发出来，从而收集、分离、回收各种金属氯化物，故该法又叫氯化焙烧挥发法。

(2)含汞固体废物的焙烧

含汞废物来自不同的生产系统，例如，化工、石油化工、电子、电器仪表、计量仪器等许多行业都排放一定量的含汞废物。其产生量因行业及工艺而异，其中化学工业含汞废物的产生量最多，约占50%以上。目前，国内外主要采用焙烧法回收汞。

焙烧法回收汞是根据汞的沸点低，固体废物中其他组分沸点高的差异，通过控制焙烧温度，使汞从废物中分离出来，进而得以回收。

焙烧法回收汞的工艺特点是，回收汞的纯度高，焙烧后残渣含汞少。因此是一种较好的无害化处理、利用方法。

(3)煤矸石焙烧生产聚合铝

煤矸石中含有大量的硅、铝成分，可以用来生产建筑材料，用来生产硅、铝材料。还可以利用煤矸石生产结晶氯化铝、聚合铝、铝铵矾、三氧化二铝等多种化工产品。

典型例题解析

【例16-36】 (2008)某城市日产生活垃圾800t，分选回收废品后剩余生活垃圾720t/d，采用厌氧消化工艺对其进行处理，处理产生的沼气收集后采用蒸汽锅炉进行发电利用。对分选后垃圾进行分析得出：干物质占40.5%，可生物降解的干物质占干物质的74.1%，1kg可生物降解的干物质最大产沼气能力为0.667m^3(标态)。假设沼气的平均热值为18 000kJ/m^3(标态)，蒸汽锅炉发电效率为30%，试计算生活垃圾处理厂的最大发电功率是：

A. 7MW　　B. 8MW　　C. 9MW　　D. 10MW

解　可生物降解的干物质为720×40.5%×74.1%＝216.1t＝2.161×10^5kg。产生沼气的体积为2.161×10^5×0.667＝1.442×$10^5$$m^3$，产生的热值为1.442×$10^5$×18 000×30%/(3 600×24)＝9MW。选C。

经典练习

16-63　(2017)解决固体废物污染控制问题的“3C原则”是指(　　)。

A. 资源化、无害化、减量化

B. 减少产生、再利用、再循环

C. 避免产生、综合利用、妥善处置

D. 以上均不正确

16-64 (2012)某生活垃圾转运站服务区域人口10万，人均垃圾产量1.1kg/d，当地垃圾日产量变化系数为1.3，则该站的设计垃圾转运量为(　　)。

A. 约170t/d　　B. 约150t/d　　C. 约130t/d　　D. 约110t/d

16-65 (2008)下列技术中不属于重力分选技术的是(　　)。

A. 风选技术　　B. 重介质分选技术　　C. 跳汰分选技术　　D. 磁选技术

16-66 (2012)采用风选方法进行固体废弃物组分分离时，应对废物进行(　　)。

A. 破碎　　B. 筛选　　C. 干燥　　D. 破碎和筛选

16-67 (2017)电力分选是利用固体废物中各组分在高压电场中电性的差异而实现分选的一种方法，根据物质的导电性，可分为(　　)。

A. 导体、半导体　　B. 导体、非导体

C. 导体、半导体、非导体　　D. 以上说法均不正确

16-68 (2010)固体废弃物厌氧消化器中物料出现酸化迹象时，适宜的调控措施为(　　)。

A. 降低进料流量　　B. 增加接种比　　C. 加碱中和　　D. 强化搅拌

16-69 (2012)堆肥处理时原料的含水率适宜值不受下列因素影响的是(　　)。

A. 颗粒度　　B. 碳氮比　　C. 孔隙率　　D. 堆体重度

16-70 (2010)某厂原使用可燃分为63%的煤作燃料，现改用经精选的可燃分为70%的煤，两种煤的可燃分热值相同，估计其炉渣产水量下降的百分比为(　　)。

A. 约25%　　B. 约31%　　C. 约37%　　D. 约43%

16-71 (2010)废计算机填埋处置时的主要污染来源于(　　)。

A. 酸溶液和重金属的释放　　B. 有机溴的释放

C. 重金属的释放　　D. 有机溴和重金属的释放

16-72 (2012)填埋场渗滤液水质指标中随填埋龄变化改变幅度最大的是(　　)。

A. pH　　B. 氨氮　　C. 盐度　　D. COD

16-73 生活垃圾的压实、破碎、分选等方法主要与其(　　)有关。

A. 化学性质　　B. 物理性质　　C. 物理化学性质　　D. 生物化学性质

16-74 垃圾在填埋场中的降解过程实际上就是(　　)。

A. 堆放过程　　B. 堆肥过程　　C. 好氧发酵过程　　D. 厌氧发酵过程

16-75 分选作业之前的预处理(　　)。

A. 包括破碎、压缩和各种固化方法等

B. 其目的是使废物减容以利于运输、储存、焚烧或填埋等

C. 其目的是更利于下一步工序的进行

D. 主要包括破碎和粉磨等

16-76 目前我国大多数城市解决生活垃圾出路的主要方法是(　　)。

A. 填埋　　B. 焚烧　　C. 堆肥　　D. 热解

16-77 下列不属于危险废物的是(　　)。

A. 医院垃圾　　B. 含重金属污泥　　C. 酸和碱废物　　D. 有机固体废物

16-78 (2017)下面哪些特性属于危险废物的危险特性？(　　)

A. 腐蚀性　　B. 传染性　　C. 反应性　　D. 以上全都是

16-79　当前使用最广泛的生活垃圾分选方法是(　　)。

A. 机械分选　　B. 机械结合人工分选

C. 人工分选　　D. 破碎分选

16-80　筛分效率是指(　　)。

A. 筛下产品与入筛产品质量之比

B. 筛下产品质量与入筛废物中所含小于筛孔尺寸的细粒物料质量之比

C. 筛下产品与筛中所剩产品之比

D. 入筛废物中所含小于筛孔尺寸的细粒物料质量与筛下产品质量之比

16-81　在好氧堆肥后期,堆肥物孔隙增大,氧扩散能力增强,其需氧量、含水率分别如何变化?(　　)

A. 减少、降低　　B. 升高、升高　　C. 降低、升高　　D. 升高、降低

16-82　(2017)污泥厌氧消化过程中需要对消化池进行加温,其作用是维持消化池的消化温度,使消化能够有效的进行,一般常将污泥进行加热,然后送入消化池,以下对于这种加热污泥方法,说法不正确的是(　　)。

A. 该方法可以有效杀灭污泥中的寄生虫卵

B. 该方法是一种池外间接加热的方法

C. 该方法需要把生污泥加温足以达到消化温度,补偿消化池壳体与管道的热损失

D. 与将热水或蒸汽直接通入消化池相比,该方法可能造成污泥含水量增加,污泥局部受热等缺点

16-83　(2017)废旧计算机填埋处置时的主要污染来源于(　　)。

A. 酸溶液　　B. 塑料　　C. 有机溴　　D. 重金属

16.4　物理污染防治技术

考试大纲☞: 噪声污染防治技术　振动防治技术　电磁辐射和放射性污染防治技术

必备基础知识

16.4.1　噪声污染防治技术

1)概述

关于噪声有如下基本概念。

①噪声:将杂乱无章,听起来不和谐的声音或不需要的声音称为噪声。

②环境噪声:把工业生产、建筑施工、交通运输和社会生活中所产生的,使人讨厌、受害和不需要的声音称为环境噪声。

③噪声污染:指当所产生的环境噪声超过国家规定的环境噪声排放标准,并干扰他人正常生活、工作和学习的现象,噪声具有局部性。

④声压级 L_p:将待测声压的有效值 P_e 与参考声压 P_0 的比值取常用对数,再乘以 20,即

$$L_p = 20\lg\frac{P_e}{P_0}(\text{dB}) \tag{16-106}$$

⑤声强级 L_I:将待测声强 I 与参考声强 I_0 的比值取常用对数,再乘以 10,即

$$L_I = 10\lg \frac{I}{I_0} (\text{dB}) \tag{16-107}$$

⑥声功率级 L_W:将待测声功率 W 与参考声功率 W_0 的比值取常用对数,再乘以 10,即

$$L_W = 10\lg \frac{W}{W_0} (\text{dB}) \tag{16-108}$$

⑦声压级、声强级的关系:

$$L_I = 10\lg \frac{I}{I_0} = 10\lg\left(\frac{p^2}{p_0^2} \cdot \frac{p_0^2}{I_0 \rho c}\right)$$

$$= L_p + 10\lg \frac{400}{\rho c} = L_p + b \tag{16-109}$$

在一般情况下 b 的值很小,因此可以认为 $L_I = L_p$。

⑧声强级与声功率级的关系:

$$L_I = 10\lg\left(\frac{W}{S} \cdot \frac{1}{I_0}\right) = 10\lg\left(\frac{W}{W_0} \cdot \frac{W_0}{I_0} \cdot \frac{1}{S}\right) \tag{16-110}$$

$$L_I = L_W - 10\lg S (\text{dB}) \tag{16-111}$$

对于自由声场中的球面波,有

$$L_W = L_I + 20\lg r + 11 (\text{dB}) \tag{16-112}$$

2)城市区域环境噪声功能区的分类和标准值

(1)功能区划分

0 类:特别需要安静的区域,位于城郊和乡村的这一类区分别按严于 0 类标准 5dB 执行。

1 类:以居住、文教机关为主的区域。

2 类:居住、商业、工业混杂区。

3 类:工业区。

4 类:城市中的道路交通干线道路两侧区域,穿越城区的内河航道两侧区域,穿越城区的铁路主、次干线两侧区域。

(2)标准值

五类不同功能类别执行相应类别的标准值。功能类别高的标准值严于低的区域。城市五类环境噪声标准值详见表 16-6。

城市五类环境噪声标准值(等效声级 L_{Aeq},单位:dB)　　表 16-6

类　别	昼　间	夜　间
0	50	40
1	55	45
2	60	50
3	65	55
4	70	55

3)噪声级的衰减计算

(1)噪声级的相加

$$L_{1+2} = 10\lg(10^{L_1/10} + 10^{L_2/10}) \tag{16-113}$$

(2)噪声级的相减

$$L_1 = 10\lg(10^{L_{合}/10} - 10^{L_2/10}) \tag{16-114}$$

(3)点噪声源随传播距离增加引起的衰减值

$$\Delta L_1 = 10\lg \frac{1}{4}\pi r^2 \tag{16-115}$$

距点声源 r_1 处传播到 r_2 处的衰减值：

$$\Delta L_1 = 20\lg \frac{r_1}{r_2} \tag{16-116}$$

4)噪声污染控制

(1)噪声控制基本原理

①在声源处抑制噪声。

②在声传播途径中控制：隔声、吸声、消声、阻尼减振等。

③接收器的保护。

控制噪声最根本的方法就是从声源控制，即用无声的或低噪声的工艺和设备代替高噪声的工艺和设备。

但在许多情况下，由于技术或经济方面的原因，直接从声源上治理噪声是很困难的。这就需要在噪声传播途径上采取吸声、消声、隔声、隔振、阻尼等几种常用的噪声控制技术。

(2)吸声

由于室内声源发出的声波被墙面、顶棚、地面及其他物体表面多次反射，使得室内声源的噪声级比同样声源在露天的噪声级高。如果用吸声材料装饰在房间的内表面，或在室内悬挂空间吸声体，房间内的噪声级就会降低，这种控制噪声的方法就叫吸声。

吸声材料吸声能力的大小用吸声系数 α 表示。$\alpha=0$，材料不吸声；$\alpha=1$，声能全部被吸收。α 值在 0～1 之间，α 越大，吸声性能越好，一般来说，$\alpha>0.2$ 的材料叫吸声材料。

吸声材料用的是一些多孔、透气的材料，如玻璃棉、矿渣棉、泡沫塑料、毛毡、吸声砖、甘蔗板等。吸声材料之所以能吸声，是由于声波进入多孔材料后，一部分声能由于小孔中的摩擦和黏滞阻力转化为热能而被吸收掉。除吸声材料外，薄板共振吸声结构和穿孔板共振吸声结构、空间吸声体也可用于吸声。

(3)消声

消声器是一种既能允许气流顺利通过，又能有效地阻止或减弱声能向外传播的装置。

①阻性消声器：阻性消声器是利用吸声材料消声的。把吸声材料固定在气流流动的管道内壁，或者把它按一定方式在管道内排列组合，就构成阻性消声器。

②抗性消声器：抗性消声器靠管道截面的突变或旁接共振腔等，在声传播过程中引起阻抗的改变而产生声能的反射、干涉，从而降低由消声器向外辐射的声能，达到消声目的。

③阻抗复合消声器：阻抗复合消声器是既有吸声材料又有共振腔、扩张室一类滤波元件的消声器。这种消声器消声量大，消声频率范围广，因此得到广泛应用。

(4)隔声

声波在空气中传播时，使声能在传播途径中受到阻挡而不能直接通过的措施，称为隔声。典型的隔声措施有隔声罩、隔声间、隔声屏等。

(5)隔振与阻尼

为了减少机器振动通过基础传给其他建筑物，通常的办法是防止机械基础与其他构件的刚性连接，这种方法就叫基础隔振。主要措施有三种：

①在机器基础与其他结构之间铺设具有一定弹性的软材料，如橡胶板、软木、毛毡、纤维板等。当振动由基础传至隔振垫层时，这些柔韧材料中的分子或纤维之间产生摩擦，而将部分振动能量转换成热能消耗掉。因而降低了振动的传递，起到隔振的作用。

选用隔振材料时，应注意材料的耐压性能，以免材料过分密实或被压碎而失效。

②在机器上安装设计合理的减振器。减振器主要分三类：橡胶减振器、弹簧减振器和空气减振器。

③在机器周围挖一定深度的沟，也能起到隔振作用。

(6)消声器

消声器常安装于气流通道上，可降噪 20～40dB，用于风机、水泵等机械设备。消声器分阻性消声器、抗性消声器及多孔扩散消声器三种。

典型例题解析

【例 16-37】 (2007)一隔声墙在质量守恒定律范围内，对 800Hz 声音的隔音量为 38dB，请计算该墙对 1.2kHz 声音的隔音量为：

A. 43.5dB　　B. 40.8dB　　C. 41.3dB　　D. 45.2dB

解 单层墙在质量控制区的声波垂直入射时的隔音量 $R=18\lg m+18\lg f-44$，其中 m 为墙板面密度，f 为入射声波频率。因此 $R_1=18\lg m+18\lg f_1-44$，$R_2=18\lg m+18\lg f_2-44$。$R_1-R_2=18\lg(f_1/f_2)=18\lg(800/1200)=-3.2$，得 $R_2=38+3.2=41.2$dB。选 C。

【例 16-38】 (2014)衡量噪声的指标是：

A. 声压级　　B. 声功率级　　C. A 声级　　D. 声强级

解 声音的大小通常用声压级表示，单位分贝，记作 dB。选 A。

【例 16-39】 (2007)某车间进行吸声降噪处理前后的平均混响时间分别为 4.5s 和 1.2s，请问该车间噪声级平均降低了：

A. 3.9dB　　B. 5.7dB　　C. 7.3dB　　D. 12.2dB

解 相应于接受室内某一混响时间基准值的标准声压级差，按下式计算：

$$D_{n\mathrm{T}}=D+10\lg\frac{T}{T_0}$$

因 $D_{n\mathrm{T}_1}=D+10\lg\dfrac{T_1}{T_0}$，$D_{n\mathrm{T}_2}=D+10\lg\dfrac{T_2}{T_0}$

故 $D_{n\mathrm{T}_1}-D_{n\mathrm{T}_2}=10\lg\dfrac{T_1}{T_2}=10\lg\dfrac{4.5}{1.2}=5.74$dB，选 B。

16.4.2 振动防治技术

1)振动公害的特征与评价

(1)振动公害的特征

振动公害与噪声公害有着紧密的联系，当振动的频率在 20～20 000Hz 的声频范围时，振动源同时又是噪声源。振动除了引起噪声方面的危害外，还能直接作用于人体、设备和建筑等，损伤人的机体，引起各种病症；损坏设备，使建筑物开裂、倒塌等。

(2)振动的评价

振动的强弱常可根据振动的加速度来评价。它的加速度一般在 0.01～10m/s² 范围内，与在噪声控制中类似，反映振动加速度的参数可用分贝来表示它的相对大小，这个参数称为振动加速度 L_a，可用下式表示：

$$L_a=20\lg\frac{a}{a_0}\text{(dB)} \tag{16-117}$$

式中：a——振动时的加速度有效值(m/s²)。

评价振动的强烈，也可根据振动对人体的影响，分成以下四个等级：

①振动的"感觉阈":振动的"感觉阈"是指人体刚刚能感到振动时的强度。人体对刚超过感觉阈的振动是能忍受的。

②振动的"舒适感降低阈":振动强度增大到一定程度,人就感到不舒适,但没有产生生理影响。

③振动的"疲劳—工效降低阈":振动强度继续增强,人不仅产生心理反应,而且出现生理反应,振动通过刺激神经系统,对其他器官产生影响,使注意力转移,工作效率降低等。当振动停止后,这些生理现象随之消失。

④振动的"极限阈":当振动强度超过一定限度时,就会对人体造成病理性损伤,产生永久性病变,即使振动停止也不能复原。

2)隔振技术

隔振就是将振动源与基础或其他物体的刚性连接改成弹性连接,隔绝或减弱振动能量的传递,从而达到减振的目的。隔振可分为两大类:一是对振动源采取隔振措施,防止它对周围设备和建筑物造成影响,这种隔振叫积极隔振或主动隔振;另一类是对怕振动干扰的精密仪器采取隔振措施,这种隔振叫消极隔振或被动隔振。

工程上常用的隔振材料有钢弹簧、橡胶、软木、毡类等,此外还有空气弹簧和液体弹簧。

3)阻尼减振技术

(1)原理

阻尼材料减振主要是通过减弱金属板中传播的弯曲波来实现的:当薄板发生弯曲振动时,振动的能量迅速传给紧密涂在薄板上的阻尼材料,引起薄板与阻尼层内部的摩擦错动,使相当部分的薄板振动能被消耗,成为热能散发掉,减弱了薄板的弯曲振动。同时,阻尼材料还能缩短薄板被激振后的振动时间,从而也就降低了金属板辐射噪声的能量。

(2)阻尼材料与阻尼层

常用的阻尼材料有沥青、软橡胶和各种高分子涂料。阻尼层与金属板面的结合,一般有两种形式:一种是自由阻尼层,另一种是约束阻尼层。

自由阻尼层是将阻尼材料涂在板的一面或两面,当板弯曲振动时,板和阻尼层都能进行压缩和伸长变形。

约束阻尼层是把阻尼材料涂在两层金属板中间,在板弯曲振动时,阻尼层一面受到拉伸,另一面受到压缩,受上下两板面的约束不能伸缩变形,而主要受较大剪切变形。

4)动力吸振器

当机械设备受某一固定干扰频率激发而振动时,可以在机械设备上附加一个振动系统,使干扰频率激发的振动降低,这叫动力吸振器。

典型例题解析

【例 16-40】 (2008)防止和减少振动响应是振动控制的一个重要方面,下列论述错误的是:

A. 改善设施的结构和总体尺寸或采用局部加强法

B. 改变机器的转速或改变机型

C. 将振动源安装在刚性基础上

D. 粘贴弹性高阻尼结构材料

解 对机械振动的根本治理方法是改变机械机构,降低甚至消除振动的发生,但在实践中往往很难做到这点,故一般采用隔振和减振措施。选 C。

隔振就是将振动源与基础或其他物体的刚性连接改成弹性连接，隔绝或减弱振动能量的传递，从而达到减振的目的。隔振可分为两大类：一是对振动源采取隔振措施，防止它对周围设备和建筑物造成影响，这种隔振叫积极隔振或主动隔振；另一类是对怕振动干扰的精密仪器采取隔振措施，这种隔振叫消极隔振或被动隔振。选C。

16.4.3 电磁辐射和放射性污染防治技术

1)电磁辐射基本概念及类型

①电磁场：交替产生的具有电场和磁场作用的物质空间。

②电磁辐射：电磁场的能量以电磁波形式由源发射到空间的现象。

③电磁辐射污染：接受者长期暴露在超过安全辐射剂量环境下，产生伤害的现象。

④电磁辐射污染源：包括天然的电磁辐射污染源和人为的电磁辐射污染源。

2)电磁污染的传播途径及危害

(1)电磁污染的传播途径

①空间辐射传播途径：是指电磁波通过空间直接辐射。

②线路传导传播途径：是指借助电磁耦合由线路传导。

(2)电磁污染的危害

①电磁辐射对电器设备的干扰，可使航空通信受到干扰，对广播电视信号造成干扰等。

②电磁辐射对人体健康的危害：人体接受电磁辐射后，体内极性与非极性分子在电磁场作用下，极性分子重新排列，非极性分子可被磁化。

3)电磁辐射污染的防护

(1)电磁屏蔽技术

电磁屏蔽是采用某种能抑制电磁辐射能扩散的材料，将电磁场源与外界隔离开来，使辐射能限制在某一范围内，达到防止电磁污染的目的。屏蔽方式根据场源与屏蔽体相对位置可分为主动场屏蔽与被动场屏蔽两类。

(2)吸收法控制微波污染

对于微波辐射污染，可以采用对这种辐射能产生强烈吸收作用的材料敷设于场源外围，以防止大范围的污染。应用吸收材料的防护，一般多用于微波设备调试过程，要求在场源附近能将辐射能大幅度衰减。

(3)远距离控制和自动作业

根据射频电磁场，特别是中、短波，其场强随离场源距离的增大而迅速衰减的原理，采取对射频设备远距离控制或自动化作业，将会显著减少辐射能对操作人员的损害。

(4)线路滤波

为了减少或消除电源线可能传播的射频信号和电磁辐射能，可在电源线与设备交接处加装电源(低通)滤波器，以保证低频信号畅通，而将高频信号滤除，起到对高频传导隔离去除作用。

(5)合理设计工作参数

保证射频设备在匹配状态下操作射频设备工作参数的合理，元件、线路正确的布局，使设备在匹配条件下工作时，可以避免设备因参数不能处于最佳状态或负载过轻，而形成高频功率以驻波形式通过馈线辐射造成污染。

(6)个人防护

对于临时无屏蔽条件的操作人员直接暴露于微波辐射近场区时,必须采取个人防护措施,包括穿防护服、戴防护头盔和防护眼镜等。

4)放射性污染与控制的基本概念

①放射性元素:自然界和人工生产的元素中,有一些能自动发生衰变,并放射出肉眼看不见的射线。这些元素统称放射性元素。

②核辐射:原子核从一种结构或一种能量状态转变为另一种结构或另一种能量状态过程中所释放出来的微观粒子流。

③放射性:放射性元素的原子核在衰变过程放出 α、β、γ 射线的现象。

④放射性污染:由放射性物质所造成的污染。

⑤天放射性活度(A):单位时间内放射线原子核所发生的核转变数。

⑥照射量(X):表示 γ 射线或 X 射线在空气中产生电离程度大小的辐射量。

⑦吸收剂量(D):单位质量受照物质中所吸收的平均辐射能量。

⑧剂量当量(H):辐射对人体造成生物效应的严重程度或发生概率,辐射防护上采用剂量当量进行表示。

5)放射性危害

①急性损伤:如果人在短时间内受到大剂量的 X 射线、γ 射线和中子的全身照射,就会产生急性损伤。在极高的剂量照射下,发生中枢神经损伤直至死亡。

②慢性损伤:由于多次照射、长期累计的原因,将会造成慢性放射病。

6)放射性污染与防止

(1)放射性废物特点

长期危害性、处理难度大、处理技术复杂。

(2)放射性废物分类

高放射性废物、中放射性废物以及低放射性废物。

(3)辐射防护的基本措施

①对于外照射的防护措施:

a.距离防护:尽可能地远离放射源;

b.时间防护:尽量缩短操作时间,从而减少所受辐射量;

c.屏蔽防护:针对 α、β、γ 射线,采用不同措施。

②对于内照射的防护措施:

a.防止呼吸道吸收:防止气体放射性核素进入呼吸道;

b.防止胃肠道吸收:被放射性核素沾污的食物、水等经口由胃肠进入人体;

c.防止由伤口吸收:防止某些放射性核素透过完整皮肤进入人体。

(4)放射性废物处理技术

常用处理方法有:

a.低中放射废液、洗衣和淋浴水:凝沉淀、吸附、反渗透;

b.低中放射废液、高放射废液:蒸发方法;

c.低中放射废液:离子交换法。

典型例题解析

【例 16-41】 (2007)已知三个不同频率的中波电磁场的场强分别为 E_1=15V/m,E_2=20V/m,E_3=25V/m,这三个电磁波的复合场强与下列值最接近的是:

A. 35V/m　　B. 20V/m　　C. 60V/m　　D. 30V/m

解 根据《电磁环境控制限值》(GB 8702—2014),复合场强值为各单个频率场强平方和的根值,即 $E=\sqrt{E_1^2+E_2^2+\cdots+E_n^2}$。选 A。

【例 16-42】 (2014)以下属于放射性废水处置技术的是:

A. 混凝　　B. 过滤　　C. 封存　　D. 离子交换

解 放射性废物处置方法有储藏、封存等。选 C。

经典练习

16-84 (2008)在长、宽、高分别为 6m、5m、4m 的房间内,顶棚全部安装平均吸声系数为 0.65 的吸声材料,地面及墙面表面为混凝土,墙上开有长 1m 宽 2m 的玻璃窗 4 扇,其中混凝土面的平均吸声系数是 0.01,玻璃窗的平均吸声系数为 0.1,求该房间内表面吸声量为(　　)。

A. 19.5m^2　　B. 21.4m^2　　C. 20.6m^2　　D. 20.3m^2

16-85 (2010)在单位时间内入射的声能为 E_0,反射的声能为 E_γ,吸收的声能为 E_α,投射的声能为 E_r,吸声系数可表达为(　　)。

A. $\alpha=E_\alpha/E_0$　　B. $\alpha=E_\gamma/E_0$　　C. $\alpha=E_r/E_0$　　D. $\alpha=(E_\alpha+E_r)/E_0$

16-86 (2012)两个同类型的电动机对某一点的噪声影响分别为 65dB(A)和 62dB(A),请问两个电动机叠加影响的结果是(　　)。

A. 63.5dB(A)　　B. 127dB(A)　　C. 66.8dB(A)　　D. 66.5dB(A)

16-87 (2010)《中华人民共和国城市区域环境振动标准》中用于评价振动的指标是(　　)。

A. 振动加速度级　　B. 铅垂向 Z 振级

C. 振动级　　D. 累计百分 Z 振级

16-88 (2010)电磁辐射对人体的影响与波长有关,对人体危害最大的是(　　)。

A. 微波　　B. 短波　　C. 中波　　D. 长波

16-89 (2017)根据射频电磁场,特别是中、短波,其场强随离场源距离的增大而迅速衰减的原理,采取对射频设备远距离控制或自动化作用,这种方法称为(　　)。

A. 主动屏蔽　　B. 电磁屏蔽

C. 吸收控制　　D. 以上都不是

16-90 (2012)以下不属于放射性操作的工作人员需做的放射性防护方法的是(　　)。

A. 时间防护　　B. 药剂防护　　C. 屏蔽防护　　D. 距离防护

16-91 在统计噪声级中,相当于噪声平均峰值的是(　　)。

A. L_{90}　　B. L_{60}　　C. L_{50}　　D. L_{10}

16-92 采用某种能抑制电磁辐射能扩散的材料,将电磁场源与外界隔离开来,使辐射能限制在某一范围内,达到防止电磁污染的目的,这种方法称为(　　)。

A. 主动屏蔽　　B. 电磁屏蔽　　C. 被动屏蔽　　D. 以上都不是

16-93 下列措施不能起到隔振作用的是(　　)。

A. 在机器基础与其他结构之间铺设具有一定弹性的软材料

B. 在机器上安装设计合理的减振器

C. 隔振材料应选用密实耐压的

D. 在机器周围挖一定深度的沟

16-94 (2017)主要通过声能的反射、干涉原理,达到消声目的的消声器是(　　)。

A. 阻性消声器　　B. 抗性消声器

C. 阻性复合消声器　　D. 以上都不是

16-95 噪声控制的一种方法是在声音的传播过程中进行隔断或阻拦,此法可分为(　　)。

A. 消声和吸声　　B. 消声和隔声

C. 吸声和隔声　　D. 以上都不是

16-96 阻尼材料减振主要是通过减弱金属板中传播的(　　)来实现的。

A. 弯曲波　　B. 直线波　　C. 球形波　　D. 以上都不是

16-97 以居住、文教机关为主的区域,应将噪声控制在昼、夜间各为(　　)dB。

A. 50,40　　B. 55,45　　C. 60,50　　D. 65,55

参考答案及提示

16-1 B 水中COD>BOD,即使在内源呼吸阶段,细菌也只能利用一部分COD。

16-2 A 选项C中并不是所有的悬浮固体都可以通过沉淀去除;选项D中总固体包括溶解性固体、胶体和悬浮性固体,其中悬浮性固体又包括挥发性悬浮固体和非挥发性悬浮固体。

16-3 A 总氮与凯氏氮之差,约等于亚硝酸盐氮和硝酸盐氮;凯氏氮与有机氮之差值,约等于氨氮。故氨氮=凯氏氮－有机氮=42－16=26mg/L。

16-4 A

16-5 B 概念题。

16-6 D 水环境容量如果大于实际排放量,不需削减排污量。

16-7 A 水中微粒表面常带负电荷。

16-8 A 根据辐流式沉淀池的设计公式:

$$A=\frac{Q_{max}}{q_0}=\frac{1250}{2.0}=625\text{m}^2$$

$$D=\sqrt{\frac{4A}{\pi}}=\sqrt{\frac{4\times625}{3.14}}=28.2\text{m}$$

16-9 C 选项B中氯在水中的存在形态不包括ClO,应为OCl^-。选项D中臭氧是一种氧化性很强又不稳定的气体,在水溶液中保持着很强的氧化性。臭氧氧化时一般不会增加水中的氯离子浓度,排放时不会污染环境或伤害水生物,因为臭氧在光合作用下会分解生成氧。

16-10 D A、B、C均是正确的说法,消化池的搅拌强度适度即可。

16-11 C 由污泥容积指数SVI的定义可知。

16-12 A 氧转移速率的影响因素有污水水质、水温和氧分压等。

16-13　C　好氧塘的深度较浅，阳光能透至塘底，全部塘水内都含有溶解氧，塘内菌藻共生，溶解氧主要是由藻类供给，好氧微生物起净化污水作用。

16-14　A　根据公式(16-18)中 $V_1/V_2=(100-p_2)/(100-p_1)$ 计算可得正确答案为 A。

16-15　C　二沉池的作用是泥水分离，使混合液澄清、浓缩和回流活性污泥。

16-16　D　仅以除磷为目的污水处理中，一般宜采用较短的污泥龄。一般来说，污泥龄越短，污泥含磷量越高，排放的剩余污泥量也越多，越可以取得较好的脱磷效果。

16-17　C　生物化学净化作用(主要原因)：污染物通过水生生物特别是微生物的生命活动，使其存在形态发生变化，有机物无机化、有害物无害化，从而使污染物的浓度降低总量减少。

16-18　B　气浮是一种有效的固-液和液-液分离方法，常用于对那些颗粒密度接近或小于水的细小颗粒的分离。它通过某种方法产生大量的微气泡，使微小气泡与在水中悬浮的颗粒黏附，形成水-气-颗粒三相混合体系，颗粒黏附上气泡后，密度小于水即浮上水面，从水中分离出去，形成浮渣。

16-19　A　混合液悬浮固体浓度(MLSS)又称混合液污泥浓度，表示的是在曝气池单位容积混合液内所含有的活性污泥固体物的总重量。

16-20　B　氧化沟具有推流特性，溶解氧浓度在沿池长方向形成浓度梯度，形成好氧、缺氧和厌氧条件。

16-21　D　生物膜法的主要类别有生物滤池、生物转盘、生物接触氧化法、生物流化床等。

16-22　C　湿地植物根毛的输氧及传递特性，使根系周围连续呈现好氧、缺氧及厌氧状态，相当于许多串联或并联的处理单元，使硝化、反硝化作用得以在湿地中进行。

16-23　D　污泥中的水分包括游离水、毛细水、内部水和附着水。

16-24　D　厌氧处理效果不好，故一般厌氧处理后需接好氧处理，以使污水达标排放。

16-25　A　沉砂池的工作是以重力沉降为基础的，即在沉降过程中颗粒杂质的尺寸、形状和比例不随时间而变化。自由沉降的沉砂池，其澄清流量与沉深无关，仅与池表面积和颗粒沉降速度相关。

16-26　B　超滤膜孔径为 0.001～0.1μm，可将大分子、细微粒子与溶液分离。

16-27　D　废水沿池长分段注入曝气池，有机物负荷分布较均衡，改善了供养速率与需氧速率间的矛盾，有利于降低能耗。混合液中的活性污泥浓度沿池长逐步降低，出流混合液的污泥浓度较低。

16-28　D　该工艺中的微生物对有机物的降解动力低，容易发生污泥膨胀的现象。

16-29　B　BOD_5/COD 值大于 0.3 适于生化法处理。

16-30　C　UASB 对进水中悬浮物需要适当控制，不宜过高，一般控制在 100mg/L 以下。

16-31　B　对于活性污泥法，铬、有机氯在好氧处理中对微生物有抑制和毒害作用，成为有毒物质；合成氨废水中的营养物质不够，可能会需要补充碳源或者磷硫等物质，故 B 正确。

16-32　C

16-33　A　在首段厌氧池进行磷的释放使污水中 P 的浓度升高，在缺氧池中，反硝化菌利用污水中的有机物作碳源，将回流混合液中带入的大量 NO_3^--N 和 NO_2^--N 还原为 N_2，释放至空气。

16-34　C　SBR 工艺、A^2/O、Bardenpho 工艺为同步脱氮除磷工艺，而 Phostrip 工艺为除磷工

艺，是生物除磷与化学除磷相结合，具有高效除磷的特点。

16-35 A

16-36 D 二沉池出水用作回灌补充地下水时，需对出水进行深度处理，降低对地下水的污染。

16-37 C 利用污水回灌补充地下水时，需要对污水厂二级出水进行深度处理（即三级处理），要满足再生水地下水回灌基本控制项目及限值。

16-38 D 选项D说法太绝对，逆温可能造成严重污染。影响大气污染物地面浓度分布的因素有很多，主要有污染源分布情况、气象条件（如风向风速、气温气压、降水等）、地形以及植被情况等。

16-39 A 目前，全球性大气污染问题主要表现在温室效应、酸雨问题和臭氧层耗损问题三个方面。

16-40 D 根据题意可将燃烧方程式配平如下：$C_xH_yS_zO_w+\left(x+\frac{y}{4}+z-\frac{w}{2}\right)O_2+3.78\left(x+\frac{y}{4}+z-\frac{w}{2}\right)N_2 \rightarrow xCO_2+\frac{y}{2}H_2O+zSO_2+3.78\left(x+\frac{y}{4}+z-\frac{w}{2}\right)N_2$，可知完全燃烧1mol所产生的理论烟气量是 $x+y/2+z+3.78(x+y/4+z-w/2)$ mol。

16-41 A 分级效率指除尘装置对某一粒径或粒径间隔的除尘效率，对于同一型号的除尘器，分级效率是相同的。除尘器串联运行时第一级除尘效率高，第二级除尘效率低。

16-42 D 分割粒径（半分离粒径）d_{50}：即分级效率为50%的颗粒直径。

16-43 C TSP，总悬浮颗粒物，指空气当量直径小于100μm的颗粒物。

16-44 D 该系统除尘效率为：

$$\eta=1-(1-\eta_1)(1-\eta_2)=1-(1-85\%)\times(1-99\%)=99.85\%$$

故系统透过率为0.15%。

16-45 B 旋风除尘器是利用旋转气流产生的离心力使尘粒从气流中分离的装置。惯性除尘器是借助尘粒本身的惯性力作用，使其与气流分离，此外还利用了离心力和重力的作用。

16-46 D 粒子荷电是电除尘器的工作原理，非袋式除尘器的工作原理。

16-47 D 电除尘器运行最适宜的范围为 $10^4 \sim 5\times10^{10}\Omega\cdot cm$ 的粉尘，高比电阻粉尘一般指高于 $5\times10^{10}\Omega\cdot cm$ 的粉尘。

16-48 D 喷雾干燥法因添加的吸收剂呈湿态，而脱硫产物呈干态，也称为半干法。

16-49 C 二氧化碳不属于大气污染物，只能称为温室气体。

16-50 C

16-51 D 在扩散过程中污染物质的质量是守恒的。

16-52 C 用电除尘的方法分离气体中的悬浮离子，需四个步骤：气体电离、粉尘荷电、粉尘沉积和清灰。

16-53 A 当气体溶解度很大时，由气膜阻力控制着吸收过程的速率，故称为“气膜控制”过程。

16-54 D 考查涡流扩散的定义。

16-55 C

16-56 A 对流层的大气有较强的对流运动，大气污染也主要发生在这一层，特别是在靠近地面 1～2km 的近地层更易造成污染。

16-57　B　考查高斯扩散模式。

16-58　B　机械式除尘器是依靠机械力(重力、惯性力、离心力等)将尘粒从气流中去除的装置,包括重力沉降室、惯性除尘器、旋风除尘器。

16-59　D　袋式除尘器的截滤作用主要依靠一次黏附层的作用,可使网孔较大的滤料也能获得较高的过滤效率。

16-60　A

16-61　C

16-62　A　选项 A 应为污染物浓度在 y、z 风向上分布为正态分布。

16-63　C　"3C 原则"是指避免产生(clean)、综合利用(cycle)、妥善处置(control)。

16-64　B　由 $Q=\delta nq/1\,000=1.3\times10\times10^4\times1.1/1\,000=143$t/d,设计转运量为 150t/d。

16-65　D　磁选技术是利用固体废物中各种物质的磁性差异在不均匀磁场中进行分选的一种方法。

16-66　D　固体废物经破碎机破碎和筛分使其粒度均匀后送入分选机分选。

16-67　C

16-68　A　概念题,调控措施首先应是减少进料,然后是中和。

16-69　B　含水率适宜值不受碳氮比的影响。

16-70　A　因为前后可燃能量必须相等,即 $63\%Q_1=70\%Q_2$,得 $Q_2=0.9Q_1$,炉渣产水量下降的百分比为 $\frac{0.37Q_1-0.3Q_2}{0.37Q_1}\times100\%=27.03\%$。由于不完全燃烧会产生炉渣,所以应该小于 27.03%,故正确答案为 A。

16-71　C　电子垃圾中重金属危害严重,如何处理电子垃圾已成为各国的环保难题。

16-72　D　垃圾渗滤液中 COD_{cr} 最高可达 80 000mg/L,BOD_5 最高可达 35 000mg/L。一般而言,COD_{cr}、BOD_5、BOD_5/COD_{cr} 将随填埋场的年龄增长而降低,变化幅度较大。

16-73　B

16-74　D

16-75　C

16-76　A　大部分垃圾处理以填埋为主。

16-77　D

16-78　D　危险废物的危险特性主要有毒性、腐蚀性、反应性、传染性、易燃性。

16-79　C

16-80　B　考查筛分效率的定义。

16-81　A　考查好氧堆肥。

16-82　D　利用热水或蒸汽直接通入消化池时,将会使污泥含水率增加,污泥受热不均匀。

16-83　D　废旧计算机的主要污染物是重金属,酸溶液、塑料、有机溴属于次要污染物,所占比重不大。

16-84　B　吸声系数反映单位面积的吸声能力,材料实际吸声能的多少,除了与材料的吸声系数有关,还与材料表面积有关,即 $A=\alpha S$,其中 α 为吸声系数,S 为吸声面积。如果组成室内各壁面的材料不同,则总吸声量 $A=\sum A_i=\sum\alpha_i S_i$。

本题中,顶棚的面积为 $6\times5=30\text{m}^2$,玻璃窗的面积为 $4\times(2\times1)=8\text{m}^2$,地面及墙

面混凝土的面积为 $6\times5+2\times(6\times4+5\times4)-8=110m^2$，则吸声量 $A=0.65\times30+0.1\times8+0.01\times110=21.4m^2$。

16-85 D 吸声系数定义为材料吸收和透过的声能与入射到材料上的总声能之比。

16-86 C 噪声级的叠加公式为 $L_{1+2}=10\lg(10^{L_1/10}+10^{L_2/10})$，代入数据计算得 66.8dB(A)。

16-87 B 概念题。《中华人民共和国城市区域环境振动标准》中用铅垂向 Z 振级作为评价指标。

16-88 A 电磁辐射对人体危害程度随波长而异，波长越短对人体作用越强，微波作用最为突出。

16-89 D 根据射频电磁场，特别是中、短波，其场强随离场源距离的增大而迅速衰减的原理，采取对射频设备远距离控制或自动化作用，这种方法称为远距离控制和自动作用。

16-90 B 对于外照射的防护措施包括距离防护、时间防护和屏蔽防护。

16-91 D

16-92 B

16-93 C 选用隔振材料时，应避免材料过分密实或被压碎而失效。

16-94 B 抗性消声器通过引起阻抗的改变而产生声能的反射、干涉，从而降低由消声器向外辐射的声能达到消声目的。

16-95 C

16-96 A

16-97 B

17 职业法规

考题配置　　单选,6 题
分数配置　　每题 2 分,共 12 分

复习指导

注册环保工程师考试中与环境及环境要素相关的法律法规都会涉及,内容很多,需要花一定的时间来浏览这些法律条文,找出可能的考试点,如果考生有参加环境影响评价工程师考试的经验,则会对这部分内容有所了解。另外,有关的环境质量标准和污染物排放标准也需要进行了解。

17.1 与基本建设相关的法规

考试大纲☞:中华人民共和国环境保护法　中华人民共和国水污染防治法　中华人民共和国大气污染防治法　中华人民共和国噪声污染防治法　中华人民共和国固体废物污染环境防治法　中华人民共和国海洋污染防治法　中华人民共和国环境影响评价法　建设项目环境保护管理条例　中华人民共和国建筑法　建设工程勘察设计管理条例

必备基础知识

17.1.1 中华人民共和国环境保护法

(相关内容请见上册 11.8 节。)

【例 17-1】 (2010)《中华人民共和国环境保护法》所称的环境是指:

A. 影响人类生存和发展的各种天然因素总体

B. 影响人类生存和发展的各种自然因素总体

C. 影响人类生存和发展的各种大气、水、海洋和土地环境

D. 影响人类生存和发展的各种天然和经过人工改造的自然因素的总体

解　根据《中华人民共和国环境保护法》第二条对环境的定义可知。选 D。

17.1.2 中华人民共和国水污染防治法(2017 年修订版)

第一章　总　　则

第一条　为了保护和改善环境,防治水污染,保护水生态,保障饮用水安全,维护公众健康,推进生态文明建设,促进经济社会可持续发展,制定本法。

第二条　本法适用于中华人民共和国领域内的江河、湖泊、运河、渠道、水库等地表水体以及地下水体的污染防治。

海洋污染防治适用《中华人民共和国海洋环境保护法》。

第三条　水污染防治应当坚持预防为主、防治结合、综合治理的原则，优先保护饮用水水源，严格控制工业污染、城镇生活污染，防治农业面源污染，积极推进生态治理工程建设，预防、控制和减少水环境污染和生态破坏。

第四条　县级以上人民政府应当将水环境保护工作纳入国民经济和社会发展规划。

地方各级人民政府对本行政区域的水环境质量负责，应当及时采取措施防治水污染。

第五条　省、市、县、乡建立河长制，分级分段组织领导本行政区域内江河、湖泊的水资源保护、水域岸线管理、水污染防治、水环境治理等工作。

第六条　国家实行水环境保护目标责任制和考核评价制度，将水环境保护目标完成情况作为对地方人民政府及其负责人考核评价的内容。

第七条　国家鼓励、支持水污染防治的科学技术研究和先进适用技术的推广应用，加强水环境保护的宣传教育。

第八条　国家通过财政转移支付等方式，建立健全对位于饮用水水源保护区区域和江河、湖泊、水库上游地区的水环境生态保护补偿机制。

第九条　县级以上人民政府环境保护主管部门对水污染防治实施统一监督管理。

交通主管部门的海事管理机构对船舶污染水域的防治实施监督管理。

县级以上人民政府水行政、国土资源、卫生、建设、农业、渔业等部门以及重要江河、湖泊的流域水资源保护机构，在各自的职责范围内，对有关水污染防治实施监督管理。

第十条　排放水污染物，不得超过国家或者地方规定的水污染物排放标准和重点水污染物排放总量控制指标。

第十一条　任何单位和个人都有义务保护水环境，并有权对污染损害水环境的行为进行检举。

县级以上人民政府及其有关主管部门对在水污染防治工作中做出显著成绩的单位和个人给予表彰和奖励。

第二章　水污染防治的标准和规划

第十二条　国务院环境保护主管部门制定国家水环境质量标准。

省、自治区、直辖市人民政府可以对国家水环境质量标准中未作规定的项目，制定地方标准，并报国务院环境保护主管部门备案。

第十三条　国务院环境保护主管部门会同国务院水行政主管部门和有关省、自治区、直辖市人民政府，可以根据国家确定的重要江河、湖泊流域水体的使用功能以及有关地区的经济、技术条件，确定该重要江河、湖泊流域的省界水体适用的水环境质量标准，报国务院批准后施行。

第十四条　国务院环境保护主管部门根据国家水环境质量标准和国家经济、技术条件，制定国家水污染物排放标准。

省、自治区、直辖市人民政府对国家水污染物排放标准中未作规定的项目，可以制定地方水污染物排放标准；对国家水污染物排放标准中已作规定的项目，可以制定严于国家水污染物排放标准的地方水污染物排放标准。地方水污染物排放标准须报国务院环境保护主管部门备案。

向已有地方水污染物排放标准的水体排放污染物的，应当执行地方水污染物排放标准。

第十五条　国务院环境保护主管部门和省、自治区、直辖市人民政府，应当根据水污染防治的要求和国家或者地方的经济、技术条件，适时修订水环境质量标准和水污染物排放标准。

第十六条　防治水污染应当按流域或者按区域进行统一规划。国家确定的重要江河、湖泊的流域水污染防治规划，由国务院环境保护主管部门会同国务院经济综合宏观调控、水行政等部门和有关省、自治区、直辖市人民政府编制，报国务院批准。

前款规定外的其他跨省、自治区、直辖市江河、湖泊的流域水污染防治规划，根据国家确定的重要江河、湖泊的流域水污染防治规划和本地实际情况，由有关省、自治区、直辖市人民政府环境保护主管部门会同同级水行政等部门和有关市、县人民政府编制，经有关省、自治区、直辖市人民政府审核，报国务院批准。

省、自治区、直辖市内跨县江河、湖泊的流域水污染防治规划，根据国家确定的重要江河、湖泊的流域水污染防治规划和本地实际情况，由省、自治区、直辖市人民政府环境保护主管部门会同同级水行政等部门编制，报省、自治区、直辖市人民政府批准，并报国务院备案。

经批准的水污染防治规划是防治水污染的基本依据，规划的修订须经原批准机关批准。

县级以上地方人民政府应当根据依法批准的江河、湖泊的流域水污染防治规划，组织制定本行政区域的水污染防治规划。

第十七条　有关市、县级人民政府应当按照水污染防治规划确定的水环境质量改善目标的要求，制定限期达标规划，采取措施按期达标。

有关市、县级人民政府应当将限期达标规划报上一级人民政府备案，并向社会公开。

第十八条　市、县级人民政府每年在向本级人民代表大会或者其常务委员会报告环境状况和环境保护目标完成情况时，应当报告水环境质量限期达标规划执行情况，并向社会公开。

第三章　水污染防治的监督管理

第十九条　新建、改建、扩建直接或者间接向水体排放污染物的建设项目和其他水上设施，应当依法进行环境影响评价。

建设单位在江河、湖泊新建、改建、扩建排污口的，应当取得水行政主管部门或者流域管理机构同意；涉及通航、渔业水域的，环境保护主管部门在审批环境影响评价文件时，应当征求交通、渔业主管部门的意见。

建设项目的水污染防治设施，应当与主体工程同时设计、同时施工、同时投入使用。水污染防治设施应当符合经批准或者备案的环境影响评价文件的要求。

第二十条　国家对重点水污染物排放实施总量控制制度。

重点水污染物排放总量控制指标，由国务院环境保护主管部门在征求国务院有关部门和各省、自治区、直辖市人民政府意见后，会同国务院经济综合宏观调控部门报国务院批准并下达实施。

省、自治区、直辖市人民政府应当按照国务院的规定削减和控制本行政区域的重点水污染物排放总量。具体办法由国务院环境保护主管部门会同国务院有关部门规定。

省、自治区、直辖市人民政府可以根据本行政区域水环境质量状况和水污染防治工作的需要，对国家重点水污染物之外的其他水污染物排放实行总量控制。

对超过重点水污染物排放总量控制指标或者未完成水环境质量改善目标的地区，省级以上人民政府环境保护主管部门应当会同有关部门约谈该地区人民政府的主要负责人，并暂停审批新增重点水污染物排放总量的建设项目的环境影响评价文件。约谈情况应当向社会公开。

第二十一条　直接或者间接向水体排放工业废水和医疗污水以及其他按照规定应当取得排污许可证方可排放的废水、污水的企业事业单位和其他生产经营者，应当取得排污许可证；城镇污水集中处理设施的运营单位，也应当取得排污许可证。排污许可证应当明确排放水污染物的种类、浓度、总量和排放去向等要求。排污许可的具体办法由国务院规定。

禁止企业事业单位和其他生产经营者无排污许可证或者违反排污许可证的规定向水体排放前款规定的废水、污水。

第二十二条　向水体排放污染物的企业事业单位和其他生产经营者，应当按照法律、行政法规和国务院环境保护主管部门的规定设置排污口；在江河、湖泊设置排污口的，还应当遵守国务院水行政主管部门的规定。

第二十三条　实行排污许可管理的企业事业单位和其他生产经营者应当按照国家有关规定和监测规范，对所排放的水污染物自行监测，并保存原始监测记录。重点排污单位还应当安装水污染物排放自动监测设备，与环境保护主管部门的监控设备联网，并保证监测设备正常运行。具体办法由国务院环境保护主管部门规定。

应当安装水污染物排放自动监测设备的重点排污单位名录，由设区的市级以上地方人民政府环境保护主管部门根据本行政区域的环境容量、重点水污染物排放总量控制指标的要求以及排污单位排放水污染物的种类、数量和浓度等因素，商同级有关部门确定。

第二十四条　实行排污许可管理的企业事业单位和其他生产经营者应当对监测数据的真实性和准确性负责。

环境保护主管部门发现重点排污单位的水污染物排放自动监测设备传输数据异常，应当及时进行调查。

第二十五条　国家建立水环境质量监测和水污染物排放监测制度。国务院环境保护主管部门负责制定水环境监测规范，统一发布国家水环境状况信息，会同国务院水行政等部门组织监测网络，统一规划国家水环境质量监测站（点）的设置，建立监测数据共享机制，加强对水环境监测的管理。

第二十六条　国家确定的重要江河、湖泊流域的水资源保护工作机构负责监测其所在流域的省界水体的水环境质量状况，并将监测结果及时报国务院环境保护主管部门和国务院水行政主管部门；有经国务院批准成立的流域水资源保护领导机构的，应当将监测结果及时报告流域水资源保护领导机构。

第二十七条　国务院有关部门和县级以上地方人民政府开发、利用和调节、调度水资源时，应当统筹兼顾，维持江河的合理流量和湖泊、水库以及地下水体的合理水位，保障基本生态用水，维护水体的生态功能。

第二十八条　国务院环境保护主管部门应当会同国务院水行政等部门和有关省、自治区、直辖市人民政府，建立重要江河、湖泊的流域水环境保护联合协调机制，实行统一规划、统一标准、统一监测、统一的防治措施。

第二十九条　国务院环境保护主管部门和省、自治区、直辖市人民政府环境保护主管部门应当会同同级有关部门根据流域生态环境功能需要，明确流域生态环境保护要求，组织开展流域环境资源承载能力监测、评价，实施流域环境资源承载能力预警。

县级以上地方人民政府应当根据流域生态环境功能需要，组织开展江河、湖泊、湿地保护与修复，因地制宜建设人工湿地、水源涵养林、沿河沿湖植被缓冲带和隔离带等生态环境治理与保护工程，整治黑臭水体，提高流域环境资源承载能力。

从事开发建设活动，应当采取有效措施，维护流域生态环境功能，严守生态保护红线。

第三十条　环境保护主管部门和其他依照本法规定行使监督管理权的部门，有权对管辖范围内的排污单位进行现场检查，被检查的单位应当如实反映情况，提供必要的资料。检查机关有义务为被检查的单位保守在检查中获取的商业秘密。

第三十一条　跨行政区域的水污染纠纷，由有关地方人民政府协商解决，或者由其共同的上级人民政府协调解决。

第四章　水污染防治措施

第一节　一般规定

第三十二条　国务院环境保护主管部门应当会同国务院卫生主管部门，根据对公众健康和生态环境的危害和影响程度，公布有毒有害水污染物名录，实行风险管理。

排放前款规定名录中所列有毒有害水污染物的企业事业单位和其他生产经营者，应当对排污口和周边环境进行监测，评估环境风险，排查环境安全隐患，并公开有毒有害水污染物信息，采取有效措施防范环境风险。

第三十三条　禁止向水体排放油类、酸液、碱液或者剧毒废液。

禁止在水体清洗装贮过油类或者有毒污染物的车辆和容器。

第三十四条　禁止向水体排放、倾倒放射性固体废物或者含有高放射性和中放射性物质的废水。

向水体排放含低放射性物质的废水，应当符合国家有关放射性污染防治的规定和标准。

第三十五条　向水体排放含热废水，应当采取措施，保证水体的水温符合水环境质量标准。

第三十六条　含病原体的污水应当经过消毒处理；符合国家有关标准后，方可排放。

第三十七条　禁止向水体排放、倾倒工业废渣、城镇垃圾和其他废弃物。

禁止将含有汞、镉、砷、铬、铅、氰化物、黄磷等的可溶性剧毒废渣向水体排放、倾倒或者直接埋入地下。

存放可溶性剧毒废渣的场所，应当采取防水、防渗漏、防流失的措施。

第三十八条　禁止在江河、湖泊、运河、渠道、水库最高水位线以下的滩地和岸坡堆放、存贮固体废弃物和其他污染物。

第三十九条　禁止利用渗井、渗坑、裂隙、溶洞，私设暗管，篡改、伪造监测数据，或者不正常运行水污染防治设施等逃避监管的方式排放水污染物。

第四十条　化学品生产企业以及工业集聚区、矿山开采区、尾矿库、危险废物处置场、垃圾填埋场等的运营、管理单位，应当采取防渗漏等措施，并建设地下水水质监测井进行监测，防止地下水污染。

加油站等的地下油罐应当使用双层罐或者采取建造防渗池等其他有效措施，并进行防渗漏监测，防止地下水污染。

禁止利用无防渗漏措施的沟渠、坑塘等输送或者存贮含有毒污染物的废水、含病原体的污水和其他废弃物。

第四十一条　多层地下水的含水层水质差异大的，应当分层开采；对已受污染的潜水和承压水，不得混合开采。

第四十二条　兴建地下工程设施或者进行地下勘探、采矿等活动，应当采取防护性措施，防止地下水污染。

报废矿井、钻井或者取水井等，应当实施封井或者回填。

第四十三条　人工回灌补给地下水，不得恶化地下水质。

第二节　工业水污染防治

第四十四条　国务院有关部门和县级以上地方人民政府应当合理规划工业布局，要求造成水污染的企业进行技术改造，采取综合防治措施，提高水的重复利用率，减少废水和污染物排放量。

第四十五条　排放工业废水的企业应当采取有效措施，收集和处理产生的全部废水，防止污染环境。含有毒有害水污染物的工业废水应当分类收集和处理，不得稀释排放。

工业集聚区应当配套建设相应的污水集中处理设施，安装自动监测设备，与环境保护主管部门的监控设备联网，并保证监测设备正常运行。

向污水集中处理设施排放工业废水的，应当按照国家有关规定进行预处理，达到集中处理设施处理工艺要求后方可排放。

第四十六条　国家对严重污染水环境的落后工艺和设备实行淘汰制度。

国务院经济综合宏观调控部门会同国务院有关部门，公布限期禁止采用的严重污染水环境的工艺名录和限期禁止生产、销售、进口、使用的严重污染水环境的设备名录。

生产者、销售者、进口者或者使用者应当在规定的期限内停止生产、销售、进口或者使用列入前款规定的设备名录中的设备。工艺的采用者应当在规定的期限内停止采用列入前款规定的工艺名录中的工艺。

依照本条第二款、第三款规定被淘汰的设备，不得转让给他人使用。

第四十七条　国家禁止新建不符合国家产业政策的小型造纸、制革、印染、染料、炼焦、炼硫、炼砷、炼汞、炼油、电镀、农药、石棉、水泥、玻璃、钢铁、火电以及其他严重污染水环境的生产项目。

第四十八条　企业应当采用原材料利用效率高、污染物排放量少的清洁工艺，并加强管理，减少水污染物的产生。

第三节　城镇水污染防治

第四十九条　城镇污水应当集中处理。

县级以上地方人民政府应当通过财政预算和其他渠道筹集资金，统筹安排建设城镇污水集中处理设施及配套管网，提高本行政区域城镇污水的收集率和处理率。

国务院建设主管部门应当会同国务院经济综合宏观调控、环境保护主管部门，根据城乡规划和水污染防治规划，组织编制全国城镇污水处理设施建设规划。县级以上地方人民政府组织建设、经济综合宏观调控、环境保护、水行政等部门编制本行政区域的城镇污水处理设施建设规划。县级以上地方人民政府建设主管部门应当按照城镇污水处理设施建设规划，组织建设城镇污水集中处理设施及配套管网，并加强对城镇污水集中处理设施运营的监督管理。

城镇污水集中处理设施的运营单位按照国家规定向排污者提供污水处理的有偿服务，收取污水处理费用，保证污水集中处理设施的正常运行。收取的污水处理费用应当用于城镇污水集中处理设施的建设运行和污泥处理处置，不得挪作他用。

城镇污水集中处理设施的污水处理收费、管理以及使用的具体办法，由国务院规定。

第五十条　向城镇污水集中处理设施排放水污染物，应当符合国家或者地方规定的水污染物排放标准。

城镇污水集中处理设施的运营单位，应当对城镇污水集中处理设施的出水水质负责。

环境保护主管部门应当对城镇污水集中处理设施的出水水质和水量进行监督检查。

第五十一条　城镇污水集中处理设施的运营单位或者污泥处理处置单位应当安全处理处置污泥，保证处理处置后的污泥符合国家标准，并对污泥的去向等进行记录。

第四节　农业和农村水污染防治

第五十二条　国家支持农村污水、垃圾处理设施的建设，推进农村污水、垃圾集中处理。

地方各级人民政府应当统筹规划建设农村污水、垃圾处理设施，并保障其正常运行。

第五十三条　制定化肥、农药等产品的质量标准和使用标准，应当适应水环境保护要求。

第五十四条　使用农药，应当符合国家有关农药安全使用的规定和标准。

运输、存贮农药和处置过期失效农药，应当加强管理，防止造成水污染。

第五十五条　县级以上地方人民政府农业主管部门和其他有关部门，应当采取措施，指导农业生产者科学、合理地施用化肥和农药，推广测土配方施肥技术和高效低毒低残留农药，控制化肥和农药的过量使用，防止造成水污染。

第五十六条　国家支持畜禽养殖场、养殖小区建设畜禽粪便、废水的综合利用或者无害化处理设施。

畜禽养殖场、养殖小区应当保证其畜禽粪便、废水的综合利用或者无害化处理设施正常运转，保证污水达标排放，防止污染水环境。

畜禽散养密集区所在地县、乡级人民政府应当组织对畜禽粪便污水进行分户收集、集中处理利用。

第五十七条　从事水产养殖应当保护水域生态环境，科学确定养殖密度，合理投饵和使用药物，防止污染水环境。

第五十八条　农田灌溉用水应当符合相应的水质标准，防止污染土壤、地下水和农产品。

禁止向农田灌溉渠道排放工业废水或者医疗污水。向农田灌溉渠道排放城镇污水以及未综合利用的畜禽养殖废水、农产品加工废水的，应当保证其下游最近的灌溉取水点的水质符合农田灌溉水质标准。

第五节　船舶水污染防治

第五十九条　船舶排放含油污水、生活污水，应当符合船舶污染物排放标准。从事海洋航运的船舶进入内河和港口的，应当遵守内河的船舶污染物排放标准。

船舶的残油、废油应当回收，禁止排入水体。

禁止向水体倾倒船舶垃圾。

船舶装载运输油类或者有毒货物，应当采取防止溢流和渗漏的措施，防止货物落水造成水污染。

进入中华人民共和国内河的国际航线船舶排放压载水的，应当采用压载水处理装置或者采取其他等效措施，对压载水进行灭活等处理。禁止排放不符合规定的船舶压载水。

第六十条　船舶应当按照国家有关规定配置相应的防污设备和器材，并持有合法有效的防止水域环境污染的证书与文书。

船舶进行涉及污染物排放的作业，应当严格遵守操作规程，并在相应的记录簿上如实记载。

第六十一条　港口、码头、装卸站和船舶修造厂所在地市、县级人民政府应当统筹规划建设船舶污染物、废弃物的接收、转运及处理处置设施。

港口、码头、装卸站和船舶修造厂应当备有足够的船舶污染物、废弃物的接收设施。从事船舶污染物、废弃物接收作业，或者从事装载油类、污染危害性货物船舱清洗作业的单位，应当具备与其运营规模相适应的接收处理能力。

第六十二条　船舶及有关作业单位从事有污染风险的作业活动，应当按照有关法律法规和标准，采取有效措施，防止造成水污染。海事管理机构、渔业主管部门应当加强对船舶及有关作业活动的监督管理。

船舶进行散装液体污染危害性货物的过驳作业，应当编制作业方案，采取有效的安全和污染防治措施，并报作业地海事管理机构批准。

禁止采取冲滩方式进行船舶拆解作业。

第五章　饮用水水源和其他特殊水体保护

第六十三条　国家建立饮用水水源保护区制度。饮用水水源保护区分为一级保护区和二级保护区；必要时，可以在饮用水水源保护区外围划定一定的区域作为准保护区。

饮用水水源保护区的划定，由有关市、县人民政府提出划定方案，报省、自治区、直辖市人民政府批准；跨市、县饮用水水源保护区的划定，由有关市、县人民政府协商提出划定方案，报省、自治区、直辖市人民政府批准；协商不成的，由省、自治区、直辖市人民政府环境保护主管部门会同同级水行政、国土资源、卫生、建设等部门提出划定方案，征求同级有关部门的意见后，报省、自治区、直辖市人民政府批准。

跨省、自治区、直辖市的饮用水水源保护区，由有关省、自治区、直辖市人民政府商有关流域管理机构划定；协商不成的，由国务院环境保护主管部门会同同级水行政、国土资源、卫生、建设等部门提出划定方案，征求国务院有关部门的意见后，报国务院批准。

国务院和省、自治区、直辖市人民政府可以根据保护饮用水水源的实际需要，调整饮用水水源保护区的范围，确保饮用水安全。有关地方人民政府应当在饮用水水源保护区的边界设立明确的地理界标和明显的警示标志。

第六十四条　在饮用水水源保护区内，禁止设置排污口。

第六十五条　禁止在饮用水水源一级保护区内新建、改建、扩建与供水设施和保护水源无关的建设项目；已建成的与供水设施和保护水源无关的建设项目，由县级以上人民政府责令拆除或者关闭。

禁止在饮用水水源一级保护区内从事网箱养殖、旅游、游泳、垂钓或者其他可能污染饮用水水体的活动。

第六十六条　禁止在饮用水水源二级保护区内新建、改建、扩建排放污染物的建设项目；已建成的排放污染物的建设项目，由县级以上人民政府责令拆除或者关闭。

在饮用水水源二级保护区内从事网箱养殖、旅游等活动的，应当按照规定采取措施，防止污染饮用水水体。

第六十七条　禁止在饮用水水源准保护区内新建、扩建对水体污染严重的建设项目；改建建设项目，不得增加排污量。

第六十八条　县级以上地方人民政府应当根据保护饮用水水源的实际需要，在准保护区内采取工程措施或者建造湿地、水源涵养林等生态保护措施，防止水污染物直接排入饮用水水体，确保饮用水安全。

第六十九条　县级以上地方人民政府应当组织环境保护等部门，对饮用水水源保护区、地下水型饮用水源的补给区及供水单位周边区域的环境状况和污染风险进行调查评估，筛查可能存在的污染风险因素，并采取相应的风险防范措施。

饮用水水源受到污染可能威胁供水安全的，环境保护主管部门应当责令有关企业事业单位和其他生产经营者采取停止排放水污染物等措施，并通报饮用水供水单位和供水、卫生、水行政等部门；跨行政区域的，还应当通报相关地方人民政府。

第七十条　单一水源供水城市的人民政府应当建设应急水源或者备用水源，有条件的地区可以开展区域联网供水。

县级以上地方人民政府应当合理安排、布局农村饮用水水源，有条件的地区可以采取城镇供水管网延伸或者建设跨村、跨乡镇联片集中供水工程等方式，发展规模集中供水。

第七十一条　饮用水供水单位应当做好取水口和出水口的水质检测工作。发现取水口水质不符合饮用水水源水质标准或者出水口水质不符合饮用水卫生标准的，应当及时采取相应措施，并向所在地市、县级人民政府供水主管部门报告。供水主管部门接到报告后，应当通报环境保护、卫生、水行政等部门。

饮用水供水单位应当对供水水质负责，确保供水设施安全可靠运行，保证供水水质符合国家有关标准。

第七十二条　县级以上地方人民政府应当组织有关部门监测、评估本行政区域内饮用水水源、供水单位供水和用户水龙头出水的水质等饮用水安全状况。

县级以上地方人民政府有关部门应当至少每季度向社会公开一次饮用水安全状况信息。

第七十三条　国务院和省、自治区、直辖市人民政府根据水环境保护的需要，可以规定在饮用水水源保护区内，采取禁止或者限制使用含磷洗涤剂、化肥、农药以及限制种植养殖等措施。

第七十四条　县级以上人民政府可以对风景名胜区水体、重要渔业水体和其他具有特殊经济文化价值的水体划定保护区，并采取措施，保证保护区的水质符合规定用途的水环境质量标准。

第七十五条　在风景名胜区水体、重要渔业水体和其他具有特殊经济文化价值的水体的保护区内，不得新建排污口。在保护区附近新建排污口，应当保证保护区水体不受污染。

第六章　水污染事故处置

第七十六条　各级人民政府及其有关部门，可能发生水污染事故的企业事业单位，应当依照《中华人民共和国突发事件应对法》的规定，做好突发水污染事故的应急准备、应急处置和事后恢复等工作。

第七十七条　可能发生水污染事故的企业事业单位，应当制定有关水污染事故的应急方案，做好应急准备，并定期进行演练。

生产、储存危险化学品的企业事业单位，应当采取措施，防止在处理安全生产事故过程中产生的可能严重污染水体的消防废水、废液直接排入水体。

第七十八条　企业事业单位发生事故或者其他突发性事件，造成或者可能造成水污染事故的，应当立即启动本单位的应急方案，采取隔离等应急措施，防止水污染物进入水体，并向事故发生地的县级以上地方人民政府或者环境保护主管部门报告。环境保护主管部门接到报告后，应当及时向本级人民政府报告，并抄送有关部门。

造成渔业污染事故或者渔业船舶造成水污染事故的，应当向事故发生地的渔业主管部门报告，接受调查处理。其他船舶造成水污染事故的，应当向事故发生地的海事管理机构报告，接受调查处理；给渔业造成损害的，海事管理机构应当通知渔业主管部门参与调查处理。

第七十九条　市、县级人民政府应当组织编制饮用水安全突发事件应急预案。

饮用水供水单位应当根据所在地饮用水安全突发事件应急预案，制定相应的突发事件应急方案，报所在地市、县级人民政府备案，并定期进行演练。

饮用水水源发生水污染事故，或者发生其他可能影响饮用水安全的突发性事件，饮用水供水单位应当采取应急处理措施，向所在地市、县级人民政府报告，并向社会公开。有关人民政府应当根据情况及时启动应急预案，采取有效措施，保障供水安全。

第七章　法律责任

第八十条　环境保护主管部门或者其他依照本法规定行使监督管理权的部门，不依法作出行政许可或者办理批准文件的，发现违法行为或者接到对违法行为的举报后不予查处的，或者有其他未依照本法规定履行职责的行为的，对直接负责的主管人员和其他直接责任人员依法给予处分。

第八十一条　以拖延、围堵、滞留执法人员等方式拒绝、阻挠环境保护主管部门或者其他依照本法规定行使监督管理权的部门的监督检查，或者在接受监督检查时弄虚作假的，由县级以上人民政府环境保护主管部门或者其他依照本法规定行使监督管理权的部门责令改正，处二万元以上二十万元以下的罚款。

第八十二条　违反本法规定，有下列行为之一的，由县级以上人民政府环境保护主管部门责令限期改正，处二万元以上二十万元以下的罚款；逾期不改正的，责令停产整治：

（一）未按照规定对所排放的水污染物自行监测，或者未保存原始监测记录的；

（二）未按照规定安装水污染物排放自动监测设备，未按照规定与环境保护主管部门的监控设备联网，或者未保证监测设备正常运行的；

（三）未按照规定对有毒有害水污染物的排污口和周边环境进行监测，或者未公开有毒有害水污染物信息的。

第八十三条　违反本法规定，有下列行为之一的，由县级以上人民政府环境保护主管部门责令改正或者责令限制生产、停产整治，并处十万元以上一百万元以下的罚款；情节严重的，报经有批准权的人民政府批准，责令停业、关闭：

（一）未依法取得排污许可证排放水污染物的；

（二）超过水污染物排放标准或者超过重点水污染物排放总量控制指标排放水污染物的；

（三）利用渗井、渗坑、裂隙、溶洞，私设暗管，篡改、伪造监测数据，或者不正常运行水污染防治设施等逃避监管的方式排放水污染物的；

（四）未按照规定进行预处理，向污水集中处理设施排放不符合处理工艺要求的工业废水的。

第八十四条　在饮用水水源保护区内设置排污口的，由县级以上地方人民政府责令限期拆除，处十万元以上五十万元以下的罚款；逾期不拆除的，强制拆除，所需费用由违法者承担，处五十万元以上一百万元以下的罚款，并可以责令停产整治。

除前款规定外，违反法律、行政法规和国务院环境保护主管部门的规定设置排污口的，由县级以上地方人民政府环境保护主管部门责令限期拆除，处二万元以上十万元以下的罚款；逾期不拆除的，强制拆除，所需费用由违法者承担，处十万元以上五十万元以下的罚款；情节严重的，可以责令停产整治。

未经水行政主管部门或者流域管理机构同意，在江河、湖泊新建、改建、扩建排污口的，由县级以上人民政府水行政主管部门或者流域管理机构依据职权，依照前款规定采取措施、给予处罚。

第八十五条　有下列行为之一的，由县级以上地方人民政府环境保护主管部门责令停止违法行为，限期采取治理措施，消除污染，处以罚款；逾期不采取治理措施的，环境保护主管部门可以指定有治理能力的单位代为治理，所需费用由违法者承担：

（一）向水体排放油类、酸液、碱液的；

（二）向水体排放剧毒废液，或者将含有汞、镉、砷、铬、铅、氰化物、黄磷等的可溶性剧毒废渣向水体排放、倾倒或者直接埋入地下的；

（三）在水体清洗装贮过油类、有毒污染物的车辆或者容器的；

（四）向水体排放、倾倒工业废渣、城镇垃圾或者其他废弃物，或者在江河、湖泊、运河、渠道、水库最高水位线以下的滩地、岸坡堆放、存贮固体废弃物或者其他污染物的；

（五）向水体排放、倾倒放射性固体废物或者含有高放射性、中放射性物质的废水的；

（六）违反国家有关规定或者标准，向水体排放含低放射性物质的废水、热废水或者含病原体的污水的；

（七）未采取防渗漏等措施，或者未建设地下水水质监测井进行监测的；

（八）加油站等的地下油罐未使用双层罐或者采取建造防渗池等其他有效措施，或者未进行防渗漏监测的；

（九）未按照规定采取防护性措施，或者利用无防渗漏措施的沟渠、坑塘等输送或者存贮含有毒污染物的废水、含病原体的污水或者其他废弃物的。

有前款第三项、第四项、第六项、第七项、第八项行为之一的，处二万元以上二十万元以下的罚款。有前款第一项、第二项、第五项、第九项行为之一的，处十万元以上一百万元以下的罚款；情节严重的，报经有批准权的人民政府批准，责令停业、关闭。

第八十六条　违反本法规定，生产、销售、进口或者使用列入禁止生产、销售、进口、使用的严重污染水环境的设备名录中的设备，或者采用列入禁止采用的严重污染水环境的工艺名录中的工艺的，由县级以上人民政府经济综合宏观调控部门责令改正，处五万元以上二十万元以下的罚款；情节严重的，由县级以上人民政府经济综合宏观调控部门提出意见，报请本级人民政府责令停业、关闭。

第八十七条　违反本法规定，建设不符合国家产业政策的小型造纸、制革、印染、染料、炼焦、炼硫、炼砷、炼汞、炼油、电镀、农药、石棉、水泥、玻璃、钢铁、火电以及其他严重污染水环境的生产项目的，由所在地的市、县人民政府责令关闭。

第八十八条　城镇污水集中处理设施的运营单位或者污泥处理处置单位，处理处置后的污泥不符合国家标准，或者对污泥去向等未进行记录的，由城镇排水主管部门责令限期采取治理措施，给予警告；造成严重后果的，处十万元以上二十万元以下的罚款；逾期不采取治理措施的，城镇排水主管部门可以指定有治理能力的单位代为治理，所需费用由违法者承担。

第八十九条　船舶未配置相应的防污染设备和器材，或者未持有合法有效的防止水域环境污染的证书与文书的，由海事管理机构、渔业主管部门按照职责分工责令限期改正，处二千元以上二万元以下的罚款；逾期不改正的，责令船舶临时停航。

船舶进行涉及污染物排放的作业，未遵守操作规程或者未在相应的记录簿上如实记载的，由海事管理机构、渔业主管部门按照职责分工责令改正，处二千元以上二万元以下的罚款。

第九十条　违反本法规定，有下列行为之一的，由海事管理机构、渔业主管部门按照职责分工责令停止违法行为，处一万元以上十万元以下的罚款；造成水污染的，责令限期采取治理措施，消除污染，处二万元以上二十万元以下的罚款；逾期不采取治理措施的，海事管理机构、渔业主管部门按照职责分工可以指定有治理能力的单位代为治理，所需费用由船舶承担：

（一）向水体倾倒船舶垃圾或者排放船舶的残油、废油的；

（二）未经作业地海事管理机构批准，船舶进行散装液体污染危害性货物的过驳作业的；

（三）船舶及有关作业单位从事有污染风险的作业活动，未按照规定采取污染防治措施的；

（四）以冲滩方式进行船舶拆解的；

（五）进入中华人民共和国内河的国际航线船舶，排放不符合规定的船舶压载水的。

第九十一条　有下列行为之一的，由县级以上地方人民政府环境保护主管部门责令停止违法行为，处十万元以上五十万元以下的罚款；并报经有批准权的人民政府批准，责令拆除或者关闭：

（一）在饮用水水源一级保护区内新建、改建、扩建与供水设施和保护水源无关的建设项目的；

（二）在饮用水水源二级保护区内新建、改建、扩建排放污染物的建设项目的；

（三）在饮用水水源准保护区内新建、扩建对水体污染严重的建设项目，或者改建建设项目增加排污量的。

在饮用水水源一级保护区内从事网箱养殖或者组织进行旅游、垂钓或者其他可能污染饮用水水体的活动的，由县级以上地方人民政府环境保护主管部门责令停止违法行为，处二万元以上十万元以下的罚款。个人在饮用水水源一级保护区内游泳、垂钓或者从事其他可能污染饮用水水体的活动的，由县级以上地方人民政府环境保护主管部门责令停止违法行为，可以处五百元以下的罚款。

第九十二条　饮用水供水单位供水水质不符合国家规定标准的，由所在地市、县级人民政府供水主管部门责令改正，处二万元以上二十万元以下的罚款；情节严重的，报经有批准权的人民政府批准，可以责令停业整顿；对直接负责的主管人员和其他直接责任人员依法给予处分。

第九十三条　企业事业单位有下列行为之一的，由县级以上人民政府环境保护主管部门责令改正；情节严重的，处二万元以上十万元以下的罚款：

（一）不按照规定制定水污染事故的应急方案的；

（二）水污染事故发生后，未及时启动水污染事故的应急方案，采取有关应急措施的。

第九十四条　企业事业单位违反本法规定，造成水污染事故的，除依法承担赔偿责任外，由县级以上人民政府环境保护主管部门依照本条第二款的规定处以罚款，责令限期采取治理措施，消除污染；未按照要求采取治理措施或者不具备治理能力的，由环境保护主管部门指定有治理能力的单位代为治理，所需费用由违法者承担；对造成重大或者特大水污染事故的，还可以报经有批准权的人民政府批准，责令关闭；对直接负责的主管人员和其他直接责任人员可以处上一年度从本单位取得的收入百分之五十以下的罚款；有《中华人民共和国环境保护法》第六十三条规定的违法排放水污染物等行为之一，尚不构成犯罪的，由公安机关对直接负责的主管人员和其他直接责任人员处十日以上十五日以下的拘留；情节较轻的，处五日以上十日以下的拘留。

对造成一般或者较大水污染事故的，按照水污染事故造成的直接损失的百分之二十计算罚款；对造成重大或者特大水污染事故的，按照水污染事故造成的直接损失的百分之三十计算罚款。

造成渔业污染事故或者渔业船舶造成水污染事故的，由渔业主管部门进行处罚；其他船舶造成水污染事故的，由海事管理机构进行处罚。

第九十五条　企业事业单位和其他生产经营者违法排放水污染物，受到罚款处罚，被责令改正的，依法作出处罚决定的行政机关应当组织复查，发现其继续违法排放水污染物或者拒绝、阻挠复查的，依照《中华人民共和国环境保护法》的规定按日连续处罚。

第九十六条　因水污染受到损害的当事人，有权要求排污方排除危害和赔偿损失。

由于不可抗力造成水污染损害的，排污方不承担赔偿责任；法律另有规定的除外。

水污染损害是由受害人故意造成的，排污方不承担赔偿责任。水污染损害是由受害人重大过失造成的，可以减轻排污方的赔偿责任。

水污染损害是由第三人造成的，排污方承担赔偿责任后，有权向第三人追偿。

第九十七条　因水污染引起的损害赔偿责任和赔偿金额的纠纷，可以根据当事人的请求，由环境保护主管部门或者海事管理机构、渔业主管部门按照职责分工调解处理；调解不成的，当事人可以向人民法院提起诉讼。当事人也可以直接向人民法院提起诉讼。

第九十八条　因水污染引起的损害赔偿诉讼，由排污方就法律规定的免责事由及其行为与损害结果之间不存在因果关系承担举证责任。

第九十九条　因水污染受到损害的当事人人数众多的，可以依法由当事人推选代表人进行共同诉讼。

环境保护主管部门和有关社会团体可以依法支持因水污染受到损害的当事人向人民法院提起诉讼。

国家鼓励法律服务机构和律师为水污染损害诉讼中的受害人提供法律援助。

第一百条　因水污染引起的损害赔偿责任和赔偿金额的纠纷，当事人可以委托环境监测机构提供监测数据。环境监测机构应当接受委托，如实提供有关监测数据。

第一百零一条　违反本法规定，构成犯罪的，依法追究刑事责任。

第八章　附　　则

第一百零二条　本法中下列用语的含义：

（一）水污染，是指水体因某种物质的介入，而导致其化学、物理、生物或者放射性等方面特性的改变，从而影响水的有效利用，危害人体健康或者破坏生态环境，造成水质恶化的现象。

（二）水污染物，是指直接或者间接向水体排放的，能导致水体污染的物质。

（三）有毒污染物，是指那些直接或者间接被生物摄入体内后，可能导致该生物或者其后代发病、行为反常、遗传异变、生理机能失常、机体变形或者死亡的污染物。

（四）污泥，是指污水处理过程中产生的半固态或者固态物质。

（五）渔业水体，是指划定的鱼虾类的产卵场、索饵场、越冬场、洄游通道和鱼虾贝藻类的养殖场的水体。

第一百零三条　本法自2008年6月1日起施行。

典型例题解析

【例 17-2】　(2009)《中华人民共和国水污染防治法》规定，防治水污染应当：

A. 按流域或者按区域进行统一规划

B. 按相关行政区域分段管理进行统一规划

C. 按多部门共同管理进行统一规划

D. 按流域或者季节变化进行统一规划

解 根据《中华人民共和国水污染防治法》第十六条:防治水污染应当按流域或者按区域进行统一规划。选 A。

【例 17-3】 (2014)我国水污染事故频发,严重影响了人民生活和工业生产的安全,关于水污染事故的处置,下列哪点描述是不正确的:

A. 可能发生水污染事故的企业事业单位,应当制定有关水污染事故的应急方案,做好应急准备,并定期进行演练

B. 生产、储存危险化学品的企业事业单位,应当采取措施,防止在处理安全生产事故过程中产生的可能严重污染水体的消防废水、废液直接排入水体

C. 企业事业单位发生事故或者其他突发性事件,造成或者可能造成水污染事故的,应当立即启动本单位的应急方案,采取隔离等应急措施

D. 渔业船舶造成水污染事故的,向事故发生地的环境保护机构报告,并接受调查处理即可

解 渔业船舶造成水污染事故的,应当向事故发生地的渔业主管部门报告,接受调查处理。选 D。

17.1.3 中华人民共和国大气污染防治法(2015 年修订版)

第一章 总 则

第一条 为保护和改善环境,防治大气污染,保障公众健康,推进生态文明建设,促进经济社会可持续发展,制定本法。

第二条 防治大气污染,应当以改善大气环境质量为目标,坚持源头治理,规划先行,转变经济发展方式,优化产业结构和布局,调整能源结构。

防治大气污染,应当加强对燃煤、工业、机动车船、扬尘、农业等大气污染的综合防治,推行区域大气污染联合防治,对颗粒物、二氧化硫、氮氧化物、挥发性有机物、氨等大气污染物和温室气体实施协同控制。

第三条 县级以上人民政府应当将大气污染防治工作纳入国民经济和社会发展规划,加大对大气污染防治的财政投入。

地方各级人民政府应当对本行政区域的大气环境质量负责,制定规划,采取措施,控制或者逐步削减大气污染物的排放量,使大气环境质量达到规定标准并逐步改善。

第四条 国务院环境保护主管部门会同国务院有关部门,按照国务院的规定,对省、自治区、直辖市大气环境质量改善目标、大气污染防治重点任务完成情况进行考核。省、自治区、直辖市人民政府制定考核办法,对本行政区域内地方大气环境质量改善目标、大气污染防治重点任务完成情况实施考核。考核结果应当向社会公开。

第五条 县级以上人民政府环境保护主管部门对大气污染防治实施统一监督管理。

县级以上人民政府其他有关部门在各自职责范围内对大气污染防治实施监督管理。

第六条 国家鼓励和支持大气污染防治科学技术研究,开展对大气污染来源及其变化趋

势的分析，推广先进适用的大气污染防治技术和装备，促进科技成果转化，发挥科学技术在大气污染防治中的支撑作用。

第七条　企业事业单位和其他生产经营者应当采取有效措施，防止、减少大气污染，对所造成的损害依法承担责任。

公民应当增强大气环境保护意识，采取低碳、节俭的生活方式，自觉履行大气环境保护义务。

第二章　大气污染防治标准和限期达标规划

第八条　国务院环境保护主管部门或者省、自治区、直辖市人民政府制定大气环境质量标准，应当以保障公众健康和保护生态环境为宗旨，与经济社会发展相适应，做到科学合理。

第九条　国务院环境保护主管部门或者省、自治区、直辖市人民政府制定大气污染物排放标准，应当以大气环境质量标准和国家经济、技术条件为依据。

第十条　制定大气环境质量标准、大气污染物排放标准，应当组织专家进行审查和论证，并征求有关部门、行业协会、企业事业单位和公众等方面的意见。

第十一条　省级以上人民政府环境保护主管部门应当在其网站上公布大气环境质量标准、大气污染物排放标准，供公众免费查阅、下载。

第十二条　大气环境质量标准、大气污染物排放标准的执行情况应当定期进行评估，根据评估结果对标准适时进行修订。

第十三条　制定燃煤、石油焦、生物质燃料、涂料等含挥发性有机物的产品、烟花爆竹以及锅炉等产品的质量标准，应当明确大气环境保护要求。

制定燃油质量标准，应当符合国家大气污染物控制要求，并与国家机动车船、非道路移动机械大气污染物排放标准相互衔接，同步实施。

前款所称非道路移动机械，是指装配有发动机的移动机械和可运输工业设备。

第十四条　未达到国家大气环境质量标准城市的人民政府应当及时编制大气环境质量限期达标规划，采取措施，按照国务院或者省级人民政府规定的期限达到大气环境质量标准。

编制城市大气环境质量限期达标规划，应当征求有关行业协会、企业事业单位、专家和公众等方面的意见。

第十五条　城市大气环境质量限期达标规划应当向社会公开。直辖市和设区的市的大气环境质量限期达标规划应当报国务院环境保护主管部门备案。

第十六条　城市人民政府每年在向本级人民代表大会或者其常务委员会报告环境状况和环境保护目标完成情况时，应当报告大气环境质量限期达标规划执行情况，并向社会公开。

第十七条　城市大气环境质量限期达标规划应当根据大气污染防治的要求和经济、技术条件适时进行评估、修订。

第三章　大气污染防治的监督管理

第十八条　企业事业单位和其他生产经营者建设对大气环境有影响的项目，应当依法进行环境影响评价、公开环境影响评价文件；向大气排放污染物的，应当符合大气污染物排放标准，遵守重点大气污染物排放总量控制要求。

第十九条　排放工业废气或者本法第七十八条规定名录中所列有毒有害大气污染物的企业事业单位、集中供热设施的燃煤热源生产运营单位以及其他依法实行排污许可管理的单位，应当取得排污许可证。排污许可的具体办法和实施步骤由国务院规定。

第二十条　企业事业单位和其他生产经营者向大气排放污染物的，应当依照法律法规和国务院环境保护主管部门的规定设置大气污染物排放口。

禁止通过偷排、篡改或者伪造监测数据、以逃避现场检查为目的的临时停产、非紧急情况下开启应急排放通道、不正常运行大气污染防治设施等逃避监管的方式排放大气污染物。

第二十一条 国家对重点大气污染物排放实行总量控制。

重点大气污染物排放总量控制目标，由国务院环境保护主管部门在征求国务院有关部门和各省、自治区、直辖市人民政府意见后，会同国务院经济综合主管部门报国务院批准并下达实施。

省、自治区、直辖市人民政府应当按照国务院下达的总量控制目标，控制或者削减本行政区域的重点大气污染物排放总量。

确定总量控制目标和分解总量控制指标的具体办法，由国务院环境保护主管部门会同国务院有关部门规定。省、自治区、直辖市人民政府可以根据本行政区域大气污染防治的需要，对国家重点大气污染物之外的其他大气污染物排放实行总量控制。

国家逐步推行重点大气污染物排污权交易。

第二十二条 对超过国家重点大气污染物排放总量控制指标或者未完成国家下达的大气环境质量改善目标的地区，省级以上人民政府环境保护主管部门应当会同有关部门约谈该地区人民政府的主要负责人，并暂停审批该地区新增重点大气污染物排放总量的建设项目环境影响评价文件。约谈情况应当向社会公开。

第二十三条 国务院环境保护主管部门负责制定大气环境质量和大气污染源的监测和评价规范，组织建设与管理全国大气环境质量和大气污染源监测网，组织开展大气环境质量和大气污染源监测，统一发布全国大气环境质量状况信息。

县级以上地方人民政府环境保护主管部门负责组织建设与管理本行政区域大气环境质量和大气污染源监测网，开展大气环境质量和大气污染源监测，统一发布本行政区域大气环境质量状况信息。

第二十四条 企业事业单位和其他生产经营者应当按照国家有关规定和监测规范，对其排放的工业废气和本法第七十八条规定名录中所列有毒有害大气污染物进行监测，并保存原始监测记录。其中，重点排污单位应当安装、使用大气污染物排放自动监测设备，与环境保护主管部门的监控设备联网，保证监测设备正常运行并依法公开排放信息。监测的具体办法和重点排污单位的条件由国务院环境保护主管部门规定。

重点排污单位名录由设区的市级以上地方人民政府环境保护主管部门按照国务院环境保护主管部门的规定，根据本行政区域的大气环境承载力、重点大气污染物排放总量控制指标的要求以及排污单位排放大气污染物的种类、数量和浓度等因素，商有关部门确定，并向社会公布。

第二十五条 重点排污单位应当对自动监测数据的真实性和准确性负责。环境保护主管部门发现重点排污单位的大气污染物排放自动监测设备传输数据异常，应当及时进行调查。

第二十六条 禁止侵占、损毁或者擅自移动、改变大气环境质量监测设施和大气污染物排放自动监测设备。

第二十七条 国家对严重污染大气环境的工艺、设备和产品实行淘汰制度。

国务院经济综合主管部门会同国务院有关部门确定严重污染大气环境的工艺、设备和产品淘汰期限，并纳入国家综合性产业政策目录。

生产者、进口者、销售者或者使用者应当在规定期限内停止生产、进口、销售或者使用列入前款规定目录中的设备和产品。工艺的采用者应当在规定期限内停止采用列入前款规定目录中的工艺。

被淘汰的设备和产品,不得转让给他人使用。

第二十八条　国务院环境保护主管部门会同有关部门,建立和完善大气污染损害评估制度。

第二十九条　环境保护主管部门及其委托的环境监察机构和其他负有大气环境保护监督管理职责的部门,有权通过现场检查监测、自动监测、遥感监测、远红外摄像等方式,对排放大气污染物的企业事业单位和其他生产经营者进行监督检查。被检查者应当如实反映情况,提供必要的资料。实施检查的部门、机构及其工作人员应当为被检查者保守商业秘密。

第三十条　企业事业单位和其他生产经营者违反法律法规规定排放大气污染物,造成或者可能造成严重大气污染,或者有关证据可能灭失或者被隐匿的,县级以上人民政府环境保护主管部门和其他负有大气环境保护监督管理职责的部门,可以对有关设施、设备、物品采取查封、扣押等行政强制措施。

第三十一条　环境保护主管部门和其他负有大气环境保护监督管理职责的部门应当公布举报电话、电子邮箱等,方便公众举报。

环境保护主管部门和其他负有大气环境保护监督管理职责的部门接到举报的,应当及时处理并对举报人的相关信息予以保密;对实名举报的,应当反馈处理结果等情况,查证属实的,处理结果依法向社会公开,并对举报人给予奖励。

举报人举报所在单位的,该单位不得以解除、变更劳动合同或者其他方式对举报人进行打击报复。

第四章　大气污染防治措施

第一节　燃煤和其他能源污染防治

第三十二条　国务院有关部门和地方各级人民政府应当采取措施,调整能源结构,推广清洁能源的生产和使用;优化煤炭使用方式,推广煤炭清洁高效利用,逐步降低煤炭在一次能源消费中的比重,减少煤炭生产、使用、转化过程中的大气污染物排放。

第三十三条　国家推行煤炭洗选加工,降低煤炭的硫分和灰分,限制高硫分、高灰分煤炭的开采。新建煤矿应当同步建设配套的煤炭洗选设施,使煤炭的硫分、灰分含量达到规定标准;已建成的煤矿除所采煤炭属于低硫分、低灰分或者根据已达标排放的燃煤电厂要求不需要洗选的以外,应当限期建成配套的煤炭洗选设施。

禁止开采含放射性和砷等有毒有害物质超过规定标准的煤炭。

第三十四条　国家采取有利于煤炭清洁高效利用的经济、技术政策和措施,鼓励和支持洁净煤技术的开发和推广。

国家鼓励煤矿企业等采用合理、可行的技术措施,对煤层气进行开采利用,对煤矸石进行综合利用。从事煤层气开采利用的,煤层气排放应当符合有关标准规范。

第三十五条　国家禁止进口、销售和燃用不符合质量标准的煤炭,鼓励燃用优质煤炭。

单位存放煤炭、煤矸石、煤渣、煤灰等物料,应当采取防燃措施,防止大气污染。

第三十六条　地方各级人民政府应当采取措施,加强民用散煤的管理,禁止销售不符合民用散煤质量标准的煤炭,鼓励居民燃用优质煤炭和洁净型煤,推广节能环保型炉灶。

第三十七条　石油炼制企业应当按照燃油质量标准生产燃油。

禁止进口、销售和燃用不符合质量标准的石油焦。

第三十八条　城市人民政府可以划定并公布高污染燃料禁燃区，并根据大气环境质量改善要求，逐步扩大高污染燃料禁燃区范围。高污染燃料的目录由国务院环境保护主管部门确定。

在禁燃区内，禁止销售、燃用高污染燃料；禁止新建、扩建燃用高污染燃料的设施，已建成的，应当在城市人民政府规定的期限内改用天然气、页岩气、液化石，油气、电或者其他清洁能源。

第三十九条　城市建设应当统筹规划，在燃煤供热地区，推进热电联产和集中供热。在集中供热管网覆盖地区，禁止新建、扩建分散燃煤供热锅炉；已建成的不能达标排放的燃煤供热锅炉，应当在城市人民政府规定的期限内拆除。

第四十条　县级以上人民政府质量监督部门应当会同环境保护主管部门对锅炉生产、进口、销售和使用环节执行环境保护标准或者要求的情况进行监督检查；不符合环境保护标准或者要求的，不得生产、进口、销售和使用。

第四十一条　燃煤电厂和其他燃煤单位应当采用清洁生产工艺，配套建设除尘、脱硫、脱硝等装置，或者采取技术改造等其他控制大气污染物排放的措施。

国家鼓励燃煤单位采用先进的除尘、脱硫、脱硝、脱汞等大气污染物协同控制的技术和装置，减少大气污染物的排放。

第四十二条　电力调度应当优先安排清洁能源发电上网。

第二节　工业污染防治

第四十三条　钢铁、建材、有色金属、石油、化工等企业生产过程中排放粉尘、硫化物和氮氧化物的，应当采用清洁生产工艺，配套建设除尘、脱硫、脱硝等装置，或者采取技术改造等其他控制大气污染物排放的措施。

第四十四条　生产、进口、销售和使用含挥发性有机物的原材料和产品的，其挥发性有机物含量应当符合质量标准或者要求。

国家鼓励生产、进口、销售和使用低毒、低挥发性有机溶剂。

第四十五条　产生含挥发性有机物废气的生产和服务活动，应当在密闭空间或者设备中进行，并按照规定安装、使用污染防治设施；无法密闭的，应当采取措施减少废气排放。

第四十六条　工业涂装企业应当使用低挥发性有机物含量的涂料，并建立台账，记录生产原料、辅料的使用量、废弃量、去向以及挥发性有机物含量。台账保存期限不得少于三年。

第四十七条　石油、化工以及其他生产和使用有机溶剂的企业，应当采取措施对管道、设备进行日常维护、维修，减少物料泄漏，对泄漏的物料应当及时收集处理。

储油储气库、加油加气站、原油成品油码头、原油成品油运输船舶和油罐车、气罐车等，应当按照国家有关规定安装油气回收装置并保持正常使用。

第四十八条　钢铁、建材、有色金属、石油、化工、制药、矿产开采等企业，应当加强精细化管理，采取集中收集处理等措施，严格控制粉尘和气态污染物的排放。

工业生产企业应当采取密闭、围挡、遮盖、清扫、洒水等措施，减少内部物料的堆存、传输、装卸等环节产生的粉尘和气态污染物的排放。

第四十九条　工业生产、垃圾填埋或者其他活动产生的可燃性气体应当回收利用，不具备回收利用条件的，应当进行污染防治处理。

可燃性气体回收利用装置不能正常作业的，应当及时修复或者更新。在回收利用装置不能正常作业期间确需排放可燃性气体的，应当将排放的可燃性气体充分燃烧或者采取其他控制大气污染物排放的措施，并向当地环境保护主管部门报告，按照要求限期修复或者更新。

第三节　机动车船等污染防治

第五十条　国家倡导低碳、环保出行，根据城市规划合理控制燃油机动车保有量，大力发展城市公共交通，提高公共交通出行比例。

国家采取财政、税收、政府采购等措施推广应用节能环保型和新能源机动车船、非道路移动机械，限制高油耗、高排放机动车船、非道路移动机械的发展，减少化石能源的消耗。

省、自治区、直辖市人民政府可以在条件具备的地区，提前执行国家机动车大气污染物排放标准中相应阶段排放限值，并报国务院环境保护主管部门备案。

城市人民政府应当加强并改善城市交通管理，优化道路设置，保障人行道和非机动车道的连续、畅通。

第五十一条　机动车船、非道路移动机械不得超过标准排放大气污染物。

禁止生产、进口或者销售大气污染物排放超过标准的机动车船、非道路移动机械。

第五十二条　机动车、非道路移动机械生产企业应当对新生产的机动车和非道路移动机械进行排放检验。经检验合格的，方可出厂销售。检验信息应当向社会公开。

省级以上人民政府环境保护主管部门可以通过现场检查、抽样检测等方式，加强对新生产、销售机动车和非道路移动机械大气污染物排放状况的监督检查。工业、质量监督、工商行政管理等有关部门予以配合。

第五十三条　在用机动车应当按照国家或者地方的有关规定，由机动车排放检验机构定期对其进行排放检验。经检验合格的，方可上道路行驶。未经检验合格的，公安机关交通管理部门不得核发安全技术检验合格标志。

县级以上地方人民政府环境保护主管部门可以在机动车集中停放地、维修地对在用机动车的大气污染物排放状况进行监督抽测；在不影响正常通行的情况下，可以通过遥感监测等技术手段对在道路上行驶的机动车的大气污染物排放状况进行监督抽测，公安机关交通管理部门予以配合。

第五十四条　机动车排放检验机构应当依法通过计量认证，使用经依法检定合格的机动车排放检验设备，按照国务院环境保护主管部门制定的规范，对机动车进行排放检验，并与环境保护主管部门联网，实现检验数据实时共享。机动车排放检验机构及其负责人对检验数据的真实性和准确性负责。

环境保护主管部门和认证认可监督管理部门应当对机动车排放检验机构的排放检验情况进行监督检查。

第五十五条　机动车生产、进口企业应当向社会公布其生产、进口机动车车型的排放检验信息、污染控制技术信息和有关维修技术信息。

机动车维修单位应当按照防治大气污染的要求和国家有关技术规范对在用机动车进行维修，使其达到规定的排放标准。交通运输、环境保护主管部门应当依法加强监督管理。

禁止机动车所有人以临时更换机动车污染控制装置等弄虚作假的方式通过机动车排放检验。禁止机动车维修单位提供该类维修服务。禁止破坏机动车车载排放诊断系统。

第五十六条　环境保护主管部门应当会同交通运输、住房城乡建设、农业行政、水行政等有关部门对非道路移动机械的大气污染物排放状况进行监督检查，排放不合格的，不得使用。

第五十七条　国家倡导环保驾驶，鼓励燃油机动车驾驶人在不影响道路通行且需停车三分钟以上的情况下熄灭发动机，减少大气污染物的排放。

第五十八条　国家建立机动车和非道路移动机械环境保护召回制度。

生产、进口企业获知机动车、非道路移动机械排放大气污染物超过标准，属于设计、生产缺陷或者不符合规定的环境保护耐久性要求的，应当召回；未召回的，由国务院质量监督部门会同国务院环境保护主管部门责令其召回。

第五十九条　在用重型柴油车、非道路移动机械未安装污染控制装置或者污染控制装置不符合要求，不能达标排放的，应当加装或者更换符合要求的污染控制装置。

第六十条　在用机动车排放大气污染物超过标准的，应当进行维修；经维修或者采用污染控制技术后，大气污染物排放仍不符合国家在用机动车排放标准的，应当强制报废。其所有人应当将机动车交售给报废机动车回收拆解企业，由报废机动车回收拆解企业按照国家有关规定进行登记、拆解、销毁等处理。

国家鼓励和支持高排放机动车船、非道路移动机械提前报废。

第六十一条　城市人民政府可以根据大气环境质量状况，划定并公布禁止使用高排放非道路移动机械的区域。

第六十二条　船舶检验机构对船舶发动机及有关设备进行排放检验。经检验符合国家排放标准的，船舶方可运营。

第六十三条　内河和江海直达船舶应当使用符合标准的普通柴油。远洋船舶靠港后应当使用符合大气污染物控制要求的船舶用燃油。

新建码头应当规划、设计和建设岸基供电设施；已建成的码头应当逐步实施岸基供电设施改造。船舶靠港后应当优先使用岸电。

第六十四条　国务院交通运输主管部门可以在沿海海域划定船舶大气污染物排放控制区，进入排放控制区的船舶应当符合船舶相关排放要求。

第六十五条　禁止生产、进口、销售不符合标准的机动车船、非道路移动机械用燃料；禁止向汽车和摩托车销售普通柴油以及其他非机动车用燃料；禁止向非道路移动机械、内河和江海直达船舶销售渣油和重油。

第六十六条　发动机油、氮氧化物还原剂、燃料和润滑油添加剂以及其他添加剂的有害物质含量和其他大气环境保护指标，应当符合有关标准的要求，不得损害机动车船污染控制装置效果和耐久性，不得增加新的大气污染物排放。

第六十七条　国家积极推进民用航空器的大气污染防治，鼓励在设计、生产、使用过程中采取有效措施减少大气污染物排放。

民用航空器应当符合国家规定的适航标准中的有关发动机排出物要求。

第四节　扬尘污染防治

第六十八条　地方各级人民政府应当加强对建设施工和运输的管理，保持道路清洁，控制料堆和渣土堆放，扩大绿地、水面、湿地和地面铺装面积，防治扬尘污染。

住房城乡建设、市容环境卫生、交通运输、国土资源等有关部门，应当根据本级人民政府确定的职责，做好扬尘污染防治工作。

第六十九条　建设单位应当将防治扬尘污染的费用列入工程造价，并在施工承包合同中明确施工单位扬尘污染防治责任。施工单位应当制定具体的施工扬尘污染防治实施方案。

从事房屋建筑、市政基础设施建设、河道整治以及建筑物拆除等施工单位，应当向负责监督管理扬尘污染防治的主管部门备案。

施工单位应当在施工工地设置硬质围挡，并采取覆盖、分段作业、择时施工、洒水抑尘、冲洗地面和车辆等有效防尘降尘措施。建筑土方、工程渣土、建筑垃圾应当及时清运;在场地内堆存的,应当采用密闭式防尘网遮盖。工程渣土、建筑垃圾应当进行资源化处理。

施工单位应当在施工工地公示扬尘污染防治措施、负责人、扬尘监督管理主管部门等信息。

暂时不能开工的建设用地,建设单位应当对裸露地面进行覆盖;超过三个月的,应当进行绿化、铺装或者遮盖。

第七十条　运输煤炭、垃圾、渣土、砂石、土方、灰浆等散装、流体物料的车辆应当采取密闭或者其他措施防止物料遗撒造成扬尘污染,并按照规定路线行驶。

装卸物料应当采取密闭或者喷淋等方式防治扬尘污染。

城市人民政府应当加强道路、广场、停车场和其他公共场所的清扫保洁管理,推行清洁动力机械化清扫等低尘作业方式,防治扬尘污染。

第七十一条　市政河道以及河道沿线、公共用地的裸露地面以及其他城镇裸露地面,有关部门应当按照规划组织实施绿化或者透水铺装。

第七十二条　贮存煤炭、煤矸石、煤渣、煤灰、水泥、石灰、石膏、砂土等易产生扬尘的物料应当密闭;不能密闭的,应当设置不低于堆放物高度的严密围挡,并采取有效覆盖措施防治扬尘污染。

码头、矿山、填埋场和消纳场应当实施分区作业,并采取有效措施防治扬尘污染。

第五节　农业和其他污染防治

第七十三条　地方各级人民政府应当推动转变农业生产方式,发展农业循环经济,加大对废弃物综合处理的支持力度,加强对农业生产经营活动排放大气污染物的控制。

第七十四条　农业生产经营者应当改进施肥方式,科学合理施用化肥并按照国家有关规定使用农药,减少氨、挥发性有机物等大气污染物的排放。

禁止在人口集中地区对树木、花草喷洒剧毒、高毒农药。

第七十五条　畜禽养殖场、养殖小区应当及时对污水、畜禽粪便和尸体等进行收集、贮存、清运和无害化处理,防止排放恶臭气体。

第七十六条　各级人民政府及其农业行政等有关部门应当鼓励和支持采用先进适用技术,对秸秆、落叶等进行肥料化、饲料化、能源化、工业原料化、食用菌基料化等综合利用,加大对秸秆还田、收集一体化农业机械的财政补贴力度。

县级人民政府应当组织建立秸秆收集、贮存、运输和综合利用服务体系,采用财政补贴等措施支持农村集体经济组织、农民专业合作经济组织、企业等开展秸秆收集、贮存、运输和综合利用服务。

第七十七条　省、自治区、直辖市人民政府应当划定区域,禁止露天焚烧秸秆、落叶等产生烟尘污染的物质。

第七十八条　国务院环境保护主管部门应当会同国务院卫生行政部门,根据大气污染物对公众健康和生态环境的危害和影响程度,公布有毒有害大气污染物名录,实行风险管理。

排放前款规定名录中所列有毒有害大气污染物的企业事业单位,应当按照国家有关规定建设环境风险预警体系,对排放口和周边环境进行定期监测,评估环境风险,排查环境安全隐患,并采取有效措施防范环境风险。

第七十九条　向大气排放持久性有机污染物的企业事业单位和其他生产经营者以及废弃物焚烧设施的运营单位,应当按照国家有关规定,采取有利于减少持久性有机污染物排放的技术方法和工艺,配备有效的净化装置,实现达标排放。

第八十条　企业事业单位和其他生产经营者在生产经营活动中产生恶臭气体的,应当科学选址,设置合理的防护距离,并安装净化装置或者采取其他措施,防止排放恶臭气体。

第八十一条　排放油烟的餐饮服务业经营者应当安装油烟净化设施并保持正常使用,或者采取其他油烟净化措施,使油烟达标排放,并防止对附近居民的正常生活环境造成污染。

禁止在居民住宅楼、未配套设立专用烟道的商住综合楼以及商住综合楼内与居住层相邻的商业楼层内新建、改建、扩建产生油烟、异味、废气的餐饮服务项目。

任何单位和个人不得在当地人民政府禁止的区域内露天烧烤食品或者为露天烧烤食品提供场地。

第八十二条　禁止在人口集中地区和其他依法需要特殊保护的区域内焚烧沥青、油毡、橡胶、塑料、皮革、垃圾以及其他产生有毒有害烟尘和恶臭气体的物质。

禁止生产、销售和燃放不符合质量标准的烟花爆竹。任何单位和个人不得在城市人民政府禁止的时段和区域内燃放烟花爆竹。

第八十三条　国家鼓励和倡导文明、绿色祭祀。

火葬场应当设置除尘等污染防治设施并保持正常使用,防止影响周边环境。

第八十四条　从事服装干洗和机动车维修等服务活动的经营者,应当按照国家有关标准或者要求设置异味和废气处理装置等污染防治设施并保持正常使用,防止影响周边环境。

第八十五条　国家鼓励、支持消耗臭氧层物质替代品的生产和使用,逐步减少直至停止消耗臭氧层物质的生产和使用。

国家对消耗臭氧层物质的生产、使用、进出口实行总量控制和配额管理。具体办法由国务院规定。

第五章　重点区域大气污染联合防治

第八十六条　国家建立重点区域大气污染联防联控机制,统筹协调重点区域内大气污染防治工作。国务院环境保护主管部门根据主体功能区划、区域大气环境质量状况和大气污染传输扩散规律,划定国家大气污染防治重点区域,报国务院批准。

重点区域内有关省、自治区、直辖市人民政府应当确定牵头的地方人民政府,定期召开联席会议,按照统一规划、统一标准、统一监测、统一的防治措施的要求,开展大气污染联合防治,落实大气污染防治目标责任。国务院环境保护主管部门应当加强指导、督促。

省、自治区、直辖市可以参照第一款规定划定本行政区域的大气污染防治重点区域。

第八十七条　国务院环境保护主管部门会同国务院有关部门、国家大气污染防治重点区域内有关省、自治区、直辖市人民政府,根据重点区域经济社会发展和大气环境承载力,制定重点区域大气污染联合防治行动计划,明确控制目标,优化区域经济布局,统筹交通管理,发展清洁能源,提出重点防治任务和措施,促进重点区域大气环境质量改善。

第八十八条　国务院经济综合主管部门会同国务院环境保护主管部门,结合国家大气污染防治重点区域产业发展实际和大气环境质量状况,进一步提高环境保护、能耗、安全、质量等要求。

重点区域内有关省、自治区、直辖市人民政府应当实施更严格的机动车大气污染物排放标准,统一在用机动车检验方法和排放限值,并配套供应合格的车用燃油。

第八十九条　编制可能对国家大气污染防治重点区域的大气环境造成严重污染的有关工业园区、开发区、区域产业和发展等规划,应当依法进行环境影响评价。规划编制机关应当与重点区域内有关省、自治区、直辖市人民政府或者有关部门会商。

重点区域内有关省、自治区、直辖市建设可能对相邻省、自治区、直辖市大气环境质量产生重大影响的项目，应当及时通报有关信息，进行会商。

会商意见及其采纳情况作为环境影响评价文件审查或者审批的重要依据。

第九十条　国家大气污染防治重点区域内新建、改建、扩建用煤项目的，应当实行煤炭的等量或者减量替代。

第九十一条　国务院环境保护主管部门应当组织建立国家大气污染防治重点区域的大气环境质量监测、大气污染源监测等相关信息共享机制，利用监测、模拟以及卫星、航测、遥感等新技术分析重点区域内大气污染来源及其变化趋势，并向社会公开。

第九十二条　国务院环境保护主管部门和国家大气污染防治重点区域内有关省、自治区、直辖市人民政府可以组织有关部门开展联合执法、跨区域执法、交叉执法。

第六章　重污染天气应对

第九十三条　国家建立重污染天气监测预警体系。

国务院环境保护主管部门会同国务院气象主管机构等有关部门、国家大气污染防治重点区域内有关省、自治区、直辖市人民政府，建立重点区域重污染天气监测预警机制，统一预警分级标准。可能发生区域重污染天气的，应当及时向重点区域内有关省、自治区、直辖市人民政府通报。

省、自治区、直辖市、设区的市人民政府环境保护主管部门会同气象主管机构等有关部门建立本行政区域重污染天气监测预警机制。

第九十四条　县级以上地方人民政府应当将重污染天气应对纳入突发事件应急管理体系。

省、自治区、直辖市、设区的市人民政府以及可能发生重污染天气的县级人民政府，应当制定重污染天气应急预案，向上一级人民政府环境保护主管部门备案，并向社会公布。

第九十五条　省、自治区、直辖市、设区的市人民政府环境保护主管部门应当会同气象主管机构建立会商机制，进行大气环境质量预报。可能发生重污染天气的，应当及时向本级人民政府报告。省、自治区、直辖市、设区的市人民政府依据重污染天气预报信息，进行综合研判，确定预警等级并及时发出预警。预警等级根据情况变化及时调整。任何单位和个人不得擅自向社会发布重污染天气预报预警信息。

预警信息发布后，人民政府及其有关部门应当通过电视、广播、网络、短信等途径告知公众采取健康防护措施，指导公众出行和调整其他相关社会活动。

第九十六条　县级以上地方人民政府应当依据重污染天气的预警等级，及时启动应急预案，根据应急需要可以采取责令有关企业停产或者限产、限制部分机动车行驶、禁止燃放烟花爆竹、停止工地土石方作业和建筑物拆除施工、停止露天烧烤、停止幼儿园和学校组织的户外活动、组织开展人工影响天气作业等应急措施。

应急响应结束后，人民政府应当及时开展应急预案实施情况的评估，适时修改完善应急预案。

第九十七条　发生造成大气污染的突发环境事件，人民政府及其有关部门和相关企业事业单位，应当依照《中华人民共和国突发事件应对法》、《中华人民共和国环境保护法》的规定，做好应急处置工作。环境保护主管部门应当及时对突发环境事件产生的大气污染物进行监测，并向社会公布监测信息。

第七章　法律责任

第九十八条　违反本法规定，以拒绝进入现场等方式拒不接受环境保护主管部门及其委托的环境监察机构或者其他负有大气环境保护监督管理职责的部门的监督检查，或者在接受监督检查时弄虚作假的，由县级以上人民政府环境保护主管部门或者其他负有大气环境保护监督管理职责的部门责令改正，处二万元以上二十万元以下的罚款；构成违反治安管理行为的，由公安机关依法予以处罚。

第九十九条　违反本法规定，有下列行为之一的，由县级以上人民政府环境保护主管部门责令改正或者限制生产、停产整治，并处十万元以上一百万元以下的罚款；情节严重的，报经有批准权的人民政府批准，责令停业、关闭：

（一）未依法取得排污许可证排放大气污染物的；

（二）超过大气污染物排放标准或者超过重点大气污染物排放总量控制指标排放大气污染物的；

（三）通过逃避监管的方式排放大气污染物的。

第一百条　违反本法规定，有下列行为之一的，由县级以上人民政府环境保护主管部门责令改正，处二万元以上二十万元以下的罚款；拒不改正的，责令停产整治：

（一）侵占、损毁或者擅自移动、改变大气环境质量监测设施或者大气污染物排放自动监测设备的；

（二）未按照规定对所排放的工业废气和有毒有害大气污染物进行监测并保存原始监测记录的；

（三）未按照规定安装、使用大气污染物排放自动监测设备或者未按照规定与环境保护主管部门的监控设备联网，并保证监测设备正常运行的；

（四）重点排污单位不公开或者不如实公开自动监测数据的；

（五）未按照规定设置大气污染物排放口的。

第一百零一条　违反本法规定，生产、进口、销售或者使用国家综合性产业政策目录中禁止的设备和产品，采用国家综合性产业政策目录中禁止的工艺，或者将淘汰的设备和产品转让给他人使用的，由县级以上人民政府经济综合主管部门、出入境检验检疫机构按照职责责令改正，没收违法所得，并处货值金额一倍以上三倍以下的罚款；拒不改正的，报经有批准权的人民政府批准，责令停业、关闭。进口行为构成走私的，由海关依法予以处罚。

第一百零二条　违反本法规定，煤矿未按照规定建设配套煤炭洗选设施的，由县级以上人民政府能源主管部门责令改正，处十万元以上一百万元以下的罚款；拒不改正的，报经有批准权的人民政府批准，责令停业、关闭。

违反本法规定，开采含放射性和砷等有毒有害物质超过规定标准的煤炭的，由县级以上人民政府按照国务院规定的权限责令停业、关闭。

第一百零三条　违反本法规定，有下列行为之一的，由县级以上地方人民政府质量监督、工商行政管理部门按照职责责令改正，没收原材料、产品和违法所得，并处货值金额一倍以上三倍以下的罚款：

（一）销售不符合质量标准的煤炭、石油焦的；

（二）生产、销售挥发性有机物含量不符合质量标准或者要求的原材料和产品的；

（三）生产、销售不符合标准的机动车船和非道路移动机械用燃料、发动机油、氮氧化物还原剂、燃料和润滑油添加剂以及其他添加剂的；

（四）在禁燃区内销售高污染燃料的。

第一百零四条　违反本法规定，有下列行为之一的，由出入境检验检疫机构责令改正，没收原材料、产品和违法所得，并处货值金额一倍以上三倍以下的罚款；构成走私的，由海关依法予以处罚：

（一）进口不符合质量标准的煤炭、石油焦的；

（二）进口挥发性有机物含量不符合质量标准或者要求的原材料和产品的；

（三）进口不符合标准的机动车船和非道路移动机械用燃料、发动机油、氮氧化物还原剂、燃料和润滑油添加剂以及其他添加剂的。

第一百零五条　违反本法规定，单位燃用不符合质量标准的煤炭、石油焦的，由县级以上人民政府环境保护主管部门责令改正，处货值金额一倍以上三倍以下的罚款。

第一百零六条　违反本法规定，使用不符合标准或者要求的船舶用燃油的，由海事管理机构、渔业主管部门按照职责处一万元以上十万元以下的罚款。

第一百零七条　违反本法规定，在禁燃区内新建、扩建燃用高污染燃料的设施，或者未按照规定停止燃用高污染燃料，或者在城市集中供热管网覆盖地区新建、扩建分散燃煤供热锅炉，或者未按照规定拆除已建成的不能达标排放的燃煤供热锅炉的，由县级以上地方人民政府环境保护主管部门没收燃用高污染燃料的设施，组织拆除燃煤供热锅炉，并处二万元以上二十万元以下的罚款。

违反本法规定，生产、进口、销售或者使用不符合规定标准或者要求的锅炉，由县级以上人民政府质量监督、环境保护主管部门责令改正，没收违法所得，并处二万元以上二十万元以下的罚款。

第一百零八条　违反本法规定，有下列行为之一的，由县级以上人民政府环境保护主管部门责令改正，处二万元以上二十万元以下的罚款；拒不改正的，责令停产整治：

（一）产生含挥发性有机物废气的生产和服务活动，未在密闭空间或者设备中进行，未按照规定安装、使用污染防治设施，或者未采取减少废气排放措施的；

（二）工业涂装企业未使用低挥发性有机物含量涂料或者未建立、保存台账的；

（三）石油、化工以及其他生产和使用有机溶剂的企业，未采取措施对管道、设备进行日常维护、维修，减少物料泄漏或者对泄漏的物料未及时收集处理的；

（四）储油储气库、加油加气站和油罐车、气罐车等，未按照国家有关规定安装并正常使用油气回收装置的；

（五）钢铁、建材、有色金属、石油、化工、制药、矿产开采等企业，未采取集中收集处理、密闭、围挡、遮盖、清扫、洒水等措施，控制、减少粉尘和气态污染物排放的；

（六）工业生产、垃圾填埋或者其他活动中产生的可燃性气体未回收利用，不具备回收利用条件未进行防治污染处理，或者可燃性气体回收利用装置不能正常作业，未及时修复或者更新的。

第一百零九条　违反本法规定，生产超过污染物排放标准的机动车、非道路移动机械的，由省级以上人民政府环境保护主管部门责令改正，没收违法所得，并处货值金额一倍以上三倍以下的罚款，没收销毁无法达到污染物排放标准的机动车、非道路移动机械；拒不改正的，责令停产整治，并由国务院机动车生产主管部门责令停止生产该车型。

违反本法规定，机动车、非道路移动机械生产企业对发动机、污染控制装置弄虚作假、以次充好，冒充排放检验合格产品出厂销售的，由省级以上人民政府环境保护主管部门责令停产整治，没收违法所得，并处货值金额一倍以上三倍以下的罚款，没收销毁无法达到污染物排放标准的机动车、非道路移动机械，并由国务院机动车生产主管部门责令停止生产该车型。

第一百一十条　违反本法规定，进口、销售超过污染物排放标准的机动车、非道路移动机械的，由县级以上人民政府工商行政管理部门、出入境检验检疫机构按照职责没收违法所得，并处货值金额一倍以上三倍以下的罚款，没收销毁无法达到污染物排放标准的机动车、非道路移动机械；进口行为构成走私的，由海关依法予以处罚。

违反本法规定，销售的机动车、非道路移动机械不符合污染物排放标准的，销售者应当负责修理、更换、退货；给购买者造成损失的，销售者应当赔偿损失。

第一百一十一条　违反本法规定，机动车生产、进口企业未按照规定向社会公布其生产、进口机动车车型的排放检验信息或者污染控制技术信息的，由省级以上人民政府环境保护主管部门责令改正，处五万元以上五十万元以下的罚款。

违反本法规定，机动车生产、进口企业未按照规定向社会公布其生产、进口机动车车型的有关维修技术信息的，由省级以上人民政府交通运输主管部门责令改正，处五万元以上五十万元以下的罚款。

第一百一十二条　违反本法规定，伪造机动车、非道路移动机械排放检验结果或者出具虚假排放检验报告的，由县级以上人民政府环境保护主管部门没收违法所得，并处十万元以上五十万元以下的罚款；情节严重的，由负责资质认定的部门取消其检验资格。

违反本法规定，伪造船舶排放检验结果或者出具虚假排放检验报告的，由海事管理机构依法予以处罚。

违反本法规定，以临时更换机动车污染控制装置等弄虚作假的方式通过机动车排放检验或者破坏机动车车载排放诊断系统的，由县级以上人民政府环境保护主管部门责令改正，对机动车所有人处五千元的罚款；对机动车维修单位处每辆机动车五千元的罚款。

第一百一十三条　违反本法规定，机动车驾驶人驾驶排放检验不合格的机动车上道路行驶的，由公安机关交通管理部门依法予以处罚。

第一百一十四条　违反本法规定，使用排放不合格的非道路移动机械，或者在用重型柴油车、非道路移动机械未按照规定加装、更换污染控制装置的，由县级以上人民政府环境保护等主管部门按照职责责令改正，处五千元的罚款。

违反本法规定，在禁止使用高排放非道路移动机械的区域使用高排放非道路移动机械的，由城市人民政府环境保护等主管部门依法予以处罚。

第一百一十五条　违反本法规定，施工单位有下列行为之一的，由县级以上人民政府住房城乡建设等主管部门按照职责责令改正，处一万元以上十万元以下的罚款；拒不改正的，责令停工整治：

（一）施工工地未设置硬质围挡，或者未采取覆盖、分段作业、择时施工、洒水抑尘、冲洗地面和车辆等有效防尘降尘措施的；

（二）建筑土方、工程渣土、建筑垃圾未及时清运，或者未采用密闭式防尘网遮盖的。

违反本法规定，建设单位未对暂时不能开工的建设用地的裸露地面进行覆盖，或者未对超过三个月不能开工的建设用地的裸露地面进行绿化、铺装或者遮盖的，由县级以上人民政府住房城乡建设等主管部门依照前款规定予以处罚。

第一百一十六条　违反本法规定，运输煤炭、垃圾、渣土、砂石、土方、灰浆等散装、流体物料的车辆，未采取密闭或者其他措施防止物料遗撒的，由县级以上地方人民政府确定的监督管理部门责令改正,处二千元以上二万元以下的罚款;拒不改正的,车辆不得上道路行驶。

第一百一十七条　违反本法规定,有下列行为之一的,由县级以上人民政府环境保护等主管部门按照职责责令改正,处一万元以上十万元以下的罚款;拒不改正的,责令停工整治或者停业整治:

(一)未密闭煤炭、煤矸石、煤渣、煤灰、水泥、石灰、石膏、砂土等易产生扬尘的物料的;

(二)对不能密闭的易产生扬尘的物料,未设置不低于堆放物高度的严密围挡,或者未采取有效覆盖措施防治扬尘污染的;

(三)装卸物料未采取密闭或者喷淋等方式控制扬尘排放的;

(四)存放煤炭、煤矸石、煤渣、煤灰等物料,未采取防燃措施的;

(五)码头、矿山、填埋场和消纳场未采取有效措施防治扬尘污染的;

(六)排放有毒有害大气污染物名录中所列有毒有害大气污染物的企业事业单位,未按照规定建设环境风险预警体系或者对排放口和周边环境进行定期监测、排查环境安全隐患并采取有效措施防范环境风险的;

(七)向大气排放持久性有机污染物的企业事业单位和其他生产经营者以及废弃物焚烧设施的运营单位,未按照国家有关规定采取有利于减少持久性有机污染物排放的技术方法和工艺,配备净化装置的;

(八)未采取措施防止排放恶臭气体的。

第一百一十八条　违反本法规定,排放油烟的餐饮服务业经营者未安装油烟净化设施、不正常使用油烟净化设施或者未采取其他油烟净化措施,超过排放标准排放油烟的,由县级以上地方人民政府确定的监督管理部门责令改正,处五千元以上五万元以下的罚款;拒不改正的,责令停业整治。

违反本法规定,在居民住宅楼、未配套设立专用烟道的商住综合楼、商住综合楼内与居住层相邻的商业楼层内新建、改建、扩建产生油烟、异味、废气的餐饮服务项目的,由县级以上地方人民政府确定的监督管理部门责令改正;拒不改正的,予以关闭,并处一万元以上十万元以下的罚款。

违反本法规定,在当地人民政府禁止的时段和区域内露天烧烤食品或者为露天烧烤食品提供场地的,由县级以上地方人民政府确定的监督管理部门责令改正,没收烧烤工具和违法所得,并处五百元以上二万元以下的罚款。

第一百一十九条　违反本法规定,在人口集中地区对树木、花草喷洒剧毒、高毒农药,或者露天焚烧秸秆、落叶等产生烟尘污染的物质的,由县级以上地方人民政府确定的监督管理部门责令改正,并可以处五百元以上二千元以下的罚款。

违反本法规定,在人口集中地区和其他依法需要特殊保护的区域内,焚烧沥青、油毡、橡胶、塑料、皮革、垃圾以及其他产生有毒有害烟尘和恶臭气体的物质的,由县级人民政府确定的监督管理部门责令改正,对单位处一万元以上十万元以下的罚款,对个人处五百元以上二千元以下的罚款。

违反本法规定,在城市人民政府禁止的时段和区域内燃放烟花爆竹的,由县级以上地方人民政府确定的监督管理部门依法予以处罚。

第一百二十条　违反本法规定,从事服装干洗和机动车维修等服务活动,未设置异味和废气处理装置等污染防治设施并保持正常使用,影响周边环境的,由县级以上地方人民政府环境保护主管部门责令改正,处二千元以上二万元以下的罚款;拒不改正的,责令停业整治。

第一百二十一条　违反本法规定，擅自向社会发布重污染天气预报预警信息，构成违反治安管理行为的，由公安机关依法予以处罚。

违反本法规定，拒不执行停止工地土石方作业或者建筑物拆除施工等重污染天气应急措施的，由县级以上地方人民政府确定的监督管理部门处一万元以上十万元以下的罚款。

第一百二十二条　违反本法规定，造成大气污染事故的，由县级以上人民政府环境保护主管部门依照本条第二款的规定处以罚款；对直接负责的主管人员和其他直接责任人员可以处上一年度从本企业事业单位取得收入百分之五十以下的罚款。

对造成一般或者较大大气污染事故的，按照污染事故造成直接损失的一倍以上三倍以下计算罚款；对造成重大或者特大大气污染事故的，按照污染事故造成的直接损失的三倍以上五倍以下计算罚款。

第一百二十三条　违反本法规定，企业事业单位和其他生产经营者有下列行为之一，受到罚款处罚，被责令改正，拒不改正的，依法作出处罚决定的行政机关可以自责令改正之日的次日起，按照原处罚数额按日连续处罚：

（一）未依法取得排污许可证排放大气污染物的；

（二）超过大气污染物排放标准或者超过重点大气污染物排放总量控制指标排放大气污染物的；

（三）通过逃避监管的方式排放大气污染物的；

（四）建筑施工或者贮存易产生扬尘的物料未采取有效措施防治扬尘污染的。

第一百二十四条　违反本法规定，对举报人以解除、变更劳动合同或者其他方式打击报复的，应当依照有关法律的规定承担责任。

第一百二十五条　排放大气污染物造成损害的，应当依法承担侵权责任。

第一百二十六条　地方各级人民政府、县级以上人民政府环境保护主管部门和其他负有大气环境保护监督管理职责的部门及其工作人员滥用职权、玩忽职守、徇私舞弊、弄虚作假的，依法给予处分。

第一百二十七条　违反本法规定，构成犯罪的，依法追究刑事责任。

第八章　附　　则

第一百二十八条　海洋工程的大气污染防治，依照《中华人民共和国海洋环境保护法》的有关规定执行。

第一百二十九条　本法自2016年1月1日起施行。

17.1.4　中华人民共和国环境噪声污染防治法

第一章　总　　则

第一条　防治环境噪声污染，保护和改善生活环境，保障人体健康，促进经济和社会发展，制定本法。

第二条　本法所称环境噪声，是指在工业生产、建筑施工、交通运输和社会生活中所产生的干扰周围生活环境的声音。本法所称环境噪声污染，是指所产生的环境噪声超过国家规定的环境噪声排放标准，并干扰他人正常生活、工作和学习的现象。

第三条　本法适用于中华人民共和国领域内环境噪声污染的防治。因从事本职生产、经营工作受到噪声危害的防治，不适用本法。

第四条　国务院和地方各级人民政府应当将环境噪声污染防治工作纳入环境保护规划，

并采取有利于声环境保护的经济、技术政策和措施。

第五条　地方各级人民政府在制定城乡建设规划时，应当充分考虑建设项目和区域开发、改造所产生的噪声对周围生活环境的影响，统筹规划，合理安排功能区和建设布局，防止或者减轻环境噪声污染。

第六条　国务院环境保护行政主管部门对全国环境噪声污染防治实施统一监督管理。县级以上地方人民政府环境保护行政主管部门对本行政区域内的环境噪声污染防治实施统一监督管理。各级公安、交通、铁路、民航等主管部门和港务监督机构，根据各自的职责，对交通运输和社会生活噪声污染防治实施监督管理。

第七条　任何单位和个人都有保护声环境的义务，并有权对造成环境噪声污染的单位和个人进行检举和控告。

第八条　国家鼓励、支持环境噪声污染防治的科学研究、技术开发，推广先进的防治技术和普及防治环境噪声污染的科学知识。

第九条　对在环境噪声污染防治方面成绩显著的单位和个人，由人民政府给予奖励。

第二章　环境噪声污染防治的监督管理

第十条　国务院环境保护行政主管部门分别不同的功能区制定国家声环境质量标准。县级以上地方人民政府根据国家声环境质量标准，划定本行政区域内各类声环境质量标准的适用区域，并进行管理。

第十一条　国务院环境保护行政主管部门根据国家声环境质量标准和国家经济、技术条件，制定国家环境噪声排放标准。

第十二条　城市规划部门在确定建设布局时，应当依据国家声环境质量标准和民用建筑隔声设计规范，合理划定建筑物与交通干线的防噪声距离，并提出相应的规划设计要求。

第十三条　新建、改建、扩建的建设项目，必须遵守国家有关建设项目环境保护管理的规定。

建设项目可能产生环境噪声污染的，建设单位必须提出环境影响报告书，规定环境噪声污染的防治措施，并按照国家规定的程序报环境保护行政主管部门批准。环境影响报告书中，应当有该建设项目所在地单位和居民的意见。

第十四条　建设项目的环境噪声污染防治设施必须与主体工程同时设计、同时施工、同时投产使用。建设项目在投入生产或者使用之前，其环境噪声污染防治设施必须经原审批环境影响报告书的环境保护行政主管部门验收；达不到国家规定要求的，该建设项目不得投入生产或者使用。

第十五条　产生环境噪声污染的企业事业单位，必须保持防治环境噪声污染的设施的正常使用；拆除或者闲置环境噪声污染防治设施的，必须事先报经所在地的县级以上地方人民政府环境保护行政主管部门批准。

第十六条　产生环境噪声污染的单位，应当采取措施进行治理，并按照国家规定缴纳超标准排污费。征收的超标准排污费必须用于污染的防治，不得挪作他用。

第十七条　对于在噪声敏感建筑物集中区域内造成严重环境噪声污染的企业事业单位，限期治理。被限期治理的单位必须按期完成治理任务。限期治理由县级以上人民政府按照国务院规定的权限决定。对小型企业事业单位的限期治理，可以由县级以上人民政府在国务院规定的权限内授权其环境保护行政主管部门决定。

第十八条　国家对环境噪声污染严重的落后设备实行淘汰制度。国务院经济综合主管部门应当会同国务院有关部门公布限期禁止生产、禁止销售、禁止进口的环境噪声污染严重的设备名录。生产者、销售者或者进口者必须在国务院经济综合主管部门会同国务院有关部门规定的期限内分别停止生产、销售或者进口列入前款规定的名录中的设备。

第十九条　在城市范围内从事生产活动确需排放偶发性强烈噪声的，必须事先向当地公安机关提出申请，经批准后方可进行。当地公安机关应当向社会公告。

第二十条　国务院环境保护行政主管部门应当建立环境噪声监测制度，制定监测规范，并会同有关部门组织监测网络。环境噪声监测机构应当按照国务院环境保护行政主管部门的规定报送环境噪声监测结果。

第二十一条　县级以上人民政府环境保护行政主管部门和其他环境噪声污染防治工作的监督管理部门、机构，有权依据各自的职责对管辖范围内排放环境噪声的单位进行现场检查。被检查的单位必须如实反映情况，并提供必要的资料。检查部门、机构应当为被检查的单位保守技术秘密和业务秘密。检查人员进行现场检查，应当出示证件。

第三章　工业噪声污染防治

第二十二条　本法所称工业噪声，是指在工业生产活动中使用固定设备时产生的干扰周围生活环境的声音。

第二十三条　在城市范围内向周围生活环境排放工业噪声的，应当符合国家规定的工业企业厂界环境噪声排放标准。

第二十四条　在工业生产中因使用固定设备造成环境噪声污染的工业企业，必须按照国务院环境保护行政主管部门的规定，向所在地县级以上地方人民政府环境保护行政主管部门申报拥有的造成环境噪声污染的设备的种类、数量以及在正常作业条件下所发出的噪声值和防治环境噪声污染的设施情况，并提供防治噪声污染的技术资料。造成环境噪声污染的设备的种类、数量、噪声值和防治设施有重大改变的，必须及时申报，并采取应有的防治措施。

第二十五条　产生环境噪声污染的工业企业，应当采取有效措施，减轻噪声对周围生活环境的影响。

第二十六条　国务院有关主管部门对可能产生环境噪声污染的工业设备，应当根据声环境保护的要求和国家的经济、技术条件，逐步在依法制定的产品的国家标准、行业标准中规定噪声限值。前款规定的工业设备运行时发出的噪声值，应当在有关技术文件中予以注明。

第四章　建筑施工噪声污染防治

第二十七条　本法所称建筑施工噪声，是指在建筑施工过程中产生的干扰周围生活环境的声音。

第二十八条　在城市市区范围内向周围生活环境排放建筑施工噪声的，应当符合国家规定的建筑施工场界环境噪声排放标准。

第二十九条　在城市市区范围内，建筑施工过程中使用机械设备，可能产生环境噪声污染的，施工单位必须在工程开工十五日以前向工程所在地县级以上地方人民政府环境保护行政主管部门申报该工程的项目名称、施工场所和期限、可能产生的环境噪声值以及所采取的环境噪声污染防治措施的情况。

第三十条　在城市市区噪声敏感建筑物集中区域内，禁止夜间进行产生环境噪声污染的建筑施工作业，但抢修、抢险作业和因生产工艺上要求或者特殊需要必须连续作业的除外。因特殊需要必须连续作业的，必须有县级以上人民政府或者其有关主管部门的证明。前款规定的夜间作业，必须公告附近居民。

第五章　交通运输噪声污染防治

第三十一条　本法所称交通运输噪声，是指机动车辆、铁路机车、机动船舶、航空器等交通运输工具在运行时所产生的干扰周围生活环境的声音。

第三十二条　禁止制造、销售或者进口超过规定的噪声限值的汽车。

第三十三条　在城市市区范围内行驶的机动车辆的消声器和喇叭必须符合国家规定的要求。机动车辆必须加强维修和保养，保持技术性能良好，防治环境噪声污染。

第三十四条　机动车辆在城市市区范围内行驶，机动船舶在城市市区的内河航道航行，铁路机车驶经或者进入城市市区、疗养区时，必须按照规定使用声响装置。警车、消防车、工程抢险车、救护车等机动车辆安装、使用警报器，必须符合国务院公安部门的规定；在执行非紧急任务时，禁止使用警报器。

第三十五条　城市人民政府公安机关可以根据本地城市市区区域声环境保护的需要，划定禁止机动车辆行驶和禁止其使用声响装置的路段和时间，并向社会公告。

第三十六条　建设经过已有的噪声敏感建筑物集中区域的高速公路和城市高架、轻轨道路，有可能造成环境噪声污染的，应当设置声屏障或者采取其他有效的控制环境噪声污染的措施。

第三十七条　在已有的城市交通干线的两侧建设噪声敏感建筑物的，建设单位应当按照国家规定间隔一定距离，并采取减轻、避免交通噪声影响的措施。

第三十八条　在车站、铁路编组站、港口、码头、航空港等地指挥作业时使用广播喇叭的，应当控制音量，减轻噪声对周围生活环境的影响。

第三十九条　穿越城市居民区、文教区的铁路，因铁路机车运行造成环境噪声污染的，当地城市人民政府应当组织铁路部门和其他有关部门，制定减轻环境噪声污染的规划。铁路部门和其他有关部门应当按照规划的要求，采取有效措施，减轻环境噪声污染。

第四十条　除起飞、降落或者依法规定的情形以外，民用航空器不得飞越城市市区上空。城市人民政府应当在航空器起飞、降落的净空周围划定限制建设噪声敏感建筑物的区域；在该区域内建设噪声敏感建筑物的，建设单位应当采取减轻、避免航空器运行时产生的噪声影响的措施。民航部门应当采取有效措施，减轻环境噪声污染。

第六章　社会生活噪声污染防治

第四十一条　本法所称社会生活噪声，是指人为活动所产生的除工业噪声、建筑施工噪声和交通运输噪声之外的干扰周围生活环境的声音。

第四十二条　在城市市区噪声敏感建筑物集中区域内，因商业经营活动中使用固定设备造成环境噪声污染的商业企业，必须按照国务院环境保护行政主管部门的规定，向所在地的县级以上地方人民政府环境保护行政主管部门申报拥有的造成环境噪声污染的设备的状况和防治环境噪声污染的设施的情况。

第四十三条　新建营业性文化娱乐场所的边界噪声必须符合国家规定的环境噪声排放标准；不符合国家规定的环境噪声排放标准的，文化行政主管部门不得核发文化经营许可证，工商行政管理部门不得核发营业执照。经营中的文化娱乐场所，其经营管理者必须采取有效措施，使其边界噪声不超过国家规定的环境噪声排放标准。

第四十四条　禁止在商业经营活动中使用高音广播喇叭或者采用其他发出高噪声的方法招揽顾客。在商业经营活动中使用空调器、冷却塔等可能产生环境噪声污染的设备、设施的，其经营管理者应当采取措施，使其边界噪声不超过国家规定的环境噪声排放标准。

第四十五条　禁止任何单位、个人在城市市区噪声敏感建设物集中区域内使用高音广播喇叭。在城市市区街道、广场、公园等公共场所组织娱乐、集会等活动，使用音响器材可能产生干扰周围生活环境的过大音量的，必须遵守当地公安机关的规定。

第四十六条　使用家用电器、乐器或者进行其他家庭室内娱乐活动时，应当控制音量或者采取其他有效措施，避免对周围居民造成环境噪声污染。

第四十七条　在已竣工交付使用的住宅楼进行室内装修活动，应当限制作业时间，并采取其他有效措施，以减轻、避免对周围居民造成环境噪声污染。

第七章　法律责任

第四十八条　违反本法第十四条的规定，建设项目中需要配套建设的环境噪声污染防治设施没有建成或者没有达到国家规定的要求，擅自投入生产或者使用的，由批准该建设项目的环境影响报告书的环境保护行政主管部门责令停止生产或者使用，可以并处罚款。

第四十九条　违反本法规定，拒报或者谎报规定的环境噪声排放申报事项的，县级以上地方人民政府环境保护行政主管部门可以根据不同情节，给予警告或者处以罚款。

第五十条　违反本法第十五条的规定，未经环境保护行政主管部门批准，擅自拆除或者闲置环境噪声污染防治设施，致使环境噪声排放超过规定标准的，由县级以上地方人民政府环境保护行政主管部门责令改正，并处罚款。

第五十一条　违反本法第十六条的规定，不按照国家规定缴纳超标准排污费的，县级以上地方人民政府环境保护行政主管部门可以根据不同情节，给予警告或者处以罚款。

第五十二条　违反本法第十七条的规定，对经限期治理逾期未完成治理任务的企业事业单位，除依照国家规定加收超标准排污费外，可以根据所造成的危害后果处以罚款，或者责令停业、搬迁、关闭。

前款规定的罚款由环境保护行政主管部门决定。

责令停业、搬迁、关闭由县级以上人民政府按照国务院规定的权限决定。

第五十三条　违反本法第十八条的规定，生产、销售、进口禁止生产、销售、进口的设备的，由县级以上人民政府经济综合主管部门责令改正；情节严重的，由县级以上人民政府经济综合主管部门提出意见，报请同级人民政府按照国务院规定的权限责令停业、关闭。

第五十四条　违反本法第十九条的规定，未经当地公安机关批准，进行产生偶发性强烈噪声活动的，由公安机关根据不同情节给予警告或者处以罚款。

第五十五条　排放环境噪声的单位违反本法第二十一条的规定，拒绝环境保护行政主管部门或者其他依照本法规定行使环境噪声监督管理权的部门、机构现场检查或者在被检查时弄虚作假的，环境保护行政主管部门或者其他依照本法规定行使环境噪声监督管理权的监督管理部门、机构可以根据不同情节，给予警告或者处以罚款。

第五十六条　建筑施工单位违反本法第三十条第一款的规定，在城市市区噪声敏感建筑的集中区域内，夜间进行禁止进行的产生环境噪声污染的建筑施工作业的，由工程所在地县级以上地方人民政府环境保护行政主管部门责令改正，可以并处罚款。

第五十七条　违反本法第三十四条的规定，机动车辆不按照规定使用声响装置的，由当地公安机关根据不同情节给予警告或者处以罚款。机动船舶有前款违法行为的，由港务监督机构根据不同情节给予警告或者处以罚款。铁路机车有第一款违法行为的，由铁路主管部门对有关责任人员给予行政处分。

第五十八条　违反本法规定，有下列行为之一的，由公安机关给予警告，可以并处罚款：

①在城市市区噪声敏感建筑物集中区域内使用高音广播喇叭；

②违反当地公安机关的规定，在城市市区街道、广场、公园等公共场所组织娱乐、集会等活动，使用音响器材，产生干扰周围生活环境的过大音量的；

③未按本法第四十六条和第四十七条规定采取措施，从家庭室内发出严重干扰周围居民生活的环境噪声的。

第五十九条　违反本法第四十三条第二款、第四十四条第二款的规定，造成环境噪声污染的，由县级以上地方人民政府环境保护行政主管部门责令改正，可以并处罚款。

第六十条　违反本法第四十四条第一款的规定，造成环境噪声污染的，由公安机关责令改正，可以并处罚款。省级以上人民政府依法决定由县级以上地方人民政府环境保护行政主管部门行使前款规定的行政处罚权的，从其决定。

第六十一条　受到环境噪声污染危害的单位和个人，有权要求加害人排除危害；造成损失的，依法赔偿损失。赔偿责任和赔偿金额的纠纷，可以根据当事人的请求，由环境保护行政主管部门或者其他环境噪声污染防治工作的监督管理部门、机构调解处理；调解不成的，当事人可以向人民法院起诉。当事人也可以直接向人民法院起诉。

第六十二条　环境噪声污染防治监督管理人员滥用职权、玩忽职守、徇私舞弊的，由其所在单位或者上级主管机关给予行政处分；构成犯罪的，依法追究刑事责任。

第八章　附　　则

第六十三条　本法中下列用语的含义是：

①噪声排放，是指噪声源向周围生活环境辐射噪声。

②噪声敏感建筑物，是指医院、学校、机关、科研单位、住宅等需要保持安静的建筑物。

③噪声敏感建筑物集中区域，是指医疗区、文教科研区和以机关或者居民住宅为主的区域。

④夜间，是指晚二十二点至晨六点之间的期间。

⑤机动车辆，是指汽车和摩托车。

第六十四条　本法自1997年3月1日起施行。1989年9月26日国务院发布的《中华人民共和国环境噪声污染防治条例》同时废止。

典型例题解析

【例17-4】　(2007)《中华人民共和国环境噪声污染防治法》不适用于：

A.从事本职生产、经营工作受到噪声危害的防治

B.交通运输噪声污染的防治

C.工业生产噪声污染的防治

D.建筑施工噪声污染的防治

解　根据《中华人民共和国环境噪声污染防治法》第二条规定：本法所称环境噪声，是指在工业生产、建筑施工、交通运输和社会生活中所产生的干扰周围生活环境的声音。第三条规定：因从事本职生产、经营工作受到噪声危害的防治，不适用本法。选A。

17.1.5　中华人民共和国固体废物污染环境防治法(2016年修订版)

第一章　总　　则

第一条　为了防治固体废物污染环境，保障人体健康，维护生态安全，促进经济社会可持

续发展，制定本法。

第二条 本法适用于中华人民共和国境内固体废物污染环境的防治。固体废物污染海洋环境的防治和放射性固体废物污染环境的防治不适用本法。

第三条 国家对固体废物污染环境的防治，实行减少固体废物的产生量和危害性、充分合理利用固体废物和无害化处置固体废物的原则，促进清洁生产和循环经济发展。国家采取有利于固体废物综合利用活动的经济、技术政策和措施，对固体废物实行充分回收和合理利用。国家鼓励、支持采取有利于保护环境的集中处置固体废物的措施，促进固体废物污染环境防治产业发展。

第四条 县级以上人民政府应当将固体废物污染环境防治工作纳入国民经济和社会发展计划，并采取有利于固体废物污染环境防治的经济、技术政策和措施。国务院有关部门、县级以上地方人民政府及其有关部门组织编制城乡建设、土地利用、区域开发、产业发展等规划，应当统筹考虑减少固体废物的产生量和危害性、促进固体废物的综合利用和无害化处置。

第五条 国家对固体废物污染环境防治实行污染者依法负责的原则。产品的生产者、销售者、进口者、使用者对其产生的固体废物依法承担污染防治责任。

第六条 国家鼓励、支持固体废物污染环境防治的科学研究、技术开发、推广先进的防治技术和普及固体废物污染环境防治的科学知识。各级人民政府应当加强防治固体废物污染环境的宣传教育，倡导有利于环境保护的生产方式和生活方式。

第七条 国家鼓励单位和个人购买、使用再生产品和可重复利用产品。

第八条 各级人民政府对在固体废物污染环境防治工作以及相关的综合利用活动中作出显著成绩的单位和个人给予奖励。

第九条 任何单位和个人都有保护环境的义务，并有权对造成固体废物污染环境的单位和个人进行检举和控告。

第十条 国务院环境保护行政主管部门对全国固体废物污染环境的防治工作实施统一监督管理。国务院有关部门在各自的职责范围内负责固体废物污染环境防治的监督管理工作。县级以上地方人民政府环境保护行政主管部门对本行政区域内固体废物污染环境的防治工作实施统一监督管理。县级以上地方人民政府有关部门在各自的职责范围内负责固体废物污染环境防治的监督管理工作。国务院建设行政主管部门和县级以上地方人民政府环境卫生行政主管部门负责生活垃圾清扫、收集、贮存、运输和处置的监督管理工作。

第二章 固体废物污染环境防治的监督管理

第十一条 国务院环境保护行政主管部门会同国务院有关行政主管部门根据国家环境质量标准和国家经济、技术条件，制定国家固体废物污染环境防治技术标准。

第十二条 国务院环境保护行政主管部门建立固体废物污染环境监测制度，制定统一的监测规范，并会同有关部门组织监测网络。大、中城市人民政府环境保护行政主管部门应当定期发布固体废物的种类、产生量、处置状况等信息。

第十三条 建设产生固体废物的项目以及建设贮存、利用、处置固体废物的项目，必须依法进行环境影响评价，并遵守国家有关建设项目环境保护管理的规定。

第十四条 建设项目的环境影响评价文件确定需要配套建设的固体废物污染环境防治设施，必须与主体工程同时设计、同时施工、同时投入使用。固体废物污染环境防治设施必须经原审批环境影响评价文件的环境保护行政主管部门验收合格后，该建设项目方可投入生产或者使用。对固体废物污染环境防治设施的验收应当与对主体工程的验收同时进行。

第十五条　县级以上人民政府环境保护行政主管部门和其他固体废物污染环境防治工作的监督管理部门，有权依据各自的职责对管辖范围内与固体废物污染环境防治有关的单位进行现场检查。被检查的单位应当如实反映情况，提供必要的资料。检查机关应当为被检查的单位保守技术秘密和业务秘密。检查机关进行现场检查时，可以采取现场监测、采集样品、查阅或者复制与固体废物污染环境防治相关的资料等措施。检查人员进行现场检查，应当出示证件。

第三章　固体废物污染环境的防治

第一节　一般规定

第十六条　产生固体废物的单位和个人，应当采取措施，防止或者减少固体废物对环境的污染。

第十七条　收集、贮存、运输、利用、处置固体废物的单位和个人，必须采取防扬散、防流失、防渗漏或者其他防止污染环境的措施；不得擅自倾倒、堆放、丢弃、遗撒固体废物。禁止任何单位或者个人向江河、湖泊、运河、渠道、水库及其最高水位线以下的滩地和岸坡等法律、法规规定禁止倾倒、堆放废弃物的地点倾倒、堆放固体废物。

第十八条　产品和包装物的设计、制造，应当遵守国家有关清洁生产的规定。国务院标准化行政主管部门应当根据国家经济和技术条件、固体废物污染环境防治状况以及产品的技术要求，组织制定有关标准，防止过度包装造成环境污染。生产、销售、进口依法被列入强制回收目录的产品和包装物的企业，必须按照国家有关规定对该产品和包装物进行回收。

第十九条　国家鼓励科研、生产单位研究、生产易回收利用、易处置或者在环境中可降解的薄膜覆盖物和商品包装物。使用农用薄膜的单位和个人，应当采取回收利用等措施，防止或者减少农用薄膜对环境的污染。

第二十条　从事畜禽规模养殖应当按照国家有关规定收集、贮存、利用或者处置养殖过程中产生的畜禽粪便，防止污染环境。禁止在人口集中地区、机场周围、交通干线附近以及当地人民政府划定的区域露天焚烧秸秆。

第二十一条　对收集、贮存、运输、处置固体废物的设施、设备和场所，应当加强管理和维护，保证其正常运行和使用。

第二十二条　在国务院和国务院有关主管部门及省、自治区、直辖市人民政府划定的自然保护区、风景名胜区、饮用水水源保护区、基本农田保护区和其他需要特别保护的区域内，禁止建设工业固体废物集中贮存、处置的设施、场所和生活垃圾填埋场。

第二十三条　转移固体废物出省、自治区、直辖市行政区域贮存、处置的，应当向固体废物移出地的省、自治区、直辖市人民政府环境保护行政主管部门提出申请。移出地的省、自治区、直辖市人民政府环境保护行政主管部门应当商经接受地的省、自治区、直辖市人民政府环境保护行政主管部门同意后，方可批准转移该固体废物出省、自治区、直辖市行政区域。未经批准的，不得转移。

第二十四条　禁止中华人民共和国境外的固体废物进境倾倒、堆放、处置。

第二十五条　禁止进口不能用作原料或者不能以无害化方式利用的固体废物；对可以用作原料的固体废物实行限制进口和非限制进口分类管理。国务院环境保护行政主管部门会同国务院对外贸易主管部门、国务院经济综合宏观调控部门、海关总署、国务院质量监督检验检疫部门制定、调整并公布禁止进口、限制进口和非限制进口的固体废物目录。禁止进口列入禁止进口目录的固体废物。进口列入限制进口目录的固体废物，应当经国务院环境保护行政主管部门会同国务院对外贸易主管部门审查许可。进口的固体废物必须符合国家环境保护标准，并经质量监督检验检疫部门检验合格。进口固体废物的具体管理办法，由国务院环境保护行政主管部门会同国务院对外贸易主管部门、国务院经济综合宏观调控部门、海关总署、国务院质量监督检验检疫部门制定。

第二十六条　进口者对海关将其所进口的货物纳入固体废物管理范围不服的，可以依法申请行政复议，也可以向人民法院提起行政诉讼。

第二节　工业固体废物污染环境的防治

第二十七条　国务院环境保护行政主管部门应当会同国务院经济综合宏观调控部门和其他有关部门对工业固体废物对环境的污染作出界定，制定防治工业固体废物污染环境的技术政策，组织推广先进的防治工业固体废物污染环境的生产工艺和设备。

第二十八条　国务院经济综合宏观调控部门应当会同国务院有关部门组织研究、开发和推广减少工业固体废物产生量和危害性的生产工艺和设备，公布限期淘汰产生严重污染环境的工业固体废物的落后生产工艺、落后设备的名录。生产者、销售者、进口者、使用者必须在国务院经济综合宏观调控部门会同国务院有关部门规定的期限内分别停止生产、销售、进口或者使用列入前款规定的名录中的设备。生产工艺的采用者必须在国务院经济综合宏观调控部门会同国务院有关部门规定的期限内停止采用列入前款规定的名录中的工艺。列入限期淘汰名录被淘汰的设备，不得转让给他人使用。

第二十九条　县级以上人民政府有关部门应当制定工业固体废物污染环境防治工作规划，推广能够减少工业固体废物产生量和危害性的先进生产工艺和设备，推动工业固体废物污染环境防治工作。

第三十条　产生工业固体废物的单位应当建立、健全污染环境防治责任制度，采取防治工业固体废物污染环境的措施。

第三十一条　企业事业单位应当合理选择和利用原材料、能源和其他资源，采用先进的生产工艺和设备，减少工业固体废物产生量，降低工业固体废物的危害性。

第三十二条　国家实行工业固体废物申报登记制度。产生工业固体废物的单位必须按照国务院环境保护行政主管部门的规定，向所在地县级以上地方人民政府环境保护行政主管部门提供工业固体废物的种类、产生量、流向、贮存、处置等有关资料。前款规定的申报事项有重大改变的，应当及时申报。

第三十三条　企业事业单位应当根据经济、技术条件对其产生的工业固体废物加以利用；对暂时不利用或者不能利用的，必须按照国务院环境保护行政主管部门的规定建设贮存设施、场所，安全分类存放，或者采取无害化处置措施。建设工业固体废物贮存、处置的设施、场所，必须符合国家环境保护标准。

第三十四条　禁止擅自关闭、闲置或者拆除工业固体废物污染环境防治设施、场所；确有必要关闭、闲置或者拆除的，必须经所在地县级以上地方人民政府环境保护行政主管部门核准，并采取措施，防止污染环境。

第三十五条　产生工业固体废物的单位需要终止的，应当事先对工业固体废物的贮存、处置的设施、场所采取污染防治措施，并对未处置的工业固体废物作出妥善处置，防止污染环境。产生工业固体废物的单位发生变更的，变更后的单位应当按照国家有关环境保护的规定对未处置的工业固体废物及其贮存、处置的设施、场所进行安全处置或者采取措施保证该设施、场所安全运行。变更前当事人对工业固体废物及其贮存、处置的设施、场所的污染防治责任另有约定的，从其约定；但是，不得免除当事人的污染防治义务。对本法施行前已经终止的单位未处置的工业固体废物及其贮存、处置的设施、场所进行安全处置的费用，由有关人民政府承担；但是，该单位享有的土地使用权依法转让的，应当由土地使用权受让人承担处置费用。当事人另有约定的，从其约定；但是，不得免除当事人的污染防治义务。

第三十六条　矿山企业应当采取科学的开采方法和选矿工艺，减少尾矿、矸石、废石等矿业固体废物的产生量和贮存量。尾矿、矸石、废石等矿业固体废物贮存设施停止使用后，矿山企业应当按照国家有关环境保护规定进行封场，防止造成环境污染和生态破坏。

第三十七条　拆解、利用、处置废弃电器产品和废弃机动车船，应当遵守有关法律、法规的规定，采取措施，防止污染环境。

第三节　生活垃圾污染环境的防治

第三十八条　县级以上人民政府应当统筹安排建设城乡生活垃圾收集、运输、处置设施，提高生活垃圾的利用率和无害化处置率，促进生活垃圾收集、处置的产业化发展，逐步建立和完善生活垃圾污染环境防治的社会服务体系。

第三十九条　县级以上地方人民政府环境卫生行政主管部门应当组织对城市生活垃圾进行清扫、收集、运输和处置，可以通过招标等方式选择具备条件的单位从事生活垃圾的清扫、收集、运输和处置。

第四十条　对城市生活垃圾应当按照环境卫生行政主管部门的规定，在指定的地点放置，不得随意倾倒、抛撒或者堆放。

第四十一条　清扫、收集、运输、处置城市生活垃圾，应当遵守国家有关环境保护和环境卫生管理的规定，防止污染环境。

第四十二条　对城市生活垃圾应当及时清运，逐步做到分类收集和运输，并积极开展合理利用和实施无害化处置。

第四十三条　城市人民政府应当有计划地改进燃料结构，发展城市煤气、天然气、液化气和其他清洁能源。城市人民政府有关部门应当组织净菜进城，减少城市生活垃圾。城市人民政府有关部门应当统筹规划，合理安排收购网点，促进生活垃圾的回收利用工作。

第四十四条　建设生活垃圾处置的设施、场所，必须符合国务院环境保护行政主管部门和国务院建设行政主管部门规定的环境保护和环境卫生标准。

禁止擅自关闭、闲置或者拆除生活垃圾处置的设施、场所；确有必要关闭、闲置或者拆除的，必须经所在地的市、县级人民政府环境卫生行政主管部门商所在地环境保护行政主管部门同意后核准，并采取措施，防止污染环境。

第四十五条　从生活垃圾中回收的物质必须按照国家规定的用途或者标准使用，不得用于生产可能危害人体健康的产品。

第四十六条　工程施工单位应当及时清运工程施工过程中产生的固体废物，并按照环境卫生行政主管部门的规定进行利用或者处置。

第四十七条　从事公共交通运输的经营单位，应当按照国家有关规定，清扫、收集运输过程中产生的生活垃圾。

第四十八条　从事城市新区开发、旧区改建和住宅小区开发建设的单位，以及机场、码头、车站、公园、商店等公共设施、场所的经营管理单位，应当按照国家有关环境卫生的规定，配套建设生活垃圾收集设施。

第四十九条　农村生活垃圾污染环境防治的具体办法，由地方性法规规定。

第四章　危险废物污染环境防治的特别规定

第五十条　危险废物污染环境的防治，适用本章规定；本章未作规定的，适用本法其他有关规定。

第五十一条　国务院环境保护行政主管部门应当会同国务院有关部门制定国家危险废物名录，规定统一的危险废物鉴别标准、鉴别方法和识别标志。

第五十二条　对危险废物的容器和包装物以及收集、贮存、运输、处置危险废物的设施、场所，必须设置危险废物识别标志。

第五十三条　产生危险废物的单位，必须按照国家有关规定制定危险废物管理计划，并向所在地县级以上地方人民政府环境保护行政主管部门申报危险废物的种类、产生量、流向、贮存、处置等有关资料。前款所称危险废物管理计划应当包括减少危险废物产生量和危害性的措施以及危险废物贮存、利用、处置措施。危险废物管理计划应当报产生危险废物的单位所在地县级以上地方人民政府环境保护行政主管部门备案。本条规定的申报事项或者危险废物管理计划内容有重大改变的，应当及时申报。

第五十四条　国务院环境保护行政主管部门会同国务院经济综合宏观调控部门组织编制危险废物集中处置设施、场所的建设规划，报国务院批准后实施。县级以上地方人民政府应当依据危险废物集中处置设施、场所的建设规划组织建设危险废物集中处置设施、场所。

第五十五条　产生危险废物的单位，必须按照国家有关规定处置危险废物，不得擅自倾倒、堆放；不处置的，由所在地县级以上地方人民政府环境保护行政主管部门责令限期改正；逾期不处置或者处置不符合国家有关规定的，由所在地县级以上地方人民政府环境保护行政主管部门指定单位按照国家有关规定代为处置，处置费用由产生危险废物的单位承担。

第五十六条　以填埋方式处置危险废物不符合国务院环境保护行政主管部门规定的，应当缴纳危险废物排污费。危险废物排污费征收的具体办法由国务院规定。危险废物排污费用于污染环境的防治，不得挪作他用。

第五十七条　从事收集、贮存、处置危险废物经营活动的单位，必须向县级以上人民政府环境保护行政主管部门申请领取经营许可证；从事利用危险废物经营活动的单位，必须向国务院环境保护行政主管部门或者省、自治区、直辖市人民政府环境保护行政主管部门申请领取经营许可证。具体管理办法由国务院规定。禁止无经营许可证或者不按照经营许可证规定从事危险废物收集、贮存、利用、处置的经营活动。禁止将危险废物提供或者委托给无经营许可证的单位从事收集、贮存、利用、处置的经营活动。

第五十八条　收集、贮存危险废物，必须按照危险废物特性分类进行。禁止混合收集、贮存、运输、处置性质不相容而未经安全性处置的危险废物。贮存危险废物必须采取符合国家环境保护标准的防护措施，并不得超过一年；确需延长期限的，必须报经原批准经营许可证的环境保护行政主管部门批准；法律、行政法规另有规定的除外。禁止将危险废物混入非危险废物中贮存。

第五十九条　转移危险废物的，必须按照国家有关规定填写危险废物转移联单。跨省、自治区、直辖市转移危险废物的，应当向危险废物移出地省、自治区、直辖市人民政府环境保护行政主管部门申请。移出地省、自治区、直辖市人民政府环境保护行政主管部门应当商经接受地省、自治区、直辖市人民政府环境保护行政主管部门同意后，方可批准转移该危险废物。未经批准的，不得转移。

转移危险废物途经移出地、接受地以外行政区域的，危险废物移出地设区的市级以上地方人民政府环境保护行政主管部门应当及时通知沿途经过的设区的市级以上地方人民政府环境保护行政主管部门。

第六十条　运输危险废物,必须采取防止污染环境的措施,并遵守国家有关危险货物运输管理的规定。禁止将危险废物与旅客在同一运输工具上载运。

第六十一条　收集、贮存、运输、处置危险废物的场所、设施、设备和容器、包装物及其他物品转作他用时,必须经过消除污染的处理,方可使用。

第六十二条　产生、收集、贮存、运输、利用、处置危险废物的单位,应当制定意外事故的防范措施和应急预案,并向所在地县级以上地方人民政府环境保护行政主管部门备案;环境保护行政主管部门应当进行检查。

第六十三条　因发生事故或者其他突发性事件,造成危险废物严重污染环境的单位,必须立即采取措施消除或者减轻对环境的污染危害,及时通报可能受到污染危害的单位和居民,并向所在地县级以上地方人民政府环境保护行政主管部门和有关部门报告,接受调查处理。

第六十四条　在发生或者有证据证明可能发生危险废物严重污染环境、威胁居民生命财产安全时,县级以上地方人民政府环境保护行政主管部门或者其他固体废物污染环境防治工作的监督管理部门必须立即向本级人民政府和上一级人民政府有关行政主管部门报告,由人民政府采取防止或者减轻危害的有效措施。有关人民政府可以根据需要责令停止导致或者可能导致环境污染事故的作业。

第六十五条　重点危险废物集中处置设施、场所的退役费用应当预提,列入投资概算或者经营成本。具体提取和管理办法,由国务院财政部门、价格主管部门会同国务院环境保护行政主管部门规定。

第六十六条　禁止经中华人民共和国过境转移危险废物。

第五章　法律责任

第六十七条　县级以上人民政府环境保护行政主管部门或者其他固体废物污染环境防治工作的监督管理部门违反本法规定,有下列行为之一的,由本级人民政府或者上级人民政府有关行政主管部门责令改正,对负有责任的主管人员和其他直接责任人员依法给予行政处分;构成犯罪的,依法追究刑事责任:(一)不依法作出行政许可或者办理批准文件的;(二)发现违法行为或者接到对违法行为的举报后不予查处的;(三)有不依法履行监督管理职责的其他行为的。

第六十八条　违反本法规定,有下列行为之一的,由县级以上人民政府环境保护行政主管部门责令停止违法行为,限期改正,处以罚款:(一)不按照国家规定申报登记工业固体废物,或者在申报登记时弄虚作假的;(二)对暂时不利用或者不能利用的工业固体废物未建设贮存的设施、场所安全分类存放,或者未采取无害化处置措施的;(三)将列入限期淘汰名录被淘汰的设备转让给他人使用的;(四)擅自关闭、闲置或者拆除工业固体废物污染环境防治设施、场所的;(五)在自然保护区、风景名胜区、饮用水水源保护区、基本农田保护区和其他需要特别保护的区域内,建设工业固体废物集中贮存、处置的设施、场所和生活垃圾填埋场的;(六)擅自转移固体废物出省、自治区、直辖市行政区域贮存、处置的;(七)未采取相应防范措施,造成工业固体废物扬散、流失、渗漏或者造成其他环境污染的;(八)在运输过程中沿途丢弃、遗撒工业固体废物的。有前款第一项、第八项行为之一的,处五千元以上五万元以下的罚款;有前款第二项、第三项、第四项、第五项、第六项、第七项行为之一的,处一万元以上十万元以下的罚款。

第六十九条　违反本法规定,建设项目需要配套建设的固体废物污染环境防治设施未建成、未经验收或者验收不合格，主体工程即投入生产或者使用的，由审批该建设项目环境影响评价文件的环境保护行政主管部门责令停止生产或者使用，可以并处十万元以下的罚款。

第七十条　违反本法规定，拒绝县级以上人民政府环境保护行政主管部门或者其他固体废物污染环境防治工作的监督管理部门现场检查的，由执行现场检查的部门责令限期改正；拒不改正或者在检查时弄虚作假的，处二千元以上二万元以下的罚款。

第七十一条　从事畜禽规模养殖未按照国家有关规定收集、贮存、处置畜禽粪便，造成环境污染的，由县级以上地方人民政府环境保护行政主管部门责令限期改正，可以处五万元以下的罚款。

第七十二条　违反本法规定，生产、销售、进口或者使用淘汰的设备，或者采用淘汰的生产工艺的，由县级以上人民政府经济综合宏观调控部门责令改正；情节严重的，由县级以上人民政府经济综合宏观调控部门提出意见，报请同级人民政府按照国务院规定的权限决定停业或者关闭。

第七十三条　尾矿、矸石、废石等矿业固体废物贮存设施停止使用后，未按照国家有关环境保护规定进行封场的，由县级以上地方人民政府环境保护行政主管部门责令限期改正，可以处五万元以上二十万元以下的罚款。

第七十四条　违反本法有关城市生活垃圾污染环境防治的规定，有下列行为之一的，由县级以上地方人民政府环境卫生行政主管部门责令停止违法行为，限期改正，处以罚款：(一)随意倾倒、抛撒或者堆放生活垃圾的；(二)擅自关闭、闲置或者拆除生活垃圾处置设施、场所的；(三)工程施工单位不及时清运施工过程中产生的固体废物，造成环境污染的；(四)工程施工单位不按照环境卫生行政主管部门的规定对施工过程中产生的固体废物进行利用或者处置的；(五)在运输过程中沿途丢弃、遗撒生活垃圾的。单位有前款第一项、第三项、第五项行为之一的，处五千元以上五万元以下的罚款；有前款第二项、第四项行为之一的，处一万元以上十万元以下的罚款。个人有前款第一项、第五项行为之一的，处二百元以下的罚款。

第七十五条　违反本法有关危险废物污染环境防治的规定，有下列行为之一的，由县级以上人民政府环境保护行政主管部门责令停止违法行为，限期改正，处以罚款：(一)不设置危险废物识别标志的；(二)不按照国家规定申报登记危险废物，或者在申报登记时弄虚作假的；(三)擅自关闭、闲置或者拆除危险废物集中处置设施、场所的；(四)不按照国家规定缴纳危险废物排污费的；(五)将危险废物提供或者委托给无经营许可证的单位从事经营活动的；(六)不按照国家规定填写危险废物转移联单或者未经批准擅自转移危险废物的；(七)将危险废物混入非危险废物中贮存的；(八)未经安全性处置，混合收集、贮存、运输、处置具有不相容性质的危险废物的；(九)将危险废物与旅客在同一运输工具上载运的；(十)未经消除污染的处理将收集、贮存、运输、处置危险废物的场所、设施、设备和容器、包装物及其他物品转作他用的；(十一)未采取相应防范措施，造成危险废物扬散、流失、渗漏或者造成其他环境污染的；(十二)在运输过程中沿途丢弃、遗撒危险废物的；(十三)未制定危险废物意外事故防范措施和应急预案的。有前款第一项、第二项、第七项、第八项、第九项、第十项、第十一项、第十二项、第十三项行为之一的，处一万元以上十万元以下的罚款；有前款第三项、第五项、第六项行为之一的，处二万元以上二十万元以下的罚款；有前款第四项行为的，限期缴纳，逾期不缴纳的，处应缴纳危险废物排污费金额一倍以上三倍以下的罚款。

第七十六条　违反本法规定，危险废物产生者不处置其产生的危险废物又不承担依法应当承担的处置费用的，由县级以上地方人民政府环境保护行政主管部门责令限期改正，处代为处置费用一倍以上三倍以下的罚款。

第七十七条　无经营许可证或者不按照经营许可证规定从事收集、贮存、利用、处置危险废物经营活动的，由县级以上人民政府环境保护行政主管部门责令停止违法行为，没收违法所得，可以并处违法所得三倍以下的罚款。不按照经营许可证规定从事前款活动的，还可以由发证机关吊销经营许可证。

第七十八条　违反本法规定，将中华人民共和国境外的固体废物进境倾倒、堆放、处置的，进口属于禁止进口的固体废物或者未经许可擅自进口属于限制进口的固体废物用作原料的，由海关责令退运该固体废物，可以并处十万元以上一百万元以下的罚款；构成犯罪的，依法追究刑事责任。进口者不明的，由承运人承担退运该固体废物的责任，或者承担该固体废物的处置费用。逃避海关监管将中华人民共和国境外的固体废物运输进境，构成犯罪的，依法追究刑事责任。

第七十九条　违反本法规定，经中华人民共和国过境转移危险废物的，由海关责令退运该危险废物，可以并处五万元以上五十万元以下的罚款。

第八十条　对已经非法入境的固体废物，由省级以上人民政府环境保护行政主管部门依法向海关提出处理意见，海关应当依照本法第七十八条的规定作出处罚决定；已经造成环境污染的，由省级以上人民政府环境保护行政主管部门责令进口者消除污染。

第八十一条　违反本法规定，造成固体废物严重污染环境的，由县级以上人民政府环境保护行政主管部门按照国务院规定的权限决定限期治理；逾期未完成治理任务的，由本级人民政府决定停业或者关闭。

第八十二条　违反本法规定，造成固体废物污染环境事故的，由县级以上人民政府环境保护行政主管部门处二万元以上二十万元以下的罚款；造成重大损失的，按照直接损失的百分之三十计算罚款，但是最高不超过一百万元，对负有责任的主管人员和其他直接责任人员，依法给予行政处分；造成固体废物污染环境重大事故的，并由县级以上人民政府按照国务院规定的权限决定停业或者关闭。

第八十三条　违反本法规定，收集、贮存、利用、处置危险废物，造成重大环境污染事故，构成犯罪的，依法追究刑事责任。

第八十四条　受到固体废物污染损害的单位和个人，有权要求依法赔偿损失。赔偿责任和赔偿金额的纠纷，可以根据当事人的请求，由环境保护行政主管部门或者其他固体废物污染环境防治工作的监督管理部门调解处理；调解不成的，当事人可以向人民法院提起诉讼。当事人也可以直接向人民法院提起诉讼。国家鼓励法律服务机构对固体废物污染环境诉讼中的受害人提供法律援助。

第八十五条　造成固体废物污染环境的，应当排除危害，依法赔偿损失，并采取措施恢复环境原状。

第八十六条　因固体废物污染环境引起的损害赔偿诉讼，由加害人就法律规定的免责事由及其行为与损害结果之间不存在因果关系承担举证责任。

第八十七条　固体废物污染环境的损害赔偿责任和赔偿金额的纠纷，当事人可以委托环境监测机构提供监测数据。环境监测机构应当接受委托，如实提供有关监测数据。

第六章　附　　则

第八十八条　本法下列用语的含义：(一)固体废物，是指在生产、生活和其他活动中产生的丧失原有利用价值或者虽未丧失利用价值但被抛弃或者放弃的固态、半固态和置于容器中的气态的物品、物质以及法律、行政法规规定纳入固体废物管理的物品、物质。(二)工业固体废物，是指在工业生产活动中产生的固体废物。(三)生活垃圾，是指在日常生活中或者为日常生活提供服务的活动中产生的固体废物以及法律、行政法规规定视为生活垃圾的固体废物。(四)危险废物，是指列入国家危险废物名录或者根据国家规定的危险废物鉴别标准和鉴别方法认定的具有危险特性的固体废物。(五)贮存，是指将固体废物临时置于特定设施或者场所中的活动。(六)处置，是指将固体废物焚烧和用其他改变固体废物的物理、化学、生物特性的方法，达到减少已产生的固体废物数量、缩小固体废物体积、减少或者消除其危险成份的活动，或者将固体废物最终置于符合环境保护规定要求的填埋场的活动。(七)利用，是指从固体废物中提取物质作为原材料或者燃料的活动。

第八十九条　液态废物的污染防治，适用本法；但是，排入水体的废水的污染防治适用有关法律，不适用本法。

第九十条　中华人民共和国缔结或者参加的与固体废物污染环境防治有关的国际条约与本法有不同规定的，适用国际条约的规定；但是，中华人民共和国声明保留的条款除外。

第九十一条　本法自 2005 年 4 月 1 日起施行。

【例 17-5】 (2014)下列哪项不符合《中华人民共和国固体废物污染环境防治法》中生活垃圾污染环境的防治规定：

A. 从生活垃圾中回收的物质必须按照国家规定的用途或者标准使用，不得用于生产可能危害人体健康的产品

B. 清扫、收集、运输、处置城市生活垃圾，应当遵守国家有关环境保护和环境卫生管理的规定，防止污染环境

C. 城市生活垃圾不得随意倾倒、抛撒或者堆放

D. 工程施工单位生产的固体废物，因为主要为无机物质，可以随意堆放

解　工程施工单位应当及时清运工程施工过程中产生的固体废物，并按照环境卫生行政主管部门的规定进行利用或者处置。选 D。

17.1.6 中华人民共和国海洋污染防治法(2016 年修订版)

第一章　总　　则

第一条　为了保护和改善海洋环境，保护海洋资源，防治污染损害，维护生态平衡，保障人体健康，促进经济和社会的可持续发展，制定本法。

第二条　本法适用于中华人民共和国内水、领海、毗连区、专属经济区、大陆架以及中华人民共和国管辖的其他海域。

在中华人民共和国管辖海域内从事航行、勘探、开发、生产、旅游、科学研究及其他活动，或者在沿海陆域内从事影响海洋环境活动的任何单位和个人，都必须遵守本法。

在中华人民共和国管辖海域以外，造成中华人民共和国管辖海域污染的，也适用本法。

第三条　国家在重点海洋生态功能区、生态环境敏感区和脆弱区等海域划定生态保护红线，实行严格保护。

国家建立并实施重点海域排污总量控制制度，确定主要污染物排海总量控制指标，并对主要污染源分配排放控制数量。具体办法由国务院制定。

第四条　一切单位和个人都有保护海洋环境的义务，并有权对污染损害海洋环境的单位

和个人，以及海洋环境监督管理人员的违法失职行为进行监督和检举。

第五条　国务院环境保护行政主管部门作为对全国环境保护工作统一监督管理的部门，对全国海洋环境保护工作实施指导、协调和监督，并负责全国防治陆源污染物和海岸工程建设项目对海洋污染损害的环境保护工作。

国家海洋行政主管部门负责海洋环境的监督管理，组织海洋环境的调查、监测、监视、评价和科学研究，负责全国防治海洋工程建设项目和海洋倾倒废弃物对海洋污染损害的环境保护工作。

国家海事行政主管部门负责所辖港区水域内非军事船舶和港区水域外非渔业、非军事船舶污染海洋环境的监督管理，并负责污染事故的调查处理；对在中华人民共和国管辖海域航行、停泊和作业的外国籍船舶造成的污染事故登轮检查处理。船舶污染事故给渔业造成损害的，应当吸收渔业行政主管部门参与调查处理。

国家渔业行政主管部门负责渔港水域内非军事船舶和渔港水域外渔业船舶污染海洋环境的监督管理，负责保护渔业水域生态环境工作，并调查处理前款规定的污染事故以外的渔业污染事故。

军队环境保护部门负责军事船舶污染海洋环境的监督管理及污染事故的调查处理。

沿海县级以上地方人民政府行使海洋环境监督管理权的部门的职责，由省、自治区、直辖市人民政府根据本法及国务院有关规定确定。

第六条　环境保护行政主管部门、海洋行政主管部门和其他行使海洋环境监督管理权的部门，根据职责分工依法公开海洋环境相关信息；相关排污单位应当依法公开排污信息。

第二章　海洋环境监督管理

第七条　国家海洋行政主管部门会同国务院有关部门和沿海省、自治区、直辖市人民政府根据全国海洋主体功能区规划，拟定全国海洋功能区划，报国务院批准。

沿海地方各级人民政府应当根据全国和地方海洋功能区划，保护和科学合理地使用海域。

第八条　国家根据海洋功能区划制定全国海洋环境保护规划和重点海域区域性海洋环境保护规划。

毗邻重点海域的有关沿海省、自治区、直辖市人民政府及行使海洋环境监督管理权的部门，可以建立海洋环境保护区域合作组织，负责实施重点海域区域性海洋环境保护规划、海洋环境污染的防治和海洋生态保护工作。

第九条　跨区域的海洋环境保护工作，由有关沿海地方人民政府协商解决，或者由上级人民政府协调解决。

跨部门的重大海洋环境保护工作，由国务院环境保护行政主管部门协调；协调未能解决的，由国务院作出决定。

第十条　国家根据海洋环境质量状况和国家经济、技术条件，制定国家海洋环境质量标准。

沿海省、自治区、直辖市人民政府对国家海洋环境质量标准中未作规定的项目，可以制定地方海洋环境质量标准。

沿海地方各级人民政府根据国家和地方海洋环境质量标准的规定和本行政区近岸海域环境质量状况，确定海洋环境保护的目标和任务，并纳入人民政府工作计划，按相应的海洋环境质量标准实施管理。

第十一条　国家和地方水污染物排放标准的制定，应当将国家和地方海洋环境质量标准作为重要依据之一。在国家建立并实施排污总量控制 制度的重点海域,水污染物排放标准的制定,还应当将主要污染物排海总量控制指标作为重要依据。

排污单位在执行国家和地方水污染物排放标准的同时,应当遵守分解落实到本单位的主要污染物排海总量控制指标。

对超过主要污染物排海总量控制指标的重点海域和未完成海洋环境保护目标、任务的海域,省级以上人民政府环境保护行政主管部门、海洋行政主管部门,根据职责分工暂停审批新增相应种类污染物排放总量的建设项目环境影响报告书(表)。

第十二条　直接向海洋排放污染物的单位和个人,必须按照国家规定缴纳排污费。依照法律规定缴纳环境保护税的,不再缴纳排污费。

向海洋倾倒废弃物,必须按照国家规定缴纳倾倒费。

根据本法规定征收的排污费、倾倒费,必须用于海洋环境污染的整治,不得挪作他用。具体办法由国务院规定。

第十三条　国家加强防治海洋环境污染损害的科学技术的研究和开发,对严重污染海洋环境的落后生产工艺和落后设备,实行淘汰制度。

企业应当优先使用清洁能源,采用资源利用率高、污染物排放量少的清洁生产工艺,防止对海洋环境的污染。

第十四条　国家海洋行政主管部门按照国家环境监测、监视规范和标准,管理全国海洋环境的调查、监测、监视,制定具体的实施办法,会同有关部门组织全国海洋环境监测、监视网络,定期评价海洋环境质量,发布海洋巡航监视通报。

依照本法规定行使海洋环境监督管理权的部门分别负责各自所辖水域的监测、监视。

其他有关部门根据全国海洋环境监测网的分工,分别负责对入海河口、主要排污口的监测。

第十五条　国务院有关部门应当向国务院环境保护行政主管部门提供编制全国环境质量公报所必需的海洋环境监测资料。

环境保护行政主管部门应当向有关部门提供与海洋环境监督管理有关的资料。

第十六条　国家海洋行政主管部门按照国家制定的环境监测、监视信息管理制度,负责管理海洋综合信息系统,为海洋环境保护监督管理提供服务。

第十七条　因发生事故或者其他突发性事件,造成或者可能造成海洋环境污染事故的单位和个人,必须立即采取有效措施,及时向可能受到危害者通报,并向依照本法规定行使海洋环境监督管理权的部门报告,接受调查处理。

沿海县级以上地方人民政府在本行政区域近岸海域的环境受到严重污染时,必须采取有效措施,解除或者减轻危害。

第十八条　国家根据防止海洋环境污染的需要,制定国家重大海上污染事故应急计划。

国家海洋行政主管部门负责制定全国海洋石油勘探开发重大海上溢油应急计划,报国务院环境保护行政主管部门备案。

国家海事行政主管部门负责制定全国船舶重大海上溢油污染事故应急计划,报国务院环境保护行政主管部门备案。

沿海可能发生重大海洋环境污染事故的单位,应当依照国家的规定,制定污染事故应急计划,并向当地环境保护行政主管部门、海洋行政主管部门备案。

沿海县级以上地方人民政府及其有关部门在发生重大海上污染事故时,必须按照应急计划解除或者减轻危害。

第十九条　依照本法规定行使海洋环境监督管理权的部门可以在海上实行联合执法，在巡航监视中发现海上污染事故或者违反本法规定的行为时，应当予以制止并调查取证，必要时有权采取有效措施，防止污染事态的扩大，并报告有关主管部门处理。

依照本法规定行使海洋环境监督管理权的部门，有权对管辖范围内排放污染物的单位和个人进行现场检查。被检查者应当如实反映情况，提供必要的资料。

检查机关应当为被检查者保守技术秘密和业务秘密。

第三章　海洋生态保护

第二十条　国务院和沿海地方各级人民政府应当采取有效措施，保护红树林、珊瑚礁、滨海湿地、海岛、海湾、入海河口、重要渔业水域等具有典型性、代表性的海洋生态系统，珍稀、濒危海洋生物的天然集中分布区，具有重要经济价值的海洋生物生存区域及有重大科学文化价值的海洋自然历史遗迹和自然景观。

对具有重要经济、社会价值的已遭到破坏的海洋生态，应当进行整治和恢复。

第二十一条　国务院有关部门和沿海省级人民政府应当根据保护海洋生态的需要，选划、建立海洋自然保护区。

国家级海洋自然保护区的建立，须经国务院批准。

第二十二条　凡具有下列条件之一的，应当建立海洋自然保护区：

（一）典型的海洋自然地理区域、有代表性的自然生态区域，以及遭受破坏但经保护能恢复的海洋自然生态区域；

（二）海洋生物物种高度丰富的区域，或者珍稀、濒危海洋生物物种的天然集中分布区域；

（三）具有特殊保护价值的海域、海岸、岛屿、滨海湿地、入海河口和海湾等；

（四）具有重大科学文化价值的海洋自然遗迹所在区域；

（五）其他需要予以特殊保护的区域。

第二十三条　凡具有特殊地理条件、生态系统、生物与非生物资源及海洋开发利用特殊需要的区域，可以建立海洋特别保护区，采取有效的保护措施和科学的开发方式进行特殊管理。

第二十四条　国家建立健全海洋生态保护补偿制度。

开发利用海洋资源，应当根据海洋功能区划合理布局，严格遵守生态保护红线，不得造成海洋生态环境破坏。

第二十五条　引进海洋动植物物种，应当进行科学论证，避免对海洋生态系统造成危害。

第二十六条　开发海岛及周围海域的资源，应当采取严格的生态保护措施，不得造成海岛地形、岸滩、植被以及海岛周围海域生态环境的破坏。

第二十七条　沿海地方各级人民政府应当结合当地自然环境的特点，建设海岸防护设施、沿海防护林、沿海城镇园林和绿地，对海岸侵蚀和海水入侵地区进行综合治理。

禁止毁坏海岸防护设施、沿海防护林、沿海城镇园林和绿地。

第二十八条　国家鼓励发展生态渔业建设，推广多种生态渔业生产方式，改善海洋生态状况。

新建、改建、扩建海水养殖场，应当进行环境影响评价。

海水养殖应当科学确定养殖密度，并应当合理投饵、施肥，正确使用药物，防止造成海洋环境的污染。

第四章　防治陆源污染物对海洋环境的污染损害

第二十九条　向海域排放陆源污染物，必须严格执行国家或者地方规定的标准和有关规定。

第三十条　入海排污口位置的选择，应当根据海洋功能区划、海水动力条件和有关规定，经科学论证后，报设区的市级以上人民政府环境保护行政主管部门审查批准。

环境保护行政主管部门在批准设置入海排污口之前，必须征求海洋、海事、渔业行政主管部门和军队环境保护部门的意见。

在海洋自然保护区、重要渔业水域、海滨风景名胜区和其他需要特别保护的区域，不得新建排污口。

在有条件的地区，应当将排污口深海设置，实行离岸排放。设置陆源污染物深海离岸排放排污口，应当根据海洋功能区划、海水动力条件和海底工程设施的有关情况确定，具体办法由国务院规定。

第三十一条　省、自治区、直辖市人民政府环境保护行政主管部门和水行政主管部门应当按照水污染防治有关法律的规定，加强入海河流管理，防治污染，使入海河口的水质处于良好状态。

第三十二条　排放陆源污染物的单位，必须向环境保护行政主管部门申报拥有的陆源污染物排放设施、处理设施和在正常作业条件下排放陆源污染物的种类、数量和浓度，并提供防治海洋环境污染方面的有关技术和资料。

排放陆源污染物的种类、数量和浓度有重大改变的，必须及时申报。

第三十三条　禁止向海域排放油类、酸液、碱液、剧毒废液和高、中水平放射性废水。

严格限制向海域排放低水平放射性废水；确需排放的，必须严格执行国家辐射防护规定。

严格控制向海域排放含有不易降解的有机物和重金属的废水。

第三十四条　含病原体的医疗污水、生活污水和工业废水必须经过处理，符合国家有关排放标准后，方能排入海域。

第三十五条　含有机物和营养物质的工业废水、生活污水，应当严格控制向海湾、半封闭海及其他自净能力较差的海域排放。

第三十六条　向海域排放含热废水，必须采取有效措施，保证邻近渔业水域的水温符合国家海洋环境质量标准，避免热污染对水产资源的危害。

第三十七条　沿海农田、林场施用化学农药，必须执行国家农药安全使用的规定和标准。

沿海农田、林场应当合理使用化肥和植物生长调节剂。

第三十八条　在岸滩弃置、堆放和处理尾矿、矿渣、煤灰渣、垃圾和其他固体废物的，依照《中华人民共和国固体废物污染环境防治法》的有关规定执行。

第三十九条　禁止经中华人民共和国内水、领海转移危险废物。

经中华人民共和国管辖的其他海域转移危险废物的，必须事先取得国务院环境保护行政主管部门的书面同意。

第四十条　沿海城市人民政府应当建设和完善城市排水管网，有计划地建设城市污水处理厂或者其他污水集中处理设施，加强城市污水的综合整治。

建设污水海洋处置工程，必须符合国家有关规定。

第四十一条　国家采取必要措施，防止、减少和控制来自大气层或者通过大气层造成的海洋环境污染损害。

第五章　防治海岸工程建设项目对海洋环境的污染损害

第四十二条　新建、改建、扩建海岸工程建设项目，必须遵守国家有关建设项目环境保护管理的规定，并把防治污染所需资金纳入建设项目投资计划。

在依法划定的海洋自然保护区、海滨风景名胜区、重要渔业水域及其他需要特别保护的区域，不得从事污染环境、破坏景观的海岸工程项目建设或者其他活动。

第四十三条　海岸工程建设项目单位，必须对海洋环境进行科学调查，根据自然条件和社会条件，合理选址，编制环境影响报告书（表）。在建设项目开工前，将环境影响报告书（表）报环境保护行政主管部门审查批准。

环境保护行政主管部门在批准环境影响报告书（表）之前，必须征求海洋、海事、渔业行政主管部门和军队环境保护部门的意见。

第四十四条　海岸工程建设项目的环境保护设施，必须与主体工程同时设计、同时施工、同时投产使用。环境保护设施应当符合经批准的环境影响评价报告书（表）的要求。

第四十五条　禁止在沿海陆域内新建不具备有效治理措施的化学制浆造纸、化工、印染、制革、电镀、酿造、炼油、岸边冲滩拆船以及其他严重污染海洋环境的工业生产项目。

第四十六条　兴建海岸工程建设项目，必须采取有效措施，保护国家和地方重点保护的野生动植物及其生存环境和海洋水产资源。

严格限制在海岸采挖砂石。露天开采海滨砂矿和从岸上打井开采海底矿产资源，必须采取有效措施，防止污染海洋环境。

第六章　防治海洋工程建设项目对海洋环境的污染损害

第四十七条　海洋工程建设项目必须符合全国海洋主体功能区规划、海洋功能区划、海洋环境保护规划和国家有关环境保护标准。海洋工程建设项目单位应当对海洋环境进行科学调查，编制海洋环境影响报告书（表），并在建设项目开工前，报海洋行政主管部门审查批准。

海洋行政主管部门在批准海洋环境影响报告书（表）之前，必须征求海事、渔业行政主管部门和军队环境保护部门的意见。

第四十八条　海洋工程建设项目的环境保护设施，必须与主体工程同时设计、同时施工、同时投产使用。环境保护设施未经海洋行政主管部门验收，或者经验收不合格的，建设项目不得投入生产或者使用。

拆除或者闲置环境保护设施，必须事先征得海洋行政主管部门的同意。

第四十九条　海洋工程建设项目，不得使用含超标准放射性物质或者易溶出有毒有害物质的材料。

第五十条　海洋工程建设项目需要爆破作业时，必须采取有效措施，保护海洋资源。

海洋石油勘探开发及输油过程中，必须采取有效措施，避免溢油事故的发生。

第五十一条　海洋石油钻井船、钻井平台和采油平台的含油污水和油性混合物，必须经过处理达标后排放；残油、废油必须予以回收，不得排放入海。经回收处理后排放的，其含油量不得超过国家规定的标准。

钻井所使用的油基泥浆和其他有毒复合泥浆不得排放入海。水基泥浆和无毒复合泥浆及钻屑的排放，必须符合国家有关规定。

第五十二条　海洋石油钻井船、钻井平台和采油平台及其有关海上设施，不得向海域处置含油的工业垃圾。处置其他工业垃圾，不得造成海洋环境污染。

第五十三条　海上试油时，应当确保油气充分燃烧，油和油性混合物不得排放入海。

第五十四条　勘探开发海洋石油，必须按有关规定编制溢油应急计划，报国家海洋行政主管部门的海区派出机构备案。

第七章　防治倾倒废弃物对海洋环境的污染损害

第五十五条　任何单位未经国家海洋行政主管部门批准，不得向中华人民共和国管辖海域倾倒任何废弃物。

需要倾倒废弃物的单位，必须向国家海洋行政主管部门提出书面申请，经国家海洋行政主管部门审查批准，发给许可证后，方可倾倒。

禁止中华人民共和国境外的废弃物在中华人民共和国管辖海域倾倒。

第五十六条　国家海洋行政主管部门根据废弃物的毒性、有毒物质含量和对海洋环境影响程度，制定海洋倾倒废弃物评价程序和标准。

向海洋倾倒废弃物，应当按照废弃物的类别和数量实行分级管理。

可以向海洋倾倒的废弃物名录，由国家海洋行政主管部门拟定，经国务院环境保护行政主管部门提出审核意见后，报国务院批准。

第五十七条　国家海洋行政主管部门按照科学、合理、经济、安全的原则选划海洋倾倒区，经国务院环境保护行政主管部门提出审核意见后，报国务院批准。

临时性海洋倾倒区由国家海洋行政主管部门批准，并报国务院环境保护行政主管部门备案。

国家海洋行政主管部门在选划海洋倾倒区和批准临时性海洋倾倒区之前，必须征求国家海事、渔业行政主管部门的意见。

第五十八条　国家海洋行政主管部门监督管理倾倒区的使用，组织倾倒区的环境监测，对经确认不宜继续使用的倾倒区，国家海洋行政主管部门应当予以封闭，终止在该倾倒区的一切倾倒活动，并报国务院备案。

第五十九条　获准倾倒废弃物的单位，必须按照许可证注明的期限及条件，到指定的区域进行倾倒。废弃物装载之后，批准部门应当予以核实。

第六十条　获准倾倒废弃物的单位，应当详细记录倾倒的情况，并在倾倒后向批准部门作出书面报告。倾倒废弃物的船舶必须向驶出港的海事行政主管部门作出书面报告。

第六十一条　禁止在海上焚烧废弃物。

禁止在海上处置放射性废弃物或者其他放射性物质。废弃物中的放射性物质的豁免浓度由国务院制定。

第八章　防治船舶及有关作业活动对海洋环境的污染损害

第六十二条　在中华人民共和国管辖海域，任何船舶及相关作业不得违反本法规定向海洋排放污染物、废弃物和压载水、船舶垃圾及其他有害物质。

从事船舶污染物、废弃物、船舶垃圾接收、船舶清舱、洗舱作业活动的，必须具备相应的接收处理能力。

第六十三条　船舶必须按照有关规定持有防止海洋环境污染的证书与文书，在进行涉及污染物排放及操作时，应当如实记录。

第六十四条　船舶必须配置相应的防污设备和器材。

载运具有污染危害性货物的船舶，其结构与设备应当能够防止或者减轻所载货物对海洋环境的污染。

第六十五条　船舶应当遵守海上交通安全法律、法规的规定，防止因碰撞、触礁、搁浅、火灾或者爆炸等引起的海难事故，造成海洋环境的污染。

第六十六条　国家完善并实施船舶油污损害民事赔偿责任制度；按照船舶油污损害赔偿责任由船东和货主共同承担风险的原则，建立船舶油污保险、油污损害赔偿基金制度。

实施船舶油污保险、油污损害赔偿基金制度的具体办法由国务院规定。

第六十七条　载运具有污染危害性货物进出港口的船舶，其承运人、货物所有人或者代理人，必须事先向海事行政主管部门申报。经批准后，方可进出港口、过境停留或者装卸作业。

第六十八条　交付船舶装运污染危害性货物的单证、包装、标志、数量限制等，必须符合对所装货物的有关规定。

需要船舶装运污染危害性不明的货物，应当按照有关规定事先进行评估。

装卸油类及有毒有害货物的作业，船岸双方必须遵守安全防污操作规程。

第六十九条　港口、码头、装卸站和船舶修造厂必须按照有关规定备有足够的用于处理船舶污染物、废弃物的接收设施，并使该设施处于良好状态。

装卸油类的港口、码头、装卸站和船舶必须编制溢油污染应急计划，并配备相应的溢油污染应急设备和器材。

第七十条　船舶及有关作业活动应当遵守有关法律法规和标准，采取有效措施，防止造成海洋环境污染。海事行政主管部门等有关部门应当加强对船舶及有关作业活动的监督管理。

船舶进行散装液体污染危害性货物的过驳作业，应当事先按照有关规定报经海事行政主管部门批准。

第七十一条　船舶发生海难事故，造成或者可能造成海洋环境重大污染损害的，国家海事行政主管部门有权强制采取避免或者减少污染损害的措施。

对在公海上因发生海难事故，造成中华人民共和国管辖海域重大污染损害后果或者具有污染威胁的船舶、海上设施，国家海事行政主管部门有权采取与实际的或者可能发生的损害相称的必要措施。

第七十二条　所有船舶均有监视海上污染的义务，在发现海上污染事故或者违反本法规定的行为时，必须立即向就近的依照本法规定行使海洋环境监督管理权的部门报告。

民用航空器发现海上排污或者污染事件，必须及时向就近的民用航空空中交通管制单位报告。接到报告的单位，应当立即向依照本法规定行使海洋环境监督管理权的部门通报。

第九章　法律责任

第七十三条　违反本法有关规定，有下列行为之一的，由依照本法规定行使海洋环境监督管理权的部门责令停止违法行为、限期改正或者责令采取限制生产、停产整治等措施，并处以罚款；拒不改正的，依法作出处罚决定的部门可以自责令改正之日的次日起，按照原罚款数额按日连续处罚；情节严重的，报经有批准权的人民政府批准，责令停业、关闭：(一)向海域排放本法禁止排放的污染物或者其他物质的；(二)不按照本法规定向海洋排放污染物，或者超过标准、总量控制指标排放污染物的；(三)未取得海洋倾倒许可证，向海洋倾倒废弃物的；(四)因发生事故或者其他突发性事件，造成海洋环境污染事故，不立即采取处理措施的。

有前款第(一)、(三)项行为之一的，处三万元以上二十万元以下的罚款；有前款第(二)、(四)项行为之一的，处二万元以上十万元以下的罚款。

第七十四条　违反本法有关规定，有下列行为之一的，由依照本法规定行使海洋环境监督管理权的部门予以警告，或者处以罚款：(一)不按照规定申报，甚至拒报污染物排放有关事项，或者在申报时弄虚作假的；(二)发生事故或者其他突发性事件不按照规定报告的；(三)不按照规定记录倾倒情况，或者不按照规定提交倾倒报告的；（四）拒报或者谎报船舶载运污染危害性货物申报事项的。

有前款第（一）、（三）项行为之一的，处二万元以下的罚款；有前款第（二）、（四）项行为之一的，处五万元以下的罚款。

第七十五条　违反本法第十九条第二款的规定，拒绝现场检查，或者在被检查时弄虚作假的，由依照本法规定行使海洋环境监督管理权的部门予以警告，并处二万元以下的罚款。

第七十六条　违反本法规定，造成珊瑚礁、红树林等海洋生态系统及海洋水产资源、海洋保护区破坏的，由依照本法规定行使海洋环境监督管理权的部门责令限期改正和采取补救措施，并处一万元以上十万元以下的罚款；有违法所得的，没收其违法所得。

第七十七条　违反本法第三十条第一款、第三款规定设置入海排污口的，由县级以上地方人民政府环境保护行政主管部门责令其关闭，并处二万元以上十万元以下的罚款。

第七十八条　违反本法第三十九条第二款的规定，经中华人民共和国管辖海域，转移危险废物的，由国家海事行政主管部门责令非法运输该危险废物的船舶退出中华人民共和国管辖海域，并处五万元以上五十万元以下的罚款。

第七十九条　海岸工程建设项目未依法进行环境影响评价的，依照《中华人民共和国环境影响评价法》的规定处理。

第八十条　违反本法第四十四条的规定，海岸工程建设项目未建成环境保护设施，或者环境保护设施未达到规定要求即投入生产、使用 的，由环境保护行政主管部门责令其停止生产或者使用，并处二万元以上十万元以下的罚款。

第八十一条　违反本法第四十五条的规定，新建严重污染海洋环境的工业生产建设项目的，按照管理权限，由县级以上人民政府责令关闭。

第八十二条　违反本法第四十七条第一款的规定，进行海洋工程建设项目的，由海洋行政主管部门责令其停止施工，根据违法情节和危害后果，处建设项目总投资额百分之一以上百分之五以下的罚款，并可以责令恢复原状。

违反本法第四十八条的规定，海洋工程建设项目未建成环境保护设施、环境保护设施未达到规定要求即投入生产、使用的，由海洋行政主管部门责令其停止生产、使用，并处五万元以上二十万元以下的罚款。

第八十三条　违反本法第四十九条的规定，使用含超标准放射性物质或者易溶出有毒有害物质材料的，由海洋行政主管部门处五万元以下的罚款，并责令其停止该建设项目的运行，直到消除污染危害。

第八十四条　违反本法规定进行海洋石油勘探开发活动，造成海洋环境污染的，由国家海洋行政主管部门予以警告，并处二万元以上二十万元以下的罚款。

第八十五条　违反本法规定，不按照许可证的规定倾倒，或者向已经封闭的倾倒区倾倒废弃物的，由海洋行政主管部门予以警告，并处三万元以上二十万元以下的罚款；对情节严重的，可以暂扣或者吊销许可证。

第八十六条　违反本法第五十五条第三款的规定，将中华人民共和国境外废弃物运进中华人民共和国管辖海域倾倒的，由国家海洋行政主管部门予以警告，并根据造成或者可能造成的危害后果，处十万元以上一百万元以下的罚款。

第八十七条　违反本法规定，有下列行为之一的，由依照本法规定行使海洋环境监督管理权的部门予以警告，或者处以罚款：

（一）港口、码头、装卸站及船舶未配备防污设施、器材的；

（二）船舶未持有防污证书、防污文书，或者不按照规定记载排污记录的；

（三）从事水上和港区水域拆船、旧船改装、打捞和其他水上、水下施工作业，造成海洋环境污染损害的；

（四）船舶载运的货物不具备防污适运条件的。

有前款第（一）、（四）项行为之一的，处二万元以上十万元以下的罚款；有前款第（二）项行为的，处二万元以下的罚款；有前款第（三）项行为的，处五万元以上二十万元以下的罚款。

第八十八条　违反本法规定，船舶、石油平台和装卸油类的港口、码头、装卸站不编制溢油应急计划的，由依照本法规定行使海洋环境监督管理权的部门予以警告，或者责令限期改正。

第八十九条　造成海洋环境污染损害的责任者，应当排除危害，并赔偿损失；完全由于第三者的故意或者过失，造成海洋环境污染损害的，由第三者排除危害，并承担赔偿责任。

对破坏海洋生态、海洋水产资源、海洋保护区，给国家造成重大损失的，由依照本法规定行使海洋环境监督管理权的部门代表国家对责任者提出损害赔偿要求。

第九十条　对违反本法规定，造成海洋环境污染事故的单位，除依法承担赔偿责任外，由依照本法规定行使海洋环境监督管理权的部门依照本条第二款的规定处以罚款；对直接负责的主管人员和其他直接责任人员可以处上一年度从本单位取得收入百分之五十以下的罚款；直接负责的主管人员和其他直接责任人员属于国家工作人员的，依法给予处分。

对造成一般或者较大海洋环境污染事故的，按照直接损失的百分之二十计算罚款；对造成重大或者特大海洋环境污染事故的，按照直接损失的百分之三十计算罚款。

对严重污染海洋环境、破坏海洋生态，构成犯罪的，依法追究刑事责任。

第九十一条　完全属于下列情形之一，经过及时采取合理措施，仍然不能避免对海洋环境造成污染损害的，造成污染损害的有关责任者免予承担责任：

（一）战争；

（二）不可抗拒的自然灾害；

（三）负责灯塔或者其他助航设备的主管部门，在执行职责时的疏忽，或者其他过失行为。

第九十二条　对违反本法第十二条有关缴纳排污费、倾倒费规定的行政处罚，由国务院规定。

第九十三条　海洋环境监督管理人员滥用职权、玩忽职守、徇私舞弊，造成海洋环境污染损害的，依法给予行政处分；构成犯罪的，依法追究刑事责任。

第十章　附　　则

第九十四条　本法中下列用语的含义是：

（一）海洋环境污染损害，是指直接或者间接地把物质或者能量引入海洋环境，产生损害海洋生物资源、危害人体健康、妨害渔业和海上其他合法活动、损害海水使用素质和减损环境质量等有害影响。

（二）内水，是指我国领海基线向内陆一侧的所有海域。

（三）滨海湿地，是指低潮时水深浅于六米的水域及其沿岸浸湿地带，包括水深不超过六米的永久性水域、潮间带（或洪泛地带）和沿海低地等。

（四）海洋功能区划，是指依据海洋自然属性和社会属性，以及自然资源和环境特定条件，界定海洋利用的主导功能和使用范畴。

（五）渔业水域，是指鱼虾类的产卵场、索饵场、越冬场、洄游通道和鱼虾贝藻类的养殖场。

（六）油类，是指任何类型的油及其炼制品。

（七）油性混合物，是指任何含有油份的混合物。

（八）排放，是指把污染物排入海洋的行为，包括泵出、溢出、泄出、喷出和倒出。

（九）陆地污染源（简称陆源），是指从陆地向海域排放污染物，造成或者可能造成海洋环境污染的场所、设施等。

（十）陆源污染物，是指由陆地污染源排放的污染物。

（十一）倾倒，是指通过船舶、航空器、平台或者其他载运工具，向海洋处置废弃物和其他有害物质的行为，包括弃置船舶、航空器、平台及其辅助设施和其他浮动工具的行为。

（十二）沿海陆域，是指与海岸相连，或者通过管道、沟渠、设施，直接或者间接向海洋排放污染物及其相关活动的一带区域。

（十三）海上焚烧，是指以热摧毁为目的，在海上焚烧设施上，故意焚烧废弃物或者其他物质的行为，但船舶、平台或者其他人工构造物正常操作中，所附带发生的行为除外。

第九十五条　涉及海洋环境监督管理的有关部门的具体职权划分，本法未作规定的，由国务院规定。

第九十六条　中华人民共和国缔结或者参加的与海洋环境保护有关的国际条约与本法有不同规定的，适用国际条约的规定；但是，中华人民共和国声明保留的条款除外。

第九十七条　本法自2000年4月1日起施行。

典型例题解析

【例17-6】 海洋工程建设项目单位，必须对海洋环境进行调查，根据自然条件和社会条件，合理选址，并：

A. 编制环境影响报告书（表）　B. 编报环境调查报告书（表）

C. 填报环境影响登记表　D. 填报环境影响登记卡

解　《中华人民共和国海洋污染防治法》第四十三条：海岸工程建设项目单位，必须对海洋环境进行科学调查，根据自然条件和社会条件，合理选址，编制环境影响报告书（表）。选A。

【例17-7】 （2017）《中华人民共和国海洋污染防治法》中规定的适合建立海洋自然保护区的是：

A. 具有特殊保护价值的海域、海岸、岛屿、入海河口和海湾等

B. 具有重大科学文化价值的海洋自然遗迹所在区域

C. 海洋生物物种高度丰富的区域

D. 以上都是

解　依据《中华人民共和国海洋污染防治法》第二十二条，选D。

17.1.7 中华人民共和国环境影响评价法

第一章　总　　则

第一条　为了实施可持续发展战略，预防因规划和建设项目实施后对环境造成不良影响，促进经济、社会和环境的协调发展，制定本法。

第二条　本法所称环境影响评价，是指对规划和建设项目实施后可能造成的环境影响进行分析、预测和评估，提出预防或者减轻不良环境影响的对策和措施，进行跟踪监测的方法与制度。

第三条　编制本法第九条所规定的范围内的规划，在中华人民共和国领域和中华人民共和国管辖的其他海域内建设对环境有影响的项目，应当依照本法进行环境影响评价。

第四条　环境影响评价必须客观、公开、公正，综合考虑规划或者建设项目实施后对各种环境因素及其所构成的生态系统可能造成的影响，为决策提供科学依据。

第五条　国家鼓励有关单位、专家和公众以适当方式参与环境影响评价。

第六条　国家加强环境影响评价的基础数据库和评价指标体系建设，鼓励和支持对环境影响评价的方法、技术规范进行科学研究，建立必要的环境影响评价信息共享制度，提高环境影响评价的科学性。

国务院环境保护行政主管部门应当会同国务院有关部门，组织建立和完善环境影响评价的基础数据库和评价指标体系。

第二章　规划的环境影响评价

第七条　国务院有关部门、设区的市级以上地方人民政府及其有关部门，对其组织编制的土地利用的有关规划，区域、流域、海域的建设、开发利用规划，应当在规划编制过程中组织进行环境影响评价，编写该规划有关环境影响的篇章或者说明。

规划有关环境影响的篇章或者说明，应当对规划实施后可能造成的环境影响作出分析、预测和评估，提出预防或者减轻不良环境影响的对策和措施，作为规划草案的组成部分一并报送规划审批机关。

未编写有关环境影响的篇章或者说明的规划草案，审批机关不予审批。

第八条　国务院有关部门、设区的市级以上地方人民政府及其有关部门，对其组织编制的工业、农业、畜牧业、林业、能源、水利、交通、城市建设、旅游、自然资源开发的有关专项规划（以下简称专项规划），应当在该专项规划草案上报审批前，组织进行环境影响评价，并向审批该专项规划的机关提出环境影响报告书。

前款所列专项规划中的指导性规划，按照本法第七条的规定进行环境影响评价。

第九条　依照本法第七条、第八条的规定进行环境影响评价的规划的具体范围，由国务院环境保护行政主管部门会同国务院有关部门规定，报国务院批准。

第十条　专项规划的环境影响报告书应当包括下列内容：

（一）实施该规划对环境可能造成影响的分析、预测和评估；

（二）预防或者减轻不良环境影响的对策和措施；

（三）环境影响评价的结论。

第十一条　专项规划的编制机关对可能造成不良环境影响并直接涉及公众环境权益的规划，应当在该规划草案报送审批前，举行论证会、听证会，或者采取其他形式，征求有关单位、专家和公众对环境影响报告书草案的意见。但是，国家规定需要保密的情形除外。

编制机关应当认真考虑有关单位、专家和公众对环境影响报告书草案的意见，并应当在报送审查的环境影响报告书中附具对意见采纳或者不采纳的说明。

第十二条　专项规划的编制机关在报批规划草案时，应当将环境影响报告书一并附送审批机关审查；未附送环境影响报告书的，审批机关不予审批。

第十三条　设区的市级以上人民政府在审批专项规划草案，作出决策前，应当先由人民政府指定的环境保护行政主管部门或者其他部门召集有关部门代表和专家组成审查小组，对环境影响报告书进行审查。审查小组应当提出书面审查意见。

参加前款规定的审查小组的专家,应当从按照国务院环境保护行政主管部门的规定设立的专家库内的相关专业的专家名单中,以随机抽取的方式确定。

由省级以上人民政府有关部门负责审批的专项规划,其环境影响报告书的审查办法,由国务院环境保护行政主管部门会同国务院有关部门制定。

第十四条　审查小组提出修改意见的,专项规划的编制机关应当根据环境影响报告书结论和审查意见对规划草案进行修改完善,并对环境影响报告书结论和审查意见的采纳情况作出说明;不采纳的,应当说明理由。设区的市级以上人民政府或者省级以上人民政府有关部门在审批专项规划草案时,应当将环境影响报告书结论以及审查意见作为决策的重要依据。

在审批中未采纳环境影响报告书结论以及审查意见的,应当作出说明,并存档备查。

第十五条　对环境有重大影响的规划实施后,编制机关应当及时组织环境影响的跟踪评价,并将评价结果报告审批机关;发现有明显不良环境影响的,应当及时提出改进措施。

第三章　建设项目的环境影响评价

第十六条　国家根据建设项目对环境的影响程度,对建设项目的环境影响评价实行分类管理。建设单位应当按照下列规定组织编制环境影响报告书、环境影响报告表或者填报环境影响登记表(以下统称环境影响评价文件):

(一)可能造成重大环境影响的,应当编制环境影响报告书,对产生的环境影响进行全面评价;

(二)可能造成轻度环境影响的,应当编制环境影响报告表,对产生的环境影响进行分析或者专项评价;

(三)对环境影响很小、不需要进行环境影响评价的,应当填报环境影响登记表。

建设项目的环境影响评价分类管理名录,由国务院环境保护行政主管部门制定并公布。

第十七条　建设项目的环境影响报告书应当包括下列内容:

(一)建设项目概况;

(二)建设项目周围环境现状;

(三)建设项目对环境可能造成影响的分析、预测和评估;

(四)建设项目环境保护措施及其技术、经济论证;

(五)建设项目对环境影响的经济损益分析;

(六)对建设项目实施环境监测的建议;

(七)环境影响评价的结论。

环境影响报告表和环境影响登记表的内容和格式,由国务院环境保护行政主管部门制定。

第十八条　建设项目的环境影响评价,应当避免与规划的环境影响评价相重复。作为一项整体建设项目的规划,按照建设项目进行环境影响评价,不进行规划的环境影响评价。已经进行了环境影响评价的规划包含具体建设项目的,规划的环境影响评价结论应当作为建设项目环境影响评价的重要依据,建设项目环境影响评价的内容应当根据规划的环境影响评价审查意见予以简化。

第十九条　接受委托为建设项目环境影响评价提供技术服务的机构,应当经国务院环境保护行政主管部门考核审查合格后,颁发资质证书,按照资质证书规定的等级和评价范围,从事环境影响评价服务,并对评价结论负责。为建设项目环境影响评价提供技术服务的机构的资质条件和管理办法,由国务院环境保护行政主管部门制定。

国务院环境保护行政主管部门对已取得资质证书的为建设项目环境影响评价提供技术服

务的机构的名单，应当予以公布。

为建设项目环境影响评价提供技术服务的机构，不得与负责审批建设项目环境影响评价文件的环境保护行政主管部门或者其他有关审批部门存在任何利益关系。

第二十条　环境影响评价文件中的环境影响报告书或者环境影响报告表，应当由具有相应环境影响评价资质的机构编制。

任何单位和个人不得为建设单位指定对其建设项目进行环境影响评价的机构。

第二十一条　除国家规定需要保密的情形外，对环境可能造成重大影响、应当编制环境影响报告书的建设项目，建设单位应当在报批建设项目环境影响报告书前，举行论证会、听证会，或者采取其他形式，征求有关单位、专家和公众的意见。

建设单位报批的环境影响报告书应当附具对有关单位、专家和公众的意见采纳或者不采纳的说明。

第二十二条　建设项目的环境影响报告书、报告表，由建设单位按照国务院的规定报有审批权的环境保护行政主管部门审批。

海洋工程建设项目的海洋环境影响报告书的审批，依照《中华人民共和国海洋环境保护法》的规定办理。

审批部门应当自收到环境影响报告书之日起六十日内，收到环境影响报告表之日起三十日内，分别作出审批决定并书面通知建设单位。

国家对环境影响登记表实行备案管理。

审核、审批建设项目环境影响报告书、报告表以及备案环境影响登记表，不得收取任何费用。

第二十三条　国务院环境保护行政主管部门负责审批下列建设项目的环境影响评价文件：

（一）核设施、绝密工程等特殊性质的建设项目；

（二）跨省、自治区、直辖市行政区域的建设项目；

（三）由国务院审批的或者由国务院授权有关部门审批的建设项目。

前款规定以外的建设项目的环境影响评价文件的审批权限，由省、自治区、直辖市人民政府规定。

建设项目可能造成跨行政区域的不良环境影响，有关环境保护行政主管部门对该项目的环境影响评价结论有争议的，其环境影响评价文件由共同的上一级环境保护行政主管部门审批。

第二十四条　建设项目的环境影响评价文件经批准后，建设项目的性质、规模、地点、采用的生产工艺或者防治污染、防止生态破坏的措施发生重大变动的，建设单位应当重新报批建设项目的环境影响评价文件。

建设项目的环境影响评价文件自批准之日起超过五年，方决定该项目开工建设的，其环境影响评价文件应当报原审批部门重新审核；原审批部门应当自收到建设项目环境影响评价文件之日起十日内，将审核意见书面通知建设单位。

第二十五条　建设项目的环境影响评价文件未依法经审批部门审查或者审查后未予批准的，建设单位不得开工建设。

第二十六条　建设项目建设过程中，建设单位应当同时实施环境影响报告书、环境影响报告表以及环境影响评价文件审批部门审批意见中提出的环境保护对策措施。

第二十七条　在项目建设、运行过程中产生不符合经审批的环境影响评价文件的情形的，建设单位应当组织环境影响的后评价，采取改进措施，并报原环境影响评价文件审批部门和建设项目审批部门备案；原环境影响评价文件审批部门也可以责成建设单位进行环境影响的后评价,采取改进措施。

第二十八条　环境保护行政主管部门应当对建设项目投入生产或者使用后所产生的环境影响进行跟踪检查,对造成严重环境污染或者生态破坏的,应当查清原因、查明责任。对属于为建设项目环境影响评价提供技术服务的机构编制不实的环境影响评价文件的,依照本法第三十二条的规定追究其法律责任;属于审批部门工作人员失职、渎职,对依法不应批准的建设项目环境影响评价文件予以批准的,依照本法第三十四条的规定追究其法律责任。

第四章　法律责任

第二十九条　规划编制机关违反本法规定,未组织环境影响评价,或者组织环境影响评价时弄虚作假或者有失职行为,造成环境影响评价严重失实的,对直接负责的主管人员和其他直接责任人员,由上级机关或者监察机关依法给予行政处分。

第三十条　规划审批机关对依法应当编写有关环境影响的篇章或者说明而未编写的规划草案,依法应当附送环境影响报告书而未附送的专项规划草案,违法予以批准的,对直接负责的主管人员和其他直接责任人员,由上级机关或者监察机关依法给予行政处分。

第三十一条　建设单位未依法报批建设项目环境影响报告书、报告表,或者未依照本法第二十四条的规定重新报批或者报请重新审核环境影响报告书、报告表,擅自开工建设的,由县级以上环境保护行政主管部门责令停止建设,根据违法情节和危害后果,处建设项目总投资额百分之一以上百分之五以下的罚款,并可以责令恢复原状;对建设单位直接负责的主管人员和其他直接责任人员,依法给予行政处分。

建设项目环境影响报告书、报告表未经批准或者未经原审批部门重新审核同意,建设单位擅自开工建设的,依照前款的规定处罚、处分。

建设单位未依法备案建设项目环境影响登记表的,由县级以上环境保护行政主管部门责令备案,处五万元以下的罚款。

海洋工程建设项目的建设单位有本条所列违法行为的,依照《中华人民共和国海洋环境保护法》的规定处罚。

第三十二条　接受委托为建设项目环境影响评价提供技术服务的机构在环境影响评价工作中不负责任或者弄虚作假,致使环境影响评价文件失实的,由授予环境影响评价资质的环境保护行政主管部门降低其资质等级或者吊销其资质证书,并处所收费用一倍以上三倍以下的罚款;构成犯罪的,依法追究刑事责任。

第三十三条　负责审核、审批、备案建设项目环境影响评价文件的部门在审批、备案中收取费用的,由其上级机关或者监察机关责令退还;情节严重的,对直接负责的主管人员和其他直接责任人员依法给予行政处分。

第三十四条　环境保护行政主管部门或者其他部门的工作人员徇私舞弊,滥用职权,玩忽职守,违法批准建设项目环境影响评价文件的,依法给予行政处分;构成犯罪的,依法追究刑事责任。

第五章　附　　则

第三十五条　省、自治区、直辖市人民政府可以根据本地的实际情况,要求对本辖区的县级人民政府编制的规划进行环境影响评价。具体办法由省、自治区、直辖市参照本法第二章的规定制定。

第三十六条　军事设施建设项目的环境影响评价办法,由中央军事委员会依照本法的原则制定。

第三十七条　本法自 2016 年 9 月 1 日起施行。

17.1.8 建设项目环境保护管理条例

第一章 总 则

第一条 为了防止建设项目产生新的污染,破坏生态环境,制定本条例。

第二条 在中华人民共和国领域和中华人民共和国管辖的其他海域内建设对环境有影响的建设项目,适用本条例。

第三条 建设产生污染的建设项目,必须遵守污染物排放的国家标准和地方标准;在实施重点污染物排放总量控制的区域内,还必须符合重点污染物排放总量控制的要求。

第四条 工业建设项目应当采用能耗物耗小、污染物产生量少的清洁生产工艺,合理利用自然资源,防止环境污染和生态破坏。

第五条 改建、扩建项目和技术改造项目必须采取措施,治理与该项目有关的原有环境污染和生态破坏。

第二章 环境影响评价

第六条 国家实行建设项目环境影响评价制度。建设项目的环境影响评价工作,由取得相应资格证书的单位承担。

第七条 国家根据建设项目对环境的影响程度,按照下列规定对建设项目的环境保护实行分类管理:

①建设项目对环境可能造成重大影响的,应当编制环境影响报告书,对建设项目产生的污染和对环境的影响进行全面、详细的评价;

②建设项目对环境可能造成轻度影响的,应当编制环境影响报告表,对建设项目产生的污染和对环境的影响进行分析或者专项评价;

③建设项目对环境影响很小,不需要进行环境影响评价的,应当填报环境影响登记表。建设项目环境保护分类管理名录,由国务院环境保护行政主管部门制订并公布。

第八条 建设项目环境影响报告书,应当包括下列内容:

①建设项目概况;

②建设项目周围环境现状;

③建设项目对环境可能造成影响的分析和预测;

④环境保护措施及其经济、技术论证;

⑤环境影响经济损益分析;

⑥对建设项目实施环境监测的建议;

⑦环境影响评价结论。

涉及水土保持的建设项目,还必须有经水行政主管部门审查同意的水土保持方案。建设项目环境影响报告表、环境影响登记表的内容和格式,由国务院环境保护行政主管部门规定。

第九条 建设单位应当在建设项目可行性研究阶段报批建设项目环境影响报告书、环境影响报告表或者环境影响登记表;但是,铁路、交通等建设项目,经有审批权的环境保护行政主管部门同意,可以在初步设计完成前报批环境影响报告书或者环境影响报告表。按照国家有关规定,不需要进行可行性研究的建设项目,建设单位应当在建设项目开工前报批建设项目环境影响报告书、环境影响报告表或者环境影响登记表;其中,需要办理营业执照的,建设单位应当在办理营业执照前报批建设项目环境影响报告书、环境影响报告表或者环境影响登记表。

第十条 建设项目环境影响报告书、环境影响报告表或者环境影响登记表,由建设单位报有审批权的环境保护行政主管部门审批；建设项目有行业主管部门的，其环境影响报告书或者环境影响报告表应当经行业主管部门预审后，报有审批权的环境保护行政主管部门审批。海岸工程建设项目环境影响报告书或者环境影响报告表，经海洋行政主管部门审核并签署意见后，报环境保护行政主管部门审批。环境保护行政主管部门应当自收到建设项目环境影响报告书之日起60日内、收到环境影响报告表之日起30日内、收到环境影响登记表之日起15日内，分别作出审批决定并书面通知建设单位。预审、审核、审批建设项目环境影响报告书、环境影响报告表或者环境影响登记表，不得收取任何费用。

第十一条　国务院环境保护行政主管部门负责审批下列建设项目环境影响报告书、环境影响报告表或者环境影响登记表：

①核设施、绝密工程等特殊性质的建设项目；

②跨省、自治区、直辖市行政区域的建设项目；

③国务院审批的或者国务院授权有关部门审批的建设项目。

前款规定以外的建设项目环境影响报告书、环境影响报告表或者环境影响登记表的审批权限，由省、自治区、直辖市人民政府规定。建设项目造成跨行政区域环境影响，有关环境保护行政主管部门对环境影响评价结论有争议的，其环境影响报告书或者环境影响报告表由共同上一级环境保护行政主管部门审批。

第十二条　建设项目环境影响报告书、环境影响报告表或者环境影响登记表经批准后，建设项目的性质、规模、地点或者采用的生产工艺发生重大变化的，建设单位应当重新报批建设项目环境影响报告书、环境影响报告表或者环境影响登记表。建设项目环境影响报告书、环境影响报告表或者环境影响登记表自批准之日起满5年，建设项目方开工建设的，其环境影响报告书、环境影响报告表或者环境影响登记表应当报原审批机关重新审核。原审批机关应当自收到建设项目环境影响报告书、环境影响报告表或者环境影响登记表之日起10日内，将审核意见书面通知建设单位；逾期未通知的，视为审核同意。

第十三条　国家对从事建设项目环境影响评价工作的单位实行资格审查制度。从事建设项目环境影响评价工作的单位，必须取得国务院环境保护行政主管部门颁发的资格证书，按照资格证书规定的等级和范围，从事建设项目环境影响评价工作，并对评价结论负责。国务院环境保护行政主管部门对已经颁发资格证书的从事建设项目环境影响评价工作的单位名单，应当定期予以公布。具体办法由国务院环境保护行政主管部门制定。从事建设项目环境影响评价工作的单位，必须严格执行国家规定的收费标准。

第十四条　建设单位可以采取公开招标的方式，选择从事环境影响评价工作的单位，对建设项目进行环境影响评价。任何行政机关不得为建设单位指定从事环境影响评价工作的单位，进行环境影响评价。

第十五条　建设单位编制环境影响报告书，应当依照有关法律规定，征求建设项目所在地有关单位和居民的意见。

第三章　环境保护设施建设

第十六条　建设项目需要配套建设的环境保护设施，必须与主体工程同时设计、同时施工、同时投产使用。

第十七条　建设项目的初步设计，应当按照环境保护设计规范的要求，编制环境保护篇章，并依据经批准的建设项目环境影响报告书或者环境影响报告表，在环境保护篇章中落实防治环境污染和生态破坏的措施以及环境保护设施投资概算。

第十八条　建设项目的主体工程完工后，需要进行试生产的，其配套建设的环境保护设施必须与主体工程同时投入试运行。

第十九条　建设项目试生产期间，建设单位应当对环境保护设施运行情况和建设项目对环境的影响进行监测。

第二十条　建设项目竣工后，建设单位应当向审批该建设项目环境影响报告书、环境影响报告表或者环境影响登记表的环境保护行政主管部门，申请该建设项目需要配套建设的环境保护设施竣工验收。环境保护设施竣工验收，应当与主体工程竣工验收同时进行。需要进行试生产的建设项目，建设单位应当自建设项目投入试生产之日起 3 个月内，向审批该建设项目环境影响报告书、环境影响报告表或者环境影响登记表的环境保护行政主管部门，申请该建设项目需要配套建设的环境保护设施竣工验收。

第二十一条　分期建设、分期投入生产或者使用的建设项目，其相应的环境保护设施应当分期验收。

第二十二条　环境保护行政主管部门应当自收到环境保护设施竣工验收申请之日起 30 日内，完成验收。

第二十三条　建设项目需要配套建设的环境保护设施经验收合格，该建设项目方可正式投入生产或者使用。

第四章　法律责任

第二十四条　违反本条例规定，有下列行为之一的，由负责审批建设项目环境影响报告书、环境影响报告表或者环境影响登记表的环境保护行政主管部门责令限期补办手续；逾期不补办手续，擅自开工建设的，责令停止建设，可以处 10 万元以下的罚款：

①未报批建设项目环境影响报告书、环境影响报告表或者环境影响登记表的；

②建设项目的性质、规模、地点或者采用的生产工艺发生重大变化，未重新报批建设项目环境影响报告书、环境影响报告表或者环境影响登记表的；

③建设项目环境影响报告书、环境影响报告表或者环境影响登记表自批准之日起满 5 年，建设项目方开工建设，其环境影响报告书、环境影响报告表或者环境影响登记表未报原审批机关重新审核的。

第二十五条　建设项目环境影响报告书、环境影响报告表或者环境影响登记表未经批准或者未经原审批机关重新审核同意，擅自开工建设的，由负责审批该建设项目环境影响报告书、环境影响报告表或者环境影响登记表的环境保护行政主管部门责令停止建设，限期恢复原状，可以处 10 万元以下的罚款。

第二十六条　违反本条例规定，试生产建设项目配套建设的环境保护设施未与主体工程同时投入试运行的，由审批该建设项目环境影响报告书、环境影响报告表或者环境影响登记表的环境保护行政主管部门责令限期改正；逾期不改正的，责令停止试生产，可以处 5 万元以下的罚款。

第二十七条　违反本条例规定，建设项目投入试生产超过 3 个月，建设单位未申请环境保护设施竣工验收的，由审批该建设项目环境影响报告书、环境影响报告表或者环境影响登记表的环境保护行政主管部门责令限期办理环境保护设施竣工验收手续；逾期未办理的，责令停止试生产，可以处 5 万元以下的罚款。

第二十八条　违反本条例规定，建设项目需要配套建设的环境保护设施未建成、未经验收或者经验收不合格，主体工程正式投入生产或者使用的，由审批该建设项目环境影响报告书、环境影响报告表或者环境影响登记表的环境保护行政主管部门责令停止生产或者使用，可以处 10 万元以下的罚款。

第二十九条　从事建设项目环境影响评价工作的单位，在环境影响评价工作中弄虚作假的，由国务院环境保护行政主管部门吊销资格证书，并处所收费用 1 倍以上 3 倍以下的罚款。

第三十条　环境保护行政主管部门的工作人员徇私舞弊、滥用职权、玩忽职守，构成犯罪的，依法追究刑事责任；尚不构成犯罪的，依法给予行政处分。

第五章　附　　则

第三十一条　流域开发、开发区建设、城市新区建设和旧区改建等区域性开发，编制建设规划时，应当进行环境影响评价。具体办法由国务院环境保护行政主管部门会同国务院有关部门另行规定。

第三十二条　海洋石油勘探开发建设项目的环境保护管理，按照国务院关于海洋石油勘探开发环境保护管理的规定执行。

第三十三条　军事设施建设项目的环境保护管理，按照中央军事委员会的有关规定执行。

第三十四条　本条例自发布之日起施行。

17.1.9 中华人民共和国建筑法

相关内容见上册 11.2 节。

17.1.10 建设工程勘察设计管理条例

相关内容见上册 11.9 节。

典型例题解析

【例 17-8】　(2008)按照《建设工程勘察设计管理条例》对建设工程勘察设计文件编制的规定，在编制建设工程勘察设计初步设计文件时，应当满足：

A. 建设工程规划、选址、设计、岩土治理和施工需要

B. 编制初步设计文件和控制概算的需要

C. 编制施工招标文件、主要设备材料订货和编制施工图设计文件的需要

D. 设备材料采购、非标准设备制作和施工的需要

解　《建设工程勘察设计管理条例》第二十六条：编制建设工程勘察文件，应当真实、准确，满足建设工程规划、选址、设计、岩土治理和施工的需要。编制方案设计文件，应当满足编制初步设计文件和控制概算的需要。编制初步设计文件，应当满足编制施工招标文件、主要设备材料订货和编制施工图设计文件的需要。选 C。

【例 17-9】　(2014)《中华人民共和国建筑法》规定，建筑单位必须在条件具备时，按照国家有关规定向工程所在地县级以上人民政府建设行政主管部门申请领取施工许可证，建设行政主管部门应当自收到申请之日起多少天内，对符合条件的申请颁发施工许可证：

A. 15 日　　B. 1 个月　　C. 3 个月　　D. 6 个月

解　建设行政主管部门应当自收到申请之日起 15 日内，对符合条件的申请颁发施工许可证。选 A。

经 典 练 习

17-1　(2012)下列哪种行为违反《中华人民共和国水污染防治法》的规定(　　)。

A. 向水体排放、倾倒含有高放射性和中放射性物质的废水

B. 向水体排放水温符合水环境质量标准的含热废水

C. 向水体排放经消毒处理并符合国家有关标准的含病原体废水

D. 向过度开采地下水地区回灌符合地下水环境要求的深度处理污水

17-2 (2009)工业生产中产生的可燃性气体应该回收利用，不具备回收利用条件而处理的，应当进行(　　)。

A. 污染防治处理　　B. 充分燃烧　　C. 除尘脱硫处理　　D. 净化

17-3 (2010)《中华人民共和国环境噪声污染防治法》中交通运输噪声是指(　　)。

A. 机动车辆、铁路机车、机动船舶、航空器等交通运输工具在运行时所产生的声音

B. 机动车辆、铁路机车、机动船舶、航空器等交通运输工具在调试时产生的声音

C. 机动车辆、铁路机车、机动船舶、航空器等交通运输工具在运行时所产生的干扰周围生活环境的噪声

D. 机动车辆、铁路机车、机动船舶、航空器等交通运输工具在调试时所产生的干扰周围生活环境的声音

17-4 (2012)《中华人民共和国固体废物污染防治法》适用于(　　)。

A. 中华人民共和国境内固体废物污染海洋环境的防治

B. 中华人民共和国境内固体废物污染环境的防治

C. 中华人民共和国境内放射性固体废物污染防治

D. 中华人民共和国境内生活垃圾污染环境的防治

17-5 (2010)建设工程勘察设计必须依照《中华人民共和国招标投标法》实行招标发包，某些勘察设计，经有关主管部门的批准，可以直接发包，下列各项中不符合直接发包条件的是(　　)。

A. 采用特定专利或者专有技术

B. 建筑艺术造型有特殊要求的

C. 与建设单位有长期业务关系的

D. 国务院规定的其他建筑工程勘察、设计

17-6 《中华人民共和国环境保护法》中规定：建设项目中防治污染的措施，应当与主体工程同时设计、同时施工及(　　)。

A. 同时治污　　B. 同时投产使用　　C. 同时建设　　D. 同时竣工

17-7 《中华人民共和国水污染防治法》不适用于(　　)。

A. 中华人民共和国领域内的江河、湖泊、水库等

B. 中华人民共和国领域内的地下水体

C. 中华人民共和国领域内的运河、渠道

D. 中华人民共和国领域内的海洋

17-8 《中华人民共和国固体废物污染环境防治法》适用于(　　)。

A. 固体废物污染海洋环境的防治　　B. 生活垃圾污染环境的防治

C. 放射性固体废物污染环境　　D. 以上均适用

17-9 编制建设工程勘察、设计文件，下列(　　)不是依据。

A. 工程建设一般性标准　　B. 项目批准文件

C. 城市规划　　D. 国家规定的建设工程勘察、设计深度要求

17.2 环境质量与污染物排放标准

考试大纲☞：地表水环境质量标准　地下水环境质量标准　污水综合排放标准　城镇污水厂污染物排放标准　环境空气质量标准　大气污染物综合排放标准　城市区域环境噪声标准　生活垃圾填埋污染物控制标准

必备基础知识

17.2.1 地表水环境质量标准(GB 3838—2002)

1)主要内容和适用范围

本标准按照地表水环境功能分类和保护目标，规定了水环境质量应控制的项目及限值，以及水质评价、水质项目的分析方法和标准的实施与监督。

本标准适用于中华人民共和国领域内江河、湖泊、运河、渠道、水库等具有使用功能的地表水水域。具有特定功能的水域，执行相应的专业用水水质标准。

2)水域功能和标准分类

依据地表水水域环境功能和保护目标，按功能高低依次划分为五类：

Ⅰ类　主要适用于源头水、国家自然保护区；

Ⅱ类　主要适用于集中式生活饮用水地表水源地一级保护区、珍稀水生生物栖息地、鱼虾类产卵场、仔稚幼鱼的索饵场等；

Ⅲ类　主要适用于集中式生活饮用水地表水源地二级保护区、鱼虾类越冬场、洄游通道、水产养殖区等渔业水域及游泳区；

Ⅳ类　主要适用于一般工业用水区及人体非直接接触的娱乐用水区；

Ⅴ类　主要适用于农业用水区及一般景观要求水域。

对应地表水上述五类水域功能，将地表水环境质量标准基本项目标准值分为五类，不同功能类别分别执行相应类别的标准值。水域功能类别高的标准值严于水域功能类别低的标准值。同一水域兼有多类使用功能的，执行最高功能类别对应的标准值。

3)常规项目的标准限值

地表水环境质量标准基本项目标准限值见表 17-1。

地表水环境质量标准基本项目标准限值(单位：mg/L)　　表 17-1

序号	标准值 分类 / 项目	Ⅰ类	Ⅱ类	Ⅲ类	Ⅳ类	Ⅴ类
1	水温(℃)	人为造成的环境水温变化应限制在： 周平均最大温升≤1 周平均最大温降≤2				
2	pH 值(无量纲)	6～9				
3	溶解氧≥	饱和率 90%(或 7.5)	6	5	3	2
4	高锰酸盐指数≤	2	4	6	10	15

续上表

序号	项目＼标准值＼分类	Ⅰ类	Ⅱ类	Ⅲ类	Ⅳ类	Ⅴ类
5	化学需氧量(COD)≤	15	15	20	30	40
6	五日生化需氧量(BOD_5)≤	3	3	4	6	10
7	氨氮(NH_3—N)≤	0.15	0.5	1.0	1.5	2.0
8	总磷(以P计)≤	0.02 (湖、库0.01)	0.1 (湖、库0.025)	0.2 (湖、库0.05)	0.3 (湖、库0.1)	0.4 (湖、库0.2)
9	总氮(湖、库,以N计)≤	0.2	0.5	1.0	1.5	2.0
10	铜≤	0.01	1.0	1.0	1.0	1.0
11	锌≤	0.05	1.0	1.0	2.0	2.0
12	氟化物(以F^-计)≤	1.0	1.0	1.0	1.5	1.5
13	硒≤	0.01	0.01	0.01	0.02	0.02
14	砷≤	0.05	0.05	0.05	0.1	0.1
15	汞≤	0.00005	0.00005	0.0001	0.001	0.001
16	镉≤	0.001	0.005	0.005	0.005	0.01
17	铬(六价)≤	0.01	0.05	0.05	0.05	0.1
18	铅≤	0.01	0.01	0.05	0.05	0.1
19	氰化物≤	0.005	0.05	0.2	0.2	0.2
20	挥发酚≤	0.002	0.002	0.005	0.01	0.1
21	石油类≤	0.05	0.05	0.05	0.5	1.0
22	阴离子表面活性剂≤	0.2	0.2	0.2	0.3	0.3
23	硫化物≤	0.05	0.1	0.2	0.5	1.0
24	粪大肠菌群(个/L)≤	200	2 000	10 000	20 000	40 000

集中式生活饮用水地表水源地补充项目标准限值见表17-2。

集中式生活饮用水地表水源地补充项目标准限值(单位:mg/L)　　表17-2

序　号	项　目	标 准 值
1	硫酸盐(以SO_4^{2-}计)	250
2	氯化物(以Cl^-计)	250
3	硝酸盐(以N计)	10
4	铁	0.3
5	锰	0.1

典型例题解析

【例17-10】 (2008)根据有关水域功能和标准分类规定,我国集中式生活饮用水地表水水源地二级保护区应该执行保护区中规定的哪项标准:

A.Ⅰ类　　B.Ⅱ类　　C.Ⅲ类　　D.Ⅳ类

解 依据地表水水域环境功能和保护目标,按功能高低依次划分为五类,其中Ⅲ类主要适用于集中式生活饮用水地表水源地二级保护区、鱼虾类越冬场、洄游通道、水产养殖区等渔业水域及游泳区。选C。

17.2.2 地下水质量标准(GB/T 14848—1993)

1)主题内容与适用范围

本标准规定了地下水的质量分类,地下水质量监测、评价方法和地下水质量保护。

本标准适用于一般地下水,不适用于地下热水、矿水、盐卤水。

2)地下水质量分类

依据我国地下水水质现状、人体健康基准值及地下水质量保护目标,并参照了生活饮用水、工业、农业用水水质最高要求,将地下水质量划分为五类。

Ⅰ类　主要反映地下水化学组分的天然低背景含量。适用于各种用途。

Ⅱ类　主要反映地下水化学组分的天然背景含量。适用于各种用途。

Ⅲ类　以人体健康基准值为依据。主要适用于集中式生活饮用水水源及工、农业用水。

Ⅳ类　以农业和工业用水要求为依据。除适用于农业和部分工业用水外,适当处理后还可作生活饮用水。

Ⅴ类　不宜饮用,其他用水可根据使用目的选用。

3)地下水水质监测

各地区应对地下水水质进行定期检测。检验方法,按国家标准《生活饮用水标准检验方法》(GB 5750)执行。

各地地下水监测部门,应在不同质量类别的地下水域设立监测点进行水质监测,监测频率不得少于每年两次(丰、枯水期)。

监测项目为:pH、氨氮、硝酸盐、亚硝酸盐、挥发性酚类、氰化物、砷、汞、铬(六价)、总硬度、铅、氟、镉、铁、锰、溶解性总固体、高锰酸盐指数、硫酸盐、氯化物、大肠菌群,以及反映本地区主要水质问题的其他项目。

注:《地下水质量标准》(GB/T 14848—2017)于2018年5月1日起实施。

17.2.3 污水综合排放标准(GB 8978—1996)

1)主题内容与适用范围

主题内容:本标准按照污水排放去向,分年限规定了69种水污染物最高允许排放浓度及部分行业最高允许排水量。

本标准适用于现有单位水污染物的排放管理,以及建设项目的环境影响评价、建设项目环境保护设施设计、竣工验收及其投产后的排放管理。

本标准颁布后,新增加国家行业水污染物排放标准的行业,按其适用范围执行相应的国家水污染物行业标准,不再执行本标准。

2)标准分级

(1)排入GB 3838中Ⅲ类水域(划定的保护区和游泳区除外)和排入GB 3097中两类海域的污水,执行一级标准。

(2)排入GB 3838中Ⅳ、Ⅴ类水域和排入GB 3097中三类海域的污水,执行二级标准。

(3)排入设置二级污水处理厂的城镇排水系统的污水,执行三级标准。

(4)排入未设置二级污水处理厂的城镇排水系统的污水,必须根据排水系统出水受纳水域的功能要求,分别执行(1)和(2)的规定。

(5)GB 3838中Ⅰ、Ⅱ类水域和Ⅲ类水域中划定的保护区,GB 3097中一类海域,禁止新建排污口，现有排污口应按水体功能要求，实行污染物总量控制，以保证受纳水体水质符合规定用途的水质标准。

3)污染物分类

本标准将排放的污染物按其性质及控制方式分为两类。第一类污染物，不分行业和污水排放方式，也不分受纳水体的功能类别，一律在车间或车间处理设施排放口采样，其最高允许排放浓度必须达到本标准要求(采矿行业的尾矿坝出水口不得视为车间排放口)。第二类污染物，在排污单位排放口采样，其最高允许排放浓度必须达到本标准要求。

本标准按年限规定了第一类污染物和第二类污染物最高允许排放浓度及部分行业最高允许排水量。

典型例题解析

【例 17-11】 (2007)根据《污水综合排放标准》，排入设置二级污水处理厂的城镇排水系统的污水，应该执行下列哪项标准?

A. 一级　　B. 二级　　C. 三级　　D. 四级

解 《污水综合排放标准》标准分级中第三条：排入设置二级污水处理厂的城镇排水系统的污水，执行三级标准。选 C。

【例 17-12】 (2014)地下水质量标准适用于：

A. 一般地下水　　B. 地下热水

C. 矿区矿水　　D. 地下盐卤水

解 地下水质量标准适用于一般地下水，不适用于地下热水、矿水、盐卤水。选 A。

17.2.4 城镇污水处理厂污染物排放标准(GB 18918—2002)

1)范围

本标准规定了城镇污水处理厂出水、废气排放和污泥处置(控制)的污染物限值。

本标准适用于城镇污水处理厂出水、废气排放和污泥处置(控制)的管理。

居民小区和工业企业内独立的生活污水处理设施污染物的排放管理，也按本标准执行。

2)水污染物排放标准

(1)控制项目及分类

根据污染物的来源及性质，将污染物控制项目分为基本控制项目和选择控制项目两类。基本控制项目主要包括影响水环境和城镇污水处理厂一般处理工艺可以去除的常规污染物，以及部分一类污染物，共 19 项。选择控制项目包括对环境有较长期影响或毒性较大的污染物，共计 43 项。

基本控制项目必须执行。选择控制项目，由地方环境保护行政主管部门根据污水处理厂接纳的工业污染物的类别和水环境质量要求选择控制。

(2)标准分级

根据城镇污水处理厂排入地表水域环境功能和保护目标，以及污水处理厂的处理工艺，将基本控制项目的常规污染物标准值分为一级标准、二级标准、三级标准。一级标准分为 A 标准和 B 标准。部分一类污染物和选择控制项目不分级。

①一级标准的 A 标准是城镇污水处理厂出水作为回用水的基本要求。当污水处理厂出水引入稀释能力较小的河湖作为城镇景观用水和一般回用水等用途时，执行一级标准的 A

标准。

②城镇污水处理厂出水排入GB 3838地表水Ⅲ类功能水域(划定的饮用水水源保护区和游泳区除外)、GB 3097海水二类功能水域和湖、库等封闭或半封闭水域时,执行一级标准的B标准。

③城镇污水处理厂出水排入GB 3838地表水Ⅳ、Ⅴ类功能水域或GB 3097海水三、四类功能海域,执行二级标准。

④非重点控制流域和非水源保护区的建制镇的污水处理厂,根据当地经济条件和水污染控制要求,采用一级强化处理工艺时,执行三级标准。但必须预留二级处理设施的位置,分期达到二级标准。

(3)标准值

城镇污水处理厂污染物排放基本控制项目,执行表17-3和表17-4的规定。

基本控制项目最高允许排放浓度(日均值)(单位:mg/L) 表17-3

序号	基本控制项目		一级标准		二级标准	三级标准
			A标准	B标准		
1	化学需氧量(COD)		50	60	100	120①
2	生化需氧量(BOD_3)		10	20	30	60①
3	悬浮物(SS)		10	20	30	50
4	动物油		1	3	5	20
5	石油类		1	3	5	15
6	阴离子表面活性剂		0.5	1	2	5
7	总氮(以N计)		15	20	—	—
8	氨氮(以N计)②		5(8)	8(15)	25(30)	—
9	总磷(以P计)	2005年12月31日前建设的	1	1.5	3	5
		2006年1月1日起建设的	0.5	1	3	5
10	色度(稀释倍数)		30	30	40	50
11	pH		6~9			
12	粪大肠菌群数(个/L)		10^3	10^4	10^4	—

注:①下列情况下按去除率指标执行:当进水COD大于350mg/L时,去除率应大于60%;BOD大于160mg/L时,去除率应大于50%。

②括号外数值为水温大于12℃时的控制指标,括号内数值为水温不大于12℃时的控制指标。

部分一类污染物最高允许排放浓度(日均值)(单位:mg/L) 表17-4

序 号	项 目	标 准 值
1	总汞	0.001
2	烷基汞	不得检出
3	总镉	0.01
4	总铬	0.1
5	六价铬	0.05
6	总砷	0.1
7	总铅	0.1

(4)取样与监测

氨、硫化氢、臭气浓度监测点设于城镇污水处理厂厂界或防护带边缘的浓度最高点；甲烷监测点设于区内浓度最高点。采样频率，每两小时采样一次，共采集4次，取其最大测定值。

3)大气污染物排放标准

(1)标准分级

根据城镇污水处理厂所在地区的大气环境质量要求和大气污染物治理技术和设施条件，将标准分为三级。

①位于GB 3095一类区的所有(包括现有和新建、改建、扩建)城镇污水处理厂，自本标准实施之日起，执行一级标准。

②位于GB 3095二类区和三类区的城镇污水处理厂，分别执行二级标准和三级标准。其中2003年6月30日之前建设(包括改、扩建)的城镇污水处理厂，实施标准的时间为2006年1月1日；2003年7月1日起新建(包括改、扩建)的城镇污水处理厂，自本标准实施之日起开始执行。

③新建(包括改、扩建)城镇污水处理厂周围应建设绿化带，并设有一定的防护距离，防护距离的大小由环境影响评价确定。

(2)标准值。城镇污水处理厂废气的排放标准值按表17-5的规定执行。

厂界(防护带边缘)废气排放量最高允许浓度(单位:mg/m^3)　　表17-5

序号	控制项目	一级标准	二级标准	三级标准
1	氨	1.0	1.5	4.0
2	硫化氢	0.03	0.06	0.32
3	臭气浓度(无量纲)	10	20	60
4	甲烷(厂区最高体积浓度,%)	0.5	1	1

(3)取样与检测

氨、硫化氢、臭气浓度监测点设于城镇污水处理厂厂界或防护带边缘的浓度最高点；甲烷监测点设于区内浓度最高点。采样频率，每两小时采样一次，共采集4次，取其最大测定值。

4)污泥控制标准

城镇污水处理厂的污泥应进行稳定化处理，稳定化处理后应达到表17-6的规定。

污泥稳定化控制指标　　表17-6

稳定化方法	控制项目	控制指标
厌氧消化	有机物降解率(%)	>40
好氧消化	有机物降解率(%)	>40
好氧堆肥	含水率(%)	<65
	有机物降解率(%)	>50
	蠕虫卵死亡率(%)	>95
	粪大肠菌群菌值	>0.01

城镇污水处理厂的污泥应进行污泥脱水处理，脱水后污泥含水率应小于80%。处理后的污泥进行填埋处理时，应达到安全填埋的相关环境保护要求。

典型例题解析

【例 17-13】 (2012)城市污水处理厂进行升级改造时，其中强化脱氮除磷是重要的改造内容，12℃以上水温时，《城镇污水厂污染物排放标准》(GB 18918—2002)一级 A 标准中氨氮、总氮、总磷标准分别小于：

A. 5mg/L、15mg/L、10mg/L　　B. 8mg/L、15mg/L、0.5mg/L

C. 5mg/L、20mg/L、1.0mg/L　　D. 5mg/L、15mg/L、0.5mg/L

解 查表 17-3 可知。选 D。

17.2.5 环境空气质量标准(GB 3095—2012)

1)适用范围

本标准规定了环境空气功能区分类、标准分级、污染物项目、平均时间及浓度限值、检测方法、数据统计的有效性规定及实施与监督等内容。

本标准适用于环境空气质量评价与管理。

2)环境空气功能区分类

环境空气功能区分为两类：一类区为自然保护区、风景名胜区和其他需要特殊保护的地区；二类区为城镇规划中确定的居民区、商业交通居民混合区、文化区、一般工业和农村地区。

3)环境空气功能区质量要求

一类区适用一级浓度限值，二类区适用二级浓度限值。一、二类环境空气功能区质量要求见表 17-7 和 17-8。

环境空气污染物基本项目浓度限值　　表 17-7

序号	污染物项目	平均时间	浓度限值		单　位
			一级	二级	
1	二氧化硫(SO_2)	年平均	20	60	μg/m^3
		24 小时平均	50	150	
		1 小时平均	150	500	
2	二氧化氮(NO_2)	年平均	40	40	
		24 小时平均	80	80	
		1 小时平均	200	200	
3	一氧化碳(CO)	24 小时平均	4	4	mg/m^3
		1 小时平均	10	10	
4	臭氧(O_3)	日最大 8 小时平均	100	160	μg/m^3
		1 小时平均	160	200	
5	颗粒物(粒径小于等于 10μm)	年平均	40	70	
		24 小时平均	50	150	
6	颗粒物(粒径小于等于 2.5μm)	年平均	15	35	
		24 小时平均	35	75	

环境空气污染物其他项目浓度限值 表 17-8

序号	污染物项目	平均时间	浓度限值		单位
			一级	二级	
1	总悬浮颗粒物(TSP)	年平均	80	200	$\mu g/m^3$
		24 小时平均	120	300	
2	氮氧化物(NO_x)	年平均	50	50	
		24 小时平均	100	100	
		1 小时平均	250	250	
3	铅(Pb)	年平均	0.5	0.5	
		季平均	1	1	
4	苯并[a]芘(BaP)	年平均	0.001	0.001	
		24 小时平均	0.0025	0.0025	

典型例题解析

【例 17-14】 (2010)环境空气质量根据功能区划分三类,对应执行三类环境质量标准,执行一级标准时,二氧化硫平均限值为:

A. 0.02mg/m³(标准状态) B. 0.05mg/m³(标准状态)

C. 0.06mg/m³(标准状态) D. 0.15mg/m³(标准状态)

解 查表 17-7 可知。选 A。

17.2.6 大气污染物综合排放标准(GB 16297—1996)

1)主题内容与适用范围

本标准规定了 33 种大气污染物的排放限值,同时规定了标准执行中的各种要求。

在我国现有的国家大气污染物排放标准体系中,按照综合性排放标准与行业性排放标准不交叉执行的原则,锅炉执行《锅炉大气污染物排放标准》(GB 13271)、工业炉窑执行《工业炉窑大气污染物排放标准》(GB 9078)、火电厂执行《火电厂大气污染物排放标准》(GB 13223)、炼焦炉执行《炼焦炉大气污染物排放标准》(GB 16171)、水泥厂执行《水泥厂大气污染物排放标准》(GB 4915)、恶臭物质排放执行《恶臭污染物排放标准》(GB 14554)、汽车排放执行《汽车大气污染物排放标准》(GB 14761.1～14761.7)、摩托车排气执行《摩托车和轻便摩托车排气污染物排放限值及测量方法》(GB 14621),其他大气污染物排放均执行本标准。

本标准实施后再行发布的行业性国家大气污染物排放标准,按其适用范围规定的污染源不再执行本标准。

本标准适用于现有污染源大气污染物排放管理,以及建设项目的环境影响评价、设计、环境保护设施竣工验收及其投产后的大气污染物排放管理。

2)指标体系

本标准设置下列三项指标:通过排气筒排放废气的最高允许排放浓度;通过排气筒排放的废气,按排气筒高度规定的最高允许排放速率;以无组织方式排放的废气,规定无组织排放的监控点及相应的监控浓度限值。

3)排放速率标准分级

本标准规定的最高允许排放速率，现有污染源分一、二、三级，新污染源分为二、三级。按污染源所在的环境空气质量功能区类别，执行相应级别的排放速率标准，即：位于一类区的污染源执行一级标准(一类区禁止新、扩建污染源，一类区现有污染源改建执行现有污染源的一级标准)；位于二类区的污染源执行二级标准；位于三类区的污染源执行三级标准。

典型例题解析

【例 17-15】 (2007)根据《大气污染物综合排放标准》中的定义，下列说法有误的是：

A. 标准规定的各项标准值，均以标准状态下的干空气为基准，这里的标准状态指的是温度为273K，压力为101 325Pa时的状态

B. 最高允许排放浓度是指处理设施后排气筒中污染物任何1h浓度平均值不得超过的限值

C. 最高允许排放速率是指一定高度的排气筒在任何1h排放污染物的质量不得超过的限值

D. 标准设置的指标体系只包括最高允许排放浓度和最高允许排放速率

解 本标准设置下列三项指标：通过排气筒排放废气的最高允许排放浓度；通过排气筒排放的废气，按排气筒高度规定的最高允许排放速率；以无组织方式排放的废气，规定无组织排放的监控点及相应的监控浓度限值。选D。

17.2.7 声环境质量标准(GB 3096—2008)

1)主题内容与适用范围

本标准规定了城市五类区域的环境噪声最高限值。本标准适用于城市区域。乡村生产区域可参照本标准执行。

2)标准值

各类环境功能区适用的环境噪声等效声级限值见表17-9。

环境噪声限值[单位：dB(A)]　　表17-9

声环境功能区类别		白　天	晚　上
0类		50	40
1类		55	45
2类		60	50
3类		65	55
4类	4a类	70	55
	4b类	70	60

3)各类标准的适用区域

0类指康复疗养区等特别需要安静的区域。

1类指以居民住宅、医疗卫生、文化教育、科研设计、行政办公为主要功能需要保持安静的区域。

2类指以商业金融、集市贸易为主要功能或居住、商业、工业混杂需要维护住宅安静的区域。

3类指以工业生产、仓储物流为主要功能需要防止工业噪声对周围环境产生严重影响的区域。

4类指交通干线两侧一定距离内需要防止交通噪声对周围环境产生严重影响的区域，包括4a类和4b类。4a类为高速公路、一级公路、二级公路、城市快速路、城市主干路、城市次干路、城市轨道交通(地面段)、内河航道两侧区域；4b类为铁路干线两侧区域。

典型例题解析

【例17-16】 (2008)根据国家环境噪声标准规定，昼间55dB，夜间45dB的限值适用于下列哪个区域：

A. 疗养区、高级别墅区、高级宾馆区等特别需要安静的区域和位于城郊和乡村居住环境

B. 以居住、文教机关为主的区域

C. 居住、商业、工业混杂区

D. 城市中交通干线道路两侧区域

解 查表17-9可知。选B。

17.2.8 生活垃圾填埋场污染控制标准(GB 16889—2008)

1)适用范围

本标准规定了生活垃圾填埋场选址、设计与施工、填埋废物的入场条件、运行、封场、后期维护与管理的污染控制和监测等方面的要求。

本标准适用于生活垃圾填埋场建设、运行和封场后的维护与管理过程中的污染控制和监督管理。本标准的部分规定也适用于与生活垃圾填埋场配套建设的生活垃圾转运站的建设、运行。

本标准只适用于法律允许的污染物排放行为；新设立污染源的选址和特殊保护区域内现有污染源的管理，按照《中华人民共和国大气污染防治法》、《中华人民共和国水污染防治法》、《中华人民共和国海洋环境保护法》、《中华人民共和国固体废物污染环境防治法》、《中华人民共和国放射性污染防治法》、《中华人民共和国环境影响评价法》等法律、法规、规章的相关规定执行。

2)选址要求

生活垃圾填埋场的选址应符合区域性环境规划、环境卫生设施建设规划和当地的城市规划。

生活垃圾填埋场场址不应选在城市工农业发展规划区、农业保护区、自然保护区、风景名胜区、文物(考古)保护区、生活饮用水水源保护区、供水远景规划区、矿产资源储备区、军事要地、国家保密地区和其他需要特别保护的区域内。

生活垃圾填埋场选址的标高应位于重现期不小于50年一遇的洪水位之上，并建设在长远规划中的水库等人工蓄水设施的淹没区和保护区之外。拟建有可靠防洪设施的山谷型填埋场，并经过环境影响评价证明洪水对生活垃圾填埋场的环境风险在可接受范围内，前款规定的选址标准可以适当降低。

生活垃圾填埋场场址的选择应避开下列区域：破坏性地震及活动构造区；活动中的坍塌、滑坡和隆起地带；活动中的断裂带；石灰岩溶洞发育带；废弃矿区的活动塌陷区；活动沙丘区；海啸及涌浪影响区；湿地；尚未稳定的冲积扇及冲沟地区；泥炭以及其他可能危及填埋场安全的区域。

生活垃圾填埋场场址的位置及与周围人群的距离应依据环境影响评价结论确定，并经地方环境保护行政主管部门批准。

3)污染物排放控制要求

(1)水污染物排放控制要求

生活垃圾填埋场应设置污水处理装置，生活垃圾渗滤液（含调节池废水）等污水经处理并符合本标准规定的污染物排放控制要求后，可直接排放。现有和新建生活垃圾填埋场自 2008 年 7 月 1 日起执行《现有和新建生活垃圾填埋场水污染物排放浓度限值》规定的水污染物排放浓度限值。

生活垃圾填埋场应设置污水处理装置，生活垃圾渗滤液（含调节池废水）等污水经处理并符合本标准规定的污染物排放控制要求后，可直接排放。

2011 年 7 月 1 日前，现有生活垃圾填埋场无法满足水污染物排放浓度限值要求的，满足以下条件时可将生活垃圾渗滤液送往城市二级污水处理厂进行处理：

①生活垃圾渗滤液在填埋场经过处理后，总汞、总镉、总铬、六价铬、总砷、总铅等污染物浓度达到规定浓度限值；

②城市二级污水处理厂每日处理生活垃圾渗液总量不超过污水处理量的 0.5%，并不超过城市二级污水处理厂额定的污水处理能力；

③生活垃圾渗滤液应均匀注入城市二级污水处理厂；

④不影响城市二级污水处理场的污水处理效果。

2011 年 7 月 1 日起，现有全部生活垃圾填埋场应自行处理生活垃圾渗滤液并执行《现有和新建生活垃圾填埋场水污染物排放浓度限值》规定的水污染排放浓度限值。

根据环境保护工作的要求，在国土开发密度已经较高、环境承载能力开始减弱，或环境容量较小、生态环境脆弱，容易发生严重环境污染问题而需要采取特别保护措施的地区，应严格控制生活垃圾填埋场的污染物排放行为，在上述地区的现有和新建生活垃圾填埋场自 2008 年 7 月 1 日起执行《现有和新建生活垃圾填埋场水污染物特别排放限值》规定的水污染物特别排放限值。

(2)甲烷排放控制要求

填埋工作面上 2m 以下高度范围内甲烷的体积百分比应不大于 0.1%。生活垃圾填埋场应采取甲烷减排措施：当通过导气管道直接排放填埋气体时，导气管排放口的甲烷的体积百分比不大于 5%。

(3)生活垃圾填埋场在运行中应采取必要的措施防止恶臭物质的扩散。在生活垃圾填埋场周围环境敏感点方位的场界的恶臭污染物浓度应符合 GB 14554 的规定。

(4)生活垃圾转运站产生的渗滤液经收集后，可采用密闭法输送到城市污水处理厂处理、排入城市排水管道进入城市污水处理厂处理或者自行处理等方式。

典型例题解析

【例 17-17】 (2012)《生活垃圾填埋污染控制标准》适用于：

A. 建筑垃圾处置场所　　B. 工业固体废物处置场所

C. 危险物的处置场　　D. 生活垃圾填埋处置场所

解　本标准适用于生活垃圾填埋场建设、运行和封场后的维护与管理过程中的污染控制和监督管理。本标准的部分规定也适用于与生活垃圾填埋场配套建设的生活垃圾转运站的建设、运行。选 D。

经典练习

17-10　(2012)根据地表水水域功能，将地表水环境质量标准基本项目标准值分为五类，地表水Ⅳ类的化学需氧量标准为(　　)。

A. ≤15mg/L　　B. ≤20mg/L　　C. ≤30mg/L　　D. ≤40mg/L

17-11　(2008)下列物质中，(　　)属于我国污水排放控制的第一类污染物。

A. 总镉、总镍、苯并(a)芘、总铍

B. 总汞、烷基汞、总砷、总氰化物

C. 总铬、六价铬、总铅、总锰

D. 总α放射性、总β放射性、总银、总硒

17-12　(2010)根据《污水综合排放标准》，传染病、结核病医院污水采用氯化消毒时，接触时间应该(　　)。

A. ≥0.5h　　B. ≥1.5h　　C. ≥5h　　D. ≥6.5h

17-13　《污水综合排放标准》中规定的第一类污染物，不分行业和污水排放方式，也不分受纳水体的功能类别，一律在(　　)处采样。

A. 排污单位排放口　　B. 采矿行业的尾矿坝出水口

C. 车间或车间处理设施排放口　　D. 以上均不对

17-14　城镇污水处理厂出水排入 GB 3838 地表水Ⅲ类功能水域(划定的饮用水水源保护区和游泳区除外)、GB 3097 海水二类功能水域和湖、库等封闭或半封闭水域时，执行(　　)。

A. 一级 A 标准　　B. 一级 B 标准

C. 二级标准　　D. 三级标准

17-15　《大气污染物综合排放标准》不适用于(　　)。

A. 锅炉、工业炉窑的废气管理

B. 现有污染源大气污染物排放管理

C. 建设项目的环境影响评价、设计、环境保护设施的大气污染物排放管理

D. 投产后的大气污染物排放管理

17-16　《地下水质量标准》适用于(　　)。

A. 地下热水　　B. 矿水　　C. 盐卤水　　D. 一般地下水

17-17　依据地表水水域环境功能和保护目标，按功能高低依次划分为五类，其中Ⅲ类水一般用于(　　)。

A. 集中式生活饮用水地表水源地一级保护区、珍稀水生生物栖息地、鱼虾类产卵场、仔稚幼鱼的索饵场等

B. 集中式生活饮用水地表水源地二级保护区、鱼虾类越冬场、洄游通道、水产养殖区等渔业水域及游泳区

C. 一般工业用水区及人体非直接接触的娱乐用水区

D. 农业用水区及一般景观要求水域

17-18　我国水环境标准不包括(　　)。

A. 水环境质量标准　　B. 污水排放标准

C. 相关的污水资源化利用的相关标准　　D. 相关的污水饮用的相关标准

17.3 工程技术人员的职业道德与行为准则

必备基础知识

(1)热爱科技,献身事业。树立“科技是第一生产力”的观念,爱岗敬业,勤奋钻研,追求新知,掌握新技术、新工艺,不断更新业务知识,拓宽视野,忠于职守,辛勤劳动,为企业的振兴与发展贡献自己的才智。

(2)深入实际,勇于攻关。深入基层,深入现场,理论与实际相结合,科研和生产相结合,把施工生产中的难点作为工作重点,知难而进,不断解决施工生产中的技术难题,提高生产效率和经济效益。

(3)一丝不苟,精益求精。牢固确立精心工作、求实认真的工作作风。施工中严格执行建筑技术规范,认真编制施工组织设计,做到技术上精益求精,工程质量上一丝不苟,为用户提供合格产品,推广新技术、新工艺、新材料,不断提高技术水平。

(4)以身作则,培养新人。谦虚谨慎,尊重他人,善于合作共事,搞好团结协作,既当好科学技术带头人,又甘当铺路石,培育科技事业的接班人,大力做好施工科技知识在职工中的普及工作。

(5)严谨求实,追求真理。在参与可行性研究时,坚持真理,实事求是,协助领导进行科学决策;在参与投标时,从企业的实际出发,以合理造价和合理工期进行投标;在施工中,严格执行施工程序、技术规范、操作规程和质量安全标准,决不弄虚作假。

参考答案及提示

17-1 A 根据《中华人民共和国水污染防治法》第三十四条,选项 A 违反规定。

17-2 A 根据《中华人民共和国大气污染防治法》第四十九条规定:工业生产、垃圾填埋或者其他活动产生的可燃性气体应当回收利用,不具备回收利用条件的,应当进行污染防治处理。

17-3 C 《中华人民共和国环境噪声污染防治法》三十一条:本法所称交通运输噪声,是指机动车辆、铁路机车、机动船舶、航空器等交通运输工具在运行时所产生的干扰周围生活环境的声音。

17-4 B 《中华人民共和国固体废物污染防治法》第二条规定:本法适用于中华人民共和国境内固体废物污染环境的防治。固体废物污染海洋环境的防治和放射性固体废物污染环境的防治不适用本法。

17-5 C 根据《建设工程勘察设计管理条例》第十六条可知,选项 A、B、D 均正确。

17-6 B 《中华人民共和国环境保护法》第四十一条规定:建设项目中防治污染的措施,应当与主体工程同时设计、同时施工、同时投产使用。

17-7 D 海洋污染防治适用《中华人民共和国海洋环境保护法》。

17-8 B 本法适用于中华人民共和国境内固体废物污染环境的防治。固体废物污染海洋环境的防治和放射性固体废物污染环境的防治不适用本法。

17-9 A 编制建设工程勘察、设计文件,应当以下列规定为依据:项目批准文件、城市规划、工程建设强制性标准以及国家规定的建设工程勘察、设计深度要求。

17-10　C　见表 17-1。

17-11　A　选项 B 中的总氰化物、选项 C 中的总锰、选项 D 中的总硒不属于污水排放控制的第一类污染物。

17-12　B

17-13　C

17-14　B

17-15　A

17-16　D

17-17　B

17-18　D

注册环保工程师执业资格考试
专业基础考试大纲

十二、工程流体力学与流体机械

12.1　流体动力学

恒定流动与非恒定流动　理想流体的运动方程式　实际流体的运动方程式　伯努利方程式及其使用条件　总水头线和测压管水头线　总压线和全压线

12.2　流体阻力

层流与紊流、雷诺数　流动阻力分类　层流和紊流沿程阻力系数的计算 局部阻力产生的原因和计算方法　减少局部阻力的措施

12.3　管道计算

孔口(或管嘴)的变水头出流　简单管路的计算　串联管路的计算　并联管路的计算

12.4　明渠均匀流和非均匀流

明渠均匀流的计算公式　明渠水力最优断面和允许流速　明渠均匀流水力计算的基本问题　断面单位能量临界水深　缓流、急流、临界流及其判别准则　明渠恒定非均匀渐变流基本微分方程

12.5　紊流射流与紊流扩散

紊流射流的基本特征　圆断面射流　平面射流

12.6　气体动力学基础

压力波传播和音速概念　可压缩流体一元稳定流动的基本方程　渐缩喷管与拉伐管的特点　实际喷管的性能

12.7　相似原理和模型实验方法

流动相似　相似准则　方程和因次分析法　流体力学模型研究方法　实验数据处理方法

12.8　泵与风机

泵与风机的工作原理及性能参数　泵与风机的基本方程　泵与风机的特性曲线　管路系统特性曲线　管路系统中泵与风机的工作点　离心式泵或风机的工况调节　离心式泵或风机的选择　气蚀　安装要求

十三、环境工程微生物学

13.1　微生物学基础

微生物的分类、命名、特点　病毒的特点、分类和繁殖过程　病毒的去除细菌的形态、细胞结构、生理功能和生长繁殖　原生动物及后生动物的分类、结构和生理功能

13.2　微生物生理

酶的催化特性　影响酶活力的因素　营养类型的划分　呼吸类型　微生物的生长曲线

13.3　微生物生态

土壤微生物生态　空气微生物生态　水体微生物生态　水体自净过程　污染水体的微生物生态

13.4　微生物与物质循环

碳循环　氮循环　硫循环　磷循环

13.5　污染物质的生物处理

好氧活性污泥　好氧生物膜　厌氧消化　原生动物及微型后生动物在污水生物处理过程中的作用

十四、环境监测与分析

14.1　环境监测过程的质量保证

监测方法的选择　监测项目的确定　监测点的设置　采样与样品保存　分析测试误差和监测结果表述　质量控制方法

14.2　水和废水监测与分析

重点污染因子(悬浮物、溶解氧、化学需氧量、高锰酸盐指数、生化需氧量、氨氮、磷酸盐、石油类、挥发酚、重金属等)的监测与分析方法原理

14.3　大气和废气监测与分析

气态和蒸汽态污染物质的监测　颗粒物的测定　固定污染源监测

14.4　固体废弃物监测与分析

固体废弃物有害特性监测　生活垃圾特性分析

14.5　噪声监测与测量

声源测量和声环境噪声测量

十五、环境评价与环境规划

15.1　环境与生态评价

环境与环境系统　环境质量与环境价值　环境背景值　环境目标　环境容量　环境污染与生态破坏　环境质量指数

15.2　环境影响评价

环境影响评价的程序和管理　环境影响识别和工程分析　环境影响预测与影响评价　环境影响报告书编制和审批原则

15.3　环境与生态规划

环境规划原则和规划方法　环境规划目标和指标体系　环境功能区划　环境预测内容、预测方法　环境规划的制定的程序　我国环境管理的三大政策及八项制度

十六、污染防治技术

16.1　水污染防治技术

水质指标　水体与水体自净　水环境容量　物理化学处理方法　生物化学处理方

法　水处理厂污泥处理方法　废水的深度处理方法

16.2　大气污染防治技术

气象要素、大气结构和组成　大气污染物的种类和来源　大气污染物浓度的估算方法　烟气抬升高度与烟囱高度计算　燃烧与大气污染　颗粒污染物防治方法　气态污染物防治方法

16.3　固体废弃物处理处置技术

固体废弃物产生与管理　固体废物对环境的危害　固体废物预处理技术固体废物生物处理　固体废物热处理　固体废物的最终处置　固体废物资源化与综合利用

16.4　物理污染防治技术

噪声污染防治技术　振动防治技术　电磁辐射和放射性污染治理技术

十七、职业法规

17.1　环境与基本建设相关的法规

中华人民共和国环境保护法　中华人民共和国水污染防治法　中华人民共和国大气污染防治法　中华人民共和国噪声污染防治法　中华人民共和国固体废物污染环境防治法　建设项目环境保护管理条例　中华人民共和国环境影响评价法　中华人民共和国海洋污染防治法　中华人民共和国建筑法　建设工程勘察设计管理条例

17.2　环境质量与污染物排放标准

地表水环境质量标准　地下水质量标准　污水综合排放标准　城镇污水厂污染物排放标准　环境空气质量标准　大气污染物综合排放标准　城市区域环境噪声标准　生活垃圾填埋污染物控制标准

17.3　工程技术人员的职业道德与行为准则

附录二

注册环保工程师执业资格考试
专业基础试题配置说明

工程流体力学与流体机械	10 题
环境工程微生物学	6 题
环境监测与分析	8 题
环境评价与环境规划	8 题
污染防治技术	22 题
职业法规	6 题

注:试卷题目数量合计 60 题,每题 2 分,满分为 120 分。考试时间为 4 小时。